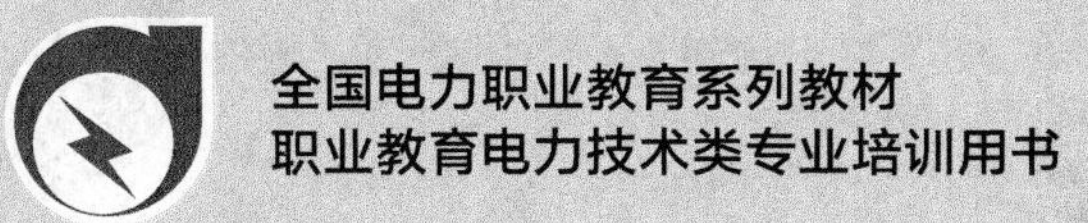

热力设备检修基础工艺

（第二版）

赵洪逵　编
傅小平　高武德　主审

中国电力出版社
CHINA ELECTRIC POWER PRESS

内 容 提 要

本书主要讲述火力发电厂热力设备检修的基础工艺，其内容包括设备检修过程中的拆卸、修理、装配和测量，重点突出各类设备在检修时的共性工艺及其测量工作，同时对新工艺、新机具及新的测量仪器也做了较详细的叙述。

本书可作为职业技术学院电力技术类专业教材，也可作为火力发电厂热动专业检修人员的培训教材和自学用书，还可供其他相关专业的检修人员参考。

图书在版编目（CIP）数据

热力设备检修基础工艺/赵鸿逵编．—2版．—北京：中国电力出版社，2007.2（2024.7重印）

全国电力职业教育规划教材

ISBN 978-7-5083-5185-8

Ⅰ．热…　Ⅱ．赵…　Ⅲ．火电厂-热力系统-检修-职业教育-教材　Ⅳ．TM621.4

中国版本图书馆CIP数据核字（2007）第006335号

中国电力出版社出版、发行

（北京市东城区北京站西街19号　100005　http://www.cepp.sgcc.com.cn）

北京九州迅驰传媒文化有限公司印刷

各地新华书店经售

*

1992年2月第一版

2007年2月第二版　　2024年7月北京第二十五次印刷

787毫米×1092毫米　16开本　15.5印张　375千字

定价 **45.00** 元

前言

《热力设备检修基础工艺》于1999年2月出版，至今已使用7年多时间。无论是电力工业发展，还是教学体制改革都需要对教材的内容进行修改。

本次修订坚持原教材的编写原则，即突出基础工艺与实用性，以技能培训为目的，适用于职业技术教育。此次修订，删除或简化了已过时的或很少采用的检修内容，增加了新工艺、新技术、新标准及检修实例，增强了本书的实用性。同时在修订中也完善了原教材的不足之处，如在滑动轴承检修中增添了轴颈与油系统检修，在滚动轴承检修中增添了润滑脂的知识等。

使用本书时，应注意以下几点：

(1) 全书共分13章，原则上每一章就是技能培训的一个实习课题；

(2) 实现全部课题的基础工艺实习，其实习时间不得少于6周（即30天）；

(3) 本书的工艺讲解，可以将每章内容分别与本课题的实习同步进行，也可以采用集中授课；

(4) 电工常识、急救及消防未编入本教材中，但在校内实习时，应列为实习内容。

本书的修订工作由赵鸿逵完成，江西电力职业技术学院傅小平、重庆电力教育培训中心高武德任主审。在修订工作中得到重庆电力教育培训中心的大力支持，在此深表谢意。对本书所在的问题和不足之处，恳请读者指正。

编　者

2006年7月

目 录

第一章

工具与量具

第一节 常用工具

一、电动工具

电动工具是由电力驱动、用手来操纵的一种手工具的统称。这类小型化电动工具是由电动机、传动机构和工作头三部分组成。

电动工具使用的电动机要求体积小、重量轻、过载能力大、绝缘性能好。最常用的电动机有：交直流两用串激电动机，转速在10000r/min以上；三相工频电动机（鼠笼型异步电动机），转速在3000r/min以下。

传动机构的作用是改变电动机转速、扭矩和运动形式。运动形式可分为：

（1）旋转运动。电动机通过齿轮减速，带动工具轴作旋转运动，如电钻、电动扳手等。也有电动机不经过减速直接带动工具的，如手提式砂轮机等。

（2）直线运动。电动机经减速后带动曲柄连杆机构，使工具轴作直线运动，包括振动、往复运动和冲击运动，如电锯、电冲剪、电铲等。

（3）复合运动。工具作冲击旋转运动，如电锤、冲击电钻等。

工作头是直接对工件进行各种作业的刀具、磨具、钳工工具的统称，如钻头、锯片、砂轮片、螺帽套筒等。

在热力设备检修工作中，常用的电动工具有手电钻、角向砂轮机、电动扳手、电锤与冲击电钻。

1. 手电钻

手电钻的结构如图1-1所示。它分为手提式和手枪式两种电钻。手电钻除用来钻孔外，还可用来代替作旋转运动的手工操作，如研磨阀门等。手枪式电钻钻孔直径一般不超过6mm。

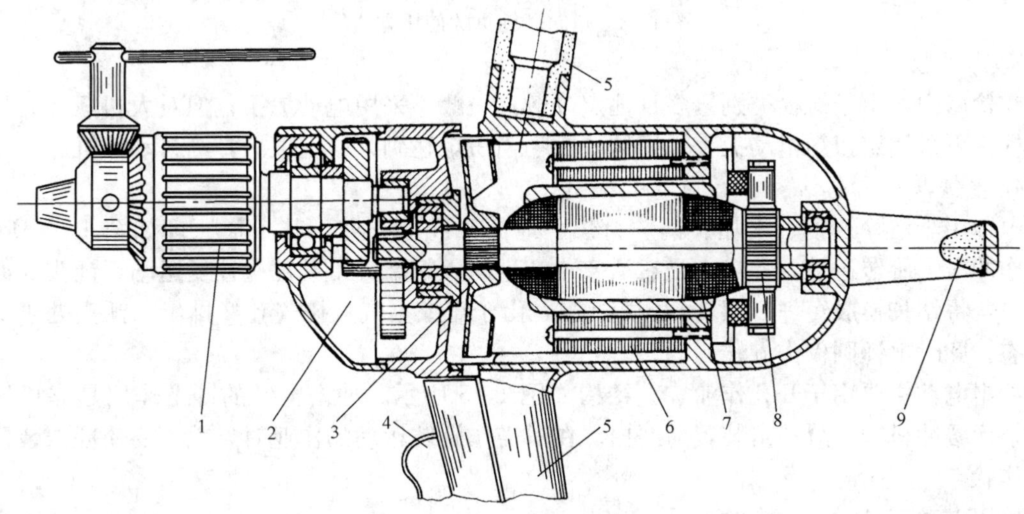

图1-1 手电钻结构

1—钻夹头；2—减速机构；3—风扇；4—开关；5—手柄；6—静子；7—转子；8—整流子；9—顶把

2. 角向砂轮机

角向砂轮机的结构如图 1-2 所示。它有多种规格，以适应不同场合的需要。它主要用于金属表面的磨削、去除飞边毛刺、清理焊缝及除锈、抛光等作业，也可以用来切割小尺寸的钢材。

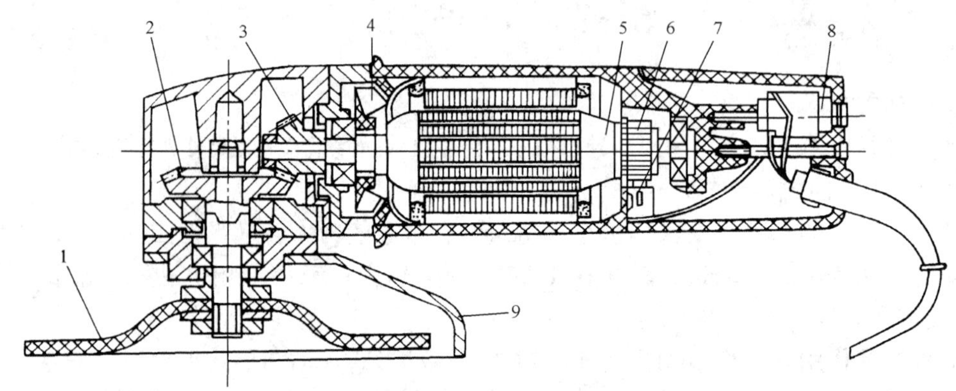

图 1-2 角向砂轮机结构

1—砂轮片；2—大伞齿轮；3—小伞齿轮；4—风扇；5—转子；
6—整流子；7—炭刷；8—开关；9—安全罩

在使用角向砂轮机时，砂轮机应倾斜 15°～30° [图 1-3 (a)]，并按图 1-3 (b) 所示方向移动，以使磨削的平面无明显的磨痕，且电动机也不易超载。当用来切割小工件时，应按图 1-3 (c) 所示的方法进行。

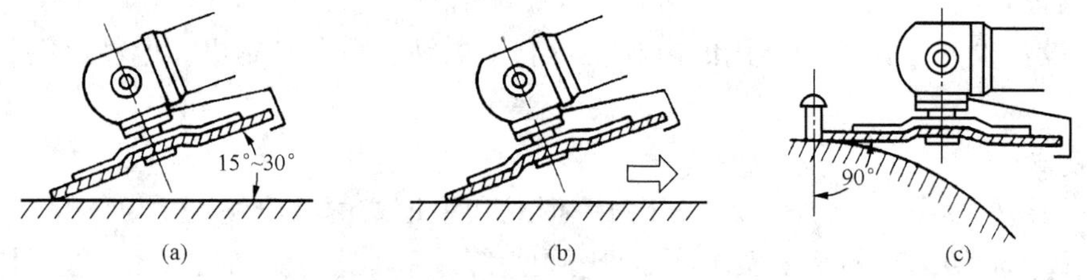

图 1-3 角向砂轮机的使用方法

3. 电动扳手

在检修中，由于螺栓类别繁多且地点分散，一般不采用电动扳手；但对大扭矩、高强度的螺栓，可采用定扭矩电动扳手。用这种扳手当扭矩达到某一定值后，则自动停机。

4. 电锤与冲击电钻

电锤用于清除铁锈、水垢、锅炉打焦、地面开孔等作业，其工作原理如图 1-4 所示。电锤作冲击—旋转运动，冲击力是靠活塞 4 产生的压缩空气带动锤头往复运动，锤头 3 冲击钻杆。若将钻杆换成短杆（图 1-4 中下图），由于压缩空气从排气孔 2 排出，锤头处于不动作状态，此时电锤则仅作旋转运动。

冲击电钻主要用于开孔作业，其结构如图 1-5 所示。冲击电钻的冲击作用是靠机械式冲击，无缓冲机构，故冲击装置易磨损。在只需作旋转运动的作业时，就不要使冲击装置投入工作状态。

使用电动工具时应注意的事项：

(1) 定期检测电动机绝缘性能（用绝缘电阻表测量），若绝缘不合格或已漏电的电动工

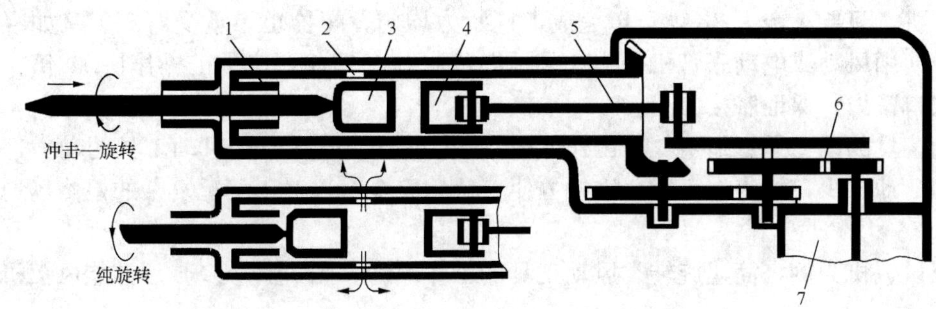

图 1-4　电锤工作原理

1—旋转空心轴（内部为气缸）；2—排气孔；3—锤头；4—活塞；
5—曲柄机构；6—减速齿轮；7—电动机

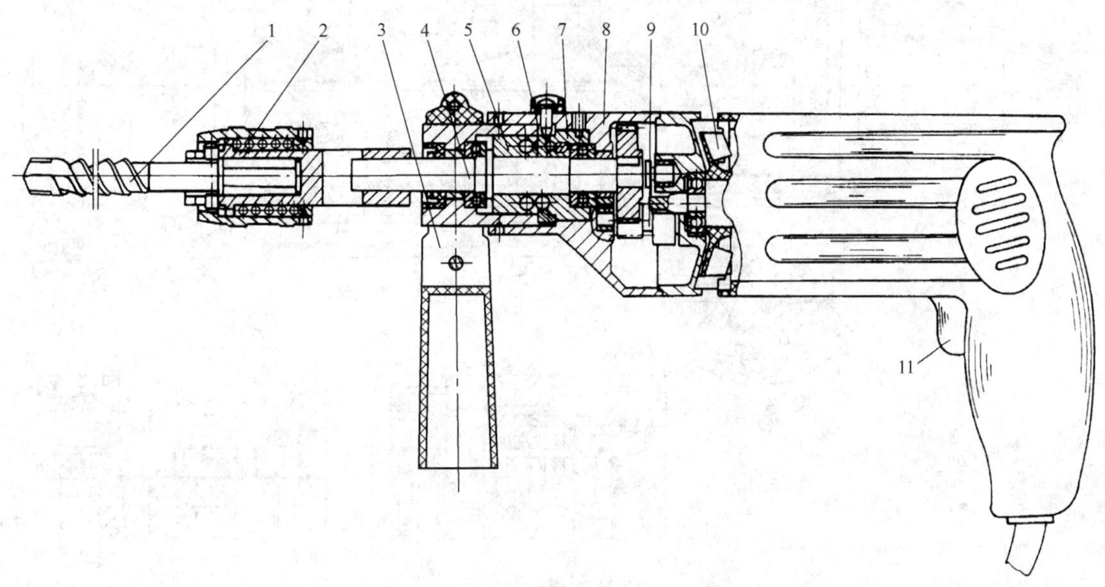

图 1-5　冲击电钻结构

1—硬质合金钻头；2—钻套；3—把手；4—钻轴；5—冲击块；6—调节环；
7—固定冲击块；8—机壳；9—主轴；10—风扇；11—开关

具，则严禁使用。

（2）使用前检查电源电压是否与工具的使用电压相符，橡皮电缆、工具上的电气开关是否完好。

（3）使用时待工具的转速到达额定转速，方可进行作业并施加压力。

（4）使用电动工具是靠人力压着或握持着的，在工具吃力时要特别注意工具的反扭力或反冲力；使用较大功率的电动工具或进行高空作业时，必须要有可靠的防护措施。

（5）在工作中发现电动工具转速降低时，应立即减小压力；若突然停转，则应及时切断电源，并查明原因。

（6）移动电动工具时，应握持工具手柄并用手带动电缆，不允许拉橡皮电缆拖动工具。

二、风动工具

在热力设备检修工作中，使用电动工具、风动工具可以大大减轻劳动强度，提高工效。如用人工紧固一台高压加热器的汽侧法兰螺栓（M45），需四个强劳动力工作 8h；使用风扳机或电扳机，只要一个人 2h 就可以完成，且紧力均匀，螺栓也不承受弯矩。又如凝汽器更换铜管，使用风动或电动胀管机平均 3～4s 即可胀一个管口，比手工操作快 10 倍，并能自动控制胀口紧力，保证胀接质量。

风动工具的动力是压缩空气，工作气压一般为 0.6MPa。由于风动工具的动力部分无传动机构、活动件少，故工作可靠、维护方便、使用安全。这对于情况复杂的检修场地是非常可取的。

现以风扳机为例，简述旋转类风动工具的工作原理。图 1－6 为 SB 型储能风扳机结构与动作原理。

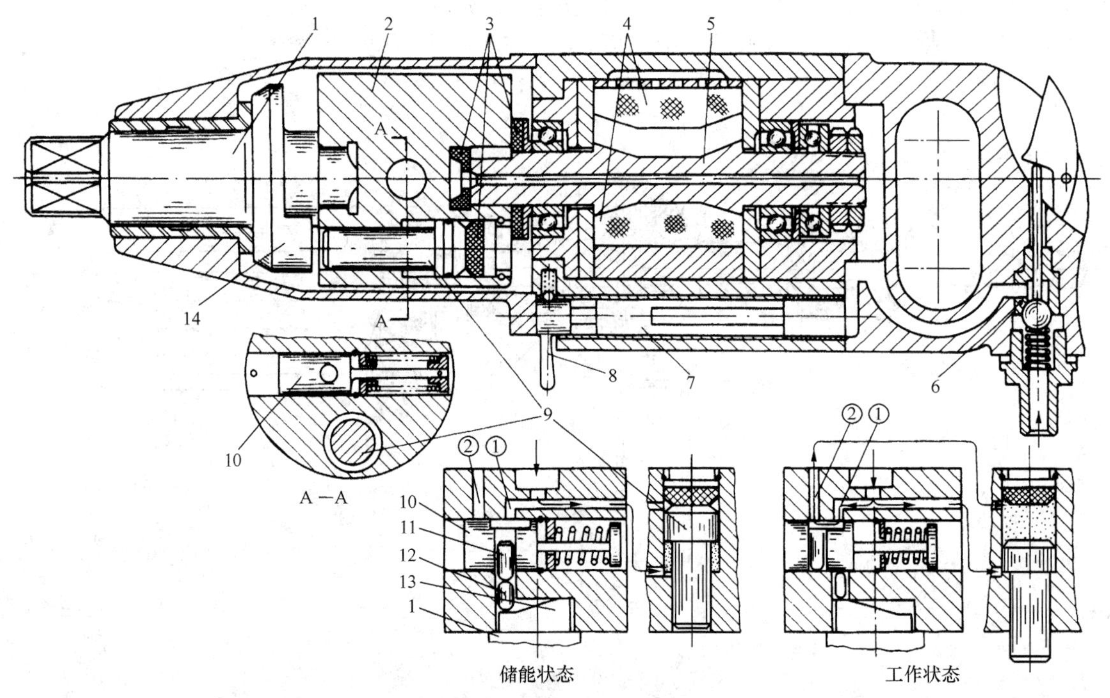

SB 型储能风扳机主要技术性能

型　　号	螺栓直径（mm）	最大扭矩（N·m）	使用气压（MPa）	机重（kg）
SB5	50	5000	0.4～0.6	17
SB6	100	12000	0.4～0.6	28

图 1－6　SB 型储能风扳机结构与动作原理

1—扳轴；2—飞锤；3—橡皮垫；4—滑片；5—转子；6—进气阀；7—倒顺阀芯；8—倒顺手柄；9—冲击销；10—离心阀；11—定时销；12—顶杆；13—扳轴凸缘；14—挡块

压缩空气经进气阀 6 进入机体后分两路：一路通过变向阀进入气缸驱动转子 5 旋转，并带动飞锤 2 旋转；另一路通过转子中心孔进入飞锤。当转子的转速达到一定值时，飞锤中的离心阀 10 克服弹簧张力向外滑出，滑到一定位置后，气道①与气道②接通，压缩空气推动冲击销 9 伸出飞锤，并冲动扳轴 1 上的挡块 14 带动扳轴转动，从而将螺帽拧紧。在拧紧螺帽过程中，随着阻力的增加，飞锤能量耗尽而转子的转速降低，离心阀 10 也因离心力减小被弹簧拉回原位，气道①与气道②被切断，此时冲击销下部的压缩空气将冲击销压回飞锤内。这样，飞锤不断地重复上述动作，直至拧紧螺帽。

扳轴头部有一凸缘13，飞锤每转一周，定时销11被凸缘顶起一次；被定时销锁住的离心阀，只有当定时销被顶起的瞬间方可滑出；凸缘13与挡块14间错开一定的角度，从而保证冲击销在伸出后再冲动挡块。

三、其他工具

1. 喷灯

喷灯是一种加热工具，其结构如图1-7所示。喷灯是将燃油汽化后与空气混合喷出点燃的，产生高温火焰。

喷灯的使用方法：从加油孔把燃油注入油桶，油量只能加到油桶高度 h 的3/4，余下的油桶空间贮存压缩空气。将一小团浸饱了燃油的棉纱放入预热盘中，然后点燃，加热汽化管。待预热盘中的油棉纱快燃尽时，用气筒打几下气，将桶中燃油压入已灼热的汽化管，再拧开调节阀，燃油汽化气经喷嘴喷入喷焰管，与空气混合后燃烧，成为火焰。火焰必须由黄红色逐渐变成蓝色时，方可将气打足投入使用。

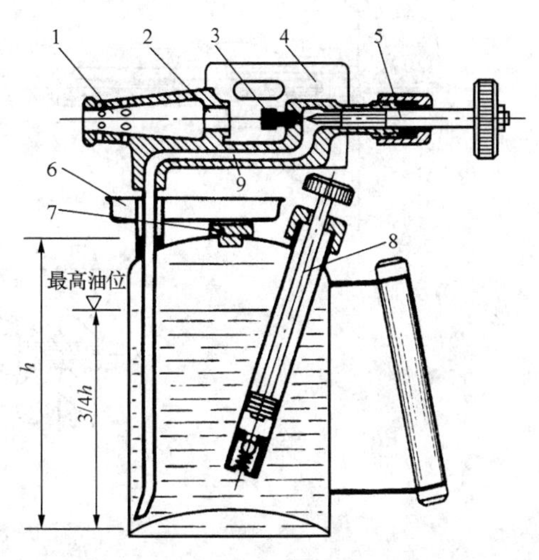

图1-7　喷灯结构

1—喷焰管；2—混合管（空气与燃气）；3—喷嘴；4—挡风罩；5—调节阀；6—预热盘；7—加油螺帽；8—气筒；9—汽化管

熄灭喷灯时，应先关闭调节阀，使火焰熄灭；待冷却数分钟后再旋松加油螺帽，放出桶内空气。

喷灯常用的燃油是汽油或煤油，但注意这两种油不能混合使用。同时，用煤油的喷灯也不允许用汽油作燃油。使用时注意防火，加完油或放完气后，应将加油螺帽拧紧。点喷灯时，喷火口的正前方要求宽敞，更不能对着人或易燃物。

2. 射钉枪

射钉枪是一种快速安装工具。该枪利用火药爆发时产生的高压气体推动活塞，由活塞顶杆将尾部有螺纹（或平头等其他形状）的钢钉射入钢板、混凝土或其他构件，以代替打眼、钻孔、预埋螺钉等复合作业。它具有不损坏构件、效率高、强度高的优点。其结构示意如图1-8所示。

目前国产的射钉枪有多种规格，常用的枪口径为8mm，钢钉直径4～8mm。子弹由制造厂供货，子弹的爆发能量级别用弹壳的颜色区分（红、黄、绿、白），这样便于施工时选择。钢钉从枪口直接装入，钉尖处可用非金属垫定心。

使用时，将枪口对准安装位置并压紧，要求枪中心线垂直于工作面，然后扣动枪机，即将钢钉射入。

还有一种无活塞的射钉枪，可将直径8～10mm钢钉射入两层10mm厚钢板，其强度高于铆接［图1-8（c）］。

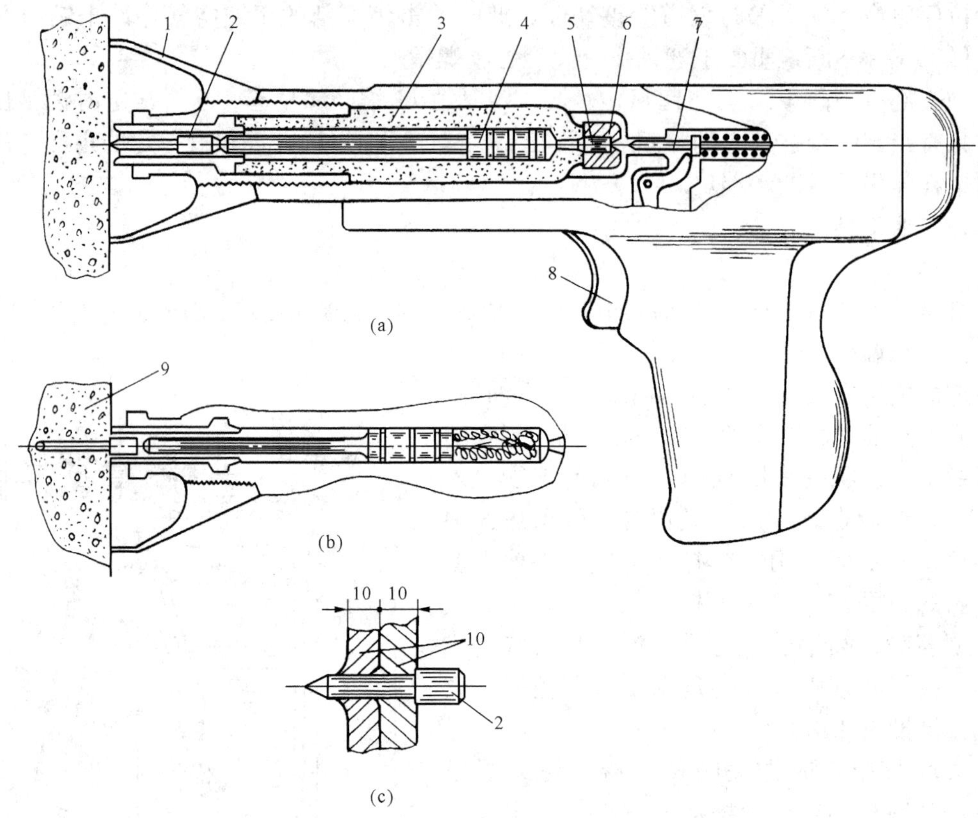

图 1-8　射钉枪结构示意

(a) 结构示意；(b) 爆发后状态；(c) 钢钉穿钢板后状态

1—安全罩；2—钢钉（高强度钢）；3—枪镗；4—活塞；5—子弹；6—枪栓；7—撞针；8—枪机；9—混凝土；10—钢板

第二节　量　　具

一、测速仪

测速仪是专门用来测量旋转机械转速的。常用的测速仪有机械式、光学式、电磁式三类。

1. 机械式转速表

图 1-9 是国产机械式手持转速表，测转速范围为 30～4800r/min，并可测量转体的线速度。

在测转速前，应先将转速表上的调速盘转到所需要的测速档位。若被测物的转速不能预估，则可先用高速档位试测，切不可用低速档位测高速。测速头接触被测物时，动作要缓慢，同时应使两者保持在同一旋转中心。测速头顶在被测物上不要过紧，其松紧程度以不产生相对滑动即可。测速时间一般不要超过 1min。

2. 光学式速仪

这类测速仪多用光电管接收信号，用数码管显示数字（转速），其精确程度高于机械式转速表。现以图 1-10 所示的数显式手持转速表为例，简述其使用方法。

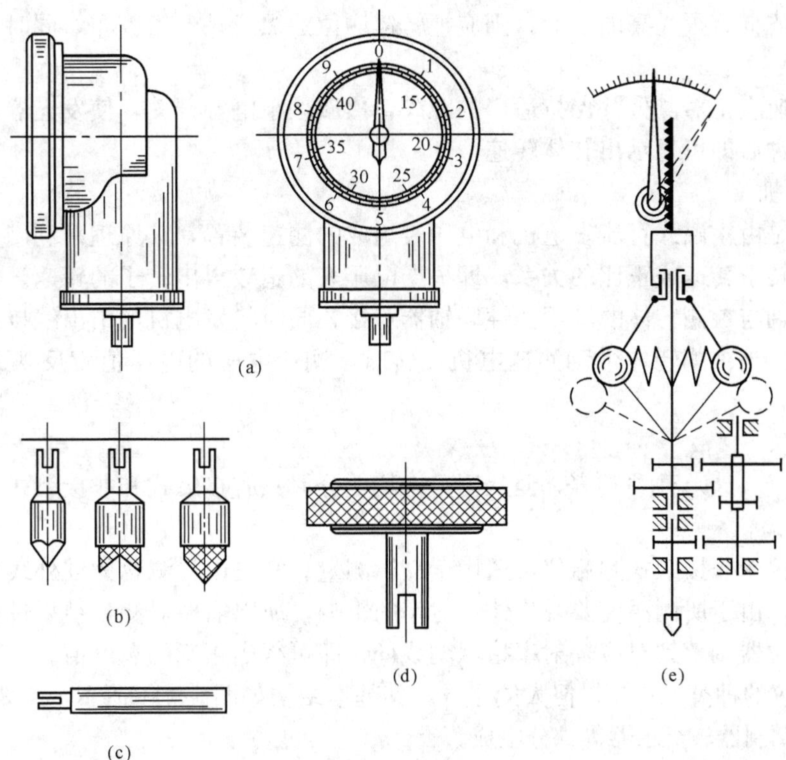

图 1-9　机械式手持转速表及其原理

(a) 转速表外形；(b) 测速头；(c) 加长杆；(d) 测线速度滚轮；(e) 转速表动作原理

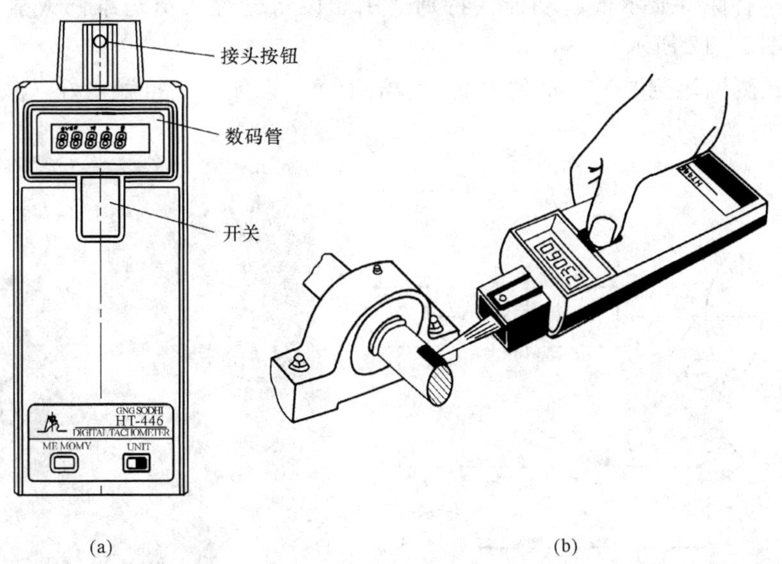

图 1-10　数显式手持转速表

(a) 外形；(b) 测试方法

(1) 按箭头方向打开电池盖，按极性指示标志装入干电池。

(2) 将一块反射片贴在被测转体上，非反射部位的面积应为反射面积的 2 倍以上。如果转体表面镀铬或具有很光亮的表面，则应把转体测位涂黑或贴上黑胶布，同时要求被测段无油污。

（3）将转速表正对测位并保持适当的距离，然后按下电源开关，使发光器发出的光正对反射片，数秒钟后即可显示出转体转速。

3. 测速电机

测速电机是由永磁式直流发电机和电压表组成的测速装置，其原理是利用直流发电机的电压与该机的转子转速成正比的关系，即根据电压表的指数得出转子的转速。在测速时，将直流发电机的轴与被测转体的轴用挠性联轴器对接，同时将发电机的引出线接在刻有转速刻度的电压表上。当被测转体带动测速电机旋转时，测速电机的电压值就反映了被测转体的转速。

二、测温仪

温度测量仪（计）种类较多，但从测量方法上分，只有接触式和非接触式两大类。

1. 红外测温仪

红外测温仪属非接触式测温仪，适用于高温测量。它是以检测物体红外线波段的辐射能来测量温度的。由于所测温度要受物体辐射率的影响，所以需要对测量结果进行修正，操作时可将修正电位器调整到对应辐射率指示刻线处，即可得出正确的温度值。

红外测温仪的种类也较多，但大同小异，其基本结构如图 1-11 所示，主要由光学系统、红外探测器、调制器、显示器等部分组成。

2. 数字式测温笔

数字式测温笔属接触式温度计。它是一种新颖的电子温度计，测量范围一般为－15～150℃。使用时，只需将其探头端部轻压在被测点上，待显示值稳定之后，即为被测点温度值。该测温笔具有保持显示值的功能，特别适用于设备管理人员与维修人员对设备进行点检，其外形如图 1-12 所示。

使用数字式测温笔测温时，被测表面应清洁干净，以便探头接触良好，减小误差，保护探头端部。

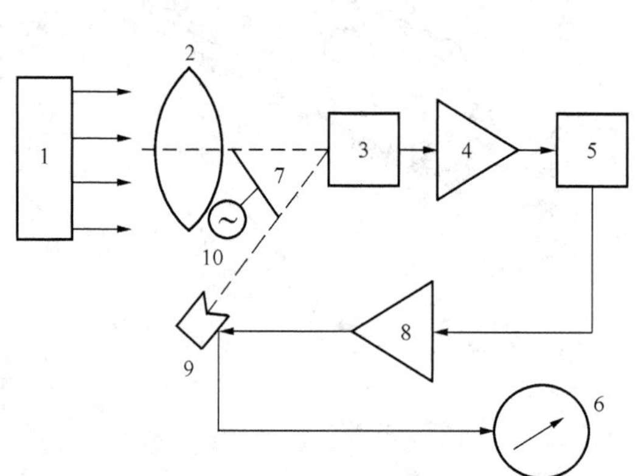

图 1-11　红外测温仪结构

1—目标；2—光学系统；3—红外探测器；4—放大器；5—整流器；6—显示器；7—调制器；8—控制放大器；9—参考源；10—电动机

图 1-12　数字式测温笔外形

三、测振仪

1. 弹簧式振动表

弹簧式振动表是按照地震仪的原理制造的，其外壳的重量及支点的设计应使外壳具有较低的自身振动频率（300 次/min）。因此，每个振动表只能测量在一定转速范围内的振动幅度，其结构如图 1-13 所示。

在测振时，将振动表放在被测物的平面上，被测物的振动大小，可从百分表指针的来回摆动范围看出。因为表的指针来回摆动频率较高，而且不在同一位置上，所以在读表时要仔细。比较准确的读法是：指针来回摆动重复次数最多的较稳定的一段弧长，即为被测物的振动振幅。

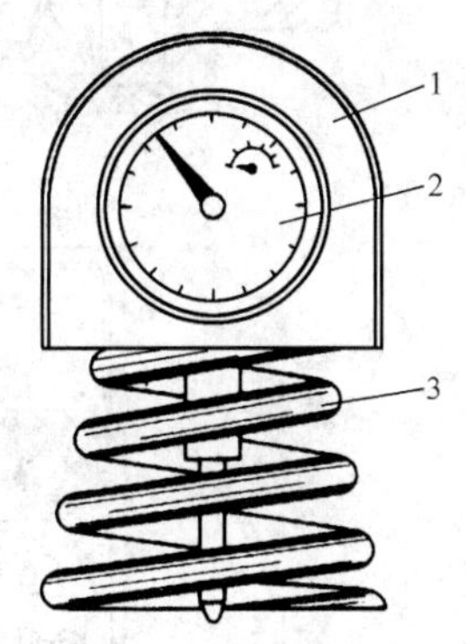

图 1-13 弹簧式振动表结构
1—外壳（配重）；2—百分表；3—弹簧

2. 电磁式测振仪

电磁式测振仪是目前广为采用的一种测振仪表。它由接收振动的拾振器与指示读数的测振表两部分组成。

（1）拾振器（电磁式传感器）。它利用电磁感应原理将振动转为电信号，其结构如图 1-14（a）所示。圆柱形的永久磁铁 2 用铝架 4 固定在外壳 6 内，使外壳与永久磁铁之间形成两个弧形气隙。工作线圈 7 放在右边的气隙中，阻尼环 3 放在左边的气隙中，它们之间用芯杆 5 连接，并用弹簧片 1 和 8 支承在外壳上。测量时，将拾振器与被测物接触，使拾振器随被测物一起振动。由工作线圈、阻尼环和芯杆组成的可动部分，由于支承弹簧的减振作用，可近似地看作保持不动，这样可动部分即与外壳产生相对运动，使工作线圈在气隙中切割磁力线而产生感应电动势。感应电动势通过电信号由接头 9 传出，输入到测量电路中去。

（2）测振表。其作用是将拾振器送来的电信号进行阻抗变换、积分、微分、放大，最后通过表头读数取得被测物的振动振幅。

测振仪的用法是：手握拾振器筒形外壳，将顶杆压在被测物上，其压力的大小只需保持顶杆尖与被测物间不出现脱离现象即可。但要注意拾振器的稳定，以免由于拾振器的摇晃而引起读数的偏差。拾振器所接收的振动是沿着拾振器的轴线方向的，如被测物上 A 点［图 1-14（b)]，同时有 x 方向和 y 方向振动分量。当顶杆轴线沿 x 方向顶在 A 点时，所得的则是 x 方向的振动分量。当需要测 A 点 y 方向振动分量而又无处顶时，可采用图 1-14（c）所示的方法进行测量。

使用时，用两头带有插头的导线连接拾振器与测振表，按下相应的开关键，此时表头的读数即为被测物的振动值。

这类测振仪式样较多，有指针指示的，也有液晶数字显示的，还有将拾振器与测振仪合为一体的。图 1-15 所示为数字式测振笔。无论采用哪一种，在读数时均应注意振动量的单位和振动量的档位。

四、测厚仪

测厚仪在热力设备检修中应用较广泛，它能在不破坏设备材料的情况下，对管壁、板材、轴类等的厚度进行方便、快捷、准确的测量。超声波测厚仪就是其中的一种。

超声波测厚仪是利用超声脉冲波反射的原理来进行测厚的。超声波从一种均匀介质传播到另一种均匀介质时，在分界面上会发生声波的反射。从探头发射晶片发射的超声波，经延

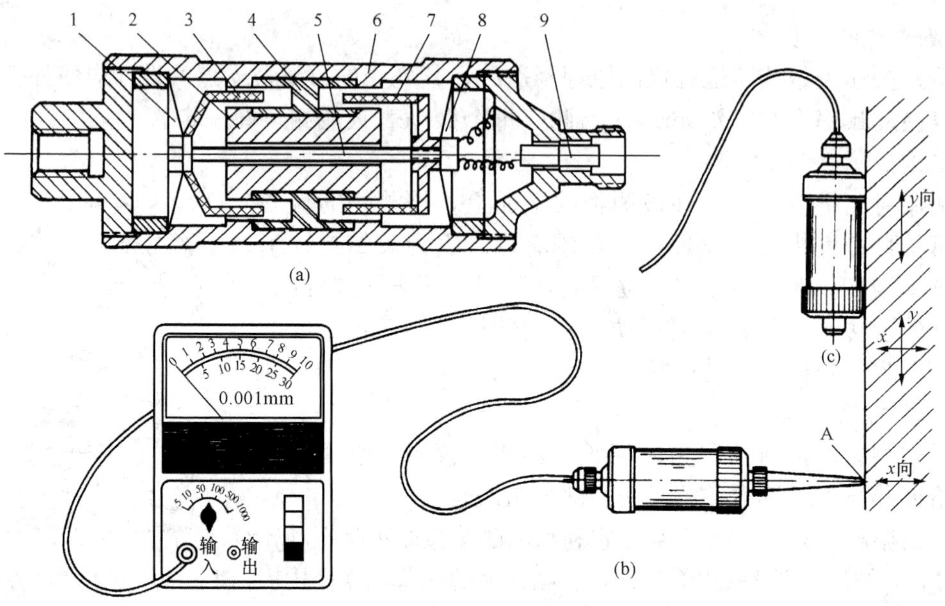

图 1-14 电磁式测振仪

(a) 拾振器结构；(b) 测 x 向振动；(c) 测 y 向振动

1，8—弹簧片；2—永久磁铁；3—阻尼环；4—铝架；5—芯杆（连接杆）；6—外壳；7—工作线圈；9—接头

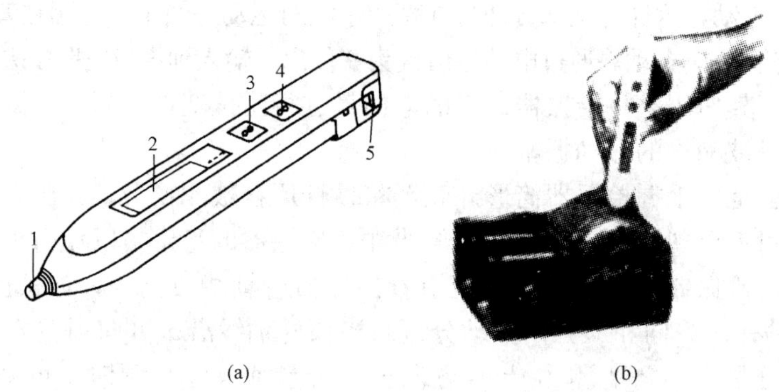

图 1-15 数字式测振笔

(a) 测振笔结构示意；(b) 测振笔的使用

1—测量探头；2—显示窗；3—保持按钮；4—开启按钮；5—电池仓

迟块进入被测件，超声波到达分界面时（被测件的底面）即被反射回来，又通过延迟块被探头的接收晶片吸收。测出超声波经过被测件的时间，根据声速、时间、距离三者的关系，即可求出被测件的厚度，如图 1-16 所示。

由于声波在不同的材料中传播的速度不同，所以操作时应根据被测件的材料在测厚仪上选择相应的声速，并使探头与被测件接触良好。

五、泄漏检测仪

热力系统由大量的管道、阀门和容器组成，由于制造、安装、使用上的原因，往往会造成

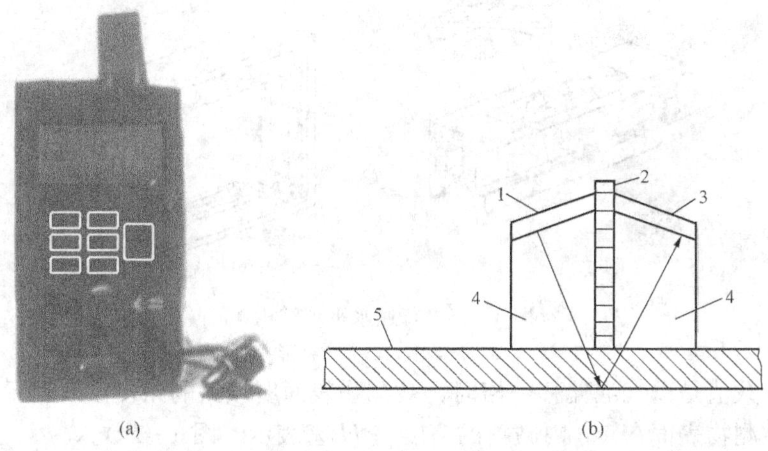

图 1-16　超声波测厚仪的原理
(a) 测厚仪外形；(b) 测厚仪测厚原理结构示意
1—发射晶片；2—隔声层；3—接收晶片；4—延迟块；5—被测件

介质泄漏。当介质从缝隙中漏出或进入时，会发出声音信号或超声信号，泄漏检测仪通过感受这些信号，可方便而准确地找出压力系统或真空系统的泄漏，其工作原理如图 1-17 所示。

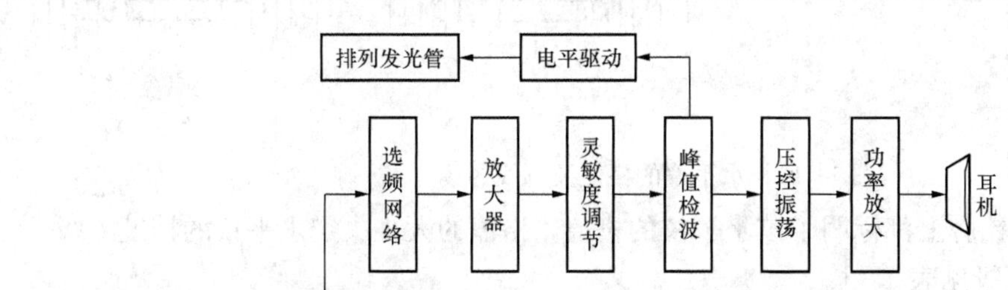

图 1-17　泄漏检测仪工作原理

泄漏检测仪还可用来检测非受压设备的密封程度。其原理是把超声波发射器放到所需测试的物体内部，让被测区内充满这种声波，如果被测物体有泄漏点，那么此信号就会穿过泄漏点被检测仪捕捉到，从而找到泄漏处。

六、水平仪

水平仪用于检验机械设备平面的平面度，机件的相对位置的平行度，以及设备的水平位置与垂直位置。常用的水平仪有普通水平仪和光学合像水平仪两种。

1. 普通水平仪

普通水平仪有长条形和方框形两类。它由框架和水准器两部分组成，其结构如图 1-18 所示。框架的测量面上有 V 形槽，以便放置在圆柱形的表面上。水准器为一弧形玻璃管，玻璃管的上方外表面有刻线，内装乙醚或酒精，但不装满，留有一个小气泡，这个气泡永远处在玻璃管的最高点。如果水平仪处在水平位置时，则气泡就位于玻璃管中央位置；若水平仪倾斜一个角度，则气泡就向高处移动。根据气泡在玻璃管内移动的格数，即可知道被测面的倾斜度。

玻璃管上方外表的刻线，其刻线每一格所含的值标为该水平仪的格值。

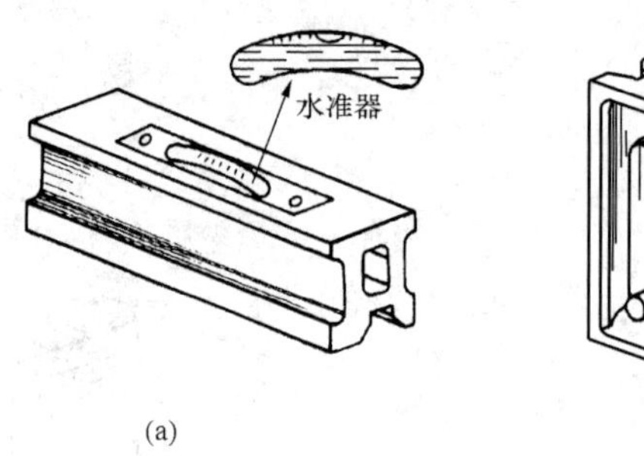

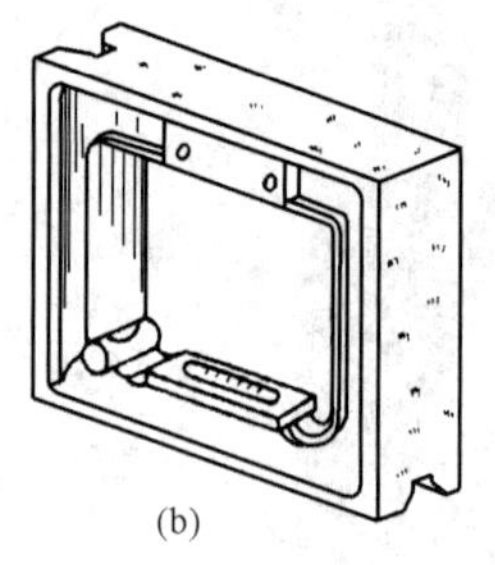

图 1-18 普通水平仪结构
(a) 长条形；(b) 方框形

水平仪的读数值是以气泡偏移一格时，被测物表面所倾斜的角度 θ 来表示，或者以气泡偏移一格时，被测物表面在 1m 内倾斜的高度差 H 来表示（图 1-19）。

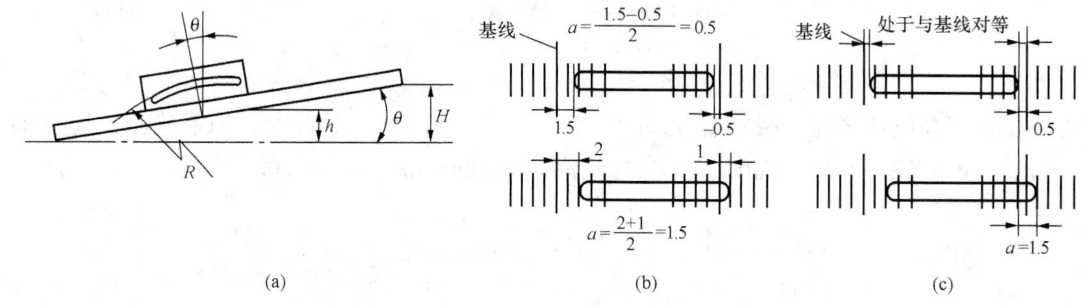

图 1-19 水平仪的格值及刻线的读法

在每台水平仪的铭牌上都标明了该水平仪的格值，格值的大小决定水平仪的精度等级。水平仪的精度等级见表 1-1。

表 1-1 水平仪的精度等级

精度等级	1	2	3	4
气泡移动一格时的倾斜角度 θ	4″～10″	12″～20″	24″～40″	50″～1′
气泡移动一格时，1m 内的倾斜高度差 H（读数值）(mm)	0.02～0.05	0.06～0.10	0.12～0.20	0.25～0.30

例如：格值为 0.02mm/m 的水平仪。当气泡移动一格时，水平仪的底面倾斜角度 θ 是 4″，1m 内的高度差为 0.02mm（即 H=0.02mm）。如果气泡移动 2 格，就表示倾斜角是 8″，1m 内的高度差为 0.04mm。

常用的方框水平仪的边长为 200mm，其接触长度仅为 0.20m，如果气泡移动一格，则 200mm 长度两端高度差 h 为 0.02×0.20=0.004mm。

2. 普通水平仪气泡偏移格数的读法

水平仪气泡偏移格数的读法有两种：

（1）以气泡两头偏离刻线基准线的格数，计算出气泡的实际偏移量（格数），其计算方法如图 1-19（b）所示。

（2）先记住水平仪处于水平状态时气泡的位置，再看实际测量后气泡的格数，其读法如图 1-19（c）所示。

3. 普通水平仪的使用方法

在用水平仪测量物体平面的水平度或扬度时，为了消除水平仪自身的误差，应在第一次测量后，将水平仪原位调头180°再测一次，取两次读数的平均值。

若用水平仪检测物体平面的平直度、平面度时，则不用调头。水平仪自身的误差对检测平直度与平面度不产生影响，但在测量的全过程，水平仪必须始终保持一个方向不变。

用水平仪测量物体水平度或扬度时，其格数的计算方法如下：

(1) 测量时，两次气泡的偏移方向相同，而偏移的格数不同，说明被测面不水平，水平仪也有误差（水平仪误差小于被测面水平偏差）。

设 a_1 和 a_2 分别为两次测量气泡偏移格数，则被测面水平实际偏差格数为

$$a=\frac{a_1+a_2}{2}$$

(2) 测量时，两次气泡的偏移方向不同，偏移的格数也不同，说明被测面不水平，水平仪也有误差（水平仪误差大于被测面水平偏差）。

因气泡两次偏移的方向相反，故有正负之分，设偏移格数多的一次为正，以 a_1 表示，则 a_2 为负，故被测物水平实际偏移格数为

$$a=\frac{a_1+(-a_2)}{2}=\frac{a_1-a_2}{2}$$

(3) 被测物水平实际偏差量 H（mm）应为

$$H=a\times 水平仪格值\times 被测物长度（m）$$

若被测面水平偏差较大，水平仪的气泡偏移至刻线以外，无法读出气泡偏移格数，此时可在水平仪低的一端垫上适当厚度的塞尺。所加塞尺厚度与水平仪的格数有如下关系：如水平仪的边长为200mm，格值为0.02mm/m，则水平仪偏移一格，其两端的高度差为0.004mm。设垫片厚度0.01mm，即水平仪两端高度差为0.01mm，此值相当于气泡偏移了：0.01/0.004＝2.5(格)。

4. 光学合像水平仪

光学合像水平仪已被广泛应用于精密机械制造、调试、安装工作中。光学合像水平仪通过用比较法和绝对测量法来检验零件表面的直线度和设备安装位置的准确度，同时还可以测量零件的微小倾角。

光学合像水平仪的外形和结构原理如图1-20所示。

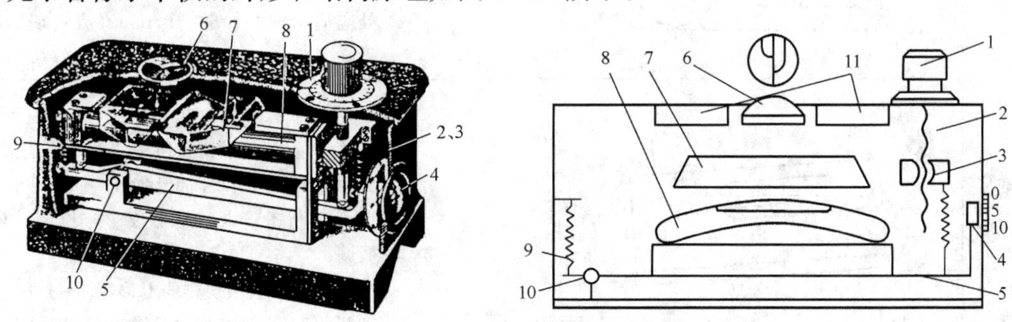

图1-20　合像水平仪结构及原理

1—微调旋钮（等分100格，每格0.001mm）；2—调整丝杆；3—螺母；4—侧窗口滑块；5—杠杆机构；6—凸透镜；7—三棱镜组合体；8—水准器；9—弹簧；10—杠杆支承；11—上窗口

光学合像水平仪的水准器8安装在一组杠杆平板上，水准器的水平位置可以用旋钮1通过丝杆2和杠杆机构5进行调整。丝杆螺距为1mm，旋钮的刻度盘等分100格，故每格为0.01mm，即该水平仪的刻度分划值为0.01mm。

水准器玻璃管的气泡两圆弧分别用三个不同方位的棱镜反射至上窗口的凸透镜上，分成两半合像。当水准器不在水平位置时，凸透镜两半合像A、B（图1-20）就不重合；处于水平位置时，凸透镜两半合像A、B就合成一整半圆。

该水平仪的特点，即水准器可以调整。如水平仪的底面（水平仪基面）处于不水平位置时，可调整水准器，使其处于水平状态。水准器与水平仪底面的夹角就是被测面的倾角（或高差）。

使用合像水平仪时，通常将水平仪的微调旋钮位于右手侧（这点对初学者尤为重要）。其具体使用方法见表1-2。

表1-2　　合像水平仪的使用方法

项　　目	示　意　图	使　用　方　法
将水平仪自身调整到水平状态	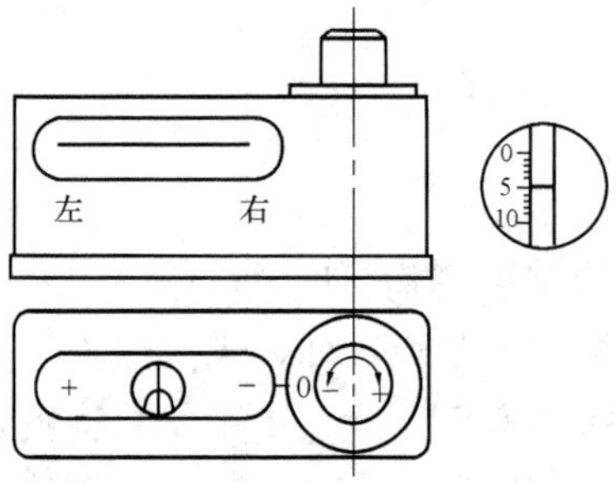 左　右　0　5　10　+　−　0	1. 将侧窗口滑块4的刻线对准刻度“5”； 2. 将微调钮上的“0”对准起点线
气泡位置“左低右高”的调整与计算	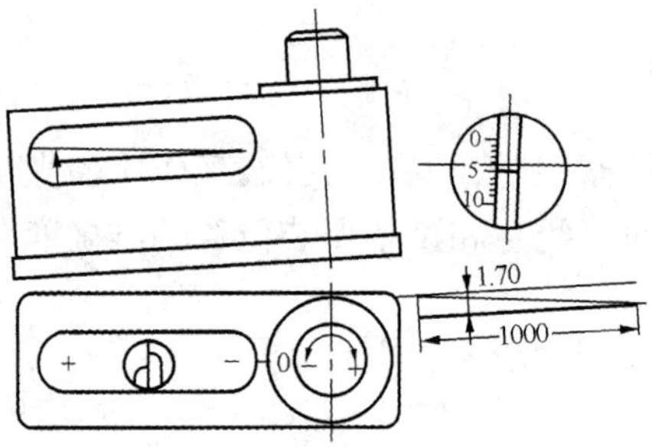 0　5　10　1.70　1000　+　−　0	1. 因气泡是左低，在左侧上窗口上标示为“+”号，故将微调钮按“+”方向旋转，此时侧窗口的滑块刻线向下移动； 2. 目视凸透镜，当两半弧成一个整半圆时，即停止微调； 3. 计算：设滑块刻线下移至第六格与第七格之间，微调盘上“70”对准起点刻线，即读成6.70mm，因基准数为“5”，故左端1m处应垫高6.70−5＝1.7mm（或右端1m处下降1.7mm）
气泡位置“左高右低”的调整与计算	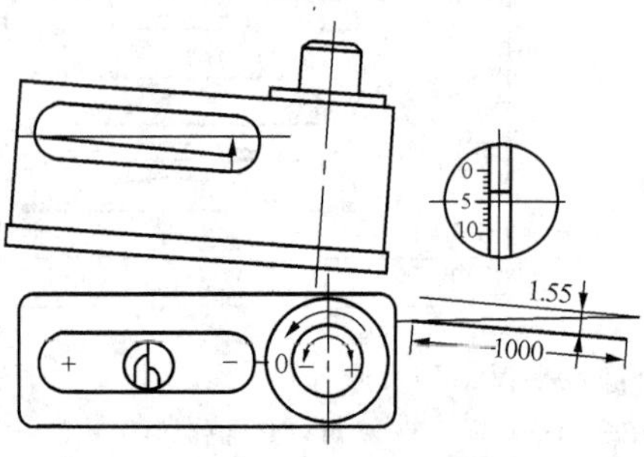 0　5　10　1.55　1000　+　−　0	1. 由于右侧低，在右侧上窗口上标示为“−”号，故将微调旋钮按“−”方向旋转，此时侧窗口的滑块向上移动； 2. 当凸透镜内两半弧成整半圆时，停止微调； 3. 计算：若滑块刻线上移至3～4格之间，微调的起点刻线对微调盘“45”，即读成3.45mm，则右侧1m处应垫高5−3.45＝1.55mm（或左端处于下降1.55mm）

5. 用水平仪测量设备直线度的方法

用水平仪测量设备的直线度误差时，先将被测面分成若干测段（每测段长应等于或略大于水平仪底面长，并要求每测段相等），再用水平仪依次由一段移至另一段来进行逐段测量，并记录其测值。然后将测段和测值分别同一比例列入直角坐标系，连接各交点，形成一条曲线，该曲线就是被测设备的直线度误差。

现举用 200mm×200mm、水准器格值为 0.02mm/m 的方框水平仪，测量长为 800mm 的导轨直线度的例子。将导轨等分四段（每段 200mm），自左至右逐段地进行测量，其值分别为 +1.5、+1 格、−0.5格、−1 格。然后将各值按同一比例列入直角坐标系中（图 1-21），连接各点并作首点与尾点连线。从曲线图中可看出，此导轨中间部位凸出，最高点位于 400mm 处的 a 点，其凸出最大为$\overline{ab}$，按同一比例测出$\overline{ab}$为 2 格。根据已知条件，2 格的格值为

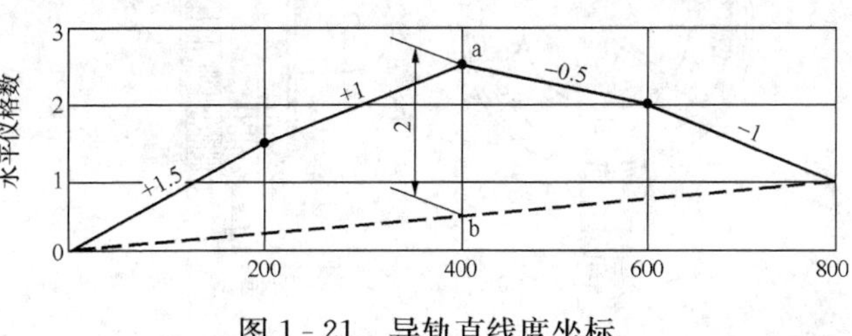

图 1-21　导轨直线度坐标

$$0.02 \times \frac{200}{1000} \times 2 = 0.008\text{mm}$$

即该导轨的直线度误差为 0.008mm。

用上述方法，将设备平面作若干条等距平行的直线度曲线，并把所得曲线绘制在一张图上，即可分析出该设备平面的平面度。

6. 使用水平仪的注意事项

(1) 使用前，应将水平仪底面和被测面用布擦干净，被测面不允许有锈蚀、油垢、伤痕等，必要时可用细砂布将被测面轻轻砂光。

(2) 水平仪应轻轻地放在被测面上。若要移动水平仪，则只能拿起再放下，不许拖动，也不要在原位转动水平仪，以免磨伤水平仪底面。

(3) 观看水平仪的格值时，视线要垂直于水平仪上平面。第一次读数后，将水平仪在原位（用铅笔划上端线）掉转 180°再读一次，其水平情况取两次读数的平均值，这样即可消除水平仪自身的误差。若在平尺上测量机体水平，则需将平尺和水平仪分别在原位调头测量，共读四次，四次读数的平均值为机体水平情况。

(4) 用完后，将水平仪底面抹油脂进行防锈保养。

七、百分表与千分表

百分表与千分表是测量工件表面形状误差和相互位置的一种量具。它们的动作原理均为使测量杆直线位移，通过齿条和齿轮传动，带动表盘上的指针作旋转运动。百分表结构如图 1-22 所示。

百分表的刻线原理：测量杆直线移动 1mm，表盘上的长指针旋转一周（也就是末级小齿轮旋转一周），将表盘圆周等分 100 格，则每格为 1/100mm。千分表的刻线原理：测量杆直线移动 0.1mm，表盘上长指针旋转一周，将表盘圆周等分 100 格，则每格为 1/1000mm。表盘上的短针用于指示长针的旋转圈数。

百分表和千分表。这两种表都配有专用表架和磁性表座。磁性表座内装有合金永久磁

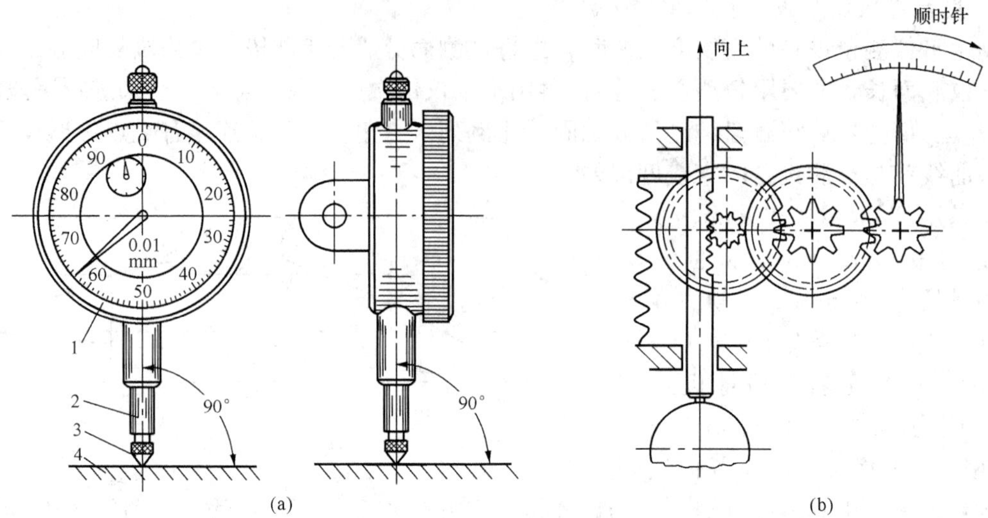

图 1-22 百分表结构

(a) 外形；(b) 结构原理

1—活动表圈；2—测量杆（齿条）；3—测头；4—工件

钢，旋转表座上的旋钮，即可将磁钢吸附于导磁金属的表面上。

使用百分表或千分表时应注意以下几点：

(1) 使用前，先把表杆推动或拉动两三次，检查指针是否能回到原位置，不能复位的表，不许使用。

(2) 在测量时，先将表夹持在表架上，表架要稳。若表架不稳，则应将表架用压板固定在机体上。在测量过程中，必须保持表架始终不产生位移。

(3) 测量杆的中心线应垂直于测点平面。若测量为轴类，则测量杆中心应通过轴心。

(4) 测量杆接触测点时，应使测量杆压入表内一小段行程，以保证测量杆的测头始终与测点接触。

(5) 在测量中应注意长针的旋转方向和短针走动的格数。当测量杆向表内进入时，指针是顺时针旋转，表示被测点高出原位，反之则表示被测点低于原位。

八、天平

在热力设备检修中，常用的一种普通天平如图 1-23 所示。使用天平时，先将天平放平，使指针指在标尺的中间位置；然后用手指轻轻点动称盘，指针左右摆动，动作灵活的天平，其左右摆动值应相等。在静止状态，若指针不在标尺中间（天平处于水平位置），可调整天平两端的螺帽。

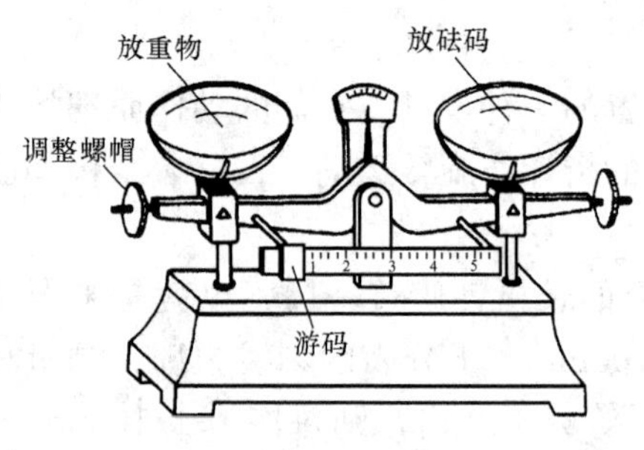

图 1-23 普通天平

根据习惯，称重时，左称盘放重物，右称盘放砝码。加砝码应先重后轻，微量调整时可移动游码。取放砝码应用镊子夹取，不要用手直接拿取，并要轻拿轻放。被称物体的重量不得超过该天平所配砝码的总重以免天平超载而受损。

九、塞尺

塞尺又称厚薄规，如图1-24所示。它由一组不同厚度的钢片重叠，并将一端松铆在一起而成。每片上都刻有自身的厚度值。在热力设备检修中，常用来检测固定件与转动件之间的间隙，检查配合面之间的接触程度。

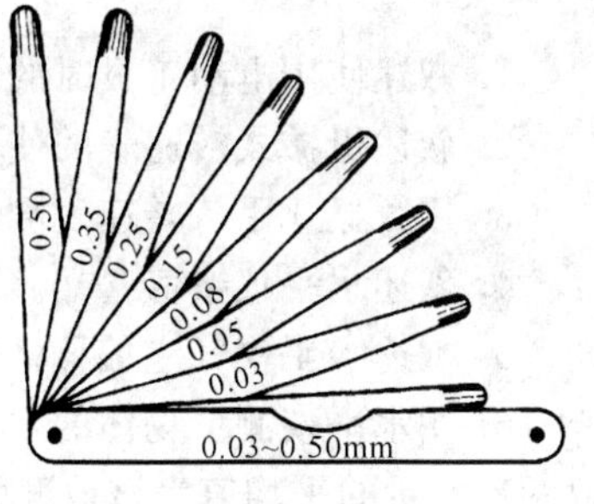

图1-24 塞尺

测量时，先将塞尺和测点表面擦干净，然后选用适当厚度的塞尺片插入测点，用力不要过大，以免损坏塞尺片。用塞尺测量的测量精确程度全凭个人的经验，过紧、过松均造成误差，一般以手指感到有阻力为准，其手感要通过多次实践。

如果单片厚度不合适，可同时组合几片进行测量，一般控制在3～4片以内。超过三片，通常就要加测量修正值。根据经验，大体上每增加1片，加0.01mm修正值。在组合使用时，应将薄片夹在厚片中间，以保护薄片。

当塞尺片上的刻值看不清或塞尺片数较多时，可用分厘卡（千分尺）测量塞尺厚。塞尺用完后，应擦干净并抹上机油进行防锈保养。

第三节 工具、量具保养及其使用注意事项

一、工具保养

(1) 任何工具均应按其性能及技术要求进行使用，不得超出工具的使用范围。

(2) 使用电动工具时，其电源必须符合电动机的用电要求（交直流、电压、频率等），并严禁超负荷使用。

(3) 工具应定期进行检查，及时更换已失效或磨损的附件。电动工具应定期测定电机绝缘并作记录，电源线、开关应保持完好。

(4) 凡需加油润滑的工具，应定期进行加油润滑和保养。

(5) 所有工具应存放在固定地点，存放处应干燥、清洁。盒装工具使用后，应清点并擦干净再装入盒内。

二、量具保养

量具是贵重仪器，应精心保养。量具保养得好坏直接影响使用寿命和量具的精度，要求做到以下几点：

(1) 使用时不得超过量具的允许量程。

(2) 用电的量具，电源必须符合量具的用电要求。

(3) 所有量具应定期经国家认可的检验部门进行校验，并将校验结论记入量具档案。不符合技术要求或检验不合格的量具禁止使用。

(4) 贵重精密量具应由专人或专业部门进行保管，其使用及保管人员应经过专业培训，熟知该仪器、仪表的使用与保养方法。

(5) 使用时应轻拿轻放，并随时注意防湿、防尘、防振，用完后立即揩净（该涂油的必须涂油保养），装入专用盒内。

思 考 题

1. 叙述使用电动工具时的注意事项。

2. 叙述机械式转速表的使用方法。

3. 用数显式手持转速表测量转体转速时，为何要在被测转体上贴一块反射片？

4. 叙述水平仪格值含义。

5. 叙述水平仪气泡偏移格数的两种读法。

6. 用水平仪测量物体的水平度时，为何要将水平仪在被测面上原始调头再测一次水平值，取两次测量的平均值为该被测面的水平度？

7. 水平仪自身的误差如何计算？

8. 叙述被测物水平偏差量 H（mm）的计算公式。

9. 叙述用水平仪测量物体表面平直度的方法。

10. 叙述使用百分表时的注意事项。

11. 说明百分表指针的旋转方向与被测点位置的关系。

12. 在轴的表面架设百分表时应如何架设？

13. 叙述使用塞尺的方法及注意事项。

14. 当塞尺片数超过三片后，为何要每增加一片加 0.01mm 修正量？

15. 量具为何要定期到国家认可的检验部门进行校验？

第二章

起　重

设备及零部件的捆绑、起吊、装卸、搬运等作业通称为起重。任何一项热力设备检修工作，都离不开起重作业。

第一节　索具及拴连工具

一、麻绳、锦纶绳与绳结

1. 麻绳

麻绳是用大麻纤维拧成的，麻绳在起重工作中主要用于捆绑重物或物品的人工搬抬，一般不作为起重机械的牵引索具。

麻绳的强度计算可用拉伸强度公式进行计算。在现场作业中，通常采用表 2-1 中的公式进行估算。

表 2-1　新麻绳允许受力

用　途	允许受力 F (N)	举　例
一般起吊 捆　绑 吊　人	$7d^2$（d 为新麻绳直径，mm） $4.5d^2$ $3d^2$	若 d 为 20mm，用于一般起吊，则允许受力 $F=7\times20^2=2800$ (N)

2. 锦纶绳

锦纶绳是化纤制品，其强度高于麻绳，它具有抗油、吸水少、耐腐蚀及弹性好的优点。在起重作业中，锦纶绳将逐渐替代麻绳。

锦纶绳除制成绳状外，还常制成一种定长带扣的锦纶带或制成环形不带扣的锦纶带，作为重物的起吊，可减少打绳结的麻烦。

锦纶绳分为浸胶和不浸胶两种，前者的强度高于后者。锦纶绳的允许受力可采用式(2-1)估算，即

$$F = 25d^2 \tag{2-1}$$

式中　F——允许受力，N；

d——锦纶绳直径，mm。

锦纶绳的强度大约是新麻绳的 3.5 倍。

3. 绳结

在使用绳索时，根据用途不同，可打成各种绳结。绳结打法要求方便、牢固，既容易解开，又能在受力情况下不松脱。常用的绳结及其用途见表 2-2。

表 2-2　常用绳结的用途和说明

绳结图	绳结名称	用　途
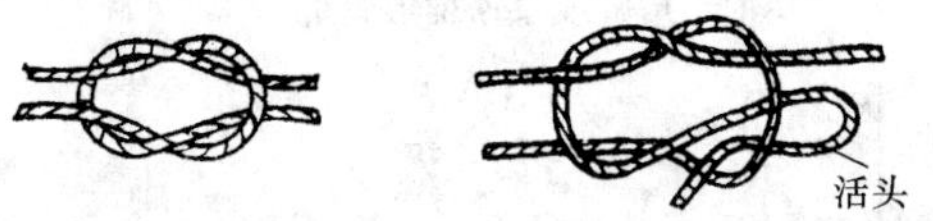 活头	平结与活平结	用于绳头的连接，活平结具有易解开的优点

续表

绳结图	绳结名称	用途
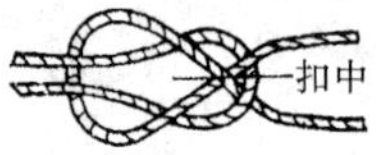 扣中	单组合结 (单帆索结)	用于绳头的连接，双组合结的连接牢固程度优于单组合结，用于钢丝绳时，在扣中应垫入圆木
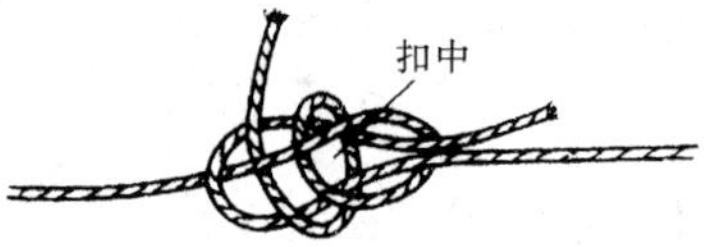 扣中	双组合结 (双帆索结)	
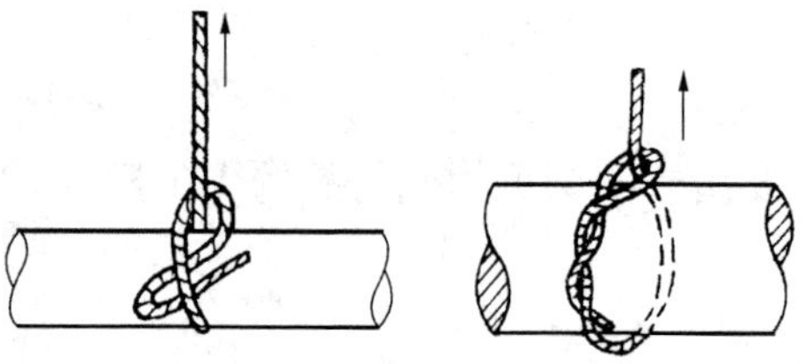	系木结 (8字结) (背扣)	用于横向系吊圆木、管子等物件，此结在受力的情况下方能起作用，若失去拉力，则会自行松散
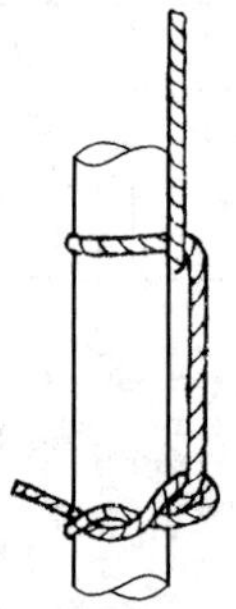	倒背结 (拔桩结) (叠结)	用于直立系吊圆柱形物体，如圆木、钢管、电杆等
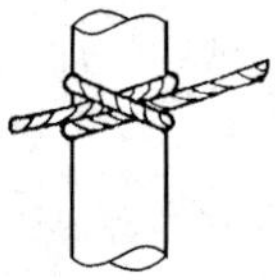	梯形结 (双套结)	多用于物体的捆绑或桅杆头的绑扎
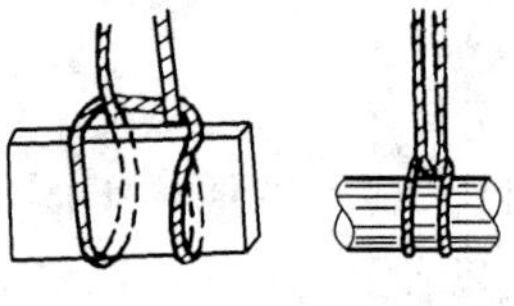	双头系木结	与系木结作用相同，其特点是稳定性好、强度高，并不易松散
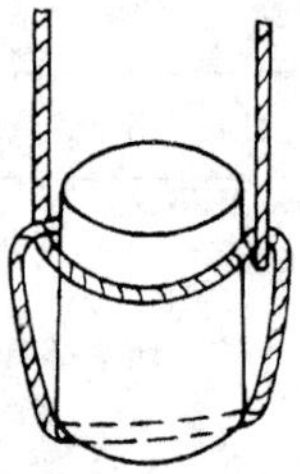	抬缸结	专用于抬缸或系吊桶形物件

续表

绳　结　图	绳结名称	用　途
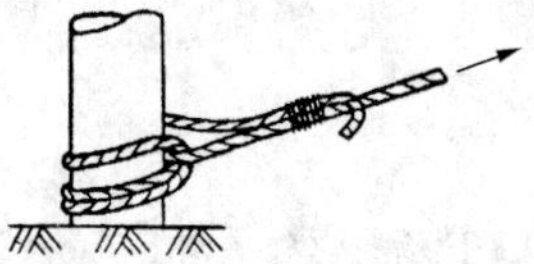	拴柱结	多用于缆风绳在地锚桩上的固定
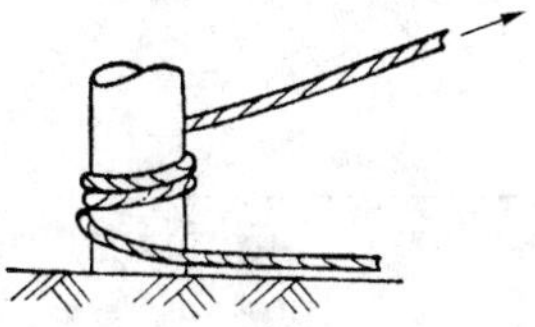	放溜结	用于绕在地锚桩上放溜重物用（在桩上绕的圈数，决定于重物下滑的力）
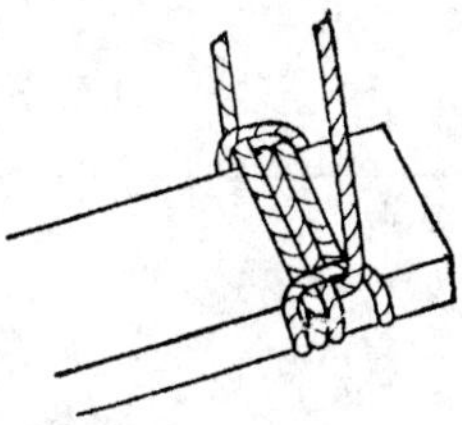	跳板结	专用于跳板的悬吊
	手水结（琵琶结）	用于绳头固定，其特点是打结很方便，绳结不会自行松散，形成的圈套不会收缩与扩大，故可用于救人
	系人结（蝴蝶结）	此结可系住人作短暂的悬空作业，也可用于救人
	双套结	用于长绳中段（无绳头）作绳的固定

续表

绳 结 图	绳结名称	用 途
	抬结	专用于抬物时穿杠子用
	瓶口结	用于系住瓶口状物体，其特点是受力对称，越拉越紧
	挂钩结	专用于绳索在吊钩上的拴挂（防止绳索从吊钩开口处滑脱）

二、钢丝绳

钢丝绳多数是用优质高强度的碳素钢丝制成的，它具有以下优点：重量轻、挠性好，能灵活应用；弹性大、韧性好，能承受冲击载荷；高速运行中没有噪声；破断前有断丝预兆等。因此，在起重运输工作中，钢丝绳是必不可少的牵引索具。

1. 种类及结构

钢丝绳按其绕的方向分为顺绕、逆绕和混合绕三种。

（1）顺绕钢丝绳。钢丝绕成股和股绕成绳的方向相同。这种钢丝绳由于股与绳所产生的扭转方向相同，所以易自行扭转和松散；但它挠性大、表面光滑、磨损小。

（2）逆绕钢丝绳。钢丝绕成股和股绕成绳的方向相反，故不易自扭和松散，多用在起重机上。其缺点是挠性较差、易磨损。

（3）混合绕钢丝绳。将相邻的两股绕成反方向，兼有上述两种绕法的优点。

在钢丝绳中心有一根浸了油的用麻或棉制成的绳芯，其功用是润滑钢丝，防止锈蚀及增加钢丝的柔性。此外，也有用石棉和金属制成的绳芯，主要用在高温等特殊地方。

2. 技术规范及代号

在起重工作中常用的钢丝绳，其直径一般为 6.2～65mm，钢丝直径为 0.3～3mm。钢丝拉伸强度极限为 1400～2000MPa，分为五个等级。

钢丝绳的代号是由三组数字组成的：第一组表示钢丝绳股数；第二组表示每股中的钢丝根数；第三组表示油浸绳芯数。如 6×37＋1，表示此钢丝绳有 6 股，每股 37 根钢丝，中间 1 根油浸绳芯。

3. 允许拉力的计算

钢丝绳的允许拉力为

$$F=\frac{F_d}{K}\quad \mathrm{N}$$

式中　F_d——钢丝绳的破断拉力，N；

K——安全系数。

钢丝绳的破断拉力在机械手册中可查到。钢丝绳的安全系数取决其用途、牵引方式和挠曲度的大小等。表 2-3 是根据钢丝绳的用途列举的几种安全系数及滑轮的最小允许直径。

表 2-3　　安全系数 K 及滑轮最小允许直径 D

钢丝绳用途和性质	滑轮最小允许直径 D（mm）	安全系数 K
缆风绳和牵引绳	≥12d（d 为钢丝绳直径，mm）	3.5
人力驱动	≥16d	4.5
捆绑绳		10
载人或升降机	≥40d	＞14

4. 安全系数

由于受力构件材质不匀、加工有误差、设计考虑不周，以及在使用时外力突然增加（振动、冲击），力的方向改变，构件存在磨损、高温、锈蚀等因素，因此在实际工作中，组成构件材料的破坏应力要大大超过构件的允许应力，二者之比称为安全系数。

安全系数是人们在实践中总结出的一个重要系数。安全系数取得过大，造成材料上的浪费，构件也笨重；取得过小，安全工作得不到应有的保证。因此，在实际工作中，对安全系数不可随意增大，更不允许随意减小。

5. 系绳受力与其夹角的关系

系绳是指起重钩（或吊绳）与重物之间的连接绳。为了平稳地起吊重物，系绳的根数不应少于两根。系绳的受力状况与系绳之间夹角 α 有关。表 2-4 为系绳夹角 α 与系绳受力系数 C 的关系。

表 2-4　　系绳夹角 α 与受力系数 C 的关系

α	50°	60°	70°	80°	90°	100°	110°	120°
C	1.1	1.2	1.25	1.3	1.4	1.55	1.75	2

例如：系绳夹角为 60°，查表 2-4，受力系数为 1.2，即系绳的受力为物体重力的 1.2 倍。若系绳夹角为 120°，则受力系数为 2，即系绳受力为物体重力的 2 倍。

在实际工作中，在可能的条件下，系绳的角度不宜过大，一般控制在 90°以内为好。

三、拴连工具

1. 钢丝绳夹头

钢丝绳夹头又称钢丝绳卡子，用于钢丝绳终端头的固定、钢丝绳的连接及捆绑绳的固定等。常用的钢丝绳夹头如图 2-1 所示，其中以图 2-1（a）钢丝绳夹头的压紧力最大、应用最广，是国家的标准件。

在使用钢丝绳夹头时，其大小要适合钢丝绳的粗细。钢丝绳夹头之间的距离约为钢丝绳直径的 6～8 倍。钢丝绳夹头的 U 形圈应卡在绳头一边，如图 2-1（d）所示。U 形圈受力后，迫使绳头弯曲，绳头不易滑动。U 形圈上的螺帽一定要拧紧，直到钢丝绳被压扁约 1/3 左右为止。

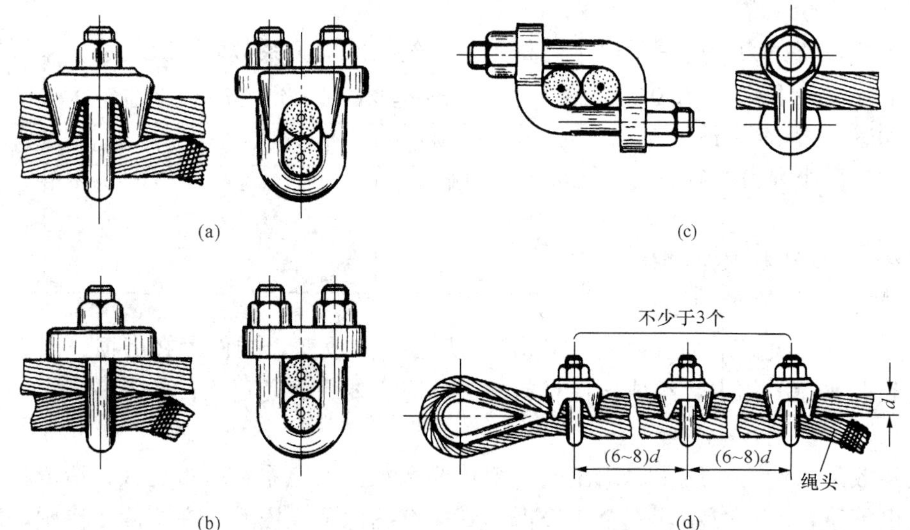

图 2-1　钢丝绳夹头及其使用

（a）标准夹头；（b）压板式；（c）对卡式；（d）夹头的使用

2. 吊环

吊环是起吊设备的一种专用工具［见图 2-2（a）］。

在使用吊环时，一定要将吊环的螺栓全部拧入设备螺孔内。当设备上有两个以上的吊点使用吊环时，钢丝绳间的夹角不宜过大，一般不要大于 60°，以防吊环受过大的水平分力 F 而弯曲变形，甚至断裂，如图 2-2（b）所示。

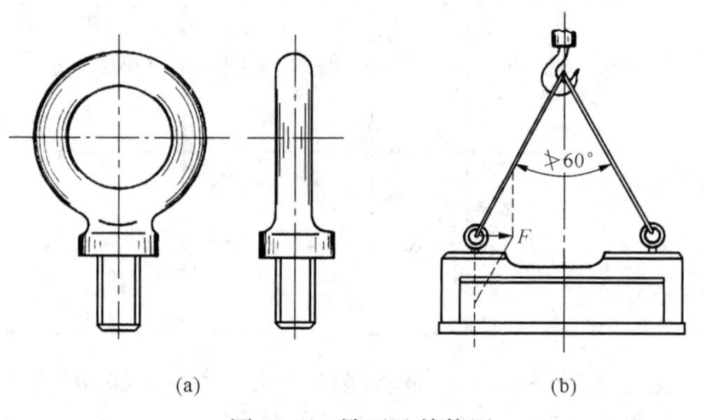

图 2-2　吊环及其使用

（a）吊环；（b）吊环的使用

3. 卸卡

卸卡又称卡环或卸扣，是连接钢丝绳的主要工具，由弯环和横销两部分组成，如图 2-3 所示。

在使用卸卡时，应注意其受力情况［图 2-3（c）］。若不按正确的方法使用，将会导致卸卡的允许荷重大为降低。在起重工作中，对卸下的卸卡应及时将横销拧入弯环内。

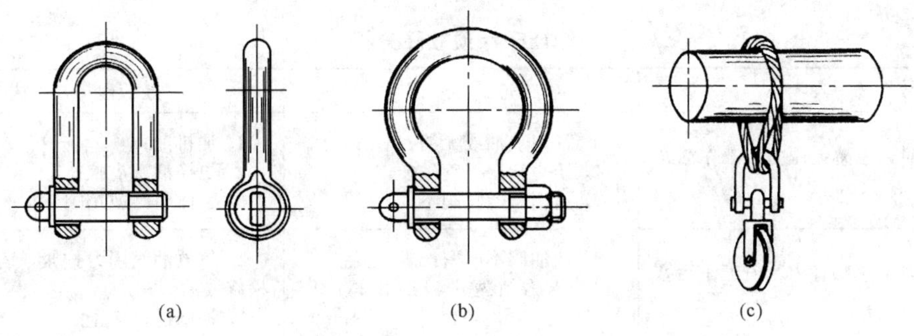

图 2-3 卸卡及其使用

(a) U形卸卡；(b) 马蹄形卸卡；(c) 卸卡的使用

第二节 起 重 机 具

常用的起重机具主要有千斤顶、链条葫芦（倒链）、滑轮和滑轮组以及绞车（卷扬机）等。它们具有重量轻、体积小、便于搬运和使用等优点。

一、千斤顶

千斤顶是一种轻便易携带的起重设备。它用在不太高的高度内升起重物，又可用来校正设备的安装位置和构件的变形。千斤顶有三种主要类型：油压式、螺旋式及齿条式。

1. 油压千斤顶

油压千斤顶的结构如图 2-4 所示。其起重量为 0.5～500t，起重高度一般不超过 200mm。操作时，将压把提起，油室 4 的油经逆止阀 8 进入压力缸 7。当压把向下压时，压力油把逆止阀 9 顶开并进入工作缸 10，推动工作活塞 2 向上升，把重物顶起。下降时，只需将回油阀 11 拧开，工作缸 10 的油就回到油室。

当千斤顶需要顶着重物下降时，拧开回油阀要慢（略微旋转很少一点），使工作缸内的油极缓慢地回到油室。否则，重物就会迅速落下，产生冲击现象。

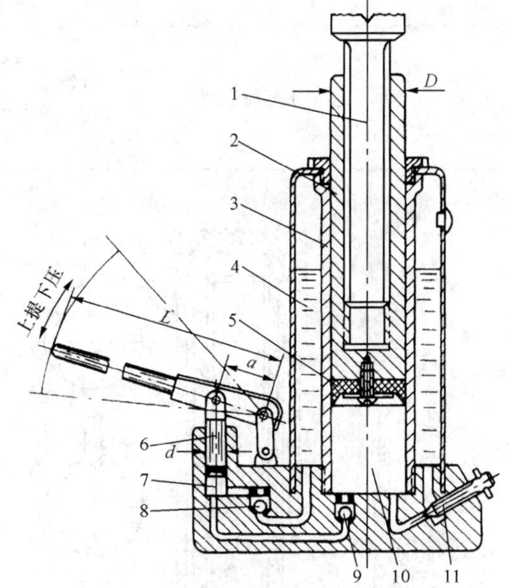

图 2-4 油压千斤顶结构

1—丝杆；2—工作活塞；3—缸套；4—油室；5—橡皮碗；6—压力活塞；7—压力缸；8，9—逆止阀；10—工作缸；11—回油阀

油压千斤顶的传动比（图 2-4）计算如下：

$$i=\frac{D^2L}{d^2a}$$

式中 L、a——臂长；

D、d——活塞直径。

传动比 i 值可高达 6000，这样高的传动比是一般机械传动很难达到的。油压千斤顶的可靠性决定于活塞和逆止阀的严密程度，因而在使用和保养时应特别注意。油压千斤顶的常见故障及处理方法见表 2-5。

表 2-5　　油压千斤顶故障分析

故障现象	原因	处理方法
压把下压时，手感无压力，工作活塞不上升	1. 油室缺油或无油； 2. 压力活塞皮碗破损； 3. 进出口逆止阀不严	1. 加机油； 2. 更换活塞皮碗； 3. 解体研磨逆止阀
压把下压时，手感有力，但工作活塞不上升	1. 放油阀不严密或未关紧； 2. 压力活塞进口逆止阀严密性差	1. 将放油阀用力拧紧，若不行，则检修放油阀； 2. 检修进口逆止阀
压把下压有力，但一松手，压把自动弹起	压力活塞出口逆止阀不严密	解体研磨逆止阀
工作活塞升到一定高度后，工作活塞不再上升	油室油量不够	添加机油
工作活塞上升时，活塞一跳一跳地上升	工作缸内有空气	将放油阀松开，并取下加油孔螺钉，把工作活塞压到底，排除工作缸内空气，同时应添加机油
用放油阀控制重物下落时，重物迅速下落	1. 在拧松放油阀螺钉时，松得太多、太快； 2. 放油阀不严密	1. 在用放油阀控制重物下落时，拧松螺钉的动作，必须慢而稳，少许松一点，并随时作好拧紧的准备； 2. 检修放油阀
在顶升重物时，压把下压特别费力	重物重量已超过千斤顶的允许载荷（或重物被卡住）	当用正常压力压不动时，严禁强行用力下压或加长手把长度；此时应更换大起重量的千斤顶，并仔细检查重物是否被卡住

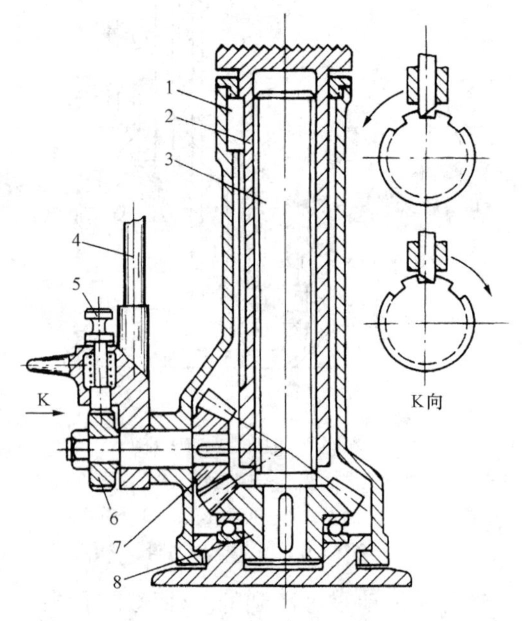

图 2-5　螺旋千斤顶结构

1—键；2—螺母套筒；3—方牙螺杆；4—把手；5—棘齿提手；6—棘轮；7—小伞齿轮；8—大伞齿轮

2. 螺旋千斤顶

螺旋千斤顶的结构如图 2-5 所示。

螺旋千斤顶的螺杆只转动不升降，螺杆与大伞齿轮连接在一起；在螺母套筒的外圆铣有定向键槽，套筒只升降不转动。工作时，扳动摇把，通过棘齿拨动棘轮，带动伞齿轮及螺杆转动；螺杆转动时，套筒就沿导向键升降。摇把处的换向棘齿可控制伞齿轮的正反方向旋转。螺旋千斤顶顶起重物后可以自锁，其缺点是机械磨损大、效率低（约为 40%）。

3. 齿条千斤顶

齿条千斤顶的结构如图 2-6 所示。该千斤顶除了齿条的顶端可起升重物外，在齿条的下部还有一托钩，也可托起离地面很低的重物。

4. 使用千斤顶时的注意事项

（1）顶升重物时，千斤顶的底座应放在平整坚固的地方。若地面松软，应铺设垫板以增大承压面积。千斤顶的顶头和重物接触处应垫木块，以防滑移或损坏物体，并尽量使千斤顶的中心线与被顶面垂直，如图 2-7 所示。

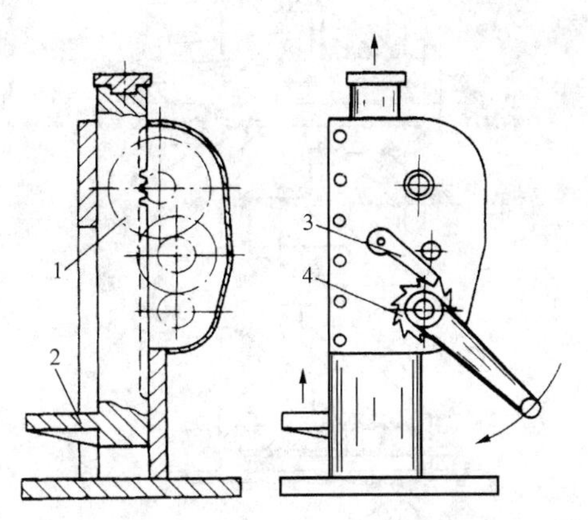

图 2-6　齿条千斤顶结构
1—齿条；2—托钩；3—棘齿；4—棘轮

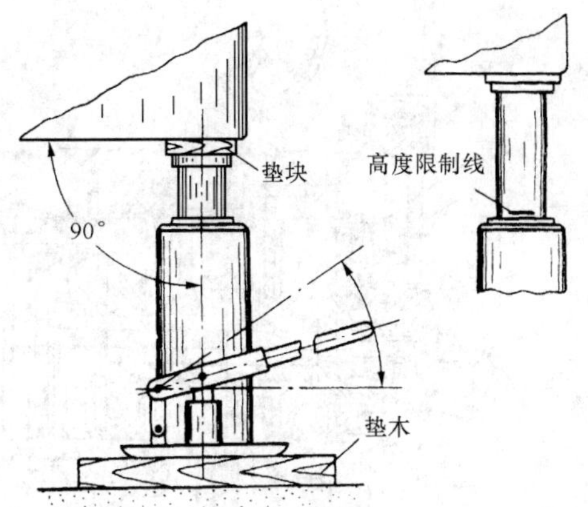

图 2-7　千斤顶的使用

(2) 禁止用千斤顶作支撑物。当重物升起后，应立即用垫块（枕木）将重物垫好，并取出千斤顶。如果重物离地面较高，应事先在重物下面垫好垫块，随着重物的升高，垫块也相应地加厚，以防千斤顶失控或歪斜使重物翻倒。

(3) 千斤顶的压把、摇把不许任意加长，也不许增加人力，以防千斤顶超载。顶升高度不要超过千斤顶的高度限制线（图 2-7）。

(4) 同时使用两个以上千斤顶时，各千斤顶必须同时升高，使各千斤顶承重一致。

二、链条葫芦

链条葫芦又称倒链。它适用于小型设备的吊装或短距离的牵引。链条葫芦是由主链轮、手链轮、传动减速机构、起重链及上下吊钩等组成。图 2-8 是采用行星式减速的链条葫芦结构图。这种链条葫芦技术性能见表 2-6。

表 2-6　　链条葫芦技术性能

型　号	SH $\frac{1}{2}$	SH1	SH2	SH3	SH5	SH10
起重量（t）	0.5	1	2	3	5	10
试验重量（t）	0.625	1.25	2.5	3.75	6.25	12.5
满载时手拉力（N）	200	210	340	350	375	385
自重（总重）（kg）	11.5	12	16	32	47	88

链条葫芦的制动是靠重物的反作用力带动一个自锁机构进行的。自锁机构的结构和制动如图 2-8 (b)、(c)、(d)、(e) 所示。

链条葫芦的使用与保养注意事项：

(1) 在使用前，应检查吊钩、主链是否有变形、裂纹等异常现象，传动部分是否灵活。

(2) 在链条葫芦受力之后，应检查制动机构是否能自锁。

(3) 在起吊重物时，手拉链不许两人同时拉，因为在设计链条葫芦时，是以一个人的拉力为准进行计算的，超过允许拉力，就相当于链条葫芦超载。

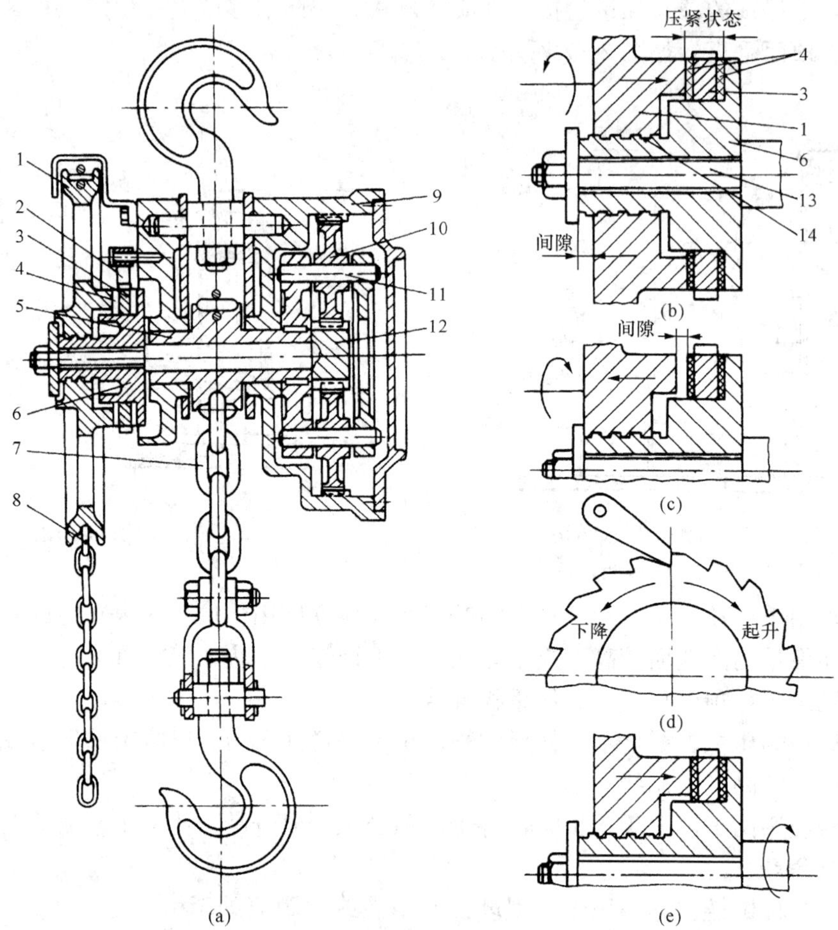

图 2-8 链条葫芦结构

(a) 链条葫芦结构；(b) 起升重物时自锁机构状态；(c) 下降重物时自锁机构状态；(d) 起升或下降重物时棘轮状态；(e) 在重物的重力作用下自锁机构的自锁状态

1—手链轮；2—棘齿；3—棘轮；4—摩擦片；5—主链轮；6—制动座；7—主链；8—手链；9—齿圈；10—齿轮；11—小轴；12—齿轮轴；13—花键轴；14—方牙螺纹

(4) 重物吊起后，如暂时不需放下，则此时应将手拉链拴在固定物上或主链上，以防制动机构失灵，发生滑链事故。

(5) 转动部位应定期加润滑油，但严防油渗进摩擦片内而失去自锁作用。

链条葫芦故障分析见表 2-7。

表 2-7　　链条葫芦故障分析

故障现象	原因	处理方法
吊起重物后，链条葫芦不能自锁，重物自行下滑	1. 摩擦片表面有油； 2. 摩擦片磨损严重； 3. 棘齿（制动齿）因锈蚀或被卡住，不能复位； 4. 棘齿上压簧失效	凡是不能自锁的链条葫芦严禁使用，必须解体检修并更换已磨损、失效的零件

续表

故障现象	原因	处理方法
手链打滑或手链跳出链轮（掉链或卡死）	1. 手链与手链轮严重磨损，造成链与链槽不能正确镶嵌； 2. 手链的导向装置磨损或间隙过大； 3. 操作不当，如下放重物时拉手链过快	1. 更换手链与手链轮； 2. 检修导向装置，更换磨损零件，并将其间隙调小（不发生摩擦为准）； 3. 下放重物时，必须用两手分别控制手链的两端平稳拉链，不允许单手拉链并靠手链轮惯性高速旋转下放重物
拉手链时特别费力	1. 重物重量超过链条葫芦的允许载荷； 2. 被吊物体有卡涩、粘连或有连接螺栓未拆除	凡是发生拉手链的力超常时，必须查找用力超常的原因，未处理前不允许强行起吊
链条葫芦在重载的情况下，主链工作不平稳，并有规律地跳动	说明链条葫芦使用时间过长，主链、主链轮及减速轮有严重磨损	停止使用，不能修复时则报废

三、滑轮和滑轮组

1. 滑轮

滑轮结构如图 2-9 所示。按用途可分为定滑轮和动滑轮两种。

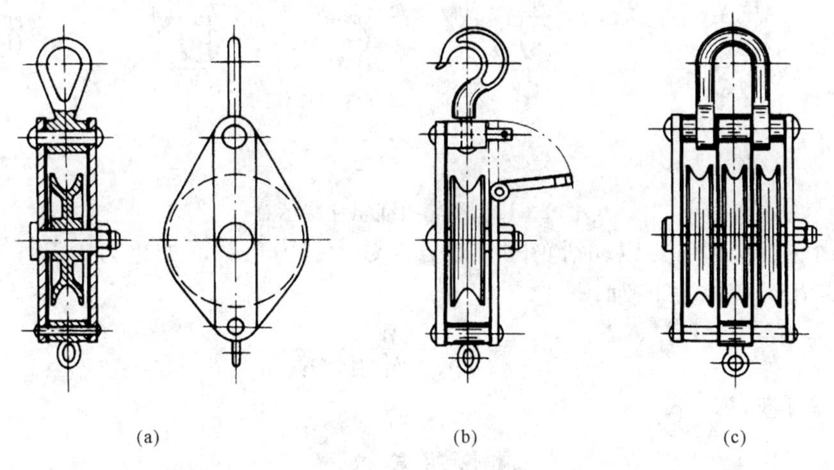

图 2-9　滑轮结构

(a) 单滑轮；(b) 开口单滑轮；(c) 三门滑轮

(1) 定滑轮。滑轮安装在固定的轴上，常用来改变绳索的拉力方向，故又称转向滑轮，见图 2-10 (a)。定滑轮不省力，也不改变绳索的牵引速度。

(2) 动滑轮。滑轮安装在运动的轴上，与牵引的重物一起升降，但不能改变绳索的拉力方向。

动滑轮又可分为省力滑轮［图 2-10 (b)］和增速滑轮［图 2-10 (c)］两种。在起重作业中，大都采用省力滑轮。

2. 滑轮组

滑轮组是由一定数量的定滑轮和动滑轮及绳索组成的，是起重设备的重要附件。在起重机上应用滑轮组，可使轮鼓（滚筒）高速旋转，这样就可以减小减速箱的速比和传动件的尺寸，起重机的重量和动力消耗从而大为减小。此外，因为滑轮组可以使重物的重量均匀地分

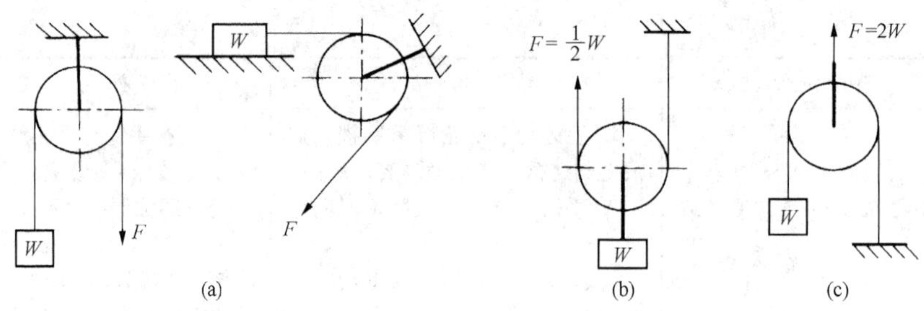

图 2-10 滑轮

(a) 定滑轮；(b) 动滑轮（省力滑轮）；(c) 动滑轮（增速滑轮）

配在绳的数根分支上，所以可使用较细的钢丝绳。

在滑轮组中，穿绕在动滑轮上的绳索根数称为有效分支数，也就是通常所说的“走数”。如动滑轮上穿绕三根绳索叫“走三”，穿四根绳索叫“走四”，如图 2-11 所示。

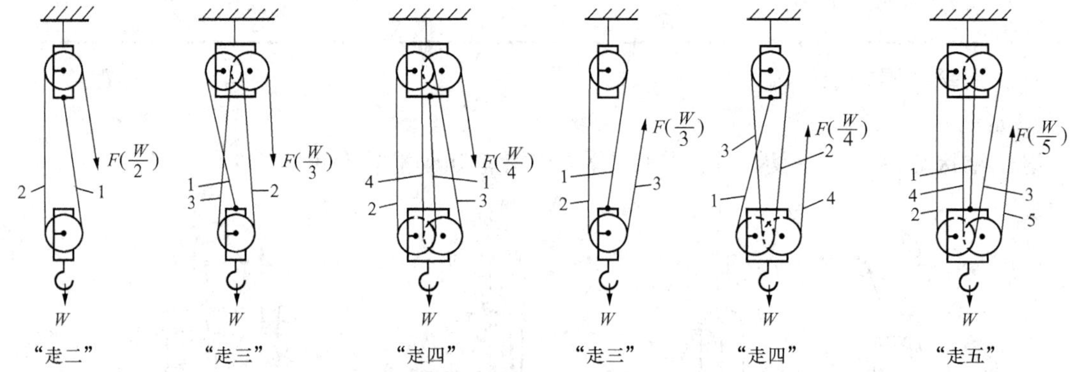

图 2-11 滑轮组绳索穿绕示意

在计算滑轮组拉力时，以动滑轮的有效分支数为省力倍数。如重力为 W 的重物用“走四”滑轮组起吊，其拉力 F 为

$$F=\frac{W}{4\times 滑轮组效率}$$

滑轮组总效率可查表 2-8。

表 2-8 滑轮组总效率

有效分支数	2	3	4	5	6	7	8	10
滑轮组总数率	0.94	0.92	0.90	0.88	0.87	0.86	0.85	0.82

四、绞车

绞车分为人力推动的绞磨与电动卷扬机两类。绞车与滑轮组配合使用可完成各种起重作业。绞车在使用前，应仔细检查其制动装置（刹车），以保证在起重时不发生事故。

在检修场地上装置绞车时，应注意以下几点：

(1) 绞车的固定必须保证其固定锚点有足够的强度。图 2-12 表示常见的几种固定绞车的方法。

(2) 绞车应装设在滑轮组作用区域之外，并能清楚地看到物件起吊的地点。

(3) 绞车及绳索不得妨碍设备的起吊与拖运，绞车的牵引绳索应和地面平行，并垂直于绞车滚筒的中心线。

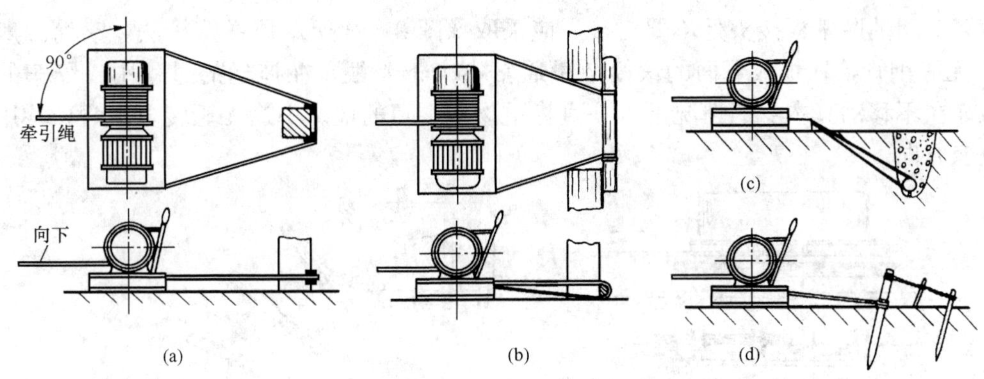

图 2-12 固定绞车的方法

(a) 利用柱梁固定；(b) 利用建筑物固定；(c) 地锚；(d) 打桩

五、起吊支架

起吊支架种类很多，其中最简单的是桅杆（吊杆）。在吊装设备时，常遇到施工现场狭窄，吊车无法进行工作，或者现场无吊车、无悬挂供起吊用横梁的情况，这时就可采用桅杆。桅杆可用木料、钢管或型钢制作。

各种桅杆都需用缆绳固定，依靠缆绳的牵引力使桅杆处于稳定状态。桅杆的可靠性在很大限度上决定于缆绳的强度。

常用的桅杆有独脚形与人字形两种，如图 2-13 所示。

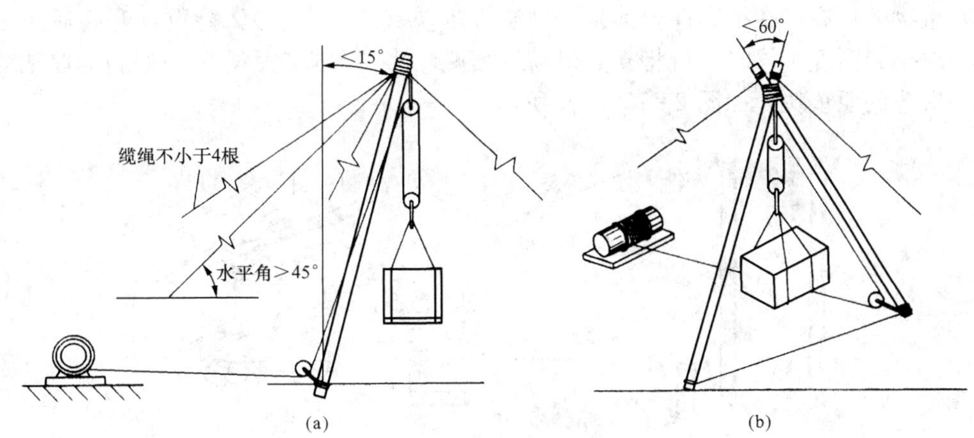

图 2-13 桅杆的架设示意

(a) 独脚形桅杆；(b) 人字形桅杆

第三节 重物的拖动及撬棍的使用

一、重物的拖动

重物的拖动是指重物在地面上作短距离的运输，如将设备运出或运入车间、设备的就位等。重物的拖动通常采用滚移法。

具体方法是用型钢或硬质木制成船形的拖板，把重物放置在拖板上。在拖板的下面安放滚筒（滚杠），如果地面较松软，则还应在滚筒下面加放厚木板，以减小阻力。再用绞车牵引重物移动，如图 2-14 所示。在转弯时，应将滚筒摆放成扇面形，并及时地调整导向滑轮位置。

滚筒下面的厚木板接头处不要对接，应采取像图 2-14 所示那样错接法。滚筒一般采用 $\phi76\times6$ 无缝钢管，在拖板下面的滚筒数量通常不少于 4 根。在拖运的过程中，绞车的位置应以保证在不移动其本身的情况下，一直将重物拖到目的地。中途无论转多少弯，均用导向滑轮改变方向。

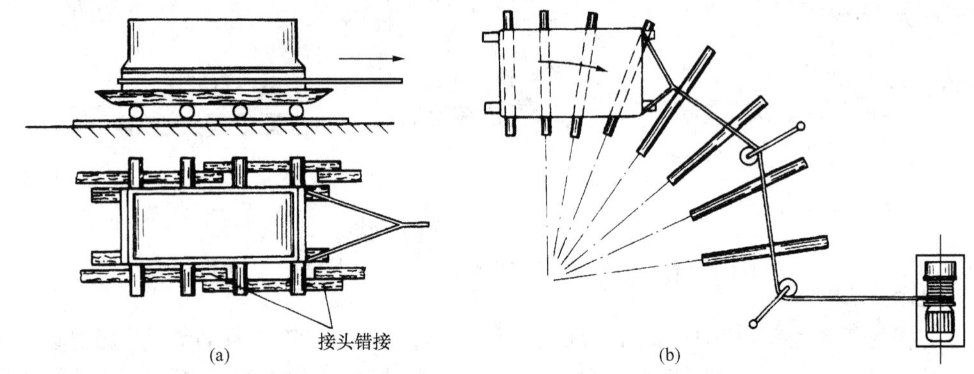

图 2-14　滚移法

(a) 直线拖动；(b) 转弯拖动

二、撬棍的使用

撬棍的作用是利用杠杆的原理使重物产生位移，常用于重物的少量抬高、移动和重物的拨正、止退等。撬棍多用中碳钢材锻制，形状如图 2-15（a）所示。其使用方法如下：

（1）重物的抬高。在抬高前要准备好硬质方木块（或金属块），待重物升起后用来支垫重物。一次撬起高度不够时，可将支点垫高继续撬。第二次撬起后，先垫好新的厚垫块，再取出第一次垫的原垫块，如图 2-15（b）所示。

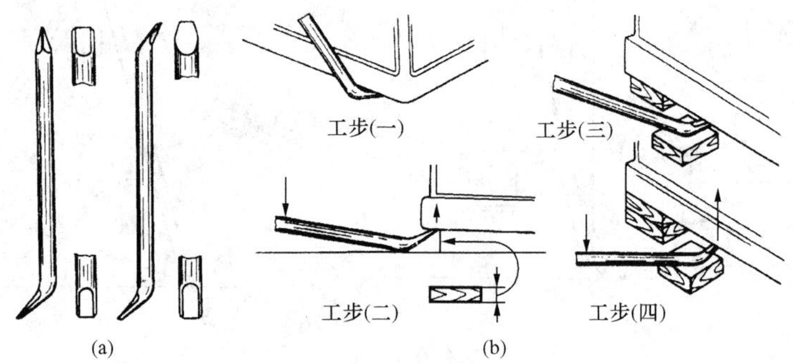

图 2-15　撬棍与用撬棍抬高重物

(a) 撬棍；(b) 用撬棍抬高重物

（2）重物的移动。用撬棍移动重物的方法如图 2-16 所示。

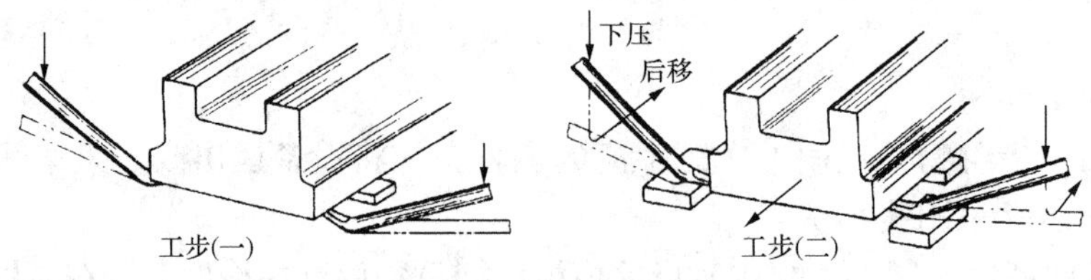

图 2-16　用撬棍移动重物

（3）重物的拨正与止退。这两种作业的操作方法基本一样，如图 2-17 所示。在止退时，如重物退力较大，则不允许人力止退，而必须用三角木楔住。

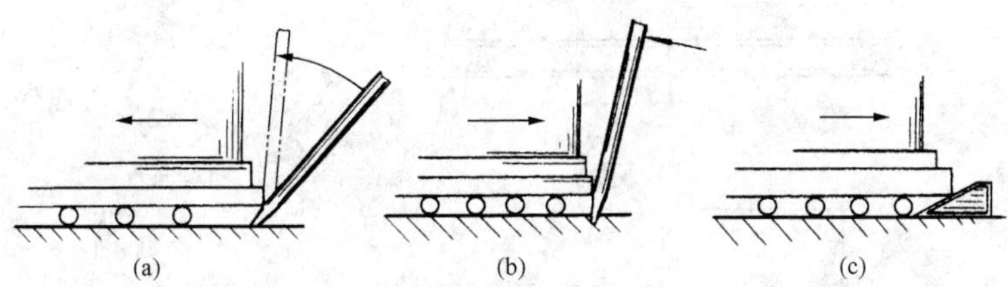

图 2-17　重物的拨正与止退

(a) 拨正重物；(b) 用撬棍止退；(c) 用三角木止退

此外，在使用时应注意撬棍的打滑。用力时要试着来，绝不允许用胸部或腹部压着撬棍，以免人力稳不住时重物下落将撬棍弹飞，造成人身、设备事故。

第四节　起重作业中应注意的事项

起重在国民经济建设中是一种非常重要的工种。起重作业贯穿于整个工程的始末，其工作的成败影响着全局，因此要求起重人员应具有胆大、心细、吃苦、耐劳、团结、服从等优良素质。那种鄙薄起重工作的思想和行为都是错误的。由于在起重工作中的粗心大意及考虑不周而造成的人身、设备事故屡见不鲜。为了预防事故，在起重作业中应作到以下几点：

(1) 起重作业前，应先检查起重机具、索具是否完好，有问题的绝对不许使用。各种起重机具、索具严禁超载使用。

(2) 起重机具与索具应配套完全，图 2-18 所示为起吊设备的配套附件。

(3) 重物的起吊与捆绑应符合常规；吊钩要挂在重物的重心上（即起吊中心与重物重心在同一中心线上）；吊钩、钢丝绳应保持垂直，禁止用吊钩斜吊或拖动重物。有关起吊、捆绑的方法及其注意事项详见图 2-19～图 2-22。

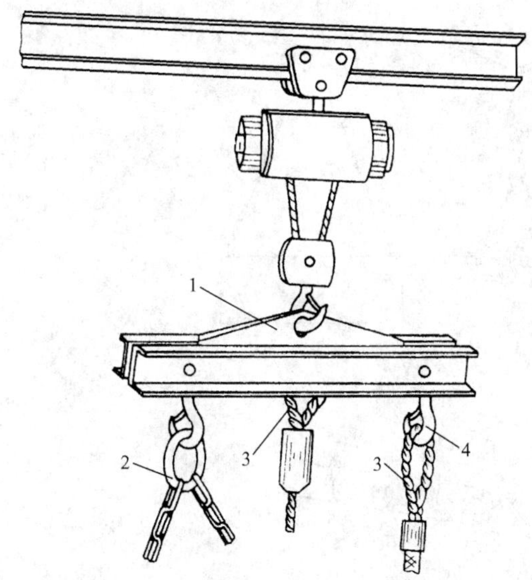

图 2-18　起吊设备的配套附件

1—吊臂；2—起重链；3—各式带扣的钢丝绳；4—挂钩

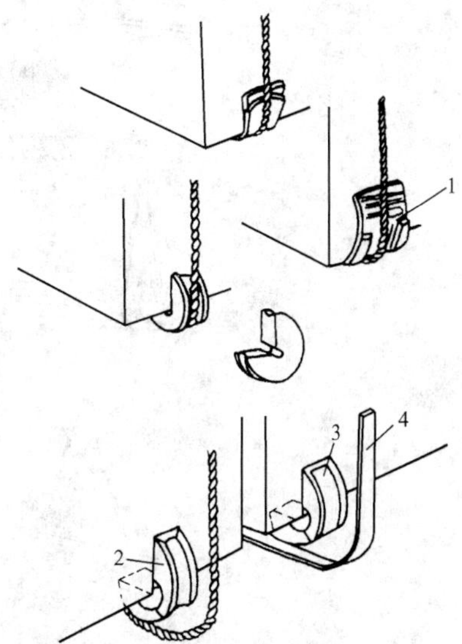

图 2-19　棱角处所采用的包角垫

1—胶皮垫；2—索具包角垫；3—带子用包角垫；4—尼龙带

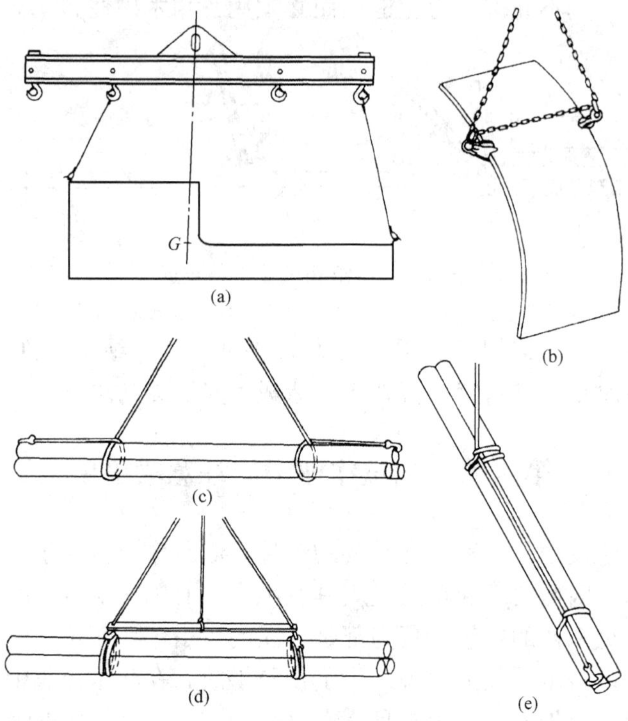

图 2-20 重物的捆绑方法（一）

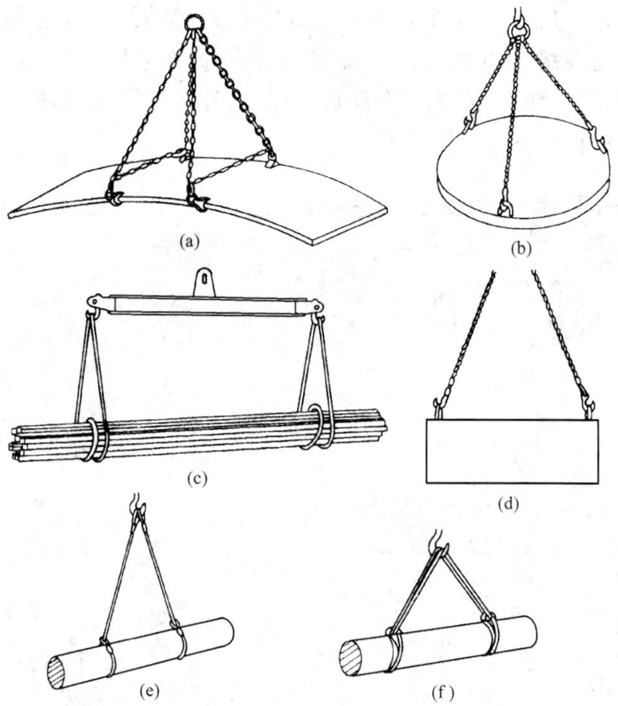

图 2-21 重物的捆绑方法（二）

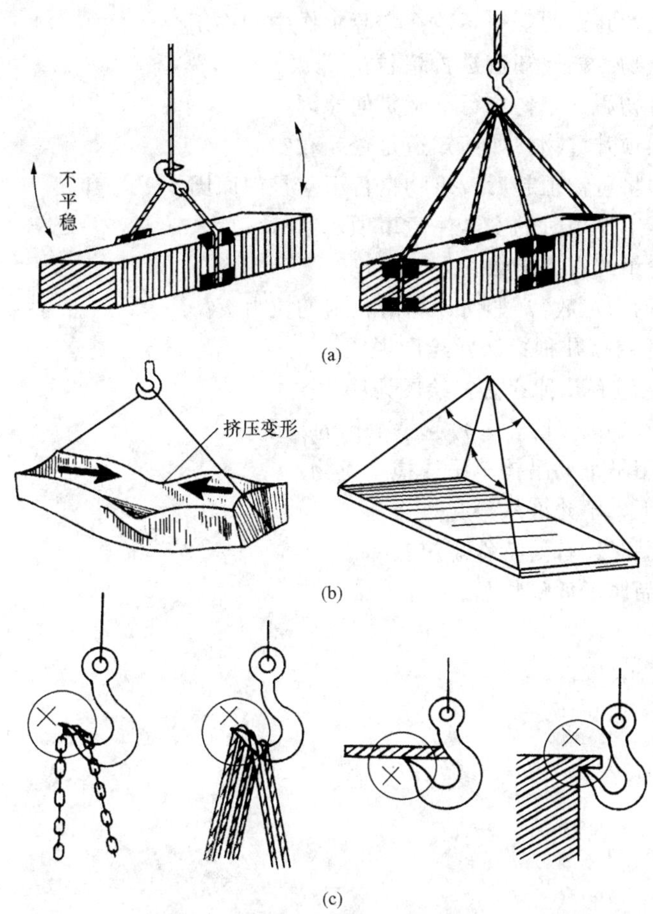

图 2-22 起吊注意事项

(a) 系绳根数过少，重物易倾斜滑落；(b) 系绳捆绑方向不对，根数过少，夹角过大，造成设备挤压变形；(c) 错误的挂钩方法

(4) 吊运危险物品时，如压缩气瓶、易燃油类、有毒物品、强酸、强碱等，应采取专门的安全防护措施，并经技术安全部门同意方可进行。

(5) 重大物件的起吊、搬运作业，应在有经验的起重负责人的统一指挥下进行。参加人员必须熟悉起重方案和自己的职责。

(6) 不许在大雾、照明不足、看不清指挥信号及六级以上大风的情况下进行起重作业。

(7) 各种起重机具的技术检查工作，应每年进行一次，并进行静载和动载试验。试验应有记录并有专人保管。

(8) 起重作业结束后，应将机具、索具一一清点，并认真按技术规程规定进行保养、维护。存放处应做到规范化。

思 考 题

1. 说明各种绳结的用途，并能正确演示其绳结打法。
2. 叙述钢丝绳的优点及其代号含义。

3. 何谓安全系数？并说明安全系数在实际工作中的作用。
4. 用倒链起吊重物，如何知道是否超载？
5. 用倒链起吊重物后，重物自行下降是何原因？
6. 用油压千斤顶顶升重物，如何知道是否超载？
7. 用油压千斤顶将重物顶起后，重物自行下落是何原因？
8. 叙述使用油压千斤顶时的安全注意事项。
9. 如何确定滑轮组的省力倍数？
10. 何谓滑轮组的“走数”？如何计算滑轮组的拉力 F？
11. “走三”滑轮组有几种穿法？绘图说明。
12. “走四”滑轮组有几种穿法？绘图说明。
13. 说明图 2-22 (a)、(b)、(c) 起吊工作的错误。
14. 为何不允许用吊车的吊钩斜吊或拖动重物？
15. 在哪些情况下，不允许从事起重作业？
16. 吊运危险物品时，有何特殊规定？
17. 叙述哪些物品属于危险物品。

第三章

通用件装配工艺

第一节 机械设备拆装通则

一、解体前的准备工作

设备解体就意味着设备检修工作开始。根据检修内容的要求，设备的解体工作可分为全部解体和部分解体，无论是哪种解体，均要求做好如下各项准备工作。

(1) 应了解所要检修设备的工作原理、运行方式、内部结构、零件用途及零件之间的配合，牢记重要零件的装配方法及要求。

(2) 检查设备的外部情况，测记设备运行中的数据，如温度、振动、转速、压力等，了解设备运行中的问题、设备缺陷。

(3) 为了求取某一运行数据或要掌握设备的某些性能，在必要时应进行有关的试验。

(4) 根据检修内容，作好检修所需工具、材料、备品配件的准备。

(5) 作好现场的准备，如断开设备电源并在电源开关上挂上安全牌，关闭通往设备管道上的阀门，或将管道上法兰加上堵板等。

(6) 清扫现场，搬开设备周围的杂物，保证道路畅通。放好检修用的行灯、油盘、零件箱、垫木及遮布等。检查起重设备、工具、索具（一般由起重人员负责检查）。

二、在解体过程中的注意事项

(1) 设备的解体顺序必须根据设备的结构、部件的装配方式而定。当主设备上有若干附属设备时，若附属设备不影响主设备解体，可暂不拆卸；若需要拆下，也必须整件拆除。

(2) 在解体时，对于相同和有位置要求的零件，应在其结合面的侧表面明显处用錾子或钢字打上记号，如图 3-1 (a) 所示。记号不要打在零件的配合面上，也不要用粉笔、样冲做记号［图 3-1 (b)］。如果零件已有记号并且记号是正确的，就不要再复打。

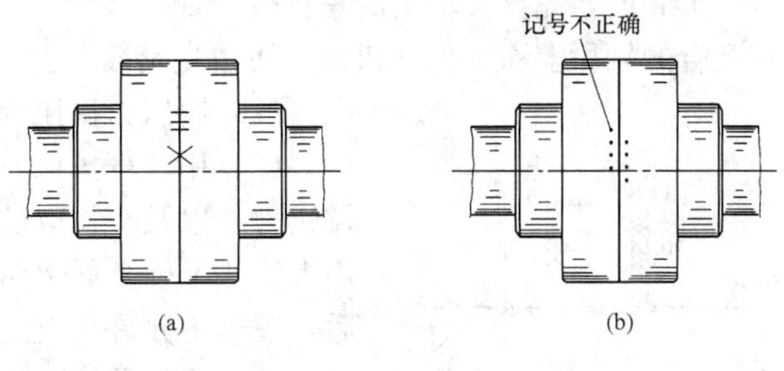

图 3-1　零件上打记号的方法

(a) 正确；(b) 错误

(3) 有间隙、紧力要求的组合体，或有组装尺寸要求的零件，应测记其值并作好原始记录。

(4) 拆下的零件应分类放置并保管好，要修的零件应及时安排修理。精密的轴、丝杆等细长杆件，拆下后应垂直吊放或用多支点支架水平放置。

(5) 在拆卸中，如有些零件拆不下来，必须要毁坏个别零件时，应当保存价值高的、制造困难的或无备品的零件。

(6) 在解体过程中要及时与有关技术部门取得联系，如通知化学人员取样化验，通知仪表人员对仪表进行拆卸和检修等。

三、设备的组装

设备的组装顺序原则上可按解体的相反步骤进行。在组装过程中，必须严格按技术要求逐项地进行检查，并检查是否有装错装漏的零件，不符合技术要求的要重新装配。

组装完毕经检查无误，再对设备进行调整和试验。在确定无问题后，即可试车。试车工作要逐步地进行，从低速试到高速，从空负荷试到满负荷；在试车过程中，要特别注意声音、振动、温升及各种仪表的指示，如发生异常现象，应停机检查，待试车合格后方可修饰外表，并办理交接手续。

四、对检修工作的要求

(1) 工作场地要随时随地注意整齐、清洁。否则，由于脏乱，工具遗失、零件碰伤、装错、装漏都会发生，甚至会把工具和杂物遗忘在机器内部，造成设备事故；也可能由于脏乱，造成人身事故。

(2) 在检修工作中严禁野蛮拆装，如零件拆不下就用大锤敲打，螺丝拧不动就用錾子錾，盖子揭不开就强行吊拉、撬顶等。

(3) 正确地使用工具，不允许超出其使用范围，如活扳手当榔头用、螺丝刀当扁铲用等。

(4) 对检修的项目必须按检修规程认真的修理，反对马虎、凑合；检修中应注意节约，反对大材小用。

第二节　轴上套装件的拆卸与装配

一、常温下的拆卸与装配

1. 拆卸

在拆卸前，先拆去轴上的紧固件，如止头螺钉、定位销等，然后将轴与套装件清洗干净并在配合的轴段上涂上少许机油，再根据套装件的结构及其与轴的配合紧度选用拆卸方法。

(1) 用压力机压取，如图 3-2 所示。

(2) 用丝杆拉取，如图 3-3 所示。在初拉时，为了克服初拉紧力，以及在拉取的过程中为了使套装件平稳地拉出，可以用大锤垫上软金属垫对称振打套装件。当套装件受振丝杆松劲后，锤击不允许再继续进行。

(3) 用拉子拉取。拉子有双爪和三爪两种。在用拉子拉取套装件时，要求拉子的丝杆中心对正轴中心，不许歪斜，其方法如图 3-4 所示。

(4) 如果套装件与轴的配合属于有间隙的过渡配合时，则可用榔头垫上软金属垫振击套装件，将其取出。

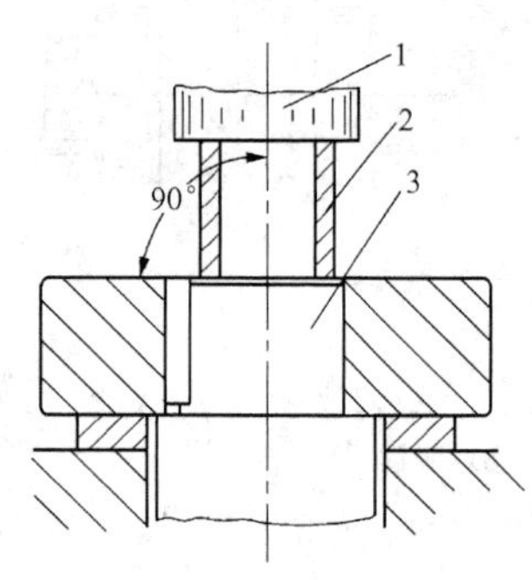

图 3-2　用压力机压取套装件
1—压力机；2—垫套；3—轴

2. 装配

在装配前，应做好下列准备工作：

(1) 用量具测量孔与轴的直径及其不圆度，了解配合公差，以便正确地选用装配方法；

(2) 检查键与键槽和轴与孔的配合情况，如不符合要求，则必须进行修理或重新配制；

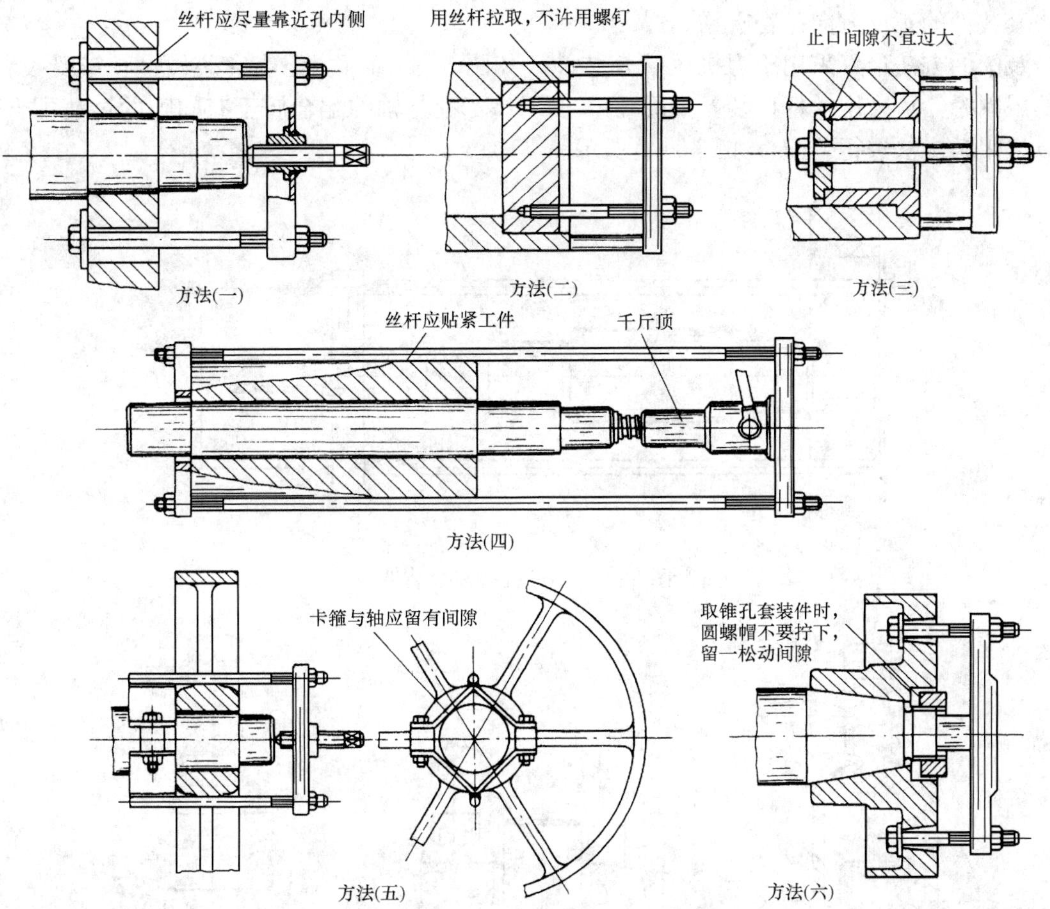

丝杆应尽量靠近孔内侧
用丝杆拉取，不许用螺钉
止口间隙不宜过大
方法(一)
方法(二)
方法(三)
丝杆应贴紧工件
千斤顶
方法(四)
卡箍与轴应留有间隙
取锥孔套装件时，
圆螺帽不要拧下，
留一松动间隙
方法(五)
方法(六)

图 3-3　用丝杆拉取套装件

与工件靠紧
钩尖受力

图 3-4　用拉子拉取套装件

压力头
90°
靠紧根部

图 3-5　用压力机压装套装件

(3) 清除轴和孔上的飞边、毛刺，把孔与轴的配合段擦干净并抹上机油。

在压装前，应检查有哪些零件要先组装在轴上，经检查无误后即可压装。压装时，再次

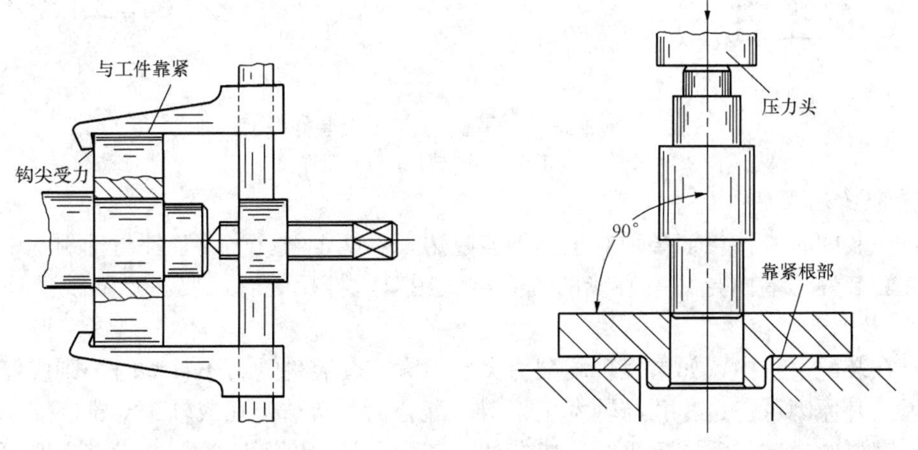

检查套装件的正反方向是否有错。

装配的方法最好采用压力机压装套装件，如图 3-5 所示。但当套装件过长或受设备条件的限制时，可采用丝杆拉装，如图 3-6 所示。当孔与轴的配合属于有间隙的过渡配合时，可以采用锤击法进行装配，如图 3-7 所示。

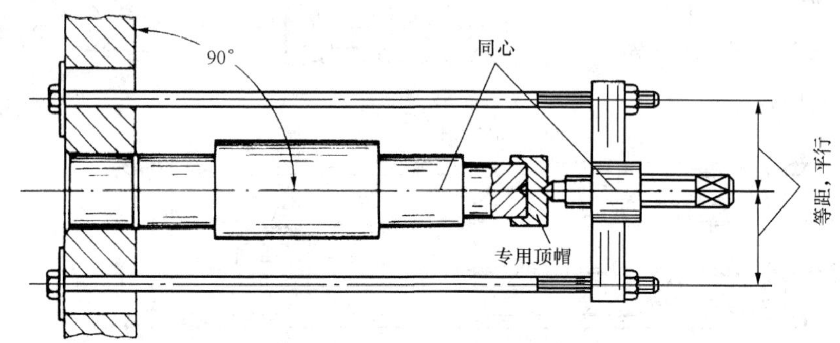

图 3-6　用丝杆拉装套装件

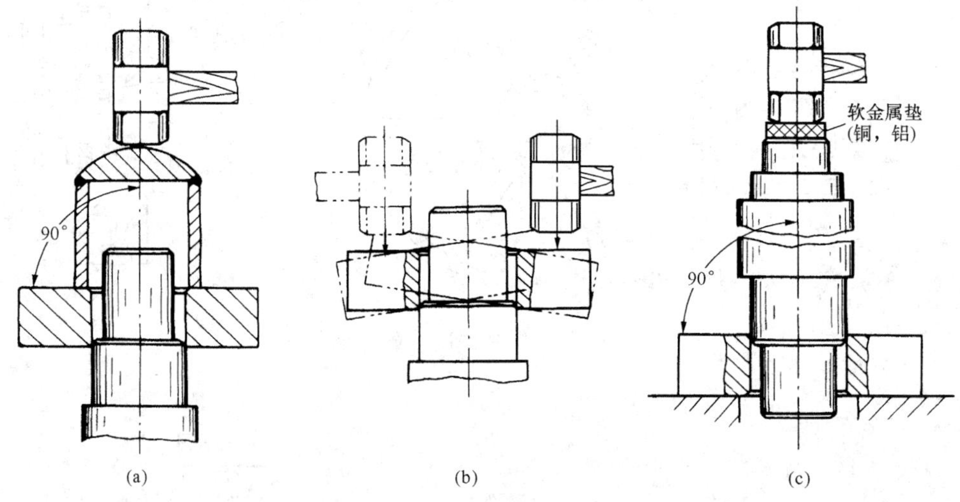

图 3-7　用锤击法装配套装件

(a) 正确；(b) 错误；(c) 允许

3. 装配的注意事项

(1) 在装配时，孔与轴必须对正、不能咬边、不能歪斜。当套装件与轴颈吃上劲时，应再次检查套装件的端面与轴中心线的垂直度。用双丝杆拉装时，要注意两根丝杆受力是否均衡。

(2) 在装配过程中，如果发现装配力突然增大或套装件受力不移动时，则应停止装配并查明原因。其原因可能是：孔与轴发生歪斜；配合面不清洁；孔或轴颈有锥度、不圆度或粗糙度高；键过紧或键与键槽不平行造成卡涩；装配工具强度不够等。在没有查明原因前，不得继续装配。

二、加热拆卸

加热拆卸适用于下列情况：

（1）孔与轴的配合过盈值大而必须热卸时。

（2）套装件在轴上锈住，在常温情况下拆卸不下来时。

（3）工件的精度较高或有特殊要求时。

除（3）情况常用热油加热外，一般均用火焰加热。热卸的步骤如图 3-8 所示。

先在套装件上装好拉卸工具，使其工作行程大于套装件的套装长度。将拉卸工具吃上劲（拉紧或顶紧），使套装件产生一定的预拉应力，如图 3-8 工步（一）。用石棉布把轴包好，以免加热时轴也同时受热，如工步（二）。然后用氧—乙炔火焰或喷灯将套装件均匀而迅速地加热。先加热轮缘，再移向轮毂，加热时不允许火嘴停留在某点上不动，应在加热区作蛇形往复运动，直到套装件开始松动为止。

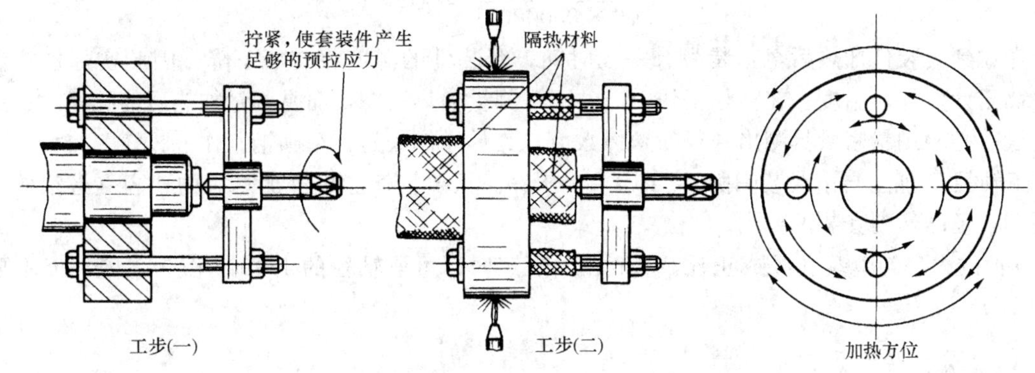

图 3-8　热卸的步骤

套装件松动后，迅速操作拉卸工具，将其拉出。取下后将套装件吊放在干燥的石棉板上，使其自然冷却。若第一次加热未取下（当轴温上升时，就可认定热卸失败），则需待套装件与轴全部冷却后，再重新加热并加快其速度，还要适当加大预拉应力。

三、加热装配

当套装件的孔与轴配合过盈值过大，在常温下已无法进行装配时，多采用将套装件加热使孔径加大再进行套装。这种加热进行套装的方法简称为热套。热套多用在传递很大扭矩、运行温度很高的配合件上。

1. 热套前的检查

（1）检查装配部位的毛刺、伤痕及锈斑是否除净。

（2）对新换的零件，要精确测量该零件的孔径与轴套装部位的直径是否符合热套的要求。若过盈值过小，则达不到紧配合的要求；若过盈值过大，则有可能使轮毂的收缩应力过大而破裂。

（3）检查键与键槽的配合是否符合其配合标准。

2. 热套加热温度的确定

热套时加热温度应使套装零件膨胀到需要的自由套装间隙。此温度决定于配合过盈值及套装孔的直径，可用式（3-1）计算，即

$$H + 2h = D\alpha t$$

$$t = \frac{H + 2h}{D\alpha} \tag{3-1}$$

式中 H——轴对孔的过盈值，mm；

h——自由套装间隙，mm；

D——套装孔的直径，mm；

α——钢材的线膨胀系数，1/℃；

t——加热温度，℃。

【例 1】 一轮盘的孔径为 200mm，经实测轴对孔的过盈值为 0.06mm，要求自由套装间隙为 0.20mm，求轮盘在套装时的加热温度？$\left(\alpha=1.1\sim1.2\times10^{-5}\frac{1}{℃}\right)$

解 已知 $D=200$mm，$H=0.06$mm，$h=0.20$mm，则

$$t=\frac{0.06+2\times0.20}{200\times0.000011}\approx200(℃)$$

考虑到套装件加热后至套装尚有一段时间，套装件的温度将有所下降，因此实际加热温度应略高于计算加热温度。在实际工作中，并不是测量加热温度，而是测量加热后的孔径，在测量时也没有必要用精密量具测出孔径的具体数值。其具体作法是：用圆钢制作一校棒，校棒的长度 L 等于轴径 D 加上自由套装间隙 h，即 $L=D+2h$。只要校棒能放进加热后的孔内（必须放准），即说明孔径已达到套装的要求。

h 值的大小与套装孔径成正比。h 值在无规定时，可取轴径的 1/1000 作为参考，但不要小于 0.1mm。

3. 套装件的加热方法

套装件的加热方法可根据零件的结构和要求，选用氧—乙炔火焰加热、工频感应加热、电炉加热及热油加热等。其中以氧—乙炔火焰加热最为普遍。对于直径很大又很重的套装件，最好采用柴油火嘴加热。一个柴油加热火嘴相当于 3～4 个氧—乙炔火焰火嘴的功能。无论采用何种方法加热，都需满足以下要求：

（1）套装件受热、升温、膨胀要均匀，不许发生变形。

（2）加热时间要短，配合面不允许产生氧化皮。

套装件在加热前应规定对加热的要求，包括：加热姿态（便于加热、起吊，又不会变形）；用几个多少号的火嘴，每个火嘴的移动路线；分几个加热区。现以盘形件和筒形件为例说明。

盘形件如汽轮机叶轮，加热时一般将盘面水平放置，用托架或吊具使其悬空。根据盘面大小，分 4～6 个加热区、用 8～12 个大号火嘴上下各半，先加热轮缘，再逐渐向内移动至轮毂。在内移的加热过程中，要间断地返回烤轮缘，以保持轮缘的温度，使其均匀膨胀，如图 3-9（a）所示。

筒形件如套筒、联轴器等，一般将其竖放（孔中心线垂直于地平面）。加热时用几个火嘴沿筒形件的圆周、上下同时加热。为使加热均匀，可将筒形件放在能旋转的台架上让筒形件转动，这样火嘴只需上下移动，如图 3-9（b）所示。

对于一般小件，只需将工件架空，用 1～2 个火嘴从上面加热即可，如图 3-9（c）所示。

为保证套装件的加热均匀，防止局部变形，各火嘴与套装件表面的距离及火嘴的移动速度应尽可能一致，各加热区应重叠一部分，并要避免白色火焰触及套装件表面。

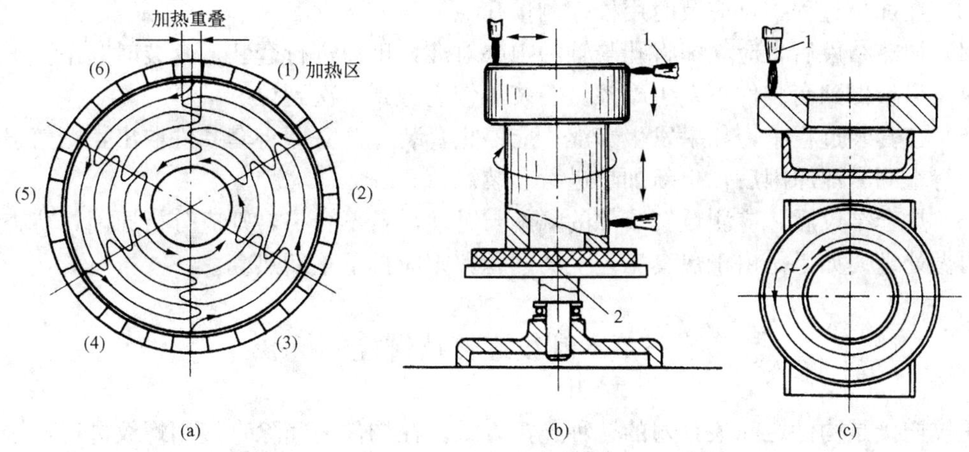

图 3-9　套装件的加热方法

(a) 盘形件加热法；(b) 筒形件加热法；(c) 小件加热法

1—火嘴；2—旋转工作台

4. 套装方法

套装的方法视工件的具体情况而定。图 3-10 为常用的几种套装方法。

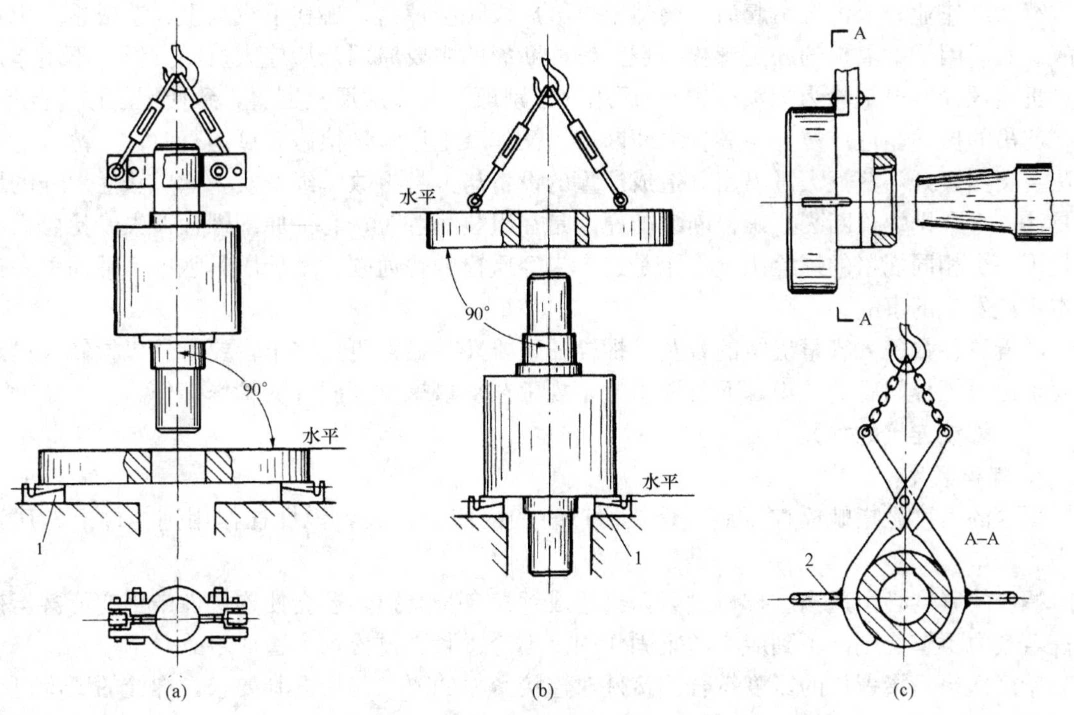

图 3-10　套装方法

(a) 盘形件水平放置套装；(b) 轴竖直放置套装；(c) 轴横放置套装

1—可调垫铁；2—夹具手把

热套过程及注意的事项：

(1) 用水平仪认真测检工件的垂直与水平状态。

(2) 将键按记号装入键槽，并在轴上抹上油脂（在现场常用猪油作热套润滑剂）。

（3）在加热过程中，应及时用校棒测量孔径。

（4）加热结束后，应立即将孔与轴的中心对准，迅速进行套装。套装时起吊要平稳，不要晃荡，尽量做到套装件不发生摩擦。套装工作应做到一次到位。

（5）在套装过程中，如果发生卡涩，应停止套装，并立即将套装件取出，严禁强行加力套装。待查明卡涩原因后，重新加热进行套装。

（6）热套结束后，应测量套装件的瓢偏与晃动，若不合格，则应分析原因，待查明原因后，再做处理。如果是由于热套工艺上的问题，则应拆下重新热套。

第三节　螺纹连接及螺栓的拆装

螺纹连接是构件之间最普遍的一种连接方式。在构件之间除直接用螺纹进行连接外，绝大多数构件均通过螺纹紧固件进行连接、组合成整体。螺纹紧固件包括螺栓、螺钉、螺帽、垫圈及攻丝螺孔等。通常螺纹紧固件专指螺栓与螺钉。

热力设备所用的螺纹紧固件，种类繁多、材质差别大、技术要求严且数量很大。据统计，一台汽轮机一般性的大修，拆装螺纹紧固件的工作量约占总工作量的1/5左右；同时在工作中因螺栓问题而引发的设备、人身事故也是屡见不鲜。如某电厂在汽轮机检修后期，正拟进行扣缸作业，上汽缸吊起后，突然上汽缸后段隔板掉落，砸在下汽缸上，造成重大设备事故。其原因是上隔板的固定螺栓断裂。螺栓断裂的主要原因是检修人员图方便，不用专用工具拆装螺栓（该螺栓为沉头结构），而用扁錾剔螺头，多次反复剔錾，致使螺栓严重受损，加之起吊的振动，造成螺头与螺杆之间断裂。又如某电厂锅炉检修后试运行时，一蒸汽管道的法兰突然爆开，蒸汽大量喷出，造成严重的设备与人身事故。经查实，造成法兰爆开的原因是法兰上个别螺栓断裂。螺栓断裂的原因是在组装法兰时，有一原配螺栓遗失，检修人员便找了一个相同规格的螺栓用上，正是这个未经质检的普通碳钢螺栓因其强度不够而引发这起本不该发生的事故。

随着高参数、大容量机组的普及，螺栓的重要性就显得更加突出，要求热机检修人员不仅要加深对螺栓问题的认识，而且要求按正规工艺从事螺纹紧固件的检修工作。

一、螺纹连接的拧紧

1. 螺栓紧度

螺栓的紧度是指螺栓拧紧后，螺栓所产生的内应力，或者说螺栓作用到构件上的压紧之力。

螺栓的紧度必须适当。拧得过紧，会造成螺栓自身受损，还会使连接件产生变形甚至破裂；若紧力不够，则起不到应有的紧固作用。不论过紧、过松均会造成事故。

紧度适当是指螺栓的紧度符合连接件对连接紧力的要求。根据其要求，螺栓的紧度可分为以下两种情况：

（1）要求螺栓拧紧后所产生的应力达到该螺栓材质的弹性极限强度，或者说达到该螺栓的最大弹性变形量。属这类用途的螺栓，有压力容器和压力管道上的法兰用螺栓、汽缸结合面螺栓、受力构件上的螺栓等。

（2）不要求螺栓的应力达到弹性极限强度，即适可而止，如各种用途的调节螺栓、一般构件的连接螺栓等。

2. 螺栓紧度与扭矩的关系

螺栓的紧度取决于拧螺栓时的扭矩，即作用力（如手臂的拉力）乘以力臂（如扳手有效长度）。要控制螺栓紧度，首先要知道螺栓达到紧度要求所需的扭矩值。由于有摩擦力的存在，因此作用到螺栓的扭力有相当大的部分消耗在摩擦上。在拧螺栓的过程中，所产生的摩擦主要有以下两处：

（1）螺杆螺纹与螺帽螺纹之间的摩擦；

（2）螺帽与工件接触平面之间的摩擦。

根据计算与试验，这两处的摩擦耗能约为扭矩耗能的50%。

也正是由于摩擦的存在，使得螺栓所需扭矩的计算工作非常烦琐。为省去烦琐的计算，在实际工作中均采用螺栓扭矩表。表3-1为30号正火钢，允许应力[σ]为180MPa，牙距为基本牙距（粗牙）的螺栓扭矩表。在使用表（3-1）时，除注意上述给定的条件外，还应注意以下两点：

（1）螺纹无缺损，配合间隙合格，并加有润滑剂（如油类、铅粉类）；

（2）螺帽与工件接触面接触良好，无歪斜现象，接触面平整无毛刺。

3. 扭矩与允许应力[σ]的关系

螺栓在弹性极限强度范围内所能承受的最大扭矩值，不仅取决于螺栓的直径，还取决于螺栓的材质。不同的材料有不同的允许应力[σ]值。

例如：30号钢　屈服强度为300MPa　允许应力[σ]＝180MPa

45号钢　屈服强度为360MPa　允许应力[σ]＝200MPa

25Cr2MoVA　屈服强度为800MPa　允许应力[σ]＝350MPa

表3-1　螺栓扭矩表[σ]＝180MPa

螺栓规格	螺距（mm）	螺纹小径（mm）	截面积（cm^2）	轴向最大允许载荷（$\times 10^4$N）	扭矩（×10N·m）
M10	1.5	8.4	0.554	0.997	1.88
M12	1.75	10.1	0.8	1.44	3.27
M16	2	13.8	1.5	2.70	8.4
M20	2.5	17.3	2.35	4.20	16.3
M24	3	20.7	3.66	6.04	28.1
M30	3.5	26.2	5.4	9.72	57.3
M36	4	31.7	7.89	14.2	101
M45	4.5	40.1	12.6	22.7	205
M56	5.5	50	19.6	35	393
M64	6	57.5	26	46.8	605
M68	6	61.5	29.7	53.4	739
M72	6	65.5	33.7	60.6	893
M80	6	73.5	42.4	76	1257
M90	6	83.5	54.7	98.6	1850

续表

螺栓规格	螺距（mm）	螺纹小径（mm）	截面积（cm^2）	轴向最大允许载荷（$\times10^4$N）	扭矩（×10N·m）
M100	6	93.5	68.7	123.5	2600
M110	6	103.5	84.3	151	3500
M120	6	113.5	101.8	183	4670

螺栓所能承受的扭矩与材质的允许应力成正比。表3-1为30号钢螺栓的扭矩值，若采用其他金属材料制造的螺栓，由于允许应力的变化，则表中的扭矩值也应相应地变动，其计算方法如下：

$$某种金属材料螺栓扭矩值=表3-1扭矩值\times\frac{该种金属材料的允许应力}{30号钢允许应力}$$

例如：M20螺栓，材质为45号正火钢，则

$$扭矩值=163\times\frac{200}{180}=180\ (N\cdot m)$$

钢材的允许应力与该钢种的屈服强度有一定的比例关系，其比值取决于金属材料的用途。

4. 扭矩与螺纹螺距的关系

表3-1列举的螺纹螺距均为基本螺距（粗牙），若改为细牙，则表中的扭矩值、轴向载荷值均发生相应变化，其变化与螺距的关系如下。

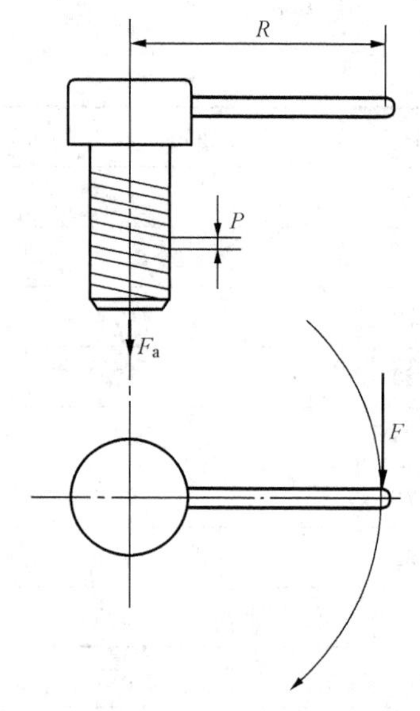

图3-11 螺栓紧固示意

图3-11为螺栓紧固示意图。若将螺栓旋转一周（拧紧），则

输入的功$=2\pi RF$

输出的功$=F_aP$

在不考虑摩擦的情况下，其功的等式为

$$2\pi RF = F_aP \qquad (3-2)$$

式中 R——力臂（如扳手有效长度）；

F——作用力（如手臂拉力）；

F_a——螺栓轴向载荷（即螺栓的紧度）；

P——螺纹螺距。

从式（3-2）可得出扭矩RF、轴向载荷F_a与螺距P有以下关系：

（1）当扭矩不变（RF为定值）时，F_a与P成反比。此关系对实际工作的指导意义是：当扭矩不变时，细牙螺栓产生的紧度要大于粗牙螺栓的紧度，其紧度的增加比为

粗牙螺距∶细牙螺距

（2）当螺栓的紧度F_a为定值时，P与RF成正比。此关系对实际工作的指导意义是：当螺栓的紧度不变时，紧固细牙螺栓所需的扭矩要小于粗牙螺栓所需的扭矩，其扭矩减小比为

细牙螺距∶粗牙螺距

由于存在着上述关系，故对用于有以下情况的螺栓，均采用细牙结构。

(1) 有强烈振动的设备（如往复运动装置、冲击运动装置）。

(2) 有大紧度要求的密封面（如高温、高压法兰）及重要受力构件（如起重吊钩）。

(3) 要求有很好自锁能力的高强度螺栓（如旋转装置固定螺栓）。

(4) 不便用力，但又要求有较好的自锁能力及密封性能的装置（如设备的调节螺栓、轴端的锁紧螺帽、压力表接头）。

二、拧紧螺栓的方法

螺栓的拧紧方法可分为两类：

(1) 用扳具强行旋拧螺帽，依靠螺纹的斜面作用将螺杆拉长，使螺栓产生相应的拉伸应力（即紧度）。

(2) 先将螺栓进行冷拉或热胀至预定的伸长值，再将螺帽轻轻旋紧。当拆除拉具（或冷却）后，螺栓即保持拉伸时的紧度。

1. 利用螺纹强行拧紧的缺点

(1) 在拧紧的过程中要产生很大的摩擦，其摩擦力不仅消耗相当大的有用功，而且摩擦力的值变化范围很大，往往按正规要求选用的扭矩不能使螺栓产生相应的拉伸应力。

(2) 在拧紧时螺纹受到极大的挤压力，故螺纹表面常被拉伤或牙型变形，造成螺栓与螺帽被卡死。若牙隙较大，则极易将螺纹拉滑（即滑丝、拔牙）。

(3) 螺杆在受拉伸力的同时，还受到旋拧时的扭力。若牙面被拉毛，则其扭力就更大，甚至可能将螺栓拧断。

用扳具拧紧螺栓虽有上述缺点，但简单易行，仍是紧固中、小螺栓最适用的方法。

2. 用拉伸器紧固螺栓的方法及其利弊

为克服利用螺纹强行拧紧的缺陷，对大直径螺栓及易拉毛的不锈钢螺栓，应采用拉伸器对螺栓进行拉伸紧固。拉伸器的结构如图 3-12 所示。

拉伸器的活塞面积为定值，很显然螺栓所受到的拉力，取决于进入油活塞压力油的油压。作用于螺栓的拉力为油活塞有效面积乘以压力油的压强。

以图 3-12 所示的拉伸器为例，求所需油压。

设 M52×3 螺栓最小直径为 48mm（退刀槽处），则退刀槽处的截面积为 $\pi d^2/4=1810\text{mm}^2$。

设该螺栓用低合金钢制造，其允许应力 $[\sigma]$ 为 200MPa，则该螺栓轴向允许最大载荷为

$$1810\times200=36.2\times10^4\ (\text{N})$$

油活塞的有效工作面积为

$$\text{油活塞面积}-\text{导向套面积}=6180\text{mm}^2\ (\text{计算从略})$$

所需油压为

$$36.2\times10^4/6180=58.6\ (\text{MPa})$$

拉伸器的使用方法如下：装上拉伸器，接上压力油管，启动高压油泵；当油压升至所需的压力后，稳压；将拔棍插入螺帽的小孔内，转动螺帽，直到转不动时为止；然后卸压，拆去拉伸器，即完成该螺栓的紧固工作。

用拉伸器紧固（或拆卸）螺栓的优点：螺纹不受损伤，不会发生螺栓与螺帽被卡死的现

象；螺杆除受拉力外，不再受到其他作用力的影响；螺栓的紧固值准确，不会产生紧度不足及过紧现象；可同时用几个拉伸器同步作业，保证法兰受力均匀、对称。

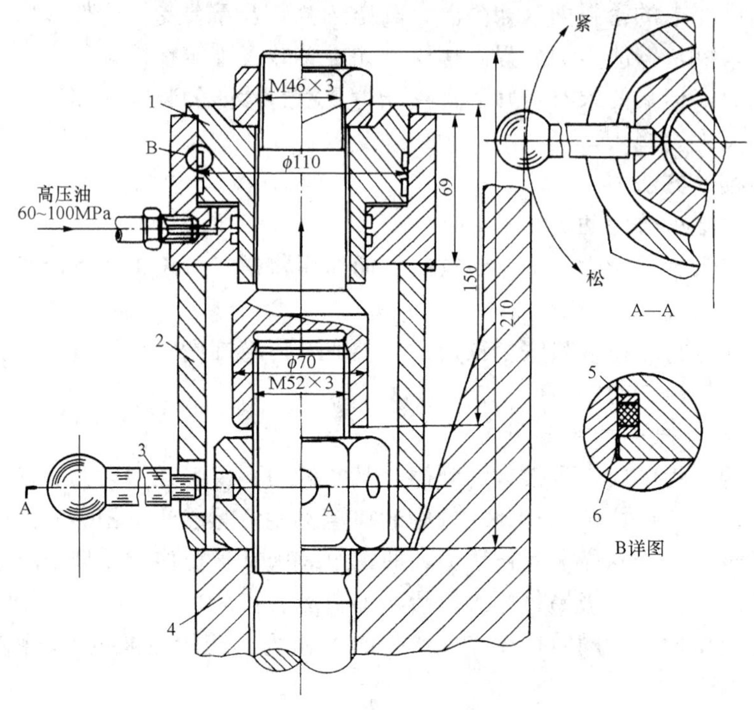

图 3-12　液压拉伸器结构示意

1—油活塞；2—支撑套；3—拔棍；4—汽缸法兰；5—尼龙衬环；6—耐油橡皮圈

该装置不足之处，主要是拉伸器直径较大，常受到螺栓中心与设备外壁之间距离的制约，限制了该装置的使用范围。

3. 加热紧固法

加热紧固法与拉伸法同属一类原理。加热紧固法就是对螺栓中心的加热孔进行加热，使螺栓受热胀长，胀至预定的伸长值后，将螺帽旋转一个角度即可。这是现今对高压汽缸螺栓进行紧固的最主要的方法。在热紧前，必须对螺栓进行冷紧。冷紧的目的：

(1) 给热紧一个准确的起点值；

(2) 消除结合面的接触间隙；

(3) 将垫料、涂料挤压到一定的厚度。

冷紧后，对螺栓中心孔进行加热。过去常采用的氧—乙炔焰加热，现在已禁止使用，因火焰温度高（3200℃）且集中，极易造成加热孔内壁过热，甚至达到熔化状态，致使螺栓钢材金属结构发生变化，另外，产生的温度应力很大，会促使螺栓发生裂纹，以致受力后造成断裂。现在所采用的发热元件是硅碳管，是用碳化硅经高温烧结而成的。它具有良好的冷热急变性能，高温下不易变形，通电后最高温度可达 1400℃±50℃，直接使用 220V 或 380V 电源，加热 M120 螺栓只需 15min 左右，使用寿命在 100h 以上。

螺栓的加热时间决定于螺栓受热后的伸长量。伸长量 ΔL 的计算式为

$$\Delta L = \frac{[\sigma]L}{E}$$

式中　$[\sigma]$——螺栓材料的允许应力，MPa；

L——螺栓有效长度，mm；

E——弹性模量（工作温度下的 E 值为 1.93×10^5MPa）。

注：　$\frac{[\Delta\sigma]}{\varepsilon}=E$；$\varepsilon=\frac{\Delta L}{L}$代入，移项，即得该式。

螺栓热胀到预定的伸长量 ΔL 后，将螺帽转动一个角度（或弧长），其弧长 s 与 ΔL 及螺距 P 有以下关系，即

$$\frac{\Delta L}{P}=\frac{s}{\pi D}$$

$$\Delta L=\frac{s}{\pi D}P$$

则

$$s=\frac{\Delta L\pi D}{P}$$

式中　D——螺帽直径，mm。

考虑到法兰及垫、涂料压缩后对螺栓紧度的影响，故需将 ΔL 值增加 30%，同时 s 值也相应地增加 30%。当伸长量不足时，不允许将螺帽强行拧到规定的弧长，因为此时螺纹处于高温状态，硬度降低，强行拧紧势必造成螺纹受损，甚至卡死。

4. 用锤击法紧螺栓的问题

用锤击法紧螺栓是目前各电厂对较大螺栓所普遍采用的方法。该法是一种落后与不科学的紧螺栓工艺，之所以说该法落后、不科学，是因为：

(1) 该工艺说不清也控制不住锤击的力量。根据力学原理，锤击力等于锤的质量（kg）乘以锤击时的加速度。靠人的动作，使锤击时的加速度达到某一定值，在现场既无法测量也无法控制，故造成螺栓所承受的扭矩非大即小。

(2) 螺栓受到的是冲击载荷，使螺纹及螺杆本身受到不应有的冲击损伤，大大地缩短螺栓的使用寿命，并可能因螺栓的损伤而引发事故。

该工艺有广泛市场，主要原因是人们对螺栓的检修工艺尚未引起应有的重视，对落后工艺习以为常。这种落后还表现在螺栓紧固机具的开发、生产及使用上，至今国内尚无一家专门从事螺栓紧固机具的研制与生产的厂家。这与发达国家相比，至少要落后 20～30 年。可以说，是落后的工艺阻碍了新工艺的推广，制约了新机具的开发与生产。

三、拧螺栓的常规工具与专用机具

1. 普通扳手

普通扳手包括：活扳手、呆扳手、梅花扳手、套筒扳手及内六角扳手等，其中以梅花扳手为优选工具。其理由：

(1) 它的扳头为 12 边封闭结构，与螺帽有 6 个着力点，故其强度高、受力好，螺帽不易受损。这点与套筒扳手的优点是一致的。

(2) 扳手的长度（即力臂）与扳头规格（即螺栓规格）相配套，这种搭配可使作用到螺栓上的扭矩得到较为有效的控制。这点又优于套筒扳手的定长加力杆。

2. 活扳手的使用规范

活扳手的优点是适应性强，也因其适应性强，造成对螺栓所需扭矩的控制难度增加。为了克服其缺点，特规定了活扳手的使用规范。

（1）活扳头的使用开度，不得超过扳头最大开度的 3/4；

（2）扳手长度应与螺栓规格相配套，其适用范围如表 3-2 所示。

表 3-2　活扳手适用范围

活扳手长度（mm）	100 （4″）	150 （6″）	200 （8″）	250 （10″）	300 （12″）	350 （14″）
最小限定螺纹规格	M4	M5	M6	M10	M14	M16
最大限定螺纹规格	M6	M8	M10	M14	M18	M20

3. 扭力扳手

扭力扳手又称扭矩扳手。该扳手可有效地控制扭矩值，是一种重要的常规拧螺栓的工具。目前国内因受到习惯工艺的阻力，该工具还不为人们所熟悉。现在市场上仅有一种不可调的扭力扳手出售（图 3-13），该扳手只能指示扭矩值，而不能控制扭矩。

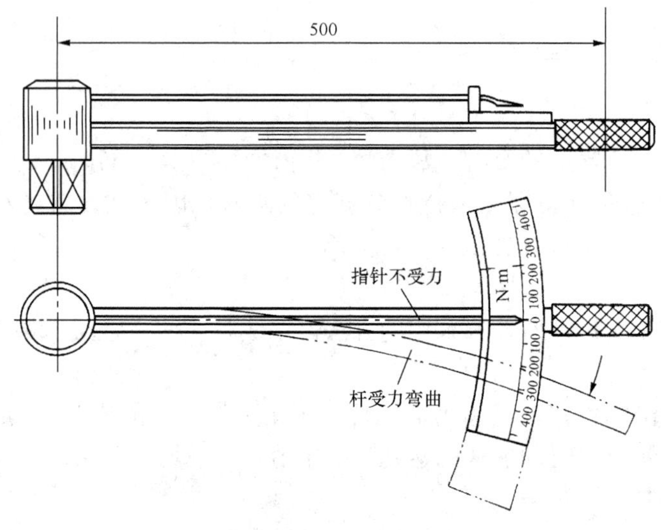

图 3-13　不可调式扭力扳手

国外的扭力扳手均为可调式，早已达到普及程度，其产品已经系列化，长度为 250～1500mm，扭矩为 20～1000N·m。可调式扭力扳手在使用前需将扭矩值调好，当扭力达到预定的扭矩值时，工具便会发出音响或灯光信号。图 3-14 为该扳手的结构示意图。

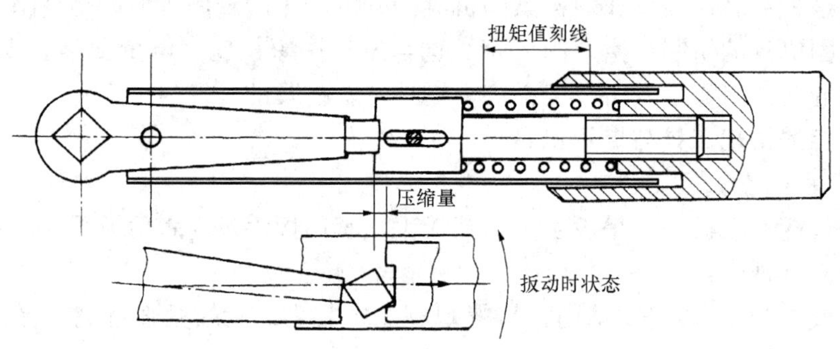

图 3-14　可调式扭力扳手结构示意

4. 机动扳手（或扳机）

机动扳手包括：电动扳手、风动扳手、液压扳手等。

在检修热力设备时，拆装螺栓的工作量极大，费时费力，因此提高拆装螺栓的效率具有重要的现实意义。广泛采用机动扳手是提高拆装螺栓效率的有效措施。

在机动扳手中，电动扳手效率高，但其扭矩值小、易损坏，且需220V电源，故不太适宜热力设备检修之用。相比之下，建议选用风动扳手。

风动扳手（简称风扳）具有扭矩值大、安全、可靠及扭矩可调的优点（其结构详见图1-6）。目前大型号的风扳扭矩可达12000N·m，可紧固M80以下大直径螺栓。在使用风扳时，应注意对其扭矩的调整，为节约调矩时间及防止在调矩时发生误差，可同时准备几种不同扭矩的风扳，每一风扳只紧固一个规格的螺栓，这样可大幅度地提高效率。

液压扳手（图3-15）属于专用扳手，其中扳头和支架需根据使用部位来配制，活塞为通用件，压力油由高压油泵供给（20MPa）。该工具组装耗时过多，且需配备油泵，给工作带来不便。

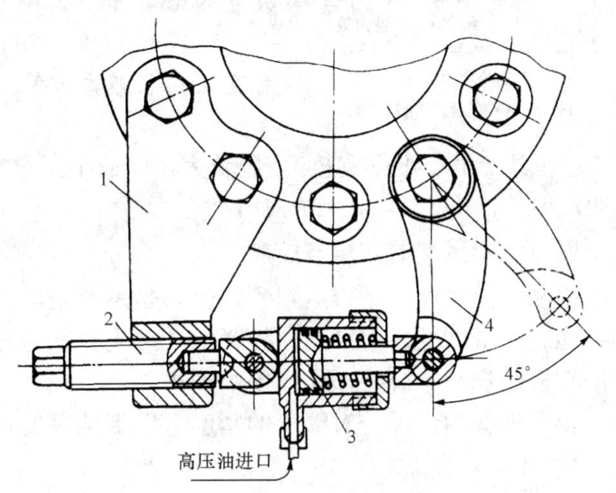

图3-15　液压扳手

1—支架；2—调节螺栓；3—活塞；4—扳手

5. 增力扳手（又称增力器）

增力器实际上是一台具有特殊结构的减速箱，采用行星式与摆线式减速设计，其减速比为5∶1～125∶1，扭矩为1700～47500N·m。

在国外，增力器已成为紧固M27以上各类螺栓的主力工具，其产品已系列化。目前国内尚无厂家研制、生产，尚属空白。实践证明，增力器是紧固螺栓的高效工具，应大力推广。

现将国外增力器的主要技术数据（部分）介绍如下（表3-3，图3-16）。

表3-3　**增力器主要技术数据（部分）**

类别	型号	增力比（减速比）	输出扭矩（N·m）	*A*（mm）	*B*（mm）	机体重量（kg）
轻型	MT1700	5∶1	1700	108	120	3.1
	2700		2700		129	3.2
中型	SLT30-15	15∶1	3000		224	9
	SLT30-25	25∶1	3000	119	271	15
	SLT60-75	75∶1	6000		299	16.5
重型	HDT60-125	125∶1	6000	144	194	18.5
	HDT95-125		9500	184	188	24.5
	HDT170-125		17000	212	225	46.5
	HDT475-125		47500	315	325	117

使用增力器时，必须与扭力扳手配合，因为只有施加准确的输入扭矩，方可得到准确的输出扭矩。

【例2】　允许应力［σ］=180MPa，M45螺栓，最大允许扭矩为2050N·m。若用25∶1增

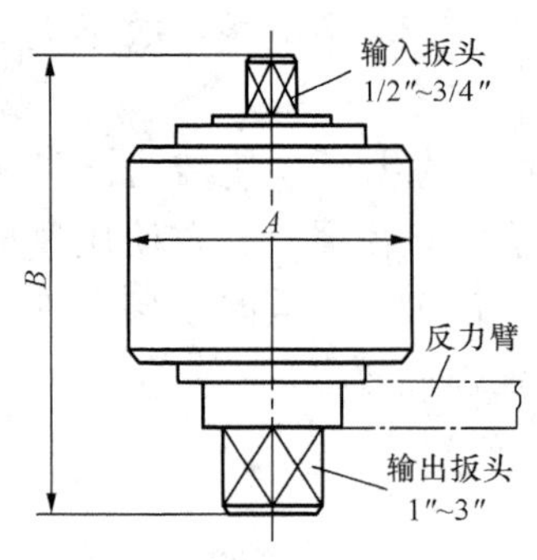

图 3-16 增力器外形

力器，则输入轴的扭矩值应为

2050/25＝82（N·m）

若用 300mm 长扭力扳手，则将其扭矩值调至 82N·m 刻线，操作者实际用力为

82/0.3＝273.3（N）

【例 3】 允许应力［σ］＝180MPa，M72 螺栓，最大允许扭矩为 8930N·m。若用 125∶1 增力器，则输入轴的扭矩值应为

8930/125＝71.4（N·m）

用 300mm 长扭力扳手，操作者实际用力为

71.4/0.3＝238（N）

该工具不足之处是减速箱直径较大，如最小型号的直径为 108mm。当螺栓中心至设备外壁的距离小于 54mm 时，就无法使用。

四、螺栓紧度的测量与控制

检测螺栓紧度值是否达到预定值，是螺栓质检工作的重要内容，也是检修人员必须掌握的技能。为了能准确地控制螺栓紧度，首先要知道被紧螺栓的允许扭矩值或允许伸长量，此值应在检修规程中或操作任务单中列出。

根据现场的条件，对螺栓的紧度有以下两种实用检测方法。

1. 测量扭矩

（1）用扭力扳手控制扭矩。在用扭力扳手紧螺栓前，必须将扳手手柄上的准点旋到要达到的扭矩值刻线。当施加的力达到预定的扭矩后，扳手的控制机构即发出音响或灯光信号。扭力扳手必须每年进行一次调校，以保证工具的精度。

（2）控制手臂拉力及扳手长度。在扭力扳手尚未普及的情况下，提倡用控制拉力与臂长的办法是可行的，也是有效的，此法符合我国的现实情况。在用此法时，应做到以下两点：

1）要求操作者熟知自己手臂在不同姿势时的拉力值（可用拉力器进行测试）。根据测试，一般人的单臂拉力约为 300～500N。

2）根据螺栓预定的扭矩值，正确选用扳手（扳手长度或加长杆的长度）。如拧紧一个 M20 的螺栓（允许扭矩值为 163N·m），应选用多长扳手？当手臂拉力为 300N 时，扳手长 163/300＝0.54m；当拉力为 400N 时，扳手长 163/400＝0.40m；当拉力为 500N 时，扳手长 163/500＝0.32m。

实例：某电厂规程规定紧固 M68×3 合金钢汽缸螺栓，需用 3m 长加长杆，5～6 人施力，现证实该规定是否正确？

分析：已知螺栓螺距为 3mm，所需扭矩为粗牙的 3/6＝1/2，设合金钢的允许应力为 30 号碳钢的 1 倍，则两者减、增的扭矩值相抵，故可直接选用表 3-1 所列扭矩值，得 M68 的最大允许扭矩为 7390N·m。在 3m 加长杆的端部需用力 7390/3＝2493N，则每人平均用力为 2493/5～2493/6＝410～493N。

结论：①从每人平均用力上看，可以达到此值；②从加长杆长度上分析，则有问题，因众人的力不可能同时作用于 3m 加长杆的端部，其有效长度只能按 2.5～2.6m 计。

2．测量螺栓有效长度受力后的伸长量

螺栓受拉力后的伸长量 ΔL，从前面"加热紧固法"中得知：

$$\Delta L=\frac{[\sigma]}{E}L$$

式中 L 为螺栓的有效长度。有效长度是指螺栓的受力段加上一个螺帽的高度，如图 3－17 所示。

钢材在弹性极限强度范围内，钢材的伸长量与作用力成正比。当作用力达到螺栓材质的允许应力 $[\sigma]$ 时，螺栓必然要伸长一个与 $[\sigma]$ 相适应的伸长量 ΔL。由此可看出，用测量螺栓伸长量的方法来验证螺栓的紧度，要比用测量扭矩的方法更为精确。因为它排除了在紧螺栓时的摩擦力、量具误差、用力的大小等因素对螺栓紧度的影响。

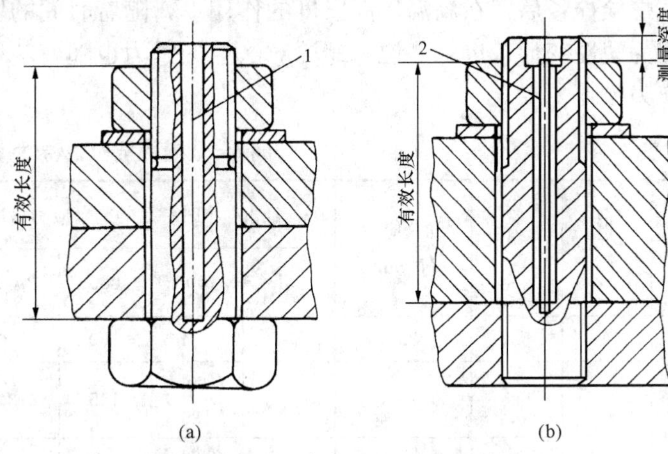

图 3－17　螺栓的有效长度及测量部位

(a) 螺栓；(b) 丝对（双头螺纹螺栓）

1—测量孔；2—固定于测量孔内的测量杆

测量方法：在螺栓紧固前与紧固后，分别用深度游标卡尺插入螺栓测量孔内，测其深度值，两次测值之差，即为伸长量 ΔL。

对于长螺栓常采用在螺栓孔中固定一根测杆［图 3－17 (b)］。测量时，只需测出杆顶至螺栓顶的深度即可。对直径细小的螺栓，可用游标卡直接测量其长度。

【例 4】　某螺栓材料的允许应力 $[\sigma]=180$MPa，其有效长度 $L=100$mm，求 ΔL?

解　$\Delta L=\frac{[\sigma]}{E}L=\frac{180\times100}{1.93\times10^5}=0.093$ (mm)

伸长率　$\frac{\Delta L}{L}=\frac{0.093}{100}\approx1‰$

若 $L=200$mm，则 $\Delta L=\frac{180\times200}{1.93\times10^5}=0.186$ (mm)

伸长率 $\frac{\Delta L}{L}=\frac{0.186}{200}\approx1‰$

从上例中可看出，只要 $[\sigma]$ 不变，不论 L 值为多少，其伸长率也保持不变。也就是说，一个螺栓当紧固到它的伸长率达到某一数值后，该螺栓的紧度即达到与伸长率相应的紧度。

根据计算与试验，螺栓的伸长率一般约为 1/1000～1.5/1000。

五、在运行中螺栓紧度的变化

1．螺栓紧度在热态下的变化

（1）热松弛。若螺栓的温度或膨胀系数大于连接件，则螺栓的紧度会下降，称此现象为热松弛。

(2) 热紧固。若连接件的温度或膨胀系数大于螺栓，则螺栓的紧度会增加，此现象称为热紧固。

无论是热松弛还是热紧固，经长时间的温差变动，最终均导致密封面泄漏。同时，热紧固会造成螺栓因轴向应力增大而超载（甚至断裂），也会造成法兰因紧力过大而变形。因此，在工作中应采取有效措施，使热松弛与热紧固现象减少至最小限度。

2. 在高温下，螺栓的应力松弛及塑性变形

螺栓拧紧后，在高温、高紧度的作用下，随着时间的增长，螺栓由开始的弹性变形逐渐转变为塑性变形，也就是说，螺栓对法兰的紧力也随着塑性变形的增加而减少，这种现象称为应力松弛。

表 3 - 4　　几种合金钢的抗松弛特性

<table>
<tr><th rowspan="2">序号</th><th rowspan="2">钢种代号</th><th rowspan="2">试验温度(℃)</th><th rowspan="2">初紧应力(N/mm²)</th><th colspan="5">经 h（小时）后的剩余应力（N/mm²）</th><th rowspan="2">1 万 h 后的剩余应力是初应力的百分比（%）</th></tr>
<tr><th>25h</th><th>100h</th><th>1000h</th><th>3000h</th><th>10000h</th></tr>
<tr><td>1</td><td>A</td><td>500</td><td>250</td><td>197</td><td>184</td><td>160</td><td>140</td><td>92</td><td>36.8</td></tr>
<tr><td>2</td><td>B</td><td>525</td><td>250</td><td></td><td>(200h)
186</td><td>145</td><td>130</td><td>108</td><td>43.2</td></tr>
<tr><td>3</td><td rowspan="2">C</td><td>520</td><td rowspan="2">300</td><td>(50h)
252</td><td>(200h)
248</td><td>230</td><td>217</td><td>197</td><td>65.6</td></tr>
<tr><td>4</td><td>570</td><td>227</td><td>218</td><td>172</td><td>136</td><td>65</td><td>21.6</td></tr>
</table>

钢种代号：A—$25Cr_2MOV$；B—$25Cr_2MO_1V$；C—$20Cr_1MO_1VN_bB$

表 3 - 4 所测试的数据说明以下问题：

(1) 不同的材质在高温作用下，其抗松弛能力差别很大，故对制造螺栓的材料有着严格的规定。

(2) 工作温度对材料抗松弛能力的影响最为突出。如序号 3 与序号 4 为同一种材料，序号 4 的试验温度仅比序号 3 高 50℃，其结果，在 1 万 h 后，两者的剩余应力值相差竟达 3 倍之多。

(3) 关于螺栓的材料在设计中规定：必须保证在连续运行 1 万～2 万 h 后，螺栓的剩余应力不得小于法兰密封所要求的密封应力。

(4) 在初紧应力达到允许扭矩后，在投入运行开始的一段时间（1～100h），其应力松弛现象特别明显，几乎是直线下降。因此用增大初紧应力的方法来提高螺栓的剩余应力是不可取的。

(5) 为提高螺栓的剩余应力，可采取在停机时，再次紧固螺栓，但紧固次数不得超过 5～6 次。应特别提醒的：螺栓在每次紧固之前就有一定的塑性变形。当螺栓的塑性变形量超过 1%时（如螺栓有效长度为 100mm，当长度值达到 101mm），此螺栓就不允许再继续使用。

六、螺纹连接件的拆卸及组装

1. 螺纹连接件的拆卸

在拆卸螺纹连接件时，常遇到螺纹锈蚀、卡死、螺杆断裂及连接段滑丝等情况，此时，可根据具体情况选用下列方法进行拆卸。

（1）对于一般锈蚀的螺纹可先用煤油或松动剂（一种软化铁锈的化学制品）将其浸透，待铁锈松软后再拆卸。若锈得过死，则可用锄头敲打螺帽的六角面，振松后再拆。

（2）用喷灯或氧—乙炔火焰将螺帽加热，加热要迅速，边加热边用锄头敲打螺帽，待螺帽热松后，立即拧下。若螺杆已无使用价值，则可将其割掉。

（3）用平口錾子剔螺帽，如图 3-18（a）所示。被剔下的螺帽不应再重新使用。

（4）用钢锯沿着外螺纹切向将螺帽锯开后再剔，如图 3-18（b）所示。

（5）对于已断掉的螺栓（在设备上），可在断掉部分的中心钻一适当直径的孔，再用反牙丝攻取出，如图 3-18（c）所示。

（6）对于六角（内、外）已被扳圆的螺钉，或平基、圆基螺丝刀口被拧滑的螺钉，可在螺钉头上焊一六角螺帽进行拆卸，如图 3-18（d）所示。

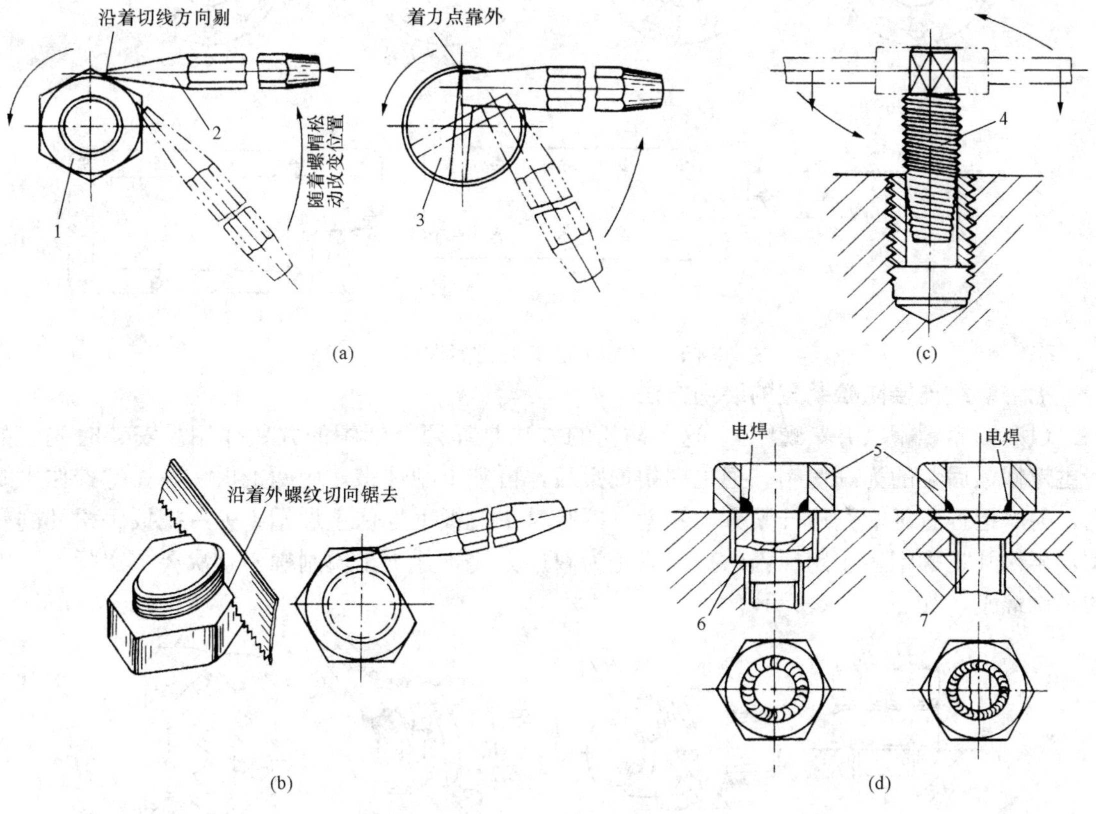

图 3-18　螺纹连接件锈死后的拆卸方法

1—六角螺钉或螺帽；2—平口錾；3—圆基螺钉；4—反牙丝攻；5—六角螺帽；6—内六角螺钉；7—平基螺钉

2. 螺纹连接件的组装

在组装螺纹连接件时，应按以下工艺进行：

（1）组装前，应对螺纹部位进行认真的刷洗，清除牙隙中的锈垢。有缺牙、滑丝、裂纹及弯曲的螺纹连接件不许再继续使用。

（2）螺纹配合的松紧度应以用手能拧动为准。配合过紧的螺纹必须进行修理（攻丝、套丝），不许强行拧入；配合过松的螺纹不允许再使用。

（3）组装时，为了防止螺纹被咬死或锈蚀，一定要注意螺纹的防锈及润滑。一般螺纹连接件，在螺纹部位可抹上油铅粉（机油与黑铅粉混合），重要的螺纹可擦抹干片状黑铅粉或含铜石墨润滑剂，或二硫化钼润滑剂；设备内部有机油的螺纹连接件，不要再用润滑剂与防锈剂；室外的螺纹连接件最好用镀锌制品；重要设备的螺纹连接件应采用不锈钢制品。

3. 成组螺栓的拧紧方法

图 3-19 为成组螺栓拧紧顺序。在拧成组螺栓时不能一次拧紧，应分三次或多次逐步地、对称地拧紧，这样才能使各螺栓的紧度一致，同时被紧的零件也不致变形。

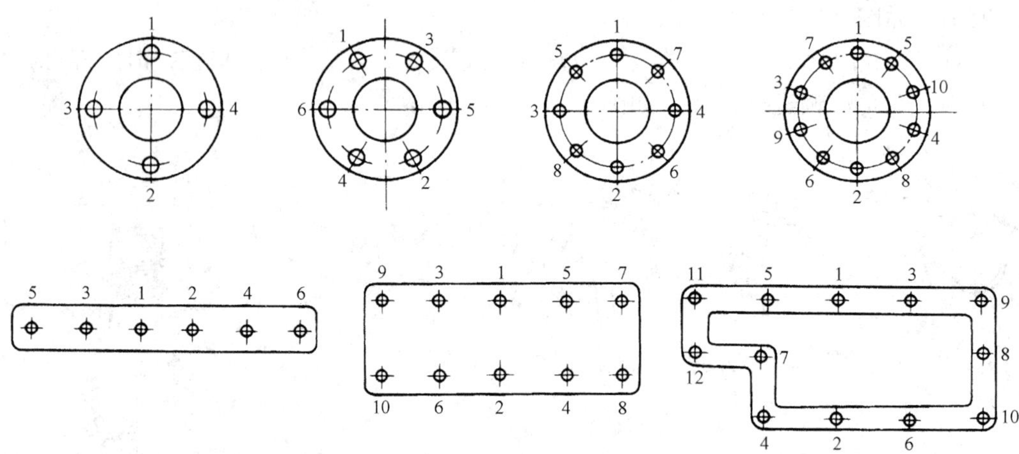

图 3-19　成组螺栓拧紧顺序

七、螺纹连接防松装置的装卸方法

(1) 锁紧螺帽（并紧螺帽）。这种防松的方法是靠两个螺帽的并紧作用。安装时先装的为主螺帽，后装的为副螺帽。把主螺帽拧紧后，再戴上副螺帽，用两把扳手，一把拧住主螺帽，另一把拧着副螺帽按拧紧方向并紧。拆卸时一把扳手拧住主螺帽，另一把扳手松开副螺帽，再松开主螺帽。主副螺帽的提法只是为叙述方便，并不是说副螺帽就次要。实际上受力的是副螺帽，如图 3-20 所示。

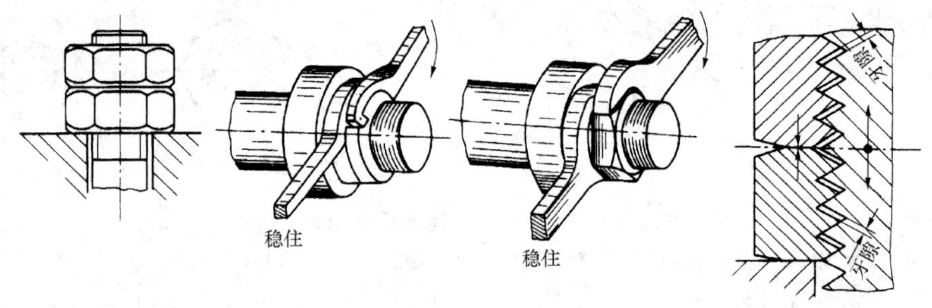

图 3-20　锁紧螺帽

锁紧螺帽有两种：六角形螺帽和圆形螺帽。在拆装圆形螺帽时，应用钩形扳手（图 3-21)，用錾子剔圆形螺帽进行拆装是错误的。

(2) 开口销。开口销的装法如图 3-22 (a) 所示。开口销只能使用一次，不应重复使用。

(3) 串联铁丝。穿铁丝时，应注意穿丝方向，应保证拉紧铁丝时加在各螺钉头上的力矩使螺钉拧紧，如图 3-22 (b) 所示。

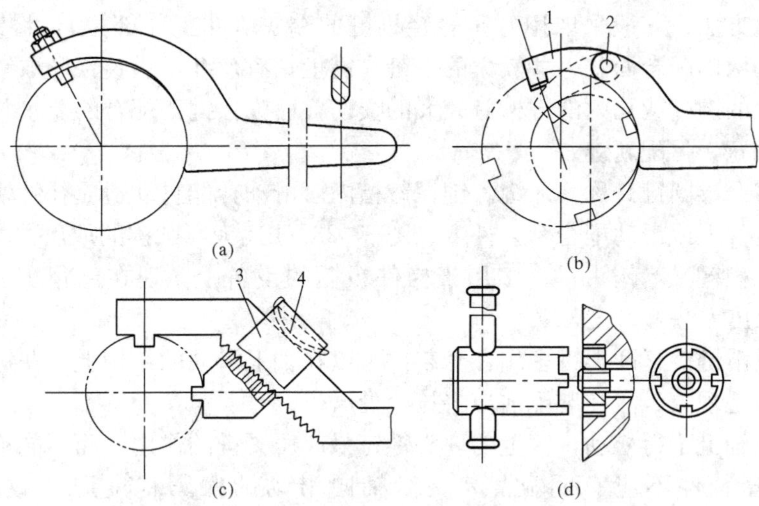

图 3-21　各种钩形扳手

(a) 固定式；(b) 活动钩式；(c) 活动卡片；(d) 套筒式

1—活动钩；2—销轴；3—活动卡；4—弹簧片

(4) 止退垫圈。止退垫圈的装法如图 3-22 (c) 所示。一般止退垫圈取下后不宜重复使用。

(5) 内耳式止退垫圈。如图 3-22 (d) 所示，该垫圈可将螺帽与螺杆锁成一体。

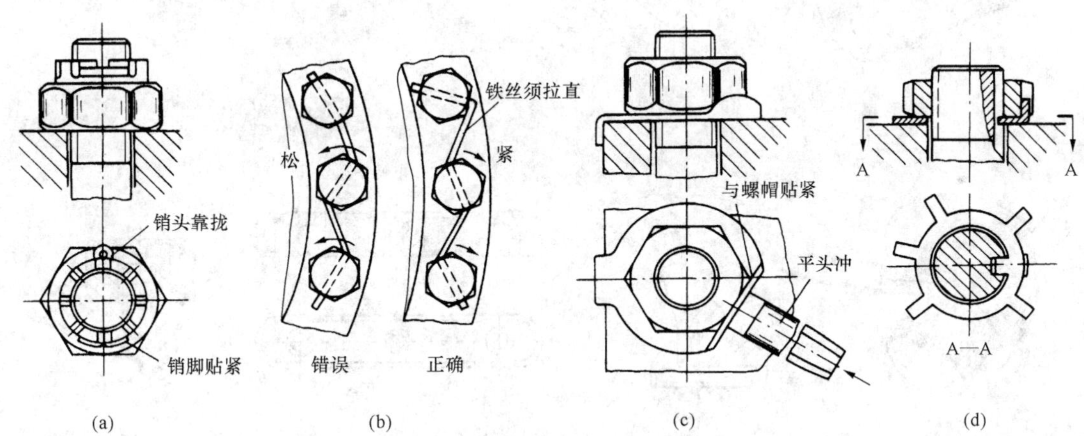

图 3-22　螺纹连接的防松装置

(a) 开口销；(b) 串联铁丝；(c) 止退垫圈；(d) 内耳式止退垫圈

第四节　键、销装配与取出

一、键的装配与取出

各类键的装配与取出方法如图 3-23 所示。

(1) 平键。键在轴上的键槽中必须与槽底接触，与键槽两侧有紧力。装键时，用软材料垫在键上，将其打入键槽中。键与轴孔键槽两侧为推配合，并要求受力的一侧紧靠无间隙，键的顶部与轴孔键槽必须有明显的间隙，如图 3-23 (a) 所示。

平键的取出方法，一般采取用錾子轻轻剔键的端头（非工作部位），将键从槽中剔出，但不允许剔键的两侧配合面。一些较大的平键在键上钻有丝孔，供装顶丝取键之用。

若发现轴上的键槽或孔内的键槽有较大的损伤，已失去键槽配合的要求，则此时允许将两个键槽同时加宽，另配新键。

（2）半圆键。半圆键又称月牙键。键在键槽内可滑动，能自动适应孔键槽斜度。这类键多用在锥形套装件上或滑动配合套装件上。图 3－23（b）为半圆键的取出方法。

（3）楔键。楔键又名钩头键，多用于构件粗糙的设备上，现在已很少采用。图 3－23（c）为楔键的取出方法。

（4）花键及滑键。这两类键多用在套装件可以在轴上滑动的结构上。花键及滑键的经常工作段会产生拉毛现象，故在装配前应将拉毛处磨光。

滑键装配在轴上不得松动，键上的埋头螺钉只起压紧键的作用，而不能承受剪（切）应力。装配后，套装件不应有明显晃动，沿轴向滑动的松紧程度应一致。滑键结构如图 3－23（d）所示。

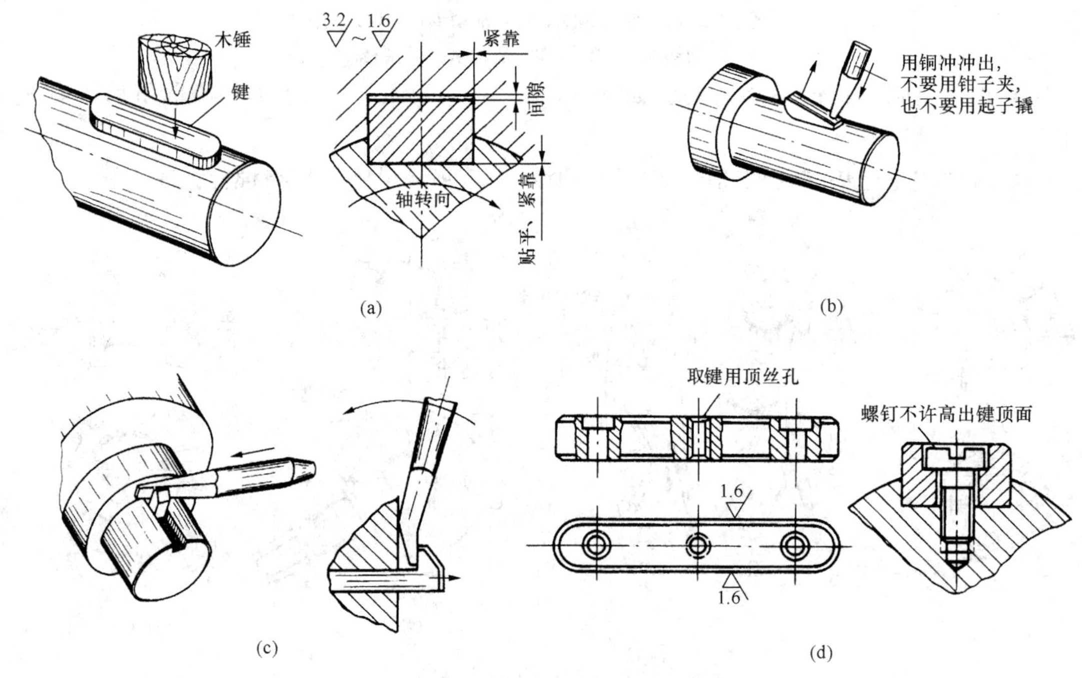

图 3－23 键的装配与取出

（a）平键；（b）半圆键；（c）楔键；（d）滑键

二、销的装配与取出

1. 销的装配

销有圆柱形和圆锥形两种。销与孔的配合必须有一定的紧力。销的配合段用红丹检查时，其接触面积不得少于 80%。销孔必须用铰刀铰制，孔的表面粗糙度不得大于 1.6。

销的装配应在零件上的紧固螺栓未拧紧前将销装上。装销时，先将零件上的销孔对准，再把抹上机油的销子装入。不许利用销子的下装力量使零件达到对位的目的，这样会造成销与下销孔发生啃伤。锥销的装配紧力不宜过大，一般只需用手锤木把敲几下即可。打得过紧，不仅取销困难，而且会使销孔口边胀大，影响零件配合面的精度。

2. 销的取出

装配件解体时，一般应先取定位销，再松紧固螺栓。若销已锈死或因装配过紧取不出时，则也可先松紧固螺栓，待装配件松动后再取销。

取销的方法如图 3-24 所示。当销子锈死时，可将其钻掉，重新铰孔，配制新销。对穿销，可以用冲子从下向上将销冲出。

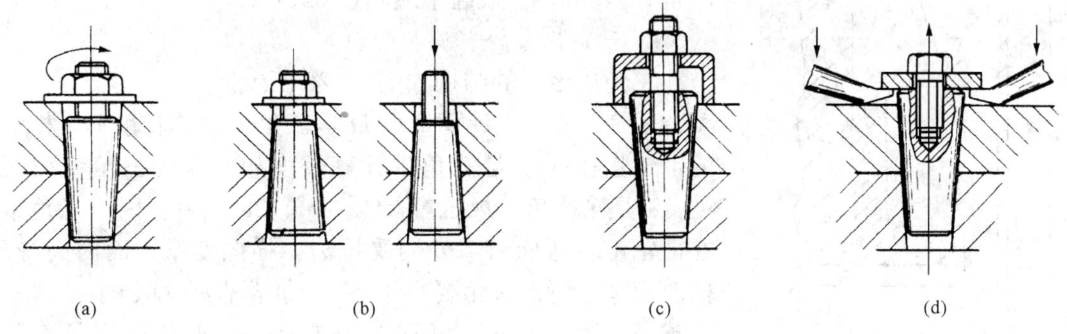

图 3-24 取销的方法

(a) 拧螺帽拔取；(b) 取下螺帽用木锤打（反销的取法）；(c) 用丝对拉取；(d) 撬取

第五节 V带（三角皮带）传动装置检修

一、V带（三角皮带）传动件的基本参数的选择

V带在现场通称为三角皮带，其传动件包括三角皮带和三角皮带轮。

1. 三角皮带（简称三角带）

三角带是标准化产品，其截面为梯形，两侧面为工作面，夹角为 40°。三角带有七种型号，各型号的截面尺寸如图 3-25 所示。

三角带是无接头的环形带，其横截面重心连线的长度 $L_{计}$ 称为计算长度。由于制造和测量上的原因，三角带用内周长长度 $L_{内}$ 称为公称长度。$L_{计}$ 略大于 $L_{内}$，其差值见表 3-5，此值供设计时参考。

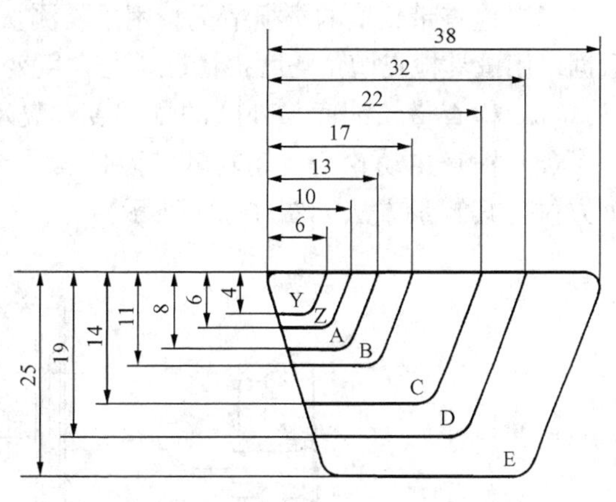

图 3-25 三角皮带型号及截面尺寸

表 3-5 三角皮带公称长度

公称长度 $L_{内}$ 的标准系列	450～16000mm						
型 号	Y	Z	A	B	C	D	E
$L_{内}$ 的范围（mm）	200～500	400～1600	630～2800	900～5600	1800～10000	3150～14000	16000
$L_{计}$ 与 $L_{内}$ 差值（近似）（mm）		25	33	40	55	76	95

三角皮带标记示例：内周长度 $L_{内}=1400mm$ 的B型三角皮带的标记为“三角皮带B—1400”，其计算长度 $L_{计}=1400+40=1440mm$。

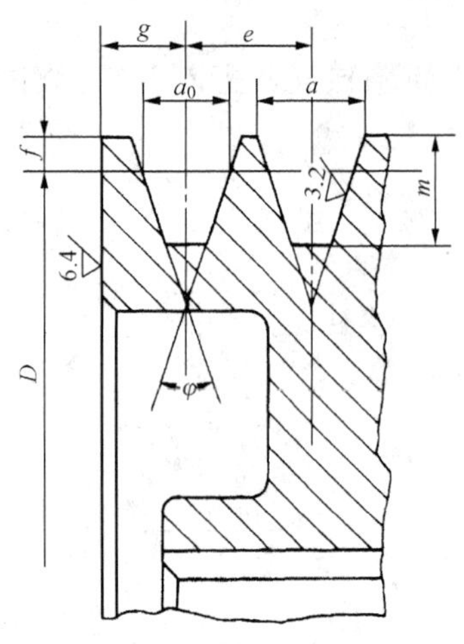

图3-26 三角皮带轮结构

各种型号的三角带所适用的功率可查机械手册。在三角带根数不多的情况下，应尽量选小型号的，以增加柔性。

三角带的线速度可在5～25m/s之内选取，最适当的速度是2～25m/s，最高不应超过30m/s。

2. 三角皮带轮（简称带轮）

三角皮带轮的结构如图3-26所示。

图3-26中：计算直径 D 是三角带计算长度 $L_{计}$ 相对应的带轮直径；a_0 是三角带计算长度相对应的三角带截面宽度；φ 是轮槽角，规定有34°、36°、38°三种。因为三角带绕在带轮上，弯曲时，外周受拉力，横向变窄，而内周受压，横向变宽，所以 φ 角要小于40°。带轮直径 D 越小，其 φ 角也越小。为了防止三角带过分弯曲，因此带轮直径不能太小，选用时可参考表3-6。

表3-6 小带轮最小直径

三角带型号	Y	Z	A	B	C	D	E
小带轮最小直径（mm）	50	70	100	140	200	315	500

二、三角带传动装置检修

（1）检查带轮槽的磨损情况。用量具测量槽上口尺寸，该尺寸应符合图3-25所示的上部数据；用量具检查槽角的磨损情况，若角度变大，就应将带轮取下，用车床进行整形加工。

（2）检查带轮端面与外圆的瓢偏度和晃动度。

（3）检查主动轮与从动轮的安装位置。要求两轮的端面位于同一平面内，为此需测量两个方位，其测量方法如图3-27所示。

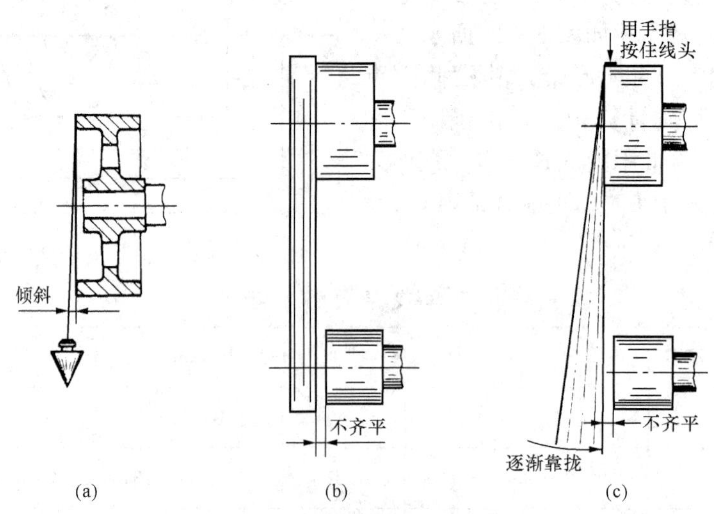

图3-27 皮带轮安装位置的检查

(a) 用线锤检查垂直度；(b) 用直尺检查；(c) 用细线检查

(4) 检查三角带的磨损程度及在轮槽中的位置。三角带在轮槽中的位置，应符合图 3－28 (a) 所示的位置。若发生图 3－28 (b)、(c) 所示的位置，则应查明原因立即进行处理。凡三角带发生横向裂纹、纵向分层及两侧磨损致使皮带落至轮槽底的，都应更新。

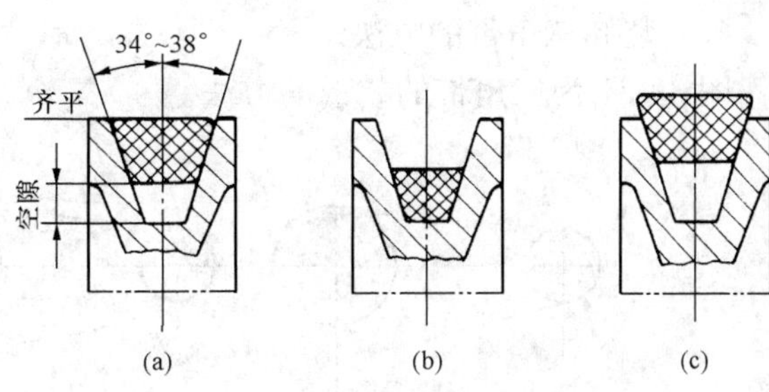

图 3－28 三角带在轮槽中的位置
(a) 正确；(b) 错误；(c) 错误

(5) 检查三角带的松紧程度。过紧会造成三角带、轮槽及轴承非正常的磨损，并增加电动机的负荷；过松会造成皮带打滑，影响正常传动并加速三角带的磨损。三角带松紧程度的鉴别方法可参考表 3－7。

表 3－7　三角带松紧程度的鉴别

过紧现象	过松现象
1. 电动机启动电流或空载电流增大； 2. 惰走时间减短； 3. 滚动轴承噪声增大，温升超常； 4. 用小锤敲击皮带中部，小锤有明显的反弹现象； 5. 三角带两侧尚无明显的磨损，但三角带已产生横向裂纹，甚至断裂	1. 启动时，小带轮有明显的打滑现象，摩擦声极明显； 2. 从启动到额定转速的启动时间明显增长； 3. 当负荷增加时，转速显著下降或达不到额定转速； 4. 用手指压皮带中部，其垂弧超常（图 3－29），并且带轮的包角无明显切点； 5. 三角带两侧超常磨损

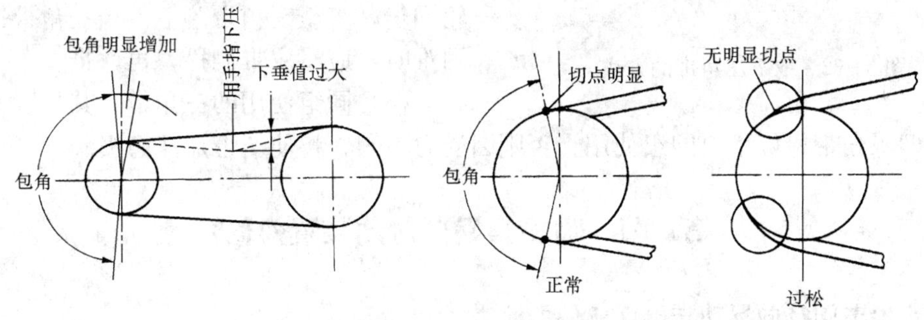

图 3－29 三角带过松现象

(6) 调整三角带的松紧方法，一般都采用移动电动机的方法，如图 3－30 所示。调整时，要保持电动机中心线平行移动。

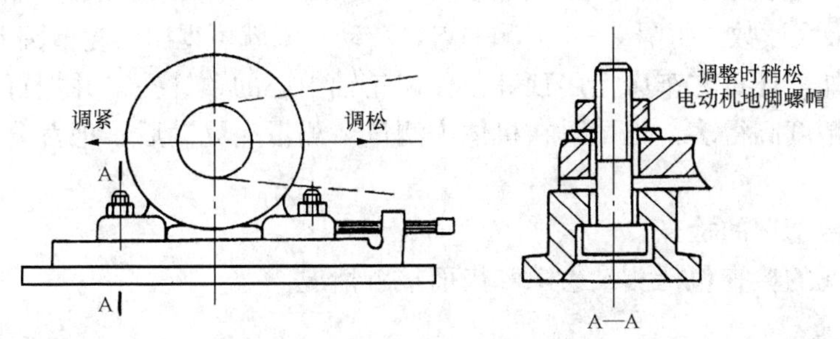

图 3－30 三角带松紧的调整方法

(7) 装卸三角带的方法。

图 3-31 为三角带的装带的方法。

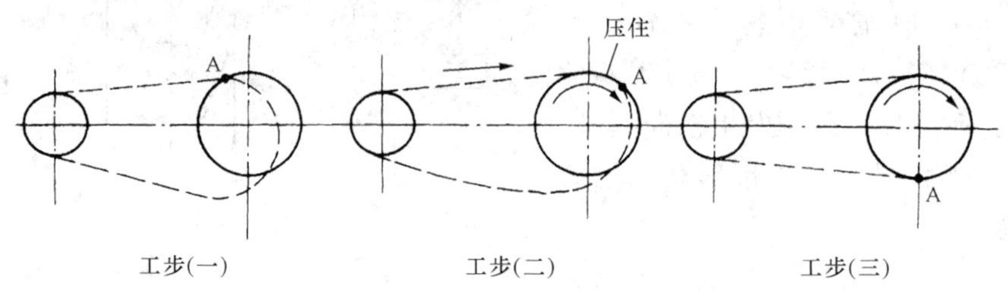

图 3-31 装三角带的方法

工步（一）：先将三角带装入小带轮槽内，再把三角带放入大带轮上部。

工步（二）：用手压住已装入槽内的三角带（图中 A 点），然后按图中箭头方向转动大带轮。

工步（三）：继续用手盘动大带轮，直到三角带全部入槽。

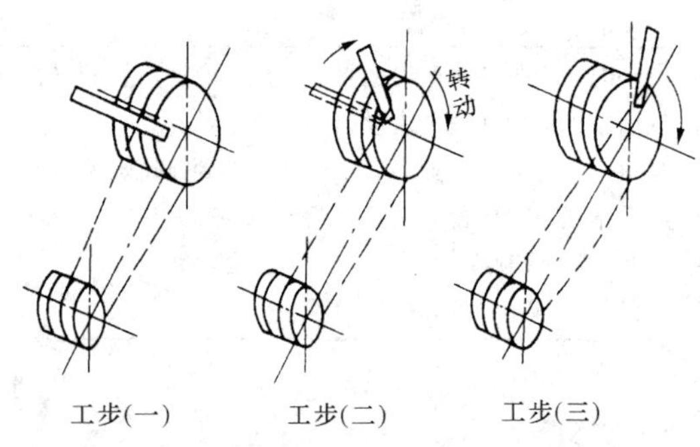

图 3-32 取下三角带的方法

图 3-32 为三角带的取下方法。

工步（一）：用小撬棍或大号起子插入大带轮上部，并尽量贴靠大带轮外圆面。

工步（二）：以大带轮轮边为支点，用力将撬棍撬起，使三角带有别出带槽之势。

工步（三）：与工步（二）的同时，用手转动大带轮，使别出三角带的动作与转动大带轮同步，直至三角带落下。当三角带过厚取带困难时，应将皮带调松，再取带。

(8) 同组使用的三角带，其长度不能相差过大。新旧三角带最好不要同组使用，否则因受力不匀，将使新带加速磨损。

第六节 齿轮与蜗杆传动装置检修

一、齿轮节圆径向晃动与端面瓢偏的检查

检查齿轮节圆径向晃动与端面瓢偏的方法如图 3-33 所示。先把齿轮轴放在平板的 V 形铁上，调整 V 形铁使轴与平板平行，再将圆柱规放在齿轮最上部的轮齿之间，并把百分表的测杆置于圆柱规上（百分表的测杆中心线垂直于平板并通过齿轮轴中心线），然后微微转动齿轮并记下百分表的最大读数。每隔 3～4 齿测一点，转动一圈就可得出齿轮节圆上的径向晃动。

除上述方法外，还可在车床上用顶针顶住齿轮轴中心的顶针孔，并把百分表架压在刀台上进行测量，其精度高得多，也可以在机体内测量。测量完晃动后，把百分表移到端面，测出齿的瓢偏。

二、齿轮啮合情况的检查

齿轮啮合情况的检查包括测量齿隙和齿面接触情况。

1. 齿隙的测量

(1) 用压铅丝法或用塞尺直接测量。压铅丝（或铅片）法，是将铅丝放在齿轮的啮合

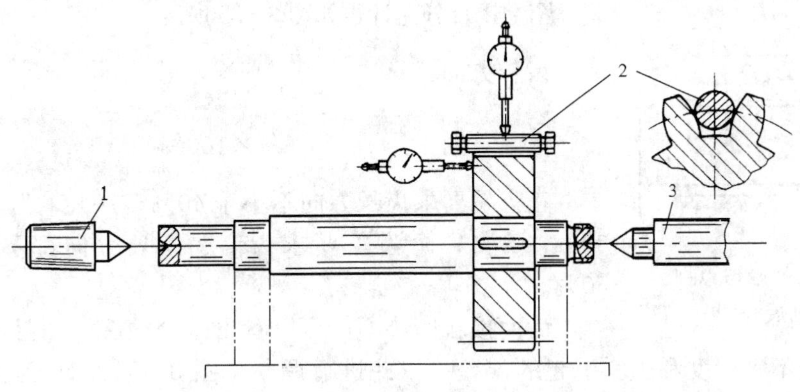

图 3-33　齿轮晃动与瓢偏的测量

1—车头顶针；2—圆柱规；3—车床尾架

处，转动齿轮，将铅丝压扁测量其厚度即啮合间隙（侧隙）。若将铅丝放在齿顶与齿底间，就可得出啮合顶隙。用上述方法不仅可测出齿隙（侧隙、顶隙），而且可测出两齿轮轴的平行情况。只要将铅丝分别放在啮合处的两端，压扁后测量其值，若两压扁值一致，则说明两轴平行；反之，则两轴不平行。

（2）用百分表测量。如图 3-34 所示，将 A 齿轮固定牢，在 B 齿轮上装一夹杆，然后来回转动 B 齿轮，夹杆推动百分表测杆，在百分表上得出读数 a，根据 B 齿轮节圆半径 R 和夹杆长 L，可求出齿轮侧隙为

$$侧隙 = a\frac{R}{L}$$

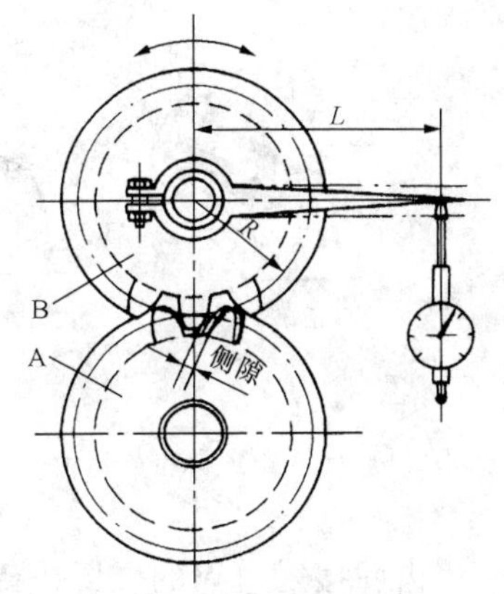

图 3-34　用百分表测量齿轮侧隙

2. 齿面接触情况的检查

齿面接触情况关系到齿轮传动工作的平稳性和使用寿命，一般采用涂色法检查。涂料多为红丹油，但这种涂料的缺点是涂得薄看不清，涂得厚引起失真。现有一种新型齿面接触涂料，该涂料可分别用于轻载和重载两种情况：用于轻载主要是指齿轮装配时，进行空载跑合来检查齿面接触斑点和安装误差；用于重载主要是指齿轮满负荷运转时，检查齿面的接触斑点。这种涂料的特点是涂在轮齿上不会因有润滑油或被冲洗而剥落，并能保持较长时间，因而可在齿轮实际工作的不同阶段来观察齿面接触情况。

检查应以小齿轮齿面的接触痕迹来评定接触的好坏，而不能以大齿轮齿面为准，否则误差较大。为此，把小齿轮齿面油渍擦去后，将新型齿面接触涂料均匀地涂在齿面上，其厚度约为 5μm。啮合后检查接触痕迹，白色发亮处为接触区，有涂料处为非接触区。

啮合方式分局部啮合和整体啮合两种方式。局部啮合是指小齿轮往复转动 3～5 次，使大小齿轮齿面啮合不变；整体啮合是指小齿轮连续运转 3～5 圈，使大小齿轮不同齿面相啮合。一般情况整体啮合接触率大于局部啮合接触率，这是因为两个齿轮都具有误差，每齿误差也不尽相同，因此在小齿轮上的接触斑点只会增多。

根据上述道理，应尽量采用局部啮合方式。接触区分布面积的大小，按新齿标规定，在齿面

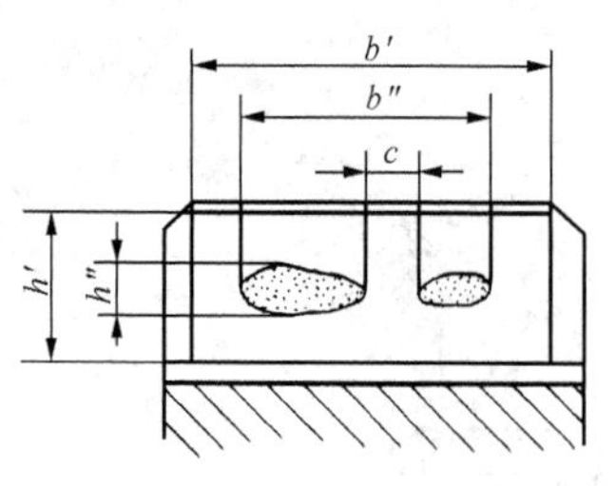

图 3-35　接触斑点在齿面的展开图

展开图上用百分比计，如图 3-35 所示。

齿长方向：　$\dfrac{b''-c}{b'}\times 100\%$

齿高方向：　$\dfrac{h''}{h'}\times 100\%$

正齿轮要求齿长方向不小于 40%～70%，齿高方向不小于 30%～35%；伞齿轮要求齿高、齿长方向都不小于 40%～60%。

齿面接触印迹不仅可以看出啮合情况，而且能判断齿轮安装后的轴心线不平行度和歪斜引起的误差，以此进行调整。图 3-36（a）为正齿轮啮合情况，图 3-36（b）为伞齿轮啮合情况。

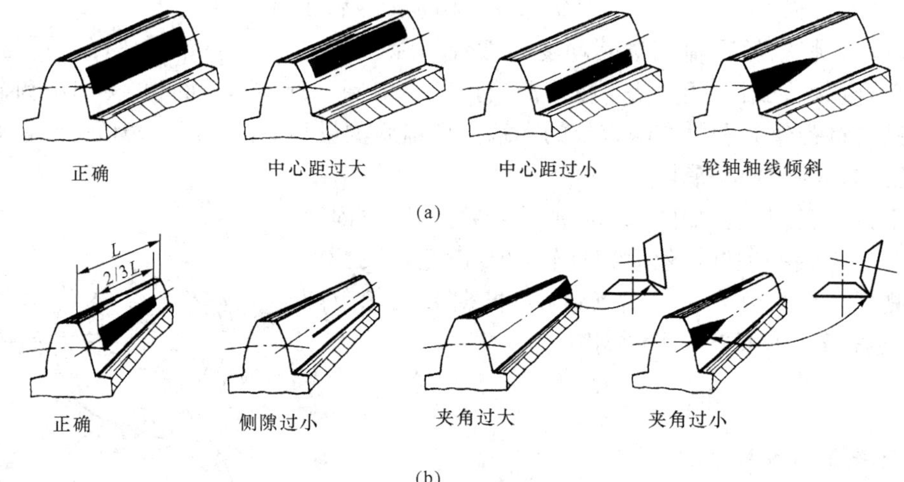

图 3-36　齿轮啮合情况
(a) 正齿轮啮合情况；(b) 伞齿轮啮合情况

当齿面接触斑点的位置正确而面积又太小时，可在齿面上加研磨剂进行研磨。

三、齿轮的更换

齿轮磨损或损坏后，一般不进行修理，而是更换新的。相啮合的两个相同齿轮最好是同时更换。大小齿轮相啮合时，一般情况小齿轮磨损得较快，应及时更换小齿轮，以免加速大齿轮的磨损。对于单向旋转的齿轮，允许调转方向使用，也就是把原来的非工作面反装为工作面。

四、蜗杆传动装置的检修

蜗杆传动是主动件蜗杆与从动件蜗轮相啮合，传递空间两垂直交错轴之间的运动和动力。用蜗杆传动制造的减速箱称为蜗杆减速箱。减速箱的结构如图 3-37 所示。

蜗杆有单头、双头、多头之分。单头蜗杆旋转一周，蜗轮转动一个齿，故

$$\text{蜗杆传动的传动比}=\frac{\text{蜗轮齿数}}{\text{蜗杆头数}}$$

蜗杆传动具有传动比大、传动平稳、无噪声、自锁性等优点。其缺点是工作时摩擦损失大，故产生的热量多、效率低、传动件磨损快。

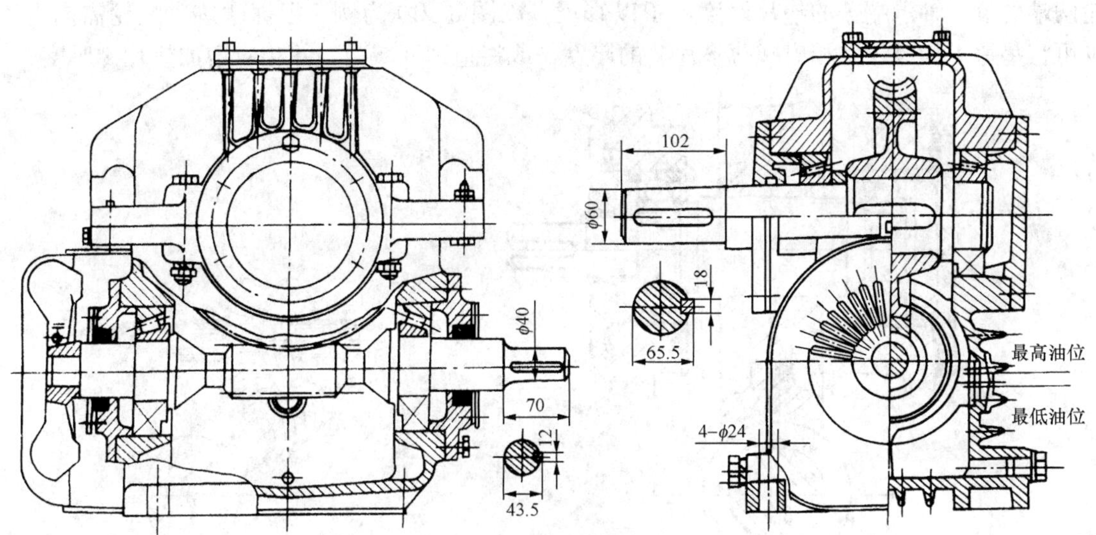

图 3-37　蜗杆减速箱结构

1. 对蜗杆传动的技术要求

(1) 蜗杆轴中心线应与蜗轮轴中心线相互垂直，如图 3-38 (a) 所示。

(2) 蜗杆、蜗轮的中心距 a 要求准确，并有适当齿隙 c_n，如图 3-38 (b) 所示。

(3) 蜗杆的轴中心线应在蜗轮齿弧中心的平面内，如图 3-38 (c) 所示。

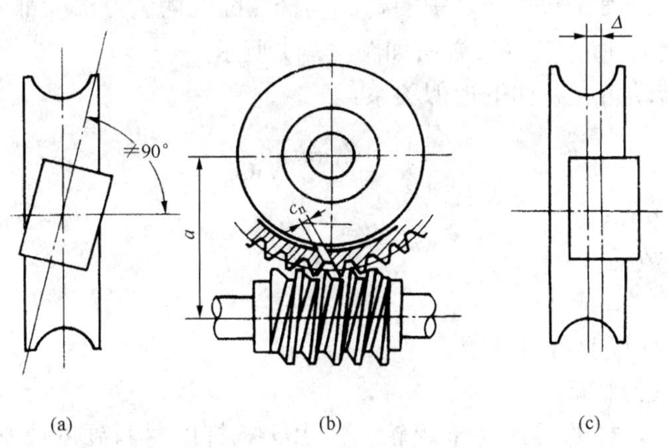

图 3-38　蜗杆传动的技术要求

2. 蜗杆传动啮合质量的检查与调整

(1) 用涂色法检验，将显示剂涂在蜗轮齿上，转动蜗杆，可在蜗轮齿上获得磨合印迹，其印迹如图 3-39 所示。图 3-39 (a) 为正确接触，其接触点应在蜗轮中部稍偏于轮齿旋出方向（受力后接触点将自行移至中部）。

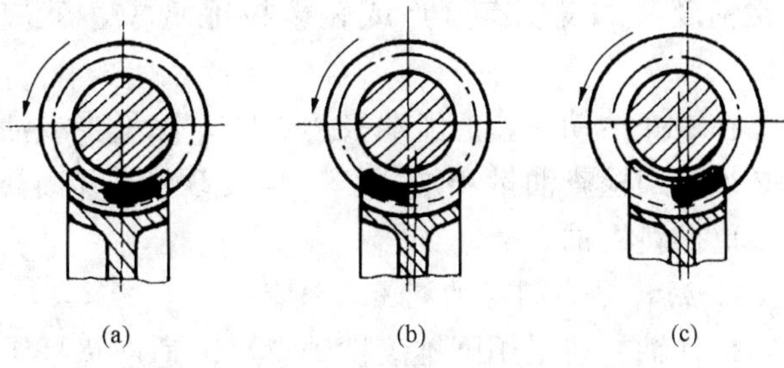

图 3-39　用涂色法检查蜗轮齿面接触印迹

(a) 正确；(b) 蜗轮偏右；(c) 蜗轮偏左

(2) 当蜗轮的轴向位置不正确时[图 3-39 (b)、(c)]，可以通过调整蜗轮两端的滚动轴承端盖的垫片厚度，予以修正。以图 3-40 为例，根据印迹，蜗轮需向左移，则可将垫片 1 加厚，并相应减薄垫片 2 的厚度，或将垫片 3 减薄，并相应增加垫片 4 厚度。

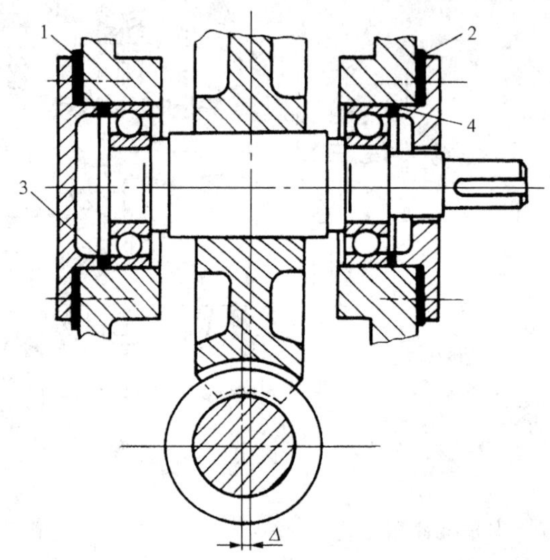

图 3-40 蜗轮轴向位置的调整方法
1，2—端盖外止口垫片；3，4—端盖内止口垫片

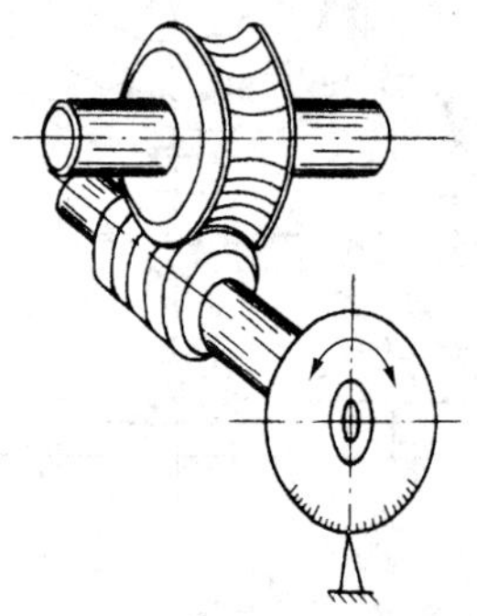

图 3-41 蜗杆与蜗轮的啮合间隙测量方法

3. 齿侧间隙的测量

蜗杆传动的侧隙见图 3-38 (b) 中的 c_n。蜗杆侧隙的测量方法大都采用转动蜗杆，根据蜗杆的转动角度求出 c_n 值，其测量方法如图 3-41 所示。

侧隙与蜗杆的转动角度有如下近似关系：

$$c_n = Z_1 \pi m \frac{\alpha}{360}$$

式中 c_n——侧隙，mm；

Z_1——蜗杆头数；

m——模数；

α——蜗杆空程转动角，(°)。

4. 蜗杆传动装置的检修

在蜗杆传动中，蜗杆的转速高于蜗轮，但由于蜗杆的材料硬度通常高于蜗轮，因而蜗轮往往先被磨损，尤其是蜗杆拉毛后，蜗轮的磨损就更快。检修中应注意检查蜗杆表面的粗糙度，如发现有麻点或轻微拉毛现象，就应将其磨光；如磨损严重，就应更换新的蜗杆。

在蜗杆传动中，润滑油极为重要，油量少或油质不清洁都将加速蜗杆、蜗轮的磨损。因而必须定期检查油量和油质。一旦发现油中有金属粉末，就应停机检查并将全部旧机油放尽，更换新机油。

5. 蜗杆轴向间隙的测量与调整

蜗杆轴一般采用圆锥滚柱轴承，以适应蜗杆工作时所产生的轴向推力。

测量轴向间隙时，先去掉端盖外止口垫片，使端盖内止口紧靠轴承外圈，然后拧紧端盖上螺钉，同时用手盘动蜗杆轴，直至拧紧到盘动轴有发紧的感觉时为止。这时轴承的轴向间隙为零，用塞尺测量端盖外止口间隙Δ 值（图3-42），该值加上所需的轴承游隙值，即为端盖外止口面应加垫片的厚度。

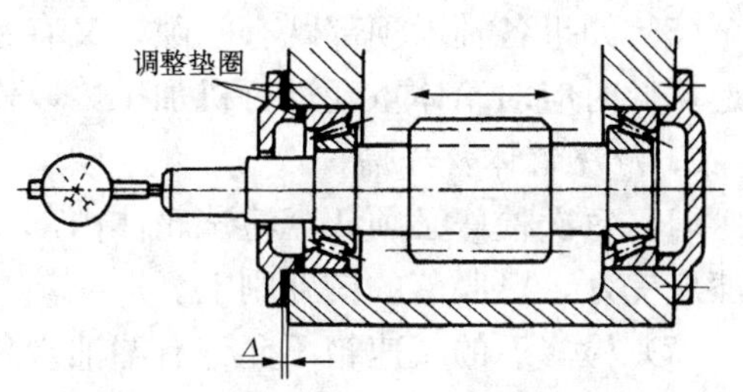

图 3-42　蜗杆轴向间隙的调整

通常蜗杆减速箱有良好的润滑条件，轴与外壳的温差不会很大。对一般小容量、不连续工作的蜗杆减速箱，可不考虑蜗杆轴的热膨胀值；对大容量、重载及高速的蜗杆减速箱，蜗杆轴应考虑热膨胀量。

圆锥滚柱轴承轴向游隙的近似值见表 3-8。

表 3-8　　**圆锥滚柱轴承轴向游隙近似值**　　mm

轴承内径	轴向游隙		轴承内径	轴向游隙	
	轻　型	轻宽型至中宽型		轻　型	轻宽型至中宽型
≤30	0.03～0.10	0.04～0.11	55～80	0.05～0.13	0.06～0.15
35～50	0.04～0.11	0.05～0.13	85～120	0.06～0.15	0.07～0.18

五、减速箱体的检修

减速箱体大都采用分体式结构。箱体由机座和机盖（上盖）两部组成。箱体的检修内容如下：检查箱体中分面的平面度；检测箱体各轴承孔对滚动轴承外圈的紧力并确定中分面密封垫或涂料的厚度；清洗箱体内部油污及查漏。

1. 检查箱体中分面的平面度

（1）用标准平板进行检查。将箱体的上、下、中分面的平面刮洗干净，然后涂上红丹并抹匀，把平面置于标准平板上，轻轻推动箱体（或箱盖）；研出接触点，根据平面上接触点的位置及疏密程度，再决定采用何种修理工艺。

（2）用塞尺测量中分面的间隙。将上盖扣在机座上，使两中分面处于自由结合状态，用塞尺逐段测记上下两面之间的间隙，即可得到两平面的相对平面度。根据所得数据，再决定下一步的修理工艺。

2. 检测箱体轴承孔对滚动轴承外圈的紧力

测量方法如图 3-43 所示。

（1）在各轴承外圈的正上方及箱体各轴承孔的两侧分别放好铅丝（图 3-43)。

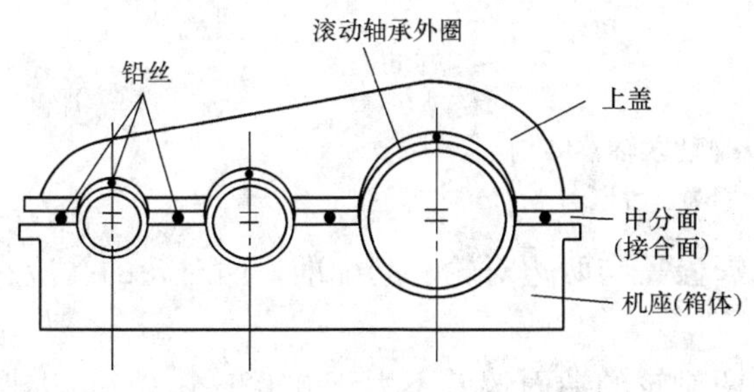

图 3-43　测量轴承外圈紧力的方法

（2）盖上上盖，装上部分接合面连接螺栓，适当拧紧后，松开，解体，分别测记各铅丝压后值。若轴承上部铅丝值大于两侧铅丝的平均值，则轴承顶部存有间隙，该间隙值应小于 0.02mm；若轴承上部铅丝值小于两侧平均值，则轴承顶部存在紧力，其值也应小于 0.02mm。

（3）若轴承顶部都有较大的间隙，则应修刮箱体中分面，以减少其间隙值。

（4）若各轴承顶部都有较大紧力，则可在箱体中分面加垫给予解决。

（5）如果各轴承顶部既有间隙，又有紧力，并都超过允许值，则说明箱体已发生较大的变形，此时应对箱体重新进行机加工，以恢复其精度，否则就按报废处理。

3. 清洗箱体及查漏

（1）每次检修必须认真清洗箱体内部，做到无油污，无任何微小的杂物。箱体内壁的防锈漆应完好，已脱落的应补刷上。

（2）检修后的减速箱不允许有漏油现象，箱体最易发生漏油的位置有两处：一是输出轴与输入轴的轴封处因密封胶圈磨损而漏油；二是箱体中分面处，因中分面平面不平或因密封材料选用不当而造成漏油。在更换密封材料时（垫料或涂料），必须考虑到密封材料厚度的变化对轴承外圈紧力的影响，因中分面密封材料的厚度决定了轴承外圈紧力的大小。应清醒地认识到：轴承外圈紧力过大或间隙过大所产生的不良后果要比漏油更为严重。

第七节 联轴器检修

一、刚性联轴器检修

刚性联轴器按结构形式分平面和有止口的两种。有止口的刚性联轴器两对轮借助于止口相互嵌合对准中心。通常止口处按$\frac{H7}{h6}$配合车制，螺栓孔用铰刀加工，螺栓按$\frac{H7}{h6}$配制，螺栓只需与一边对轮配准即可，另一边可留 0.10～0.20mm 的间隙，如图 3-44（a）所示。为了保持平衡，在联轴器上对称配制的螺栓及螺栓上的全部零件重量均应相等。

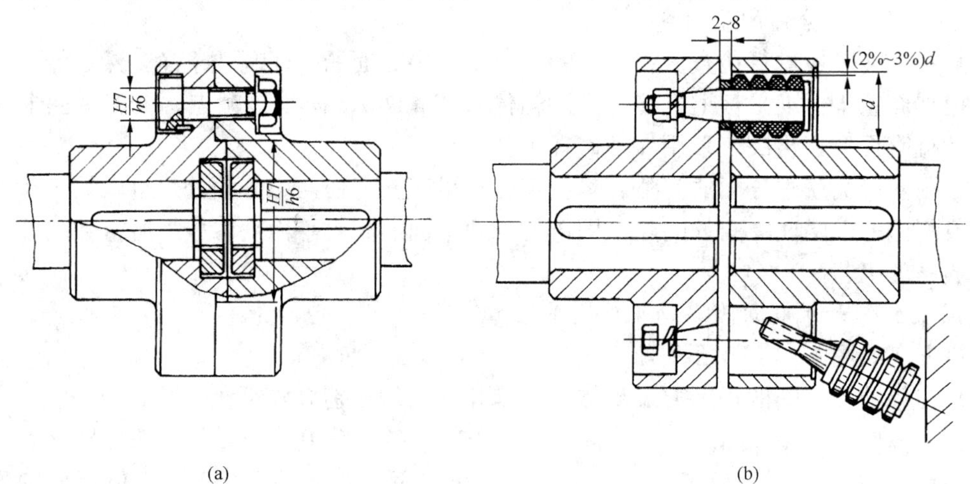

图 3-44 刚性与弹性联轴器结构
（a）刚性联轴器；（b）弹性联轴器

平面刚性联轴器也是没有止口的，其连接螺栓需与两边对轮一起配准。两对轮的孔应在现场安装时，找好中心后一起用铰刀加工。

刚性联轴器两轴的同心度要求严格，要求两对轮的端面偏差不大于 0.02～0.03mm，圆周偏差不大于 0.04mm。

二、弹性联轴器装配

弹性联轴器的结构如图 3-44（b）所示。在装配时应注意以下几点：

（1）螺栓与对轮的装配有直孔和锥孔两种。直孔按$\frac{H7}{h6}$配制，锥孔要求铰制并与螺栓的锥度一致。螺栓的紧固螺帽必须配制防松垫圈。

（2）弹性皮圈的内径要略小于螺栓直径，装配后不应松动。皮圈的外径应小于销孔直径，其间隙值约为孔径的2%～3%（径向间隙）。

（3）两对轮在组装时不允许紧靠，应留有一定间隙，小型设备为2～4mm，中型设备为4～5mm，大型设备为4～8mm。

三、波形联轴器装配

波形联轴器是半挠性联轴器的一种，其结构如图3-45所示。

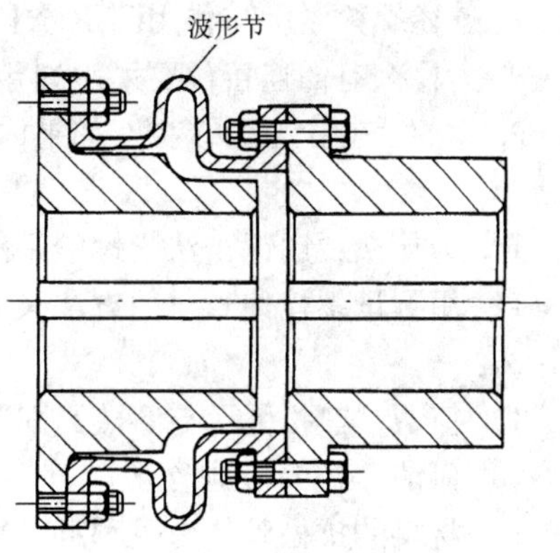

图3-45　波形联轴器结构

波形节和两边对轮的连接螺栓的要求与刚性联轴器的相同，利用螺栓的精密配合保证两对轮和波形节的同心度。这类半挠性联轴器两对轮的允许端面偏差不大于0.05mm，圆周偏差不大于0.06mm。

四、蛇形弹簧联轴器检修

这种联轴器属于挠性联轴器，其结构与配合间隙如图3-46所示。

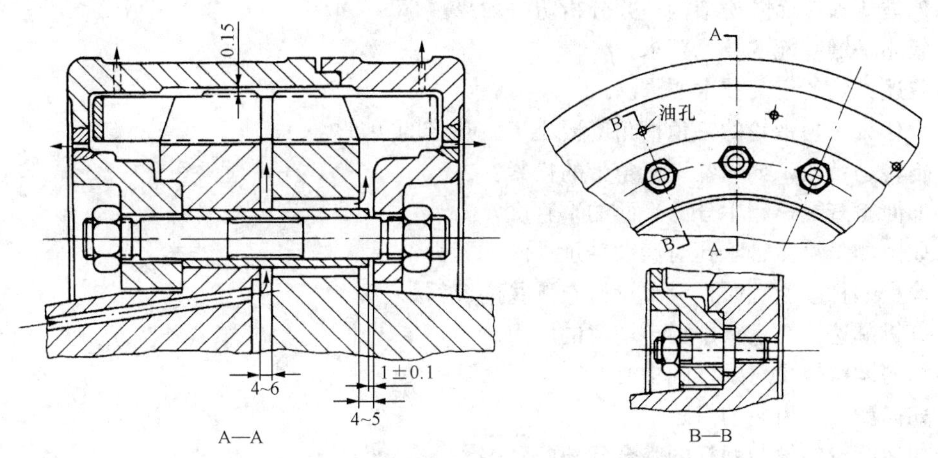

图3-46　蛇形弹簧联轴器结构与配合间隙

该联轴器必须用油润滑，润滑油由邻近的轴瓦供给。油在离心力的作用下通过联轴器上的小孔送到牙齿和弹簧上。在检修时，必须用压缩空气将所有的油孔吹通。

在组合联轴器时，拧紧双头螺柱的力以外罩不产生变形为原则。如拧得过紧，则螺柱内部产生的应力过大，运行中易断裂。这种联轴器的中心误差允许大一些，但是为避免牙齿和弹簧的磨损，规定联轴器两对轮端面偏差不大于0.06mm，圆周偏差不大于0.08mm。

思考题

1. 叙述设备解体前的准备工作。
2. 在检修中，哪些行为属野蛮操作？

3. 叙述用丝杆拉取套装件时的注意事项。

4. 用加热法拆卸套装件时，为什么先在套装件上装上拉卸工具并要求将拉具吃上劲？不装拉具进行加热拆卸行不行？

5. 何谓材料的线膨胀系数？钢材的线膨胀系数为多少？

6. “螺栓已拧紧了”，解释“已拧紧”的含义？

7. 叙述螺栓紧度与作用到螺栓上的扭矩的关系。

8. 为什么有的连接件要采用细牙螺栓？在紧细牙螺栓时应注意什么？

9. 你的手臂拉力为多少？如果你一人拧 M16 与 M24 螺栓（均为 30 号钢），用多长的扳手最合适？

10. 为什么说用锤击法紧螺栓是落后的、不科学的？

11. 用测量螺栓伸长量的方法来衡量螺栓的紧度，要比测量作用到螺栓上的扭矩更为精确，为什么？

12. 何谓“热松弛”与“热紧固”？

13. 何谓“应力松弛”？

14. 材料的抗松弛能力受哪种参数变化影响最大？

15. 螺栓的塑性变形量超过多少就按报废处理？

16. 在实际工作中，哪种螺栓不允许再使用？

17. 列举 4 种螺栓防松结构，并分析防松效果。

18. 叙述平键装配的技术要求。

19. 叙述锥销的组装技术要求。

20. 为什么三角带轮的三角槽角度要小于三角带的角度？

21. 不转动带轮，如何鉴别三角带的松紧？

22. 如何检查减速箱中分面平面的平直度？

23. 如何测量箱体轴承孔对滚动轴承外圈的紧力？

24. 检查蜗杆减速箱时，应重点检查哪些内容？

25. 分析减速箱在运行中噪声增大的原因。

26. 如何调整蜗轮对蜗杆的中心？

27. 如何测量正齿轮的齿隙？

28. 如何测量蜗轮与蜗杆的啮合间隙？

29. 为什么刚性联轴器的连接螺栓孔要在找中心之后，再进行绞孔？

30. 叙述弹性联轴器在装配时的注意事项。

31. 为何要对联轴器两对轮的瓢偏、晃动有严格的要求？

第四章

直轴及晃动测量

第一节 直　　轴

在火电厂的热力设备检修中，对弯曲度有严格要求的轴，如汽轮机转子轴、水泵轴等，必须进行详细的测量。如果弯曲值超过允许范围，就要进行直轴。经校直后的轴，其弯曲值必须在允许范围内。

一、轴弯曲的测量

测量轴弯曲时，应在室温状态下进行。大部分轴可在平板或平整的水泥地上，将两端轴颈支撑在滚珠架或V形铁上进行测量，而重型轴如汽轮机转子轴，一般在本体的轴承上进行。测量前应将轴向窜动限制在0.10mm以内。

1. 测量步骤

(1) 测量轴颈的不圆度，其值应小于0.02mm。

(2) 将轴分成若干测段，测点应选在无锈斑、无损伤的轴段上，并测记测点轴段的不圆度。

(3) 将轴的端面八等分，序号的1点应定在有明显固定记号的位置，如键槽、止头螺钉孔，以防在擦除等分序号后，失去轴向弯曲方位（图4-1）。

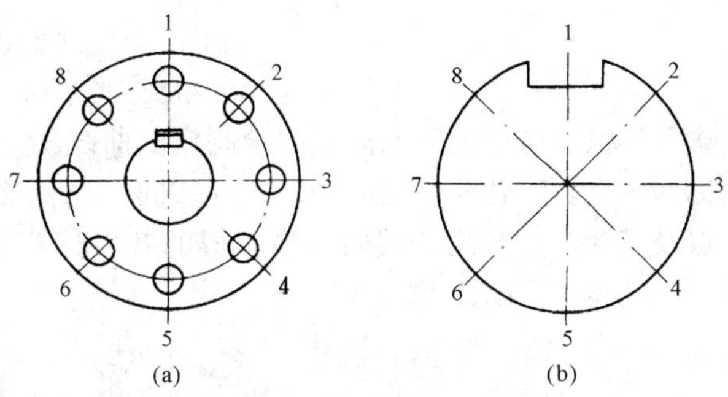

图4-1　轴端面的等分方法

(4) 为了保证在测量时每次转动的角度一致，应在轴端设一固定的标点，如用划针盘、磁力表座等。

(5) 架装百分表时，应按图4-2所示的要求进行，并检查装好后的百分表灵敏度。

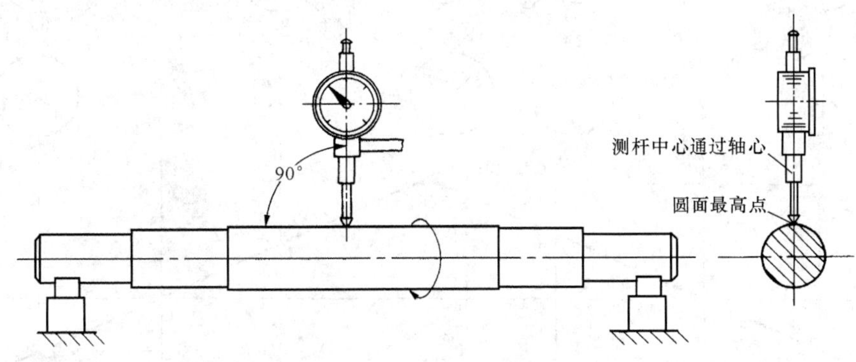

图4-2　百分表的架装要求

(6) 将轴沿序号方向转动，依次测出百分表在各等分点的读数，并将读数按测段分别记录在图4-3（a）所示的图中。根据记录图计算出每个测段截面的弯曲向量值，计算方法为同直径读数差的1/2（即为轴中心弯曲值）。将截面弯曲向量图绘在测量记录图的下面，如

图 4-3（b）所示。

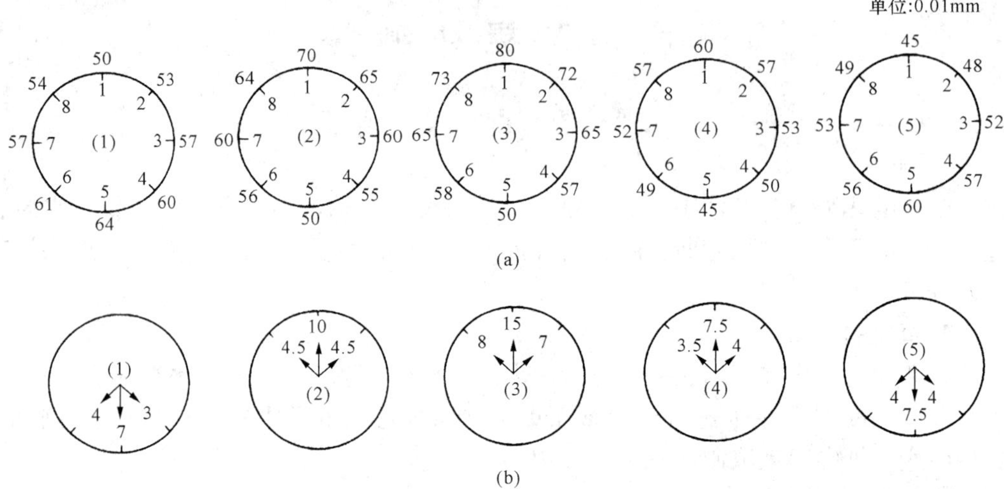

图 4-3　轴弯曲测量记录

（a）各测段的测量记录；（b）各截面的弯曲向量

（7）根据各截面弯曲向量图绘制弯曲曲线图，纵坐标为轴各截面同一轴向的弯曲值，横坐标为轴全长和各测量截面的距离（按同一比例绘制）。根据各交点连成两条直线，在直线交点及其两侧多测几个截面，将测得的各点连成平滑曲线与两直线相切，构成轴的弯曲曲线，如图 4-4 所示。

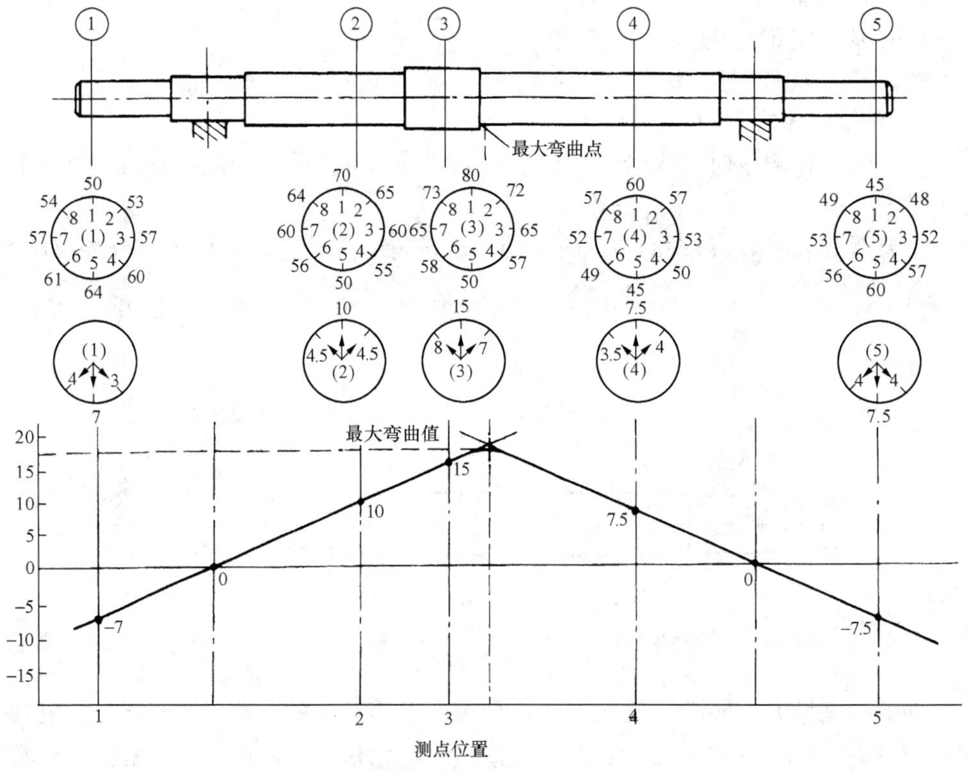

图 4-4　轴弯曲曲线

2. 轴弯曲状态的分析

（1）对轴弯曲状态的分析，是依据轴各截面的测量记录及弯曲向量图进行的。从图4－4可看出，该轴的各截面的最大弯曲向量位于同一个轴向，说明该轴只有一个弯。

（2）如果各截面的最大弯曲向量不在同一方位，则说明该轴不止一个弯。此时应根据截面的最大弯曲向量方位，绘制另一轴向的弯曲曲线图。

（3）对图4－3（b）向量图中所标示的三个向量值应如何理解［图4－5（a）］？图中序号2与序号8的弯曲向量，是由于轴中心向序号1弯曲0.15mm后所产生的分向量，如图4－5（b）所示，只要消除序号1方位的0.15mm，则序号2处的0.07mm与序号8处的0.08mm也就不存在。

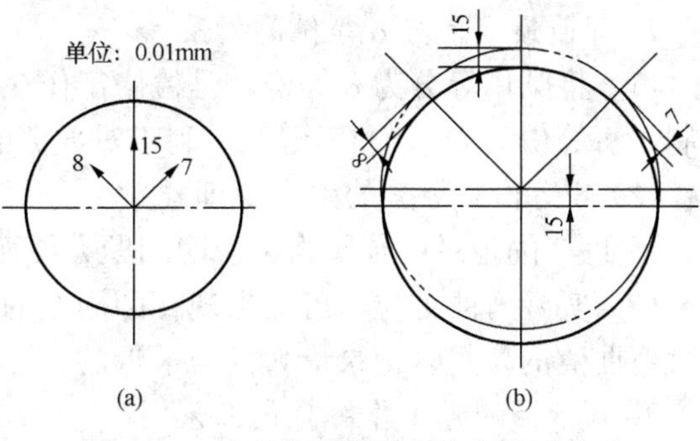

图4－5 轴弯曲向量图中的向量间关系

（4）图4－4的弯曲曲线图是一理想曲线，在实际工作中各种因素的影响，如轴的不圆度、各轴段的不同轴度及测量误差等，使各截面的最大向量的连线不是直线。因此在绘制曲线图时，要对各弯曲点进行分析，并均衡各弯曲点的关系。如图4－6（a）所示各点的连线，是在分析、均衡各点关系后绘制出的。又如图4－6（b）所示，根据各点的分布情况，就不能用两条直线简单地均衡各点的关系，经分析，该轴可能在同一轴向有两个弯（如图中的m、n处），为证实分析的正确性，应进行实测验证。

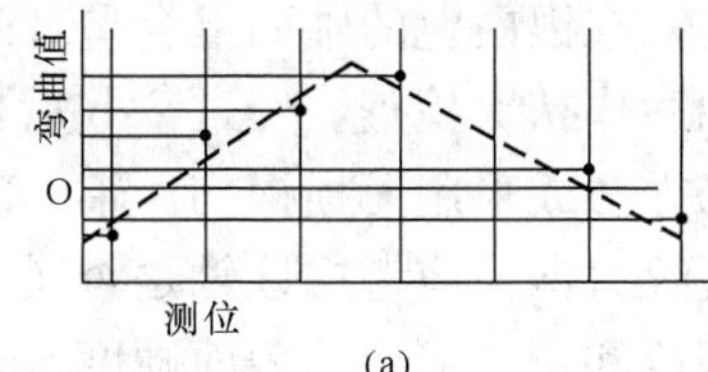

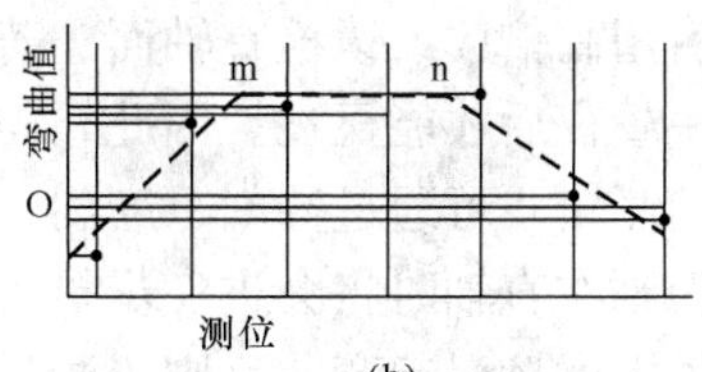

图4－6 轴弯曲曲线的分析

（5）对曲线图中直线交点，反映在轴上就是轴的弯曲处，也是直轴时的校直处。若该点有误，不仅不能将轴校直，反而把问题搞复杂。故在校直前，必须对校直位置进行仔细复查，以证实在该处进行校直的正确性。

3. 最大弯曲值与校直量的关系

通常所说的轴的最大弯曲值，是在该轴以原轴承为支点的条件下所测。若改变支点的轴向位置，则最大弯曲值也随着改变，如图4－7（a）所示。

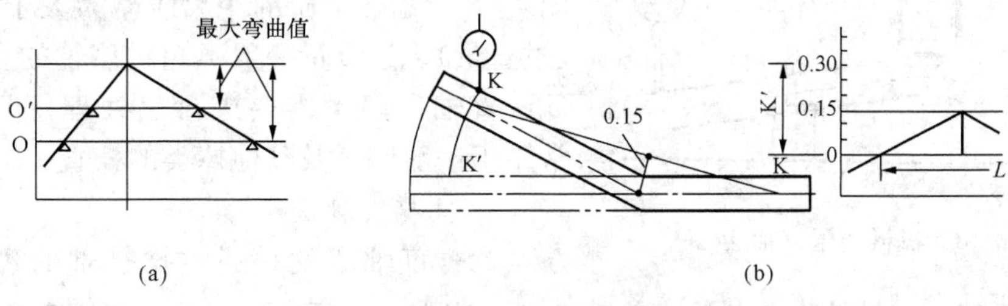

图4－7 最大弯曲值与校直量的关系

在直轴时，轴的校直量与轴的弯曲值不是同值。轴的校直量要根据直轴方法、轴的固定方式及监测用的百分表架设位置而定。以图 4－7（b）为例，设测量时轴的支点距为 L，最大弯曲值为 0.15mm，采用捻打直轴法，监测用的百分表架设在轴上 K 点，从 K 点至 K′点（校直后百分表位置）就是直轴时的校直量。但不论 K 点位于轴上何处，$\overline{KK'}$值与轴的最大弯曲值有一定的比例关系，$\overline{KK'}$值可用作图法或数学计算求出。

4. 弯曲最大值与 8 等份的关系

（1）将圆周等分为 8 等份，是检修工作在实践中所总结出的最佳等分数。因 8 等份最好绘制，每等份为 45°，利于记录，利于对数据的分析。

（2）8 等份和等分的始点（即“1”点）都是人为的，它与轴的弯曲方位无任何必然关系。图 4－3 的记录图纯属为了说明问题方便而设计的。

（3）实际弯曲方位，可能出现在圆周上的任何位置。因此，在测量时，必须准确地记录最大弯曲值的位置（记录最大值与最近的一个等分点的弧线距离）。

5. 轴弯曲测量工作的简化工艺

轴弯曲的测量工作是转子与轴类检修必做的内容，实际工作中，真正发生轴弯曲的现象还是少数。因此，没有必要对每根轴均按前述工艺进行弯曲的测量。为了简化测量工作，提高效率，可在轴上选上 2～3 测量段，架好百分表，将轴转动一圈，转动时只注意百分表指示的最大值。若最大值小于轴弯曲允许值，则就无须再做轴弯曲的测量工作。此种方法适用于类似的各项测量工作，如转体的瓢偏、晃动的测量。

二、直轴前的检查

（1）检查轴的最大弯曲点区域是否有裂纹。用砂布将所要检查的区域打磨光，并用过硫酸铵浸蚀，然后用高倍放大镜检查轴面。若有裂纹，在银白色的轴面上会呈现暗色条纹，细微的裂纹需要一昼夜后才能显现。因此，需在浸蚀后作初次检查，经过 24h 后再作第二次检查。裂纹深度的测定，可通过锉削、磨削、车削的方法或采用无损探伤。轴上的裂纹必须在直轴前除掉，否则在直轴时将会进一步扩大。如裂纹太深，应考虑该轴是否还能继续使用。

（2）如果轴因摩擦引起弯曲，则应测量摩擦部位和正常部位的表面硬度。若轴的摩擦部位金属已淬硬，在直轴前就应进行退火处理。

（3）当轴的材料不能确定时，应取样分析。取样应从轴头处钻取，其重量不得少于 50g。注意取样时不能损伤轴的中心孔。

三、直轴的方法

1. 机械加压直轴法

把轴放在 V 形铁上，两 V 形铁的距离一般为 150～200mm，轴的最大弯曲点对准压力机的压头，在轴的下方或轴端部装上百分表，如图 4－8 所示。下压的距离应略为大于轴的弯曲值（过直量）。过直量一般不超过该轴的允许弯曲值。此法直轴一般不需要进行热处理，但精度不高，常用于一般阀杆及其他棒类的校直。

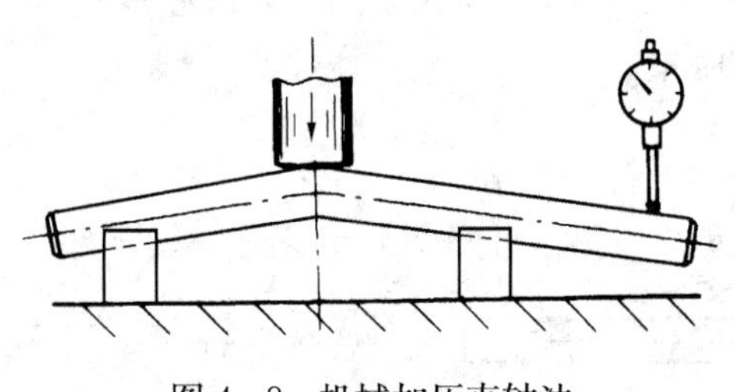

图 4－8 机械加压直轴法

2. 捻打直轴法

捻打直轴法就是通过捻打轴的弯曲处凹面，使该处金属延伸，将轴校直。此法直轴精度高、应力小、不产生裂纹，多用于弯曲不大、直径较细的轴的校直。操作时，将轴放在支座上，最大弯曲点的凹部向上，在支座与轴接触处应垫以铜、铝之类的软金属板或硬木块，轴必须固定牢固。轴的另一端任其悬空，必要时，可在悬空端吊上重物或机械加压，以增加捻打效果，如图 4-9 所示。

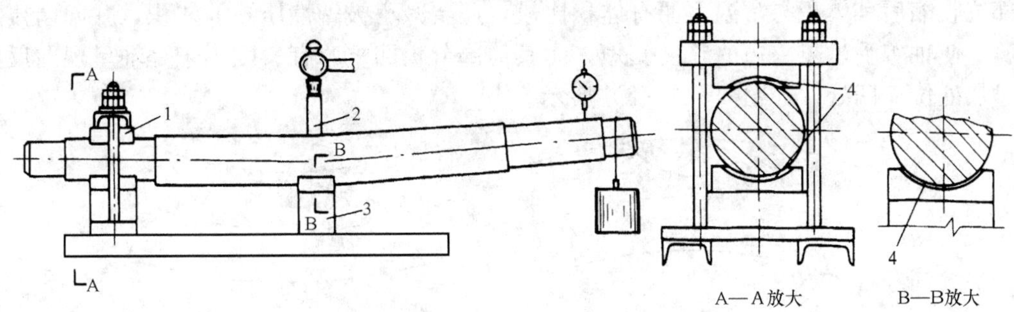

图 4-9　捻打直轴法的设备

1—固定架；2—捻棒；3—支持架；4—软金属板

捻棒可用低碳钢或黄铜制作。捻棒下端端面应制成与轴面相吻合的弧形且没有棱角，图 4-10 为捻棒的一种形状。

捻打程序如下：

(1) 在轴弯曲部位画好捻打范围，一般为圆周的 1/3，如图 4-11 (a) 所示；轴向捻打长度应根据轴的材料、表面硬度和弯曲度来决定。

(2) 用 1～2kg 的手锤靠其自重锤击捻棒。先从 1/3 圆弧的中心开始，左右相间均匀地锤击。锤击次数应中间多，左右两侧逐渐递减，如图 4-11 (a) 所示；轴向锤击次数也是由中央向轴的两端递减，如图 4-11 (b) 所示。

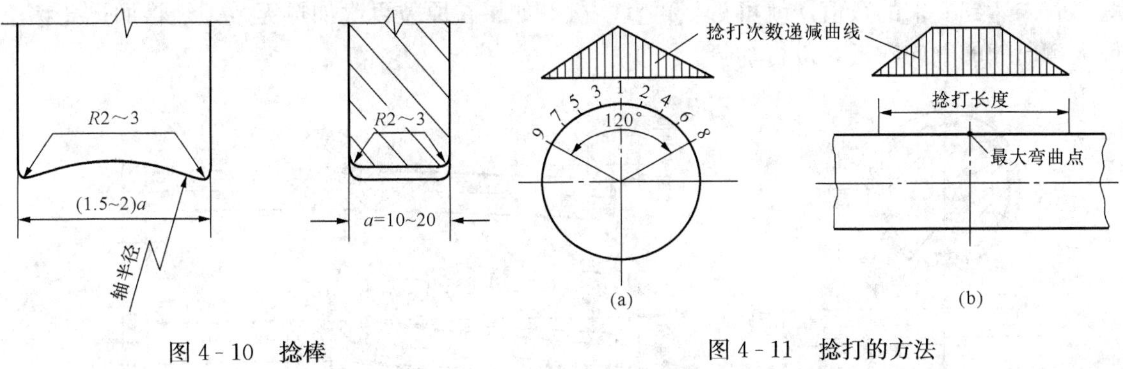

图 4-10　捻棒

图 4-11　捻打的方法

(a) 圆周捻打范围；(b) 长度捻打范围

(3) 每捻打完一遍，检查一次轴的伸直情况。轴的伸直变化开始较大，以后由于轴表面逐渐硬化，轴的伸直也减慢了，经多次捻打效果不显著时，可以用喷灯将轴表面加热到 300～400℃，进行低温退火，再捻打，捻打到最后时要防止过直，但允许有一定的过直量 (0.01～0.02mm)。

(4) 最后将轴的捻打部位进行低温退火，消除内应力和表面硬化。

3. 局部加热直轴法

(1) 直轴的原理。轴发生永久性弯曲往往是因为单侧摩擦过热而引起的。金属过热部位受热膨胀，轴产生暂时热胀弯曲（过热部位处于凸面）；与此同时，受热部位的膨胀又受到周围温度较低金属的限制，而产生很大的压应力，如图 4-12（a）所示。若压应力大于过热部位的屈服极限（材料的屈服极限随温度升高而降低），将产生塑性变形。被塑性压缩的体积，即为该部位金属在过热温度下应膨胀而受周围限制而不能胀出的体积。当恢复常温后，过热部位收缩后其体积与常温下原有体积比较，还要减小被塑性压缩的体积，并向内拉扯周围金属，使轴曾受过热一边的长度变短，而其他部分仍回复原有长度，于是轴呈现向反向弯曲，过热处位于凹处，如图 4-12（b）所示。

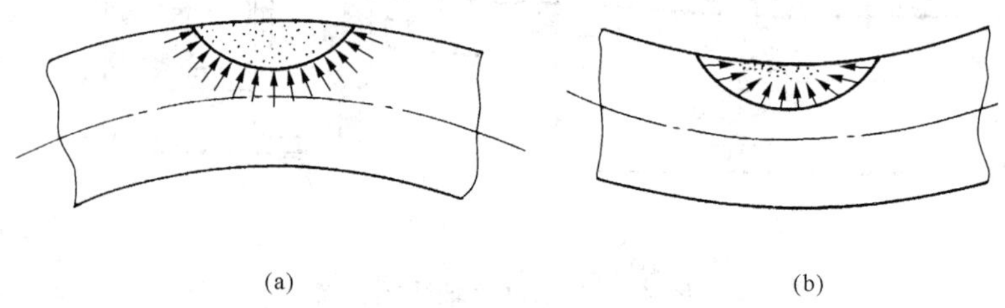

图 4-12 轴受热后的弯曲变化

局部加热直轴就是采用这种原理，即在转子凸起部位进行局部加热，使其产生塑性压缩变形，在冷却后，反向弯曲而使轴伸直。

（2）直轴的具体作法。直轴时，将轴的凸起部位向上放置。不需要受热的部位用石棉制品隔绝。加热段用石棉布包起来，下部用水浸湿，上部不要浸水，并留有如图 4-13（a）所示的加热孔。加热孔周围的保温层不宜太厚，以免妨碍火嘴的移动。加热要迅速均匀，并选用头号火嘴。加热从孔中心开始，然后逐渐扩展至边缘，再从边缘回到中心。在这过程中，应防止火嘴停留在某一点不动，以防将轴熔化。当温度达到 600～700℃时，即可停止加热，并立即用干石棉布将加热孔盖上，待轴冷却到室温时（不允许强行速冷），测量轴的弯曲情况。若未达到要求的数值，就可重复再直一次。如果在原位再次加热无效，须将加热孔移至最大弯曲处的轴向附近，进行加热。

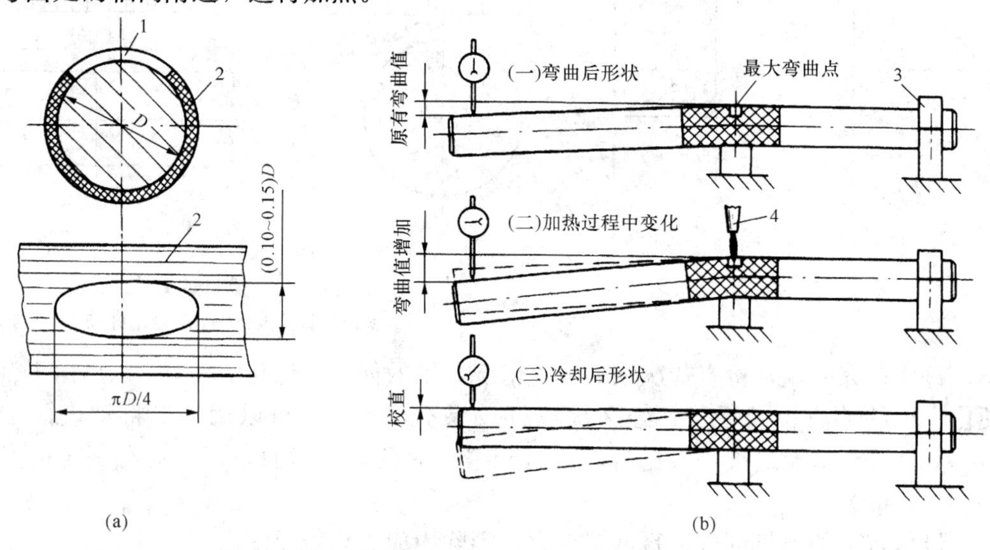

图 4-13 局部加热直轴法

（a）加热孔尺寸（下图为加热孔展开图）；（b）加热前后轴的变化

1—加热孔；2—石棉布；3—固定架；4—火嘴

在加热过程中，轴的弯曲度是逐渐增加的。加热完毕后，轴开始伸直。随着轴温的降低，轴不仅回到原弯曲形状，而且逐渐向原弯曲的反方向伸直，如图 4 - 13（b）所示。最后的轴校直状态，要求过直 0.05～0.075mm。这个过直量在轴退火后可以消失。轴直完后，应在加热处进行全周退火或整轴退火。

对于弯曲不大的碳钢或低合金钢轴，用局部加热直轴法既省时又省事。

4. 局部加热加压直轴法

此法与局部加热直轴法不同之处，是在加热之前利用加压工具使轴的弯曲部位先受压，以增加直轴效果。压力的大小决定于轴两支点间的距离、轴的直径及弯曲值。施加的压力必须在轴完全冷却之后方允许卸压。至于轴的加热方法、加热温度及退火处理等均与局部加热直轴法相同。局部加热加压直轴法的设备布置如图 4 - 14 所示。

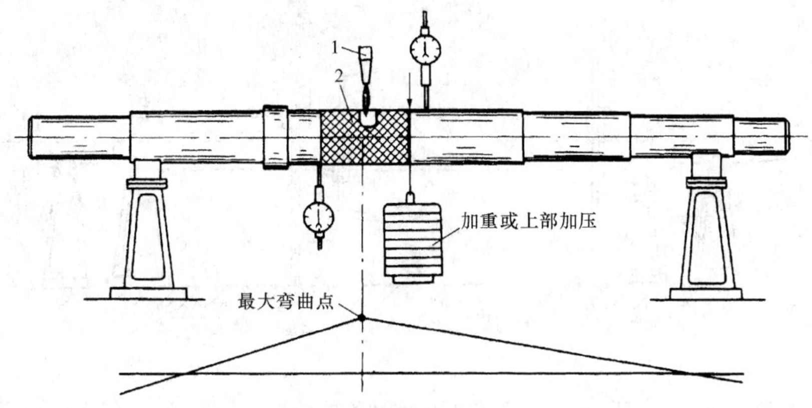

图 4 - 14 局部加热加压直轴法的设备布置

1—火嘴；2—石棉布

此法直轴效果较前几种方法好，但不适用高合金钢及经淬火的轴，而且稳定性较差，在运行中有可能向原弯曲形状再次变形。在直轴的过程中，没有达到校直要求的轴或运行后再次弯曲的轴均允许重复进行校直，但次数不宜过多，一般以三次为限。

5. 内应力松弛直轴法

此方法是将轴的最大弯曲处的整个圆周加热到低于回火温度 30～50℃，接着向轴的凸起部位加压，使其产生一定的弹性变形。在高温下，作用于轴的内应力逐渐减小，同时弹性变形逐渐转变为塑性变形，从而达到轴的校直目的。这种直轴法校直后的轴具有良好的稳定性，尤其是对于用合金钢锻造或焊接的轴，用这种方法直轴最为可靠。松弛法直轴装置的总体布置如图 4 - 15（a）所示。

（1）直轴过程。直轴时，用顶丝将承压支架顶起，使轴颈离开滚动支架约 2mm。轴的最大弯曲点在正上方，以 80～100℃/h 的速度升温，升到 650℃左右（最高不超过 700℃）时恒温，并开始逐步加力。用油压千斤顶控制加力的大小，达到预定压力后即恒压。在恒压期间随时观测电流、电压、各点温度、千斤顶油压及轴的挠度。恒压时间根据轴的松弛情况决定。当轴的挠度变化极其缓慢以致不变时，即停止加压，松开千斤顶和支架顶丝，使轴落在滚动支架上，轴每 5min 转动 180°（要来回转动，以免弄断温度测量线），待轴上下温度均匀后，再测轴弯曲。测量前，应注意停止送电。根据测量结果，若要再次校直，应接着进行，并在允许范围内适当提高加热温度或压力，否则效果不大。

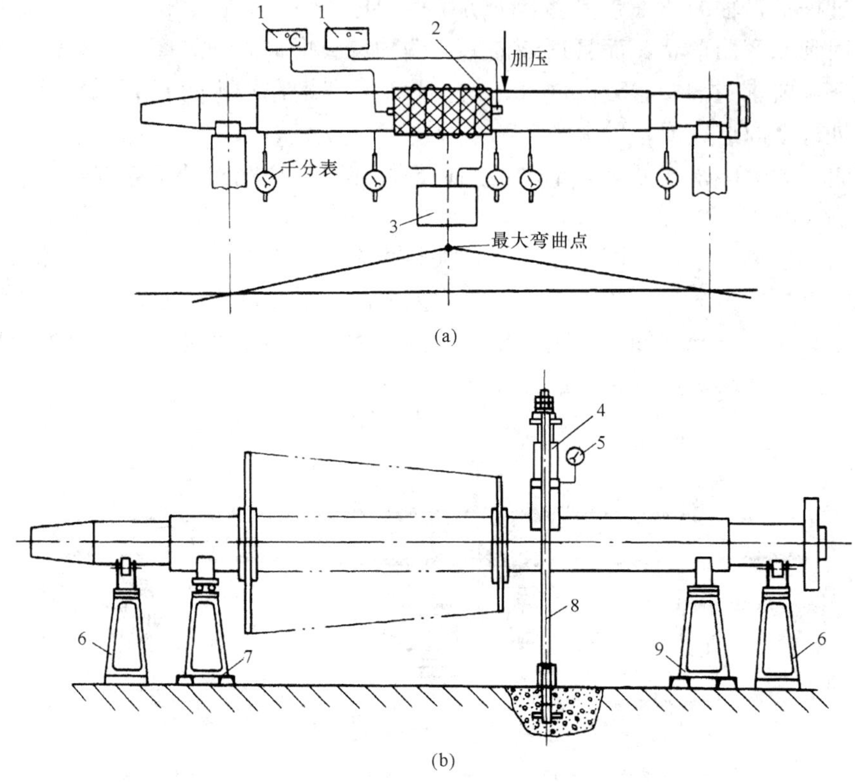

图 4-15 松弛直轴法装置的结构与布置

（a）总体布置；（b）加压与支承装置

1—热电偶温度表；2—感应线圈；3—调压器；4—千斤顶；5—油压表；6—滚动支架；7—活动承压支架；8—拉杆；9—固定承压支架

（2）直轴后的检查。首先检查加压、加热部位表面是否有裂纹，加热部位的表面硬度是否有明显下降。由于直轴后的剩余弯曲及弯曲方向与轴在弯曲前有差异，故应对转子进行找平衡工作。这对所有用不同方法进行直轴的转子都适应。

第二节 晃动与瓢偏测量

一、概述

旋转体外圆面对轴心线的径向跳动，称为径向晃动，简称晃动。晃动程度的大小称为晃动度。

旋转体端面沿轴向的跳动，即轴向晃动，称为瓢偏。瓢偏程度的大小称为瓢偏度。

旋转体的晃动、瓢偏不允许超过许可值，否则将影响转体的正常运行。

1. 晃动、瓢偏对转体的影响

（1）转体晃动要影响转体的平衡，尤其是对大直径、高转速转体的影响程度更为严重。

（2）对动静间隙有严格要求的转体，晃动、瓢偏过大会造成动静部件的摩擦。

（3）以端面为工作面的旋转部件，如推力盘、平衡盘的工作面，要求在运行中与静止部件有良好的动态配合。若瓢偏度过大，则将破坏这种配合，导致盘面受力不匀并破坏油膜

（或水膜）的形成，造成配合面磨损或烧瓦事故。

（4）转体的连接件，如联轴器的对轮，若晃动度、瓢偏度超标，就将影响轴系找中心及联轴器的装配精度，导致机组的振动超常。

（5）传动部件，如齿轮，其晃动的大小直接关系着轮齿的啮合优劣；又如三角带轮的瓢偏与晃动，会造成三角皮带的超常磨损。

2. 转体产生瓢偏、晃动的主要原因

（1）由于轴弯曲而造成转子上的部件瓢偏度、晃动度增加，越是接近最大弯曲点的部件，其值增加越大。

（2）在加工转体上零件时，加工工艺不正确，造成孔与外圆的同心度、孔与端面的垂直度超标。

（3）在安装、检修时，套装件不按正规工艺进行套装，如键的配合有误、轴与孔配合间隙过大、套装段有杂质、热套变形等。

（4）铸件退火（或时效）不充分，造成因热应力而变形。

（5）运行中动静部件发生摩擦，造成热变形。

因此，在检修中，对转子上的固定件，如叶轮、齿轮、皮带轮、联轴器对轮、推力盘、轴套等，都要进行瓢偏和晃动的测量。测量工作可以在机体内进行，也可以在机体外进行，一般应在机体内进行，这样得出的数值较准确。

二、晃动的测量

将所测转体的圆周分成八等份，并编上序号。固定好百分表架，将表的测杆按标准安放在圆面上，如图 4-16（a）所示。被测量处的圆周表面必须是经过精加工的，其表面应无锈蚀、无油污、无伤痕；否则，测量就失去意义。

把百分表的测杆对准如图 4-16（a）所示的位置“1”，先试转一圈。若无问题，即可按序号转动转体，依次对准各点进行测量，并记录其读数，如图 4-16（b）所示。

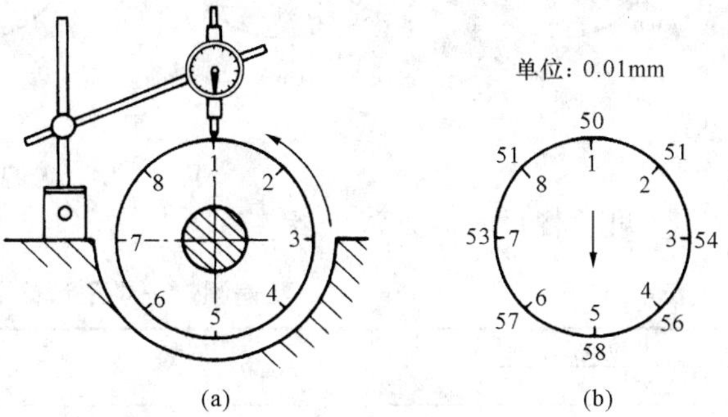

根据测量记录，计算出最大晃动度。以图 4-16（b）的测量记录为例，最大晃动位置为 1—5 方向的“5”点，最大晃动值为 0.58－0.50＝0.08mm。

图 4-16　测量晃动的方法

在测量工作中应注意以下几点：

（1）在转子上编序号时，按习惯以转体的逆转方向顺序编号。

（2）晃动的最大值不一定正好在序号上，所以应记下晃动的最大值及其具体位置，并在转体上做上明显记号，以便检修时查对。

（3）记录图上的最大值与最小值不一定正好是在同一直径上，无论是否在同一直径上，其计算方法都不变；但应标明最大值的具体位置。

（4）测量晃动的目的是找出转体外圆面的最凸出的位置及凸出的数值，故其值不能除以 2（除以 2 后，成为轮外圆中心偏差）。

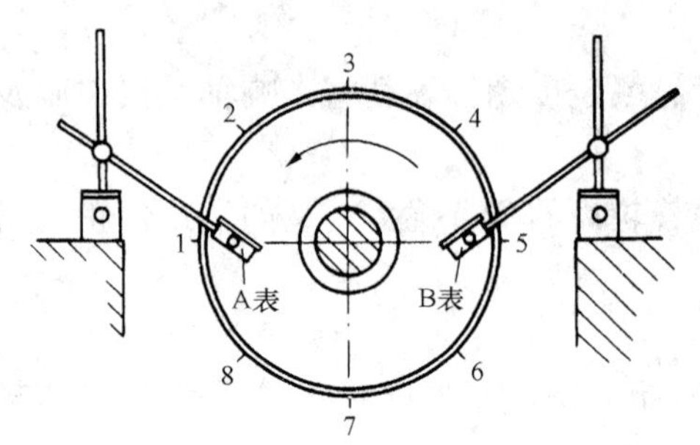

图 4-17　测量瓢偏的方法

三、瓢偏的测量

在测量瓢偏时，必须安装两只百分表。因为测件在转动时可能与轴一起沿轴移动，用两只百分表，可以把这移动的数值（窜动值）在计算时消除。装表时，将两表分别装在同一直径相对的两方向上，如图 4-17 所示。将表的测量杆对准如图 4-17 所示的 1 和 5 点，两表与边缘的距离应相等。表计经调整并证实无误后，即可转动转体，按序号依次测量，并把两只百分表的读数分别记录下来。记录的方法有两种：一种用图记录，如图 4-18 所示；一种采用表格记录，如表 4-1 所示。

1. 用图记录的方法

（1）将 A 表、B 表的读数 a、b 分别记在圆形图中，如图 4-18（a）所示。

（2）算出两记录图同一位置的平均数$\frac{a+b}{2}$，并记录在图 4-18（b）中。

（3）求出同一直径上两数之差 $a-b$，即为该直径上的瓢偏度，如图 4-18（c）所示。通常将其中最大值定为该转体的瓢偏度。从图 4-18（c）中可看出，最大瓢偏位置为 1—5 方向，最大瓢偏度为 0.08mm。该转体的瓢偏状态，如图 4-18（d）所示。

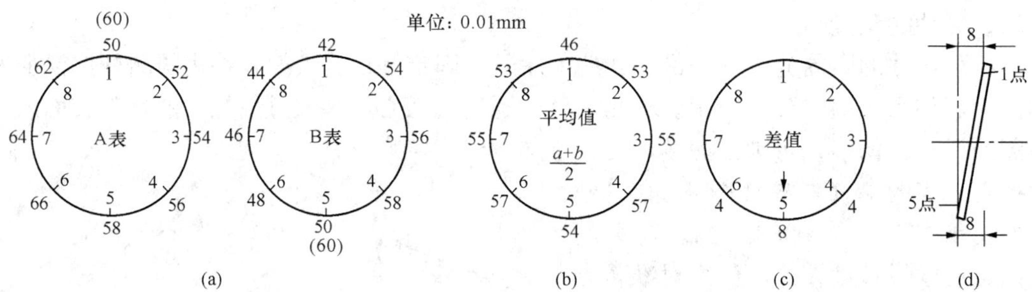

图 4-18　瓢偏测量记录

2. 用表格记录的方法（表 4-1）

表 4-1　　**瓢偏测量记录及计算举例**（1/100mm）

位置编号 A表—B表	A表	B表	$a-b$	瓢偏度
1—5	50	50	0	
2—6	52	48	4	
3—7	54	46	8	瓢偏度$=\frac{(a-b)_{max}-(a-b)_{min}}{2}$
4—8	56	44	12	
5—1	58	42	16	$=\frac{16-0}{2}$
6—2	66	54	12	
7—3	64	56	8	$=8$
8—4	62	58	4	
1—5	60	60	0	

从图 4-18（a）和表 4-1 中可看出，测点转完一圈之后，两只百分表在 1—5 点位置上的读数未回到原来的读数，由“50”变成“60”。这表示在转动过程中转子窜动了 0.10mm，但由于用了两只百分表，在计算时该窜动值被减掉。

测量瓢偏应进行两次。第二次测量时，应将测量杆向转体中心移动 5～10mm。两次测量结果应很接近，如相差较大，则必须查明原因（可能是测量上的差错，也可能是转体端面不规则），再重新测量。

3. 瓢偏度与转体瓢偏状态的关系

根据图 4－18 与表 4－1 计算出的瓢偏度，其值指的是转体端面最凸出部位，还是最凹入部位，还是凸凹之和呢？现以图 4－19 所示的图解法求证。

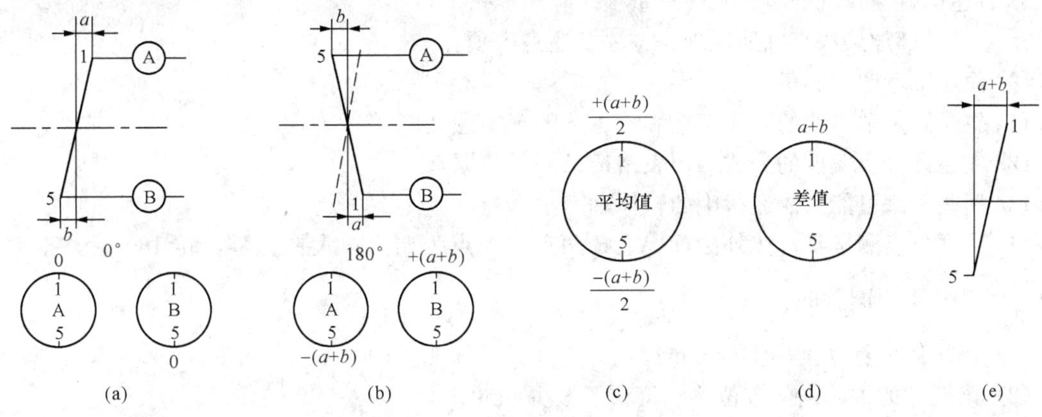

图 4－19 瓢偏度与瓢偏状态的关系

通过图 4－19 所示的图解结果证明，瓢偏度是转体端面最凸处与最凹处之间的轴向距离。

测量瓢偏的注意事项：

（1）图与表所列举的数据均为正值，实际工作中有负值的出现，但其计算方法不变。

（2）若百分表以“0”为起点读数时，则应注意＋、－的读法（图 4－20）。在记录和计算时，同样应注意＋、－数。

（3）用表计算时，其中两表差可以 $a-b$，也可以 $b-a$ 来计算，但在确定其中之一后，就不能再变。

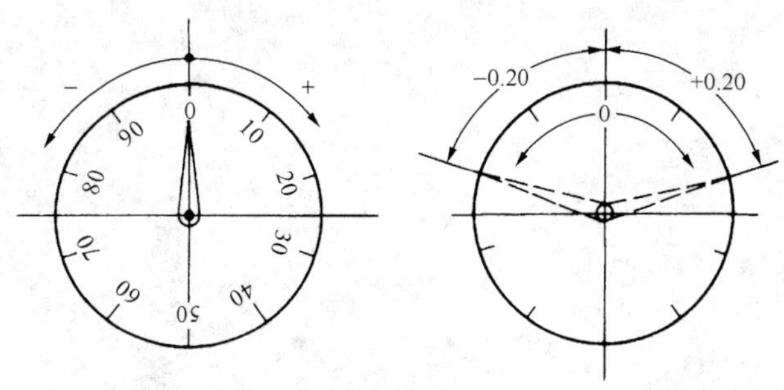

图 4－20 百分表以零为起点的读数法

（4）图和表中的最大值与最小值，不一定在同一直径上。出现不对称情况是正常的，说明转体的端面变形是非对称的扭曲。

思考题

1. 叙述瓢偏、晃动的定义。

2. 晃动的定义为什么不能用不同轴度进行解释？

3. 瓢偏为什么不能用不垂直度进行解释？

4. 测量瓢偏时，为何架设两只百分表就能消除轴向窜动的影响？（提示：参照图 4－19 所示

的方法进行求证)

5. 在测量轴弯曲时，为何轴的弯曲值是记录图中同直径读数差的 1/2？而在测量转体的晃动度时，其同直径的差值不除以 2，为什么？

6. 在圆轴上架设百分表，用什么方法证实所架百分表的表杆测头位于轴的最上方？又用何法证实表杆的中心线通过被测轴的轴心线？

7. 根据图 4-7 (b) 所示的已知条件，用数学方法求出$\overline{KK'}$的长度？

8. 叙述捻打法直轴的步骤及注意事项。

9. 叙述局部加热法直轴的原理、方法及注意事项。

10. 简述轴弯曲的测量工艺步骤。

11. 叙述测量轴弯曲的简化工艺和该工艺的现实意义。

12. 叙述计算瓢偏度的公式（用表格记录测量数据）。

13. 哪些因素可能造成运行中的转体轴产生弯曲？

14. 用百分表测量某转体外圆面 A、B 两点，A 点为始点，大针为零，转 180°后，至 B 点，大针逆时针转 $1\frac{1}{4}$圈，问：

(1) 该转体的晃动度为多少 mm？

(2) 该转体的中心向何方位移？位移了多少 mm？

第五章

滚动轴承检修

第一节　滚动轴承分类、代号及轴承钢

一、滚动轴承分类及代号

滚动轴承由外圈、内圈、滚动体及保持架四部分组成，其结构及类型如图 5-1 所示。

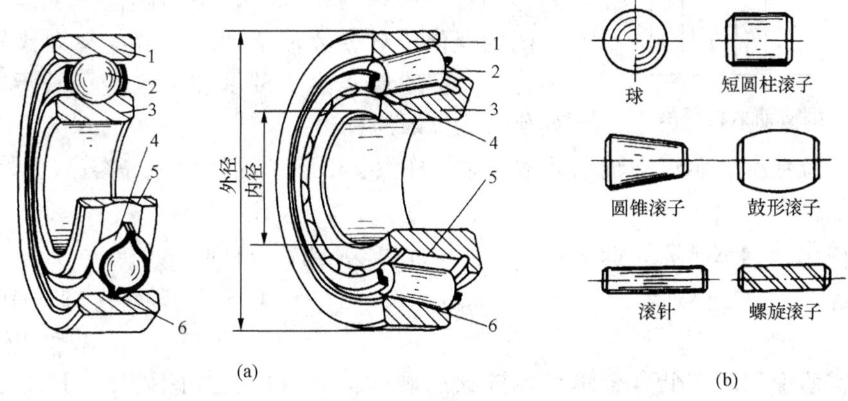

图 5-1　滚动轴承结构及类型

(a) 滚动轴承结构；(b) 滚动体类型

1—外圈；2—滚动体；3—内圈；4—保持架；5—内滚道；6—外滚道

滚动轴承按其承受载荷的方向可分为向心轴承［主要承受径向（向心）载荷］、推力轴承（只能承受轴向载荷）、向心推力轴承（能同时承受径向和轴向载荷）。

由于滚动轴承有各种不同类型，各类型又有不同的结构、尺寸、精度和技术要求，为便于制造和使用，国家标准（GB/T 272—1993）中规定了轴承代号。轴承代号由三部分组成：前置代号，基本代号，后置代号。

前置代号：表示轴承的分部件的代号，用字母表示。如用 *L* 表示轴承可分离的套圈；*K* 表示轴承滚动体与保持架组件等等。

后置代号：用字母和数字表示轴承的结构、公差、游隙及材料的特殊要求等。

基本代号：用来表明轴承的内径、直径系列、宽度系列和类型，一般最多为五位数（五、四、三、二、一）。现分述如下：

（1）第一、二位数字是轴承内径代号，即表示轴承内圈孔径，其计算方法见表 5-1。

表 5-1　轴承内径代号与其内径尺寸的计算

内 径 代 号	00	01	02	03	04～99
轴承内径（mm）	10	12	15	17	代号数×5

注　轴承内径小于 10mm、大于 495mm 的内径代号，另有规定。

（2）第三位数字代表轴承外径代号，称为直径系列（外径系列）。为适应不同承载能力

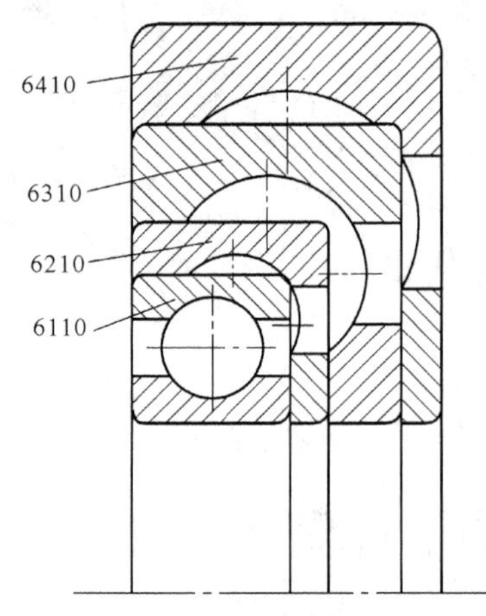

图 5-2 滚动轴承直径系列

的需要，同一内径尺寸的轴承可使用不同的滚动体，因而轴承的外径和宽度也随着改变。直径系列的代号与实际轴承外径之间无固定的计算系数，故使用时需查手册。直径系列的图例如图 5-2 所示。例如：对于向心轴承和向心推力轴承，0、1 表示特轻系列；2 表示轻系列；3 表示中系列；4 表示重系列。推力轴承除用 1 表示特轻系列之外，其余与向心轴承的表示一致。

（3）第四位数字代表轴承的宽度系列，当轴承结构、内径和直径系列都相同时，用第四位数字表示轴承宽度方向的变化。对多数轴承，当其宽度系列代号为 0 时可不标出，但对调心滚子轴承和圆锥滚子轴承，其宽度系列代号为 0 时应标出。

（4）第五位数字表示滚动轴承类型（对圆柱滚子轴承和滚针轴承等类型代号为字母）。

二、轴承钢

滚动轴承用轴承钢制造。轴承钢的化学成分大致在以下范围：

碳 C	铬 Cr	锰 Mn	硅 Si	退火后硬度
≈1%	0.4%～1.6%	0.2%～1.2%	0.15%～0.65%	≈HB200

轴承钢实质上属高碳低合金钢种，淬火后硬度极高（内、外圈硬度：HRC61～65；滚动体硬度：HRC62～66），但对温度很敏感。根据试验，当温度为 150℃时，轴承的硬度及承载能力下降 10%；200℃时，下降 25%；在 250℃时，将降低 40%。因此，制造厂规定，用普通轴承钢制造的轴承，其工作温度上限定为 120℃；当到达 170℃时，按报废处理；即使是短时间超温也不允许，因硬度的下降是不可逆的，这点应引起检修人员的特别注意。

第二节 滚动轴承轴向固定及配合

为了使轴和轴上的零件在机体内有稳定的位置，以及轴承能承受转体的轴向推力，滚动轴承沿轴向位置必须固定。轴承的固定分内、外圈固定和轴承组合轴向定位。

一、滚动轴承内圈固定

（1）用轴肩单向固定，如图 5-3（a）所示。这种固定方法只能承受轴向单向推力。

（2）用弹性挡圈、轴端挡圈及圆螺帽固定，如图 5-3（b）、（c）、（d）所示。这些固定方法可以承受轴向双向推力。

（3）利用轴上的套装件固定，如图 5-3（e）所示。

（4）用锥套固定，如图 5-3（f）所示。这种固定方法仅适用于内锥形轴承。

二、滚动轴承外圈固定

（1）用轴承端盖单向固定，如图 5-4（a）所示。

（2）用轴承端盖和轴承座（或机壳）内凸肩双向固定，如图 5-4（b）所示。这种结构可承受双向推力，但拆装比较麻烦。图 5-4（c）所示的是类似结构，用弹簧挡圈代替端盖。

（3）用内外轴承端盖固定，如图 5-4（d）所示。这种结构应用很普遍，各类电机的轴承大都采用此法固定，其优点是加工、装卸都很方便。

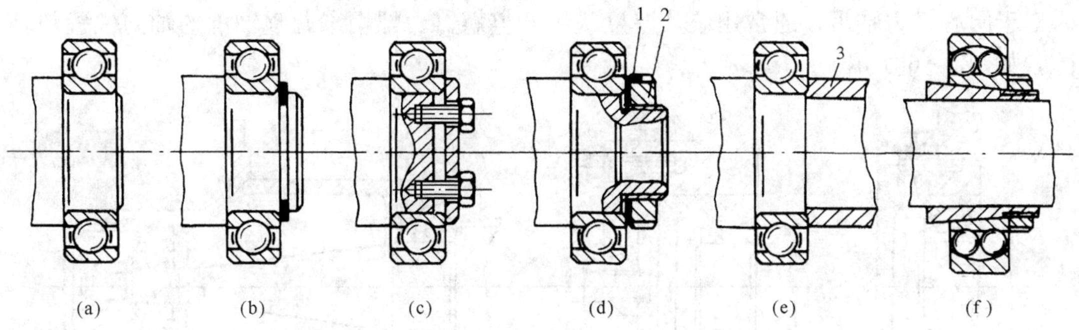

图 5-3　轴承内圈的固定方法

(a) 轴肩单向固定；(b) 弹性挡圈固定；(c) 轴端挡圈固定；(d) 圆螺帽固定；(e) 套装件固定；(f) 锥套固定

1—止退垫圈；2—圆螺帽；3—轴套

(4) 用卡环将外圈卡在槽内定位，如图 5-4 (e) 所示。

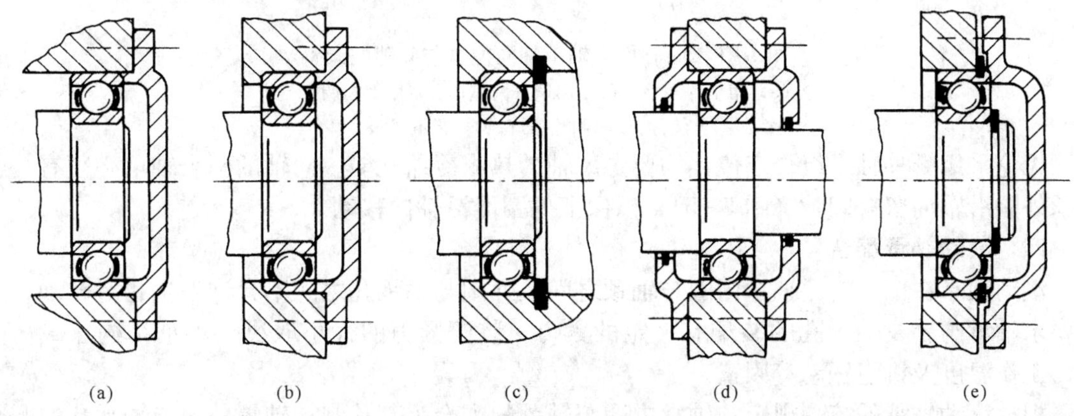

图 5-4　轴承外圈固定方法

三、轴承组合轴向定位

(1) 双支点单向定位。它是在轴的两个支点上分别限制轴的单向移位，两个支点合在一起就能限制轴的双向移动，如图 5-5 (a) 所示。

(2) 单支点双向定位。它是在轴的一个支点上限制轴的双向移位，另一个支点可沿轴向移动，如图 5-5 (b) 所示。

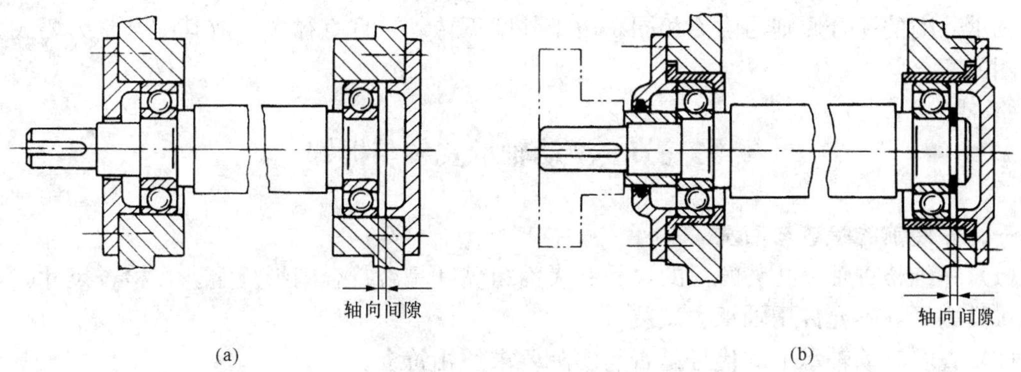

图 5-5　轴承组合的轴向定位

(a) 单向定位；(b) 双向定位

对于向心推力轴承，通常用垫片厚度或用调整螺钉、螺帽来调整轴承的轴向位置与轴向间隙，如图 5-6 所示。

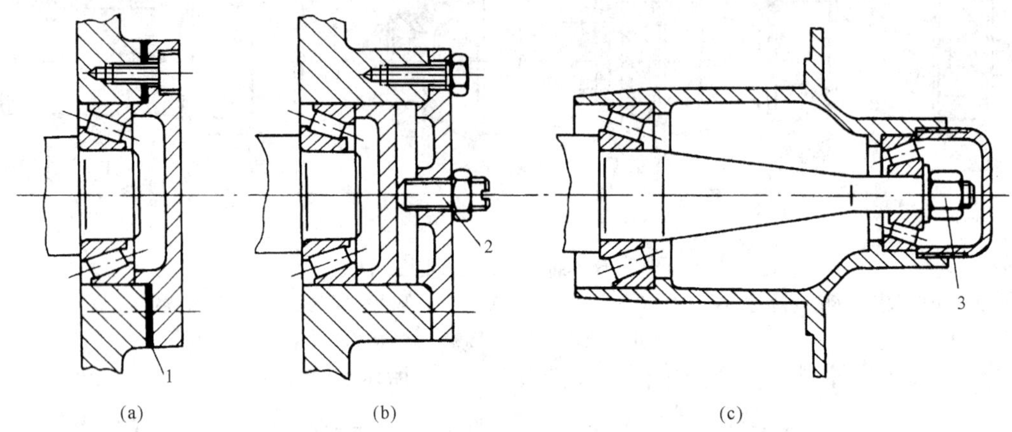

图 5-6　向心推力轴承轴向位置与间隙的调整
(a) 用垫片调整；(b) 用螺钉调整；(c) 用螺帽调整
1—垫片；2—调整螺钉；3—调整螺帽

无论采用哪种轴承组合定位，均要考虑轴的热胀冷缩性能。同轴的两个轴承必须有一个轴承外圈沿轴向留有间隙（图 5-5），以保证外圈能沿轴向移动。

四、滚动轴承配合

滚动轴承在工作时，轴承内圈与轴颈之间及外圈与轴承孔之间不允许发生相对转动，为此要求轴承与轴及轴承孔的装配有一定的紧力。装配紧力的大小取决于轴承结构、载荷大小、工作温度及机组振动等因素。

根据滚动轴承的统一规定：轴承内圈与轴颈的配合为基孔制；轴承外圈与轴承孔的配合为基轴制。一般均采用过渡配合。

由于轴承钢淬火后硬度极高，韧性极低，为了防止轴承内圈在装配时因紧力过大而破裂，应严格限制轴颈对内圈的过盈值，其值一般不得超过内圈孔径的 1.5/10000。

轴承内圈的固定方法如图 5-3 所示。在实际工作中，除图 5-3（a）、（b）的固定方式需要有一定的配合紧力外，其余的固定方式，其内圈与轴颈均可采用推配合（无紧力），因这类固定不是靠配合紧力，而是靠外部锁紧装置的紧固。

轴承外圈的配合原则与内圈相同。由于外圈不转动，且直径大，故其配合紧力要大大小于内圈的配合紧力。

第三节　滚动轴承安装与拆卸

一、安装前的检查与清洗

（1）仔细检查轴、孔装配段的尺寸和表面粗糙度是否符合图纸规定。在检查尺寸时，必须用量具测量，不允许用轴承去试装。

（2）查看滚动轴承上的代号是否与实际要求的相符合。

（3）清洗轴承。对于未开封的新轴承，轴承表面所涂的保护油为清油时，可不必清洗，但对于保存时间过长或保护油为油脂类时，则必须清洗。清洗的方法是：可将轴承放在常温清洗剂中清洗，也可将轴承浸入80～90℃的热轻质油中，使其油脂溶解，再用清洗剂清洗。清洗的重点是内外圈的滚道、滚动体与保持架间的空隙。清洗时可以用毛刷刷洗，但注意不要把刷毛遗留在轴承内。清洗后用无绒毛布将轴承擦干，涂上润滑油，暂时不用的应包封。

二、滚动轴承安装

1. 常温下安装

一般小型设备所用的滚动轴承均可在常温下安装。为了防止损坏轴承，应根据装配结构和安装设备条件，采用正确的安装方法。图5-7和图5-8为安装轴承的正确方法和错误作法。

安装滚动轴承应注意以下内容：

(1) 应尽可能地采用压力机压装，因压力机的工作台与压力头中心线的垂直度精确，能保证装配质量。在条件不具备时，允许用手锤和套管进行安装，但锤击点必须正对套管中心，如图5-7 (e) 所示。

(2) 在往轴上安装轴承内圈时，作用力只允许平行地作用在轴承内圈端面上；在安装轴承外圈时，作用力只允许作用在外圈端面上，如图5-7 (a)、(b)、(c) 所示。

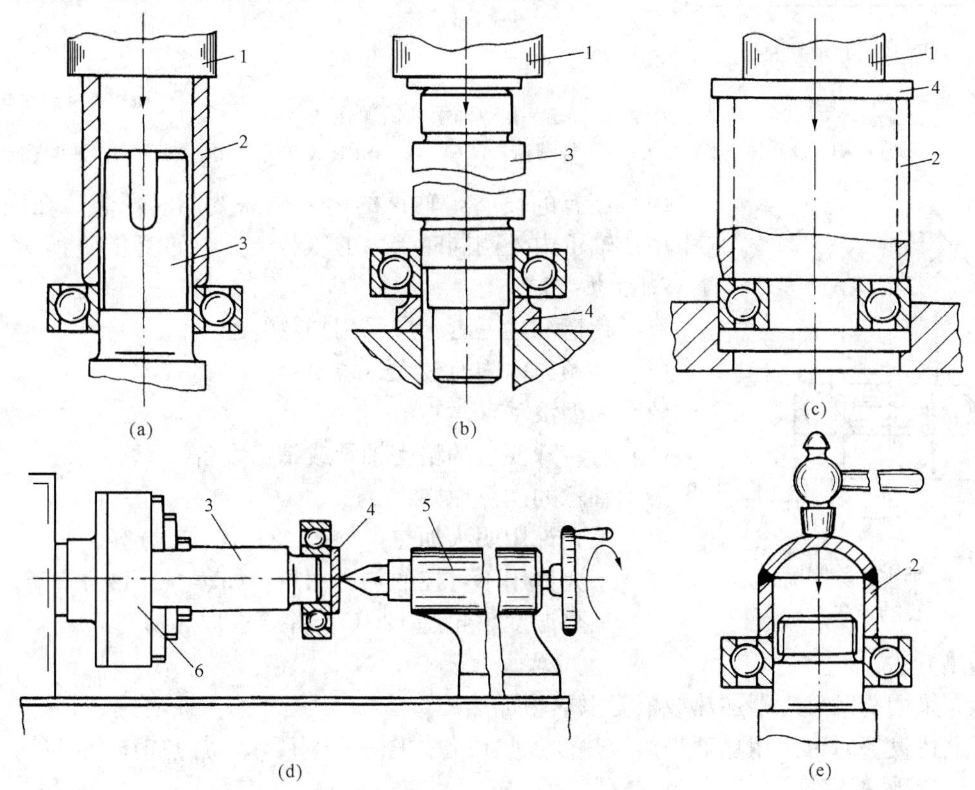

图5-7　安装滚动轴承的正确方法

(a) 用套管压装内圈；(b) 将轴压入内圈；(c) 用套管压装外圈；(d) 用车床尾架顶装；(e) 用专用套管和手锤安装

1—压力头；2—套管；3—轴；4—垫铁；5—车床尾架；6—车床夹头

(3) 安装前，必须将轴、轴承孔及安装工具清洗干净，并在轴、轴承孔的装配段上抹上清洁的机油。如果装配段不清洁，在安装时就会将轴颈拉伤，如图5-8 (c) 所示。

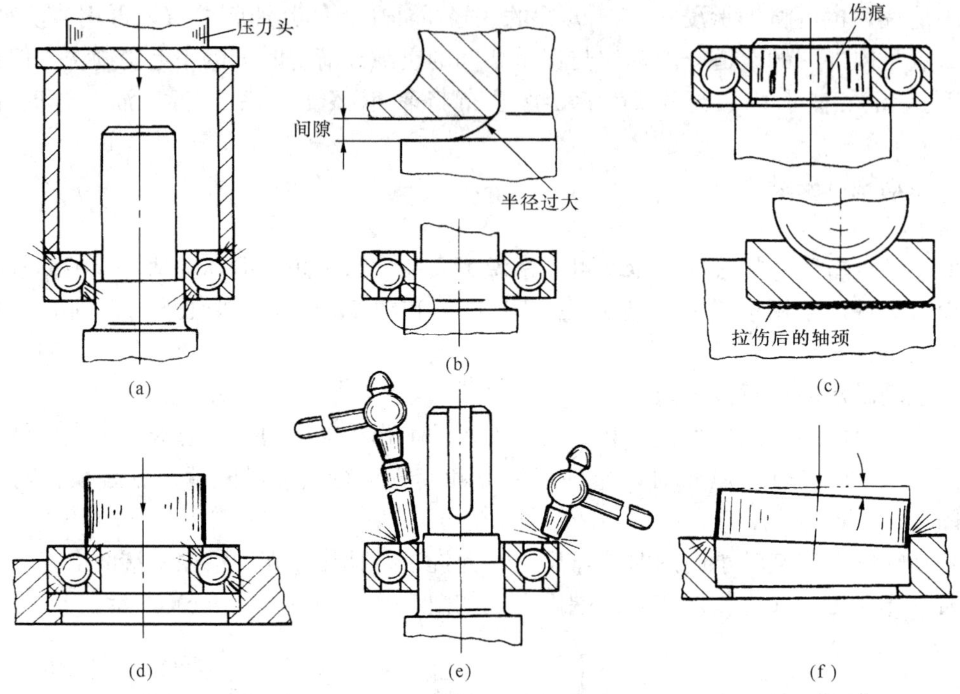

图 5-8 安装滚动轴承的错误作法

(a) 不该压外圈;(b) 根部半径过大;(c) 不清洁;(d) 不该压内圈;(e) 不许用锤头打;(f) 轴承歪斜

(4) 还有的设备,轴承的内外圈需要同时压装。在安装时,应采用使轴承内外圈同时受力的压装工具,如图 5-9 所示。

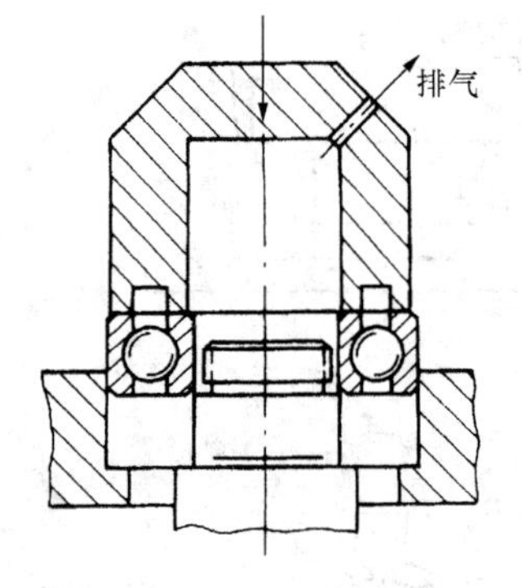

图 5-9 轴承内外圈同时压装的方法

2. 加热装配

有下列情况之一者,应采用加热装配:

(1) 轴颈与内圈有较大过盈值;

(2) 大型滚动轴承;

(3) 有特殊要求的精密轴承或精密设备。

滚动轴承的加热原则:

(1) 不允许用明火加热,如氧乙炔焰、喷灯等。

(2) 不允许用不可控的热源加热,如蒸汽、热力管道。

(3) 加热温度不超过 120℃,并要求加热均匀。

加热方法:

优先采用高频发生器加热或恒温电热箱加热。

无上述设备时可采用热油加热,热油加热设备如图 5-10 所示。加热时轴承与桶底不要接触,以免受热不均。

加热后,用夹具将轴承夹稳(图 5-11),对准套装部位迅速推入,将其安装到正确位置。

3. 安装轴承的注意事项

(1) 平面推力轴承(图 5-12)有两个承力盘,两盘的内孔直径不一样即 $d_1 \neq d_2$,其中一个与轴颈的配合有紧力(俗称紧圈),另一个与轴颈之间有明显的间隙(俗称松圈)。安装时，紧圈必须装在轴颈的台阶处（见图 5－12 紧圈）。当轴转动时，紧圈依靠内孔与轴颈紧力及轴台阶平面与承力盘之间的摩擦力，使紧圈与轴同时转动。松圈装在机体的静止部位，由于松圈与轴颈为间隙配合，故松圈处静止状态。若将紧圈与松圈安装位置对换，则推力轴承不仅起到轴承的作用并造成轴颈的磨损。

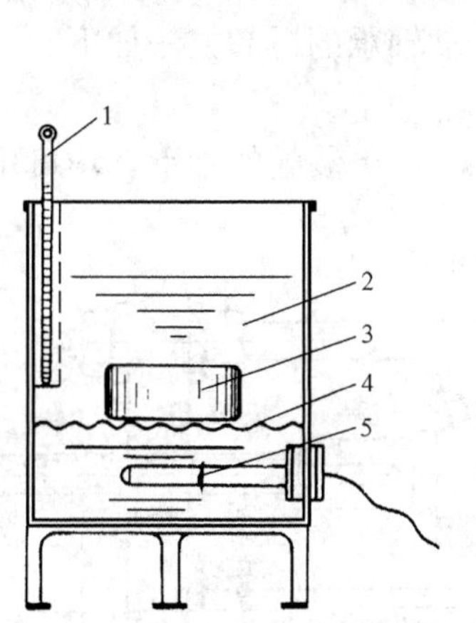

图 5－10　热油加热设备

1—温度计；2—油；3—轴承；
4—金属网；5—电热器

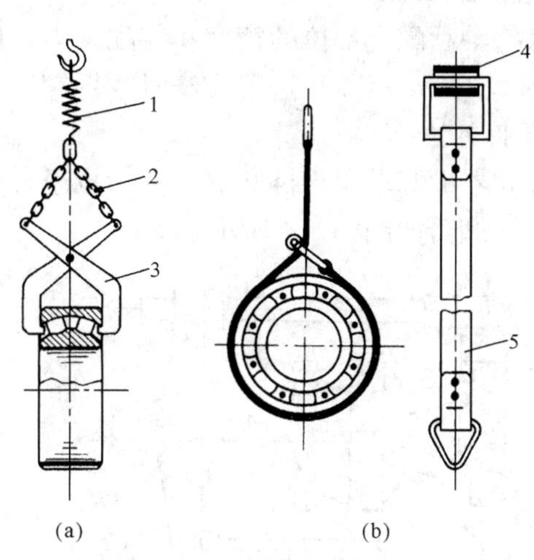

图 5－11　轴承的轴吊夹工具

(a) 用夹具吊装；(b) 用吊带吊装
1—弹簧；2—链条；3—夹具；4—滚筒；
5—吊带（钢皮或铜皮）

(2) 安装圆锥滚柱轴承时，应注意圆锥的方向。当轴的两端都是圆锥滚柱轴承时，其装法是大头对大头，小头对小头，如图 5－13 所示。如果仅一端装圆锥滚柱轴承，则需注意轴向推力的方向。

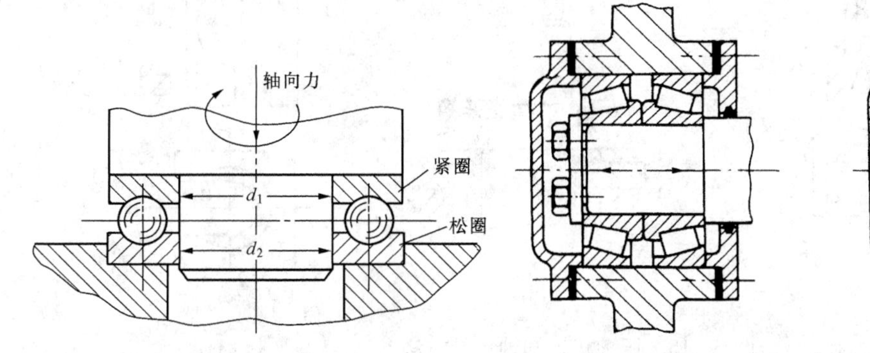

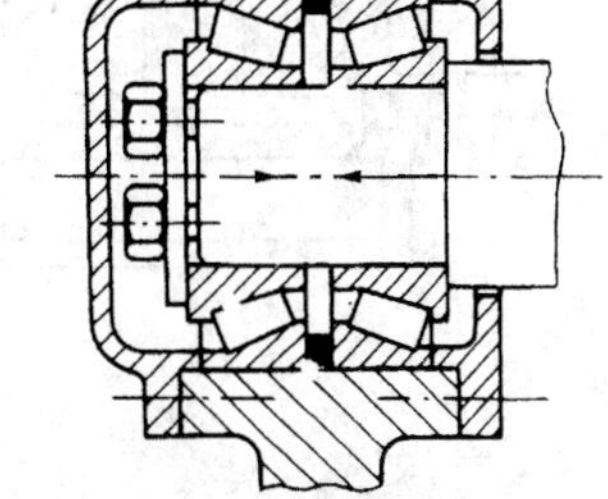

图 5－12　平面推力轴承　　图 5－13　圆锥滚柱轴承的组装方法

(3) 当轴颈与内圈的配合松动时，应采用喷涂或镀硬铬的方法来解决（在不影响轴强度的前提下，还可以采用镶套法），不许在轴颈上用冲子打点或滚花，小轴一般最好是重新车制。

(4) 安装时应使轴承标有型号的一端对着轴头。

(5) 轴承的轴向间隙必须根据轴在运行中的伸长量来确定，从而需对轴承的轴向间隙进行调整。轴在运行中的伸长量可按下式计算：

$$\Delta l = 1.13 \times 10^{-5} l \Delta t$$

式中 Δl——轴的伸长量，mm；

l——轴的长度，mm；

Δt——温差,℃。

三、滚动轴承拆卸

为了保持轴承配合部位的精度和装配紧力，应尽量减少轴承的拆卸次数。一般是在轴承已损坏或不拆卸轴承就无法进行检修时才拆卸轴承。滚动轴承的拆卸方法如下。

1. 常规拆卸法

（1）拆卸器拆卸轴承。拆卸器通称为拉子，一般在常温下装配的轴承，均可用拆卸器拆卸。常用的拆卸器如图 5 - 14 所示。

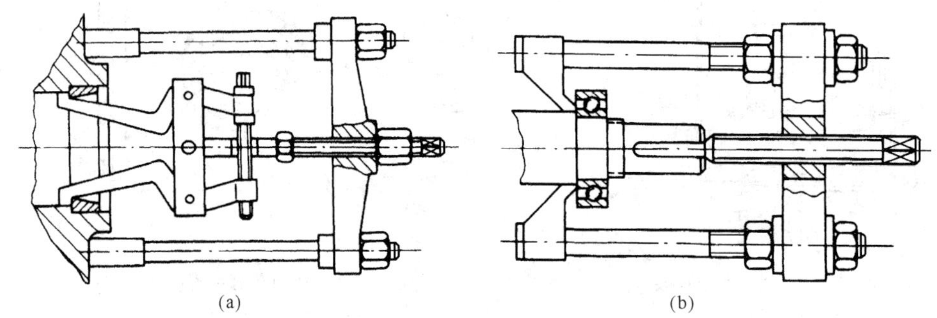

图 5 - 14 拆卸器拆卸轴承的方法

(a) 内拆卸器；(b) 活头式拆卸器

（2）压力机拆卸轴承。拆卸的方法如图 5 - 15 所示。

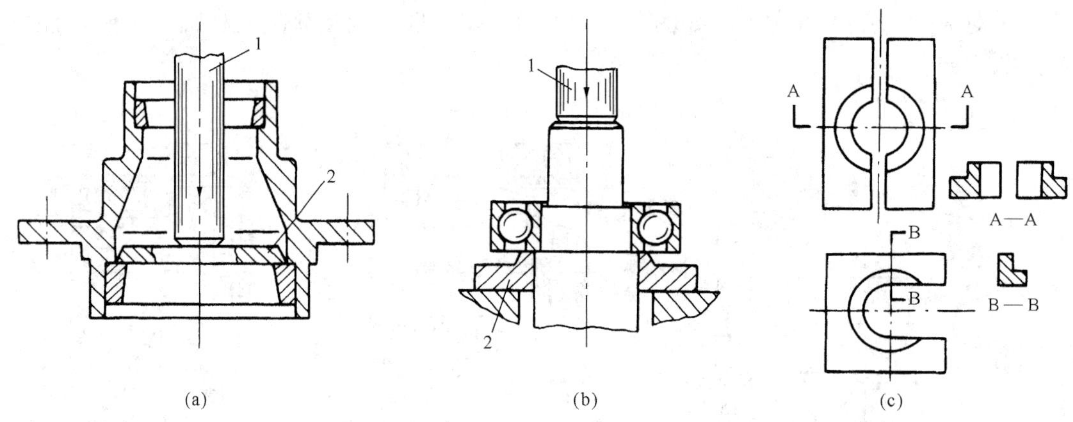

图 5 - 15 压力机拆卸轴承的方法

(a) 压出外圈；(b) 压出内圈；(c) 可拆式垫板

1—压力头；2—垫板

（3）手锤拆卸轴承。如图 5 - 16 所示，是用手锤从轴上拆下轴承的两种方法。当有其他方法时，不要采用此法拆卸轴承。

拆卸滚动轴承的一些错误作法如图 5 - 17 所示。

2. 加热拆卸法

拆卸装配很紧的轴承时，可用热油加热轴承内圈，在内圈受热膨胀的状态下进行拆卸。加热前，先装上拆卸器，并预加上适当的拉力，然后用油壶将 90～100℃的热油浇在轴承的

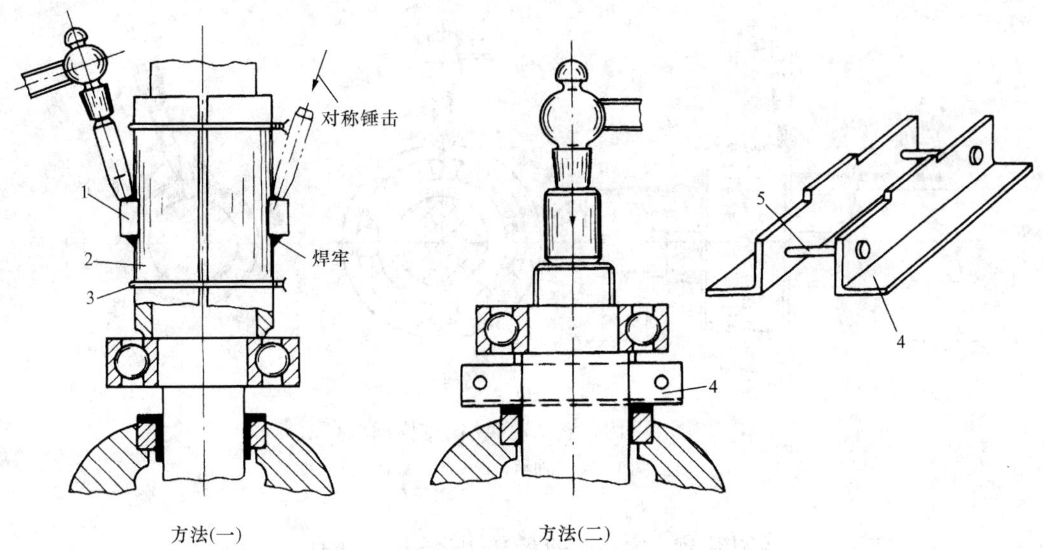

图 5-16 手锤拆卸轴承的方法

1—凸耳；2—对开套管；3—铁丝；4—角铁夹板；5—螺栓

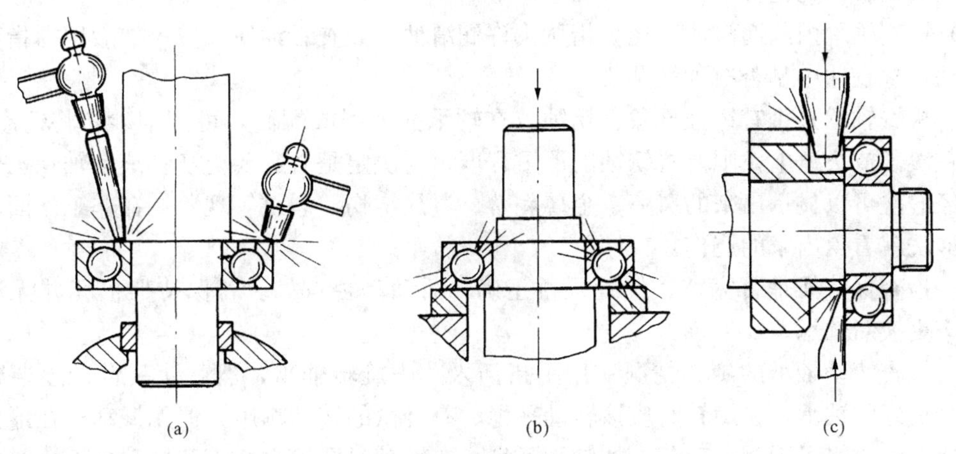

图 5-17 拆卸滚动轴承的错误作法

(a) 用榔头打；(b) 外圈受力；(c) 用楔铁楔

内圈上，待内圈受热膨胀开始松动时，便立即操作拆卸器，卸下轴承。浇热油前应将轴用石棉制品盖上，避免轴颈受热而膨胀，失去加热的作用。

3. 破坏拆卸法

(1) 氧—乙炔焰切割轴承。切割前用石棉制品把轴遮盖好，如图 5-18 工步（一）所示。用割炬从轴承的相对两侧将外圈割断，如图 5-18 工步（一）、（二）所示。如发生轴承外圈被熔渣粘连，可用錾子錾开。在切割内圈时，不要把内圈割穿，以免造成轴的损伤，可采用用冷水喷向切口，使该处裂开，或用錾子楔入切割口，将内圈张破，如图 5-18 工步（三）所示。

(2) 砂轮磨断轴承。用手提式砂轮机磨断轴承的内外圈，磨削外圈时，必须用楔铁将外圈卡死，以防外圈转动，在磨削内圈时，要防止把轴磨伤，磨到一定深度时，用錾子楔入磨口，使内圈断裂。

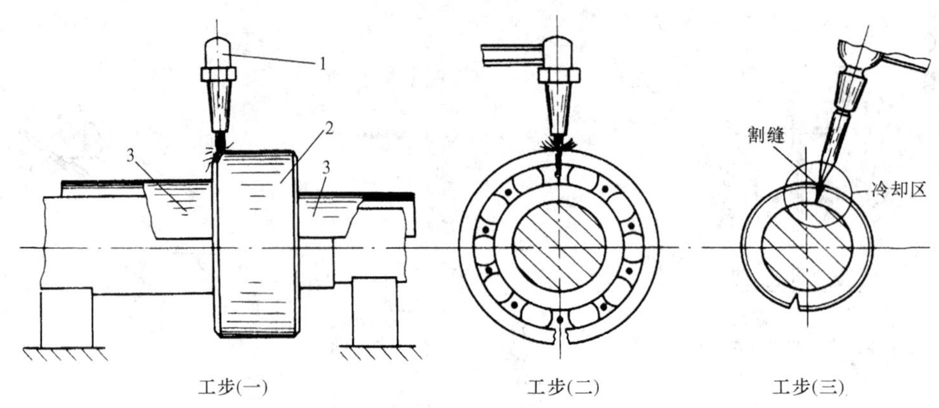

图 5-18 氧—乙炔焰切割轴承

1—割炬；2—轴承；3—石棉盖板

第四节 滚动轴承检查及损坏原因

一、滚动轴承的检查

(1) 检查轴承内的润滑油。用手指蘸少许润滑油，先查看油质状况，然后用拇指和食指相互搓动，检查油中是否有硬性杂质。

(2) 检查轴承是否有锈蚀现象。锈蚀点在轴承的外圈或端面，可用细砂布将锈点除去；锈蚀点在滚子或滚道上，则要看锈蚀的严重程度，再决定是否需要更换。滚动轴承工作面不允许有经酸洗可以显示出来的斑痕、金属剥落、过热烧伤、裂纹等现象；在非工作面上允许有不经酸洗就看得出来的烧伤。

(3) 检查保持架是否完整、位置是否正确、活动是否自如。若保持架损坏并无法修复时，则应更换新轴承。

(4) 检查滚动轴承的旋转情况。用手指插入孔内旋转轴承，然后让其自行逐渐减速停止。一个良好的轴承，在旋转时应该转动平稳、有轻微的转动响声，但无振动；在停止时是逐渐减速，停止终了无倒退现象。如轴承不良，在转动时会发出杂声和振动；停止时似汽车刹车一样，突然停止。

(5) 测量滚动轴承的轴向、径向游隙。径向游隙可用塞尺测量，如图 5-19 (a) 所示；或用铅丝在滚珠下面滚压一次，测量其厚度，如图 5-19 (b) 所示；也可以将内圈固定，用百分表测量外圈的窜动值（轴向和径向），如图 5-19 (c)、(d) 所示。

游隙是指将一个套圈（内圈或外圈）固定，另一个套圈沿径向或轴向的最大活动量。由于轴承所处的状态不同，游隙分为原始游隙、配合游隙和工作游隙。原始游隙指轴承在未安装前自由状态下的游隙；配合游隙系指轴承安装到设备的轴上和外壳内以后的游隙，由于配合过盈关系，配合游隙始终小于原始游隙；工作游隙系指轴承在工作状态下的实际游隙，一般情况下工作游隙大于配合游隙。

游隙的标准及允许最大值，由于轴承类型、规格繁多，其数值很难记忆并不易查找，为了便于实际工作的需要，现提供一近似值的估算方法（表 5-2），供参考。当游隙超过此标准后，不等于轴承就报废，还要看其在运行中的实际情况。

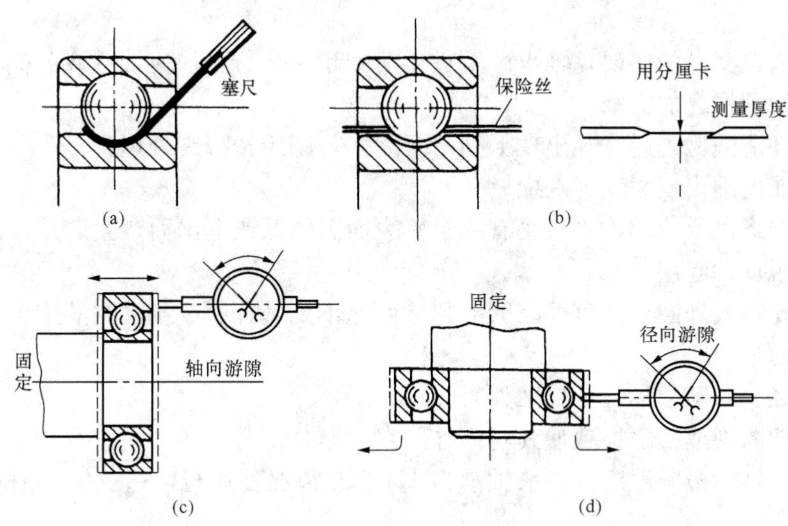

图 5-19 轴承游隙的测量方法

(a) 用塞尺测量；(b) 用压铅丝法测量；(c) 用百分表测量轴向游隙；(d) 用百分表测量径向游隙

由于向心轴承的轴向游隙大于径向游隙，故在测量时均以径向游隙为准。

表 5-2 向心轴承最大径向游隙及测量用力

向心轴承内径 D (mm)	<10	12～30	35～70	75～100	105～200
最大径向游隙 (mm)		$\frac{2D}{1000}$	$\frac{1.5D}{1000}$	$\frac{D}{1000}$	$\frac{0.8D}{1000}$
测量时径向用力 (N)	20	50	75	100	150

二、滚动轴承损坏的原因

滚动轴承的损坏有两种情况：一是轴承已达到寿命极限而磨损报废；二是由于检修质量不良、维护保养不当，造成的提前损坏。目前大多数轴承损坏属于提前损坏，其主要原因如下：

(1) 安装不良、轴中心线歪斜，造成滚道表面局部受力，滚道和滚动体迅速疲劳。

(2) 轴承孔或轴颈不圆、轴承的内外圈变形，当滚动体通过其最小直径滚道时，引起滚道与滚动体过早磨损及疲劳剥落。

(3) 装配时将硬质微粒落入轴承内，滚道歪曲，当滚动体通过此点时，造成滚道压伤和金属剥落。

(4) 维护不当，对轴承没有定期检查、清洗、换油，对油封没有及时更新，造成不正常磨损。

(5) 润滑不良，包括缺油造成干磨，油过多造成轴承过热烧伤，油质不符合设计要求。

(6) 轴承内圈与轴配合过盈量过大，安装时强行套装，造成内圈破裂。

(7) 轴承外圈的紧力过大，致使外圈严重变形，引起滚道与滚动体超常磨损及疲劳剥落。

(8) 设计或选型上的错误，轴承严重过负荷和超速运行，加速轴承疲劳损坏。

三、滚动轴承报废的标准

滚动轴承经清洗检查后，凡出现下列情况之一，则应按报废处理：

(1) 外圈或内圈出现裂纹、缺损。

(2) 内外圈滚道及滚动体（只要有一个）表面因锈蚀或电击而产生麻点，以及金属表层因疲劳而产生脱皮、起层。

(3) 内圈孔径或外圈外圆直径因磨损超标而达不到基孔制或基轴制的配合要求（包括不合格的新轴承）。

(4) 最大径向游隙超标，其标准如表 5-2 所示。

(5) 保持架断裂或因磨损致使其与内外圈发生摩擦。

(6) 在高于轴承极限温度（一般轴承为 170℃）情况下运行，造成轴承退火（有退火颜色或硬度降低）。

(7) 运行中噪声明显增大（反应轴承已明显受损）。

第五节　滚动轴承润滑及密封装置

一、滚动轴承润滑

滚动轴承的润滑应根据轴承的结构和使用情况，并参考制造厂的说明书，来确定润滑剂的种类和润滑方式。

滚动轴承所用的润滑剂，除有轴承箱的采用液体润滑外，大都采用润滑脂（俗称黄油）润滑。现将有关润滑脂的分类及性能以及填加润滑脂的方法分述如下。

1. 润滑脂的制取、分类及主要性能

润滑脂是由润滑油与调和剂（有的还要加其他添加剂）混合而成。其制取方法，是用动、植物油先行制皂，然后再掺合润滑油。润滑脂的性能决定于制皂时皂中成分，如含钙物质制成的皂为钙皂，用钙皂制成的油脂称为钙基润滑脂；又如用含钠物质制的皂为钠皂，用钠皂制成的油脂为钠基润滑脂。检修中常用的几种润滑脂及其主要性能见表 5-3。

表 5-3　常用的润滑脂及其性能

类　别	主要性能及用途说明
钙基润滑脂类	抗水性好，熔点低，适用于常温下润滑
钠基润滑脂类	耐热性强，不耐水，适用于 120℃以下设备，可制成乳化油（机床加工冷却用）
锂基润滑脂类	耐水、耐寒、耐高温，化学稳定性好，用于在宽广温度范围内工作的轴承
复合钙基润滑脂类	是耐热性最高的油脂，抗湿性好，润滑性能好，适用于高温下（200℃）的轴承润滑

此外还有铝基、铅基及其他复合油脂。

2. 润滑脂的填加方法

向轴承内填加润滑油（黄油）的方法如下：

加黄油通常是用手工充填。充填时，用手指将黄油从轴承的两侧压入保持架内，填到和保持架齐平，再转动几次外圈，擦去过多的黄油。轴承在装入轴承座前，应向轴承座和端盖内填加少量的黄油。在运行中可以用黄油枪或压力油杯向轴承内注油。

加黄油切忌过多，过多在运行中势必导致搅拌作用加剧，从而引起摩擦生热产生高温；同时黄油也起着保温作用，过多将影响散热，结果造成轴承过热而报废。

轴承所用的润滑脂必须保证清洁无任何杂质。杜绝那种从杂用大油桶中抠出的油，用到轴承中的错误作法。轴承的用油应为专用，不许和其他用油混用，并应采用有密封盖的小包装盒装油。

二、滚动轴承密封装置及密封胶圈

滚动轴承的密封装置通称轴封或油封。轴封的作用是防止润滑油外流，以及防止灰尘、水分、有害气体及杂物进入轴承或轴承箱内。

滚动轴承常用的轴封如图 5-20 所示。现今多采用胶圈式轴封。胶圈密封装置的主要类型是密封胶圈（又称皮碗、弹性胶圈、橡胶圈），其结构如图 5-21 所示。

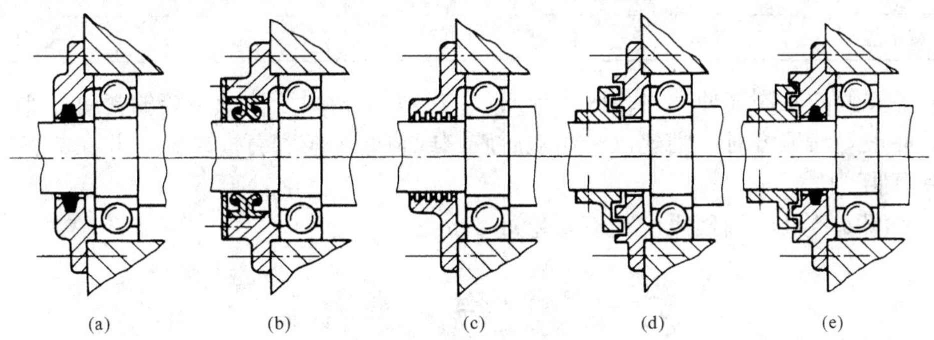

图 5-20 滚动轴承密封装置

（a）毛毡式轴封；（b）胶圈式轴封；（c）油沟式轴封；（d）迷宫式轴封；（e）迷宫—毛毡式轴封

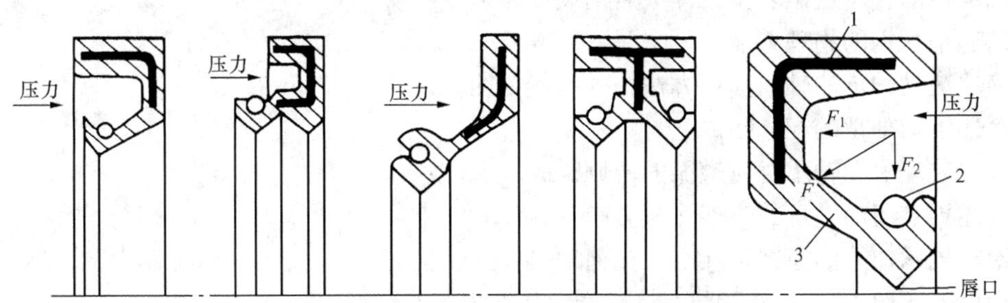

图 5-21 密封胶圈的断面形状

1—支承架（钢板冲压件）；2—弹簧；3—胶圈

胶圈的主要优点是体积小、成本低、易于安装、工作可靠及密封范围广。密封范围广是指：适用于各种润滑剂和液压油；能适应较大范围的温度变化和轴的各种转速；能承受一般轴承的不同心度和轴的径向跳动。

胶圈的规格已形成系列化，广泛用于各类滚动轴承密封及转动机械的轴颈密封。

为了增加密封胶圈的刚性，在胶圈中设有支承架（图 5-21）。胶圈多用丁腈、硅酮或聚四氟乙烯材料制造。为了加强胶圈对轴颈的密封性能，在胶圈唇口内装有弹簧。弹簧多用防腐较强的材料制造（如不锈钢丝）。

安装密封胶圈时应注意以下几点：

(1) 胶圈的空腔侧一定要置于压力大的一侧，其作用是利用内外压差给唇口一个向下的径向压力（图 5-21 中 F_2）。如果无压差或不知哪侧的压力大时，则应将胶圈的空腔侧对设备的内部，或将胶圈有弹簧的一侧装向设备内部。

(2) 胶圈两侧的压差不可过大，一般不超过 0.05MPa，过大会使唇口翻转，并使唇口的径向压力过大而加快唇口的磨损。

(3) 胶圈的固定一般是靠胶圈外径与设备内孔的配合紧力。若配合紧力很小或无紧力时，就应采用压盖结构，将胶圈压住。不论采用何种方式固定，均要保证胶圈在运行中不会滑出或因内外压差被挤出。

(4) 密封胶圈的内径应小于被密封处轴颈直径，其减小值如表 5-4 所示。

表 5-4　　密封胶圈内径（唇口直径）减小值　　mm

轴颈直径	10	10～45	50～100	100 以上
内径减小值	0.8	1.0	1.5	2.0

(5) 各类型的胶圈在使用时均应保证唇口的润滑。若用于非油系统的密封（如气、水），或润滑条件很差的地方时，则建议采用双唇胶圈或将两个胶圈背向装配，并在两唇口之间加满钼基润滑脂。

(6) 胶圈安装处的轴颈线速度不要超过 25m/s。

思　考　题

1. 叙述滚动轴承的结构及其分类。
2. 轴承钢的含碳量是多少？淬火后的硬度是多少？
3. 简述轴承钢的物理特性。
4. 简述滚动轴承的轴向固定方法，并举例说明。
5. 简述滚动轴承的配合制。
6. 叙述装配滚动轴承时应遵循的原则。
7. 简述拆装滚动轴承的错误作法。
8. 滚动轴承加热的原则是什么？如何加热？
9. 假设图 5-12 中 d_2 是紧圈，将会产生什么现象？
10. 有一轴，两轴承的中心距为 400mm，工作时温度可升高 50℃，计算轴的伸长量？
11. 为什么称滚动轴承的滚动间隙称游隙？游隙如何测量？
12. 如何进行滚动轴承的平时维护？
13. 简述滚动轴承提前损坏的原因。
14. 如何判别滚动轴承还可以继续使用？
15. 简述润滑油脂是根据什么进行分类的？
16. 如何填加黄油？
17. 密封胶圈的正、反面如何区分？若装反了，则会产生什么样后果？

第六章

滑动轴承与轴颈检修

第一节 概 述

轴承是支承转体的部件。它不仅支承转子的全部重量，而且还承受转子在运转中所产生的各种作用力，并确定转子的径向位置，以保持转子旋转中心与静子中心一致。轴承的质量（包括设计、制造、安装、检修、运行）直接关系到整机的工作性能、安全运行及使用寿命。

常规机械设备采用的轴承有两大类：滑动轴承与滚动轴承。一般大功率的动力设备常优先选用滑动轴承，因为滑动轴承具有以下优点：

(1) 能承受重载与冲击荷载，抗振能力强，减振性能好；

(2) 运行可靠，突发性事故少，在发生事故前有明显的预兆，使用寿命可以与主机匹配；

(3) 不需要特殊材料，便于制造、安装、检修及运行中的维护。运行时噪声低。

滑动轴承不足之处：

(1) 摩擦耗能高于滚动轴承。

(2) 对轴的精度、表面粗糙度要求高，对轴瓦的刮削工艺要求严。

(3) 需有专用的油系统，增加检修工作量。对油质及润滑油参数均有严格要求。

滑动轴承的结构因其主机的结构不同，故有很大差异。通常大型动力设备采用的滑动轴承的结构如图6-1所示。

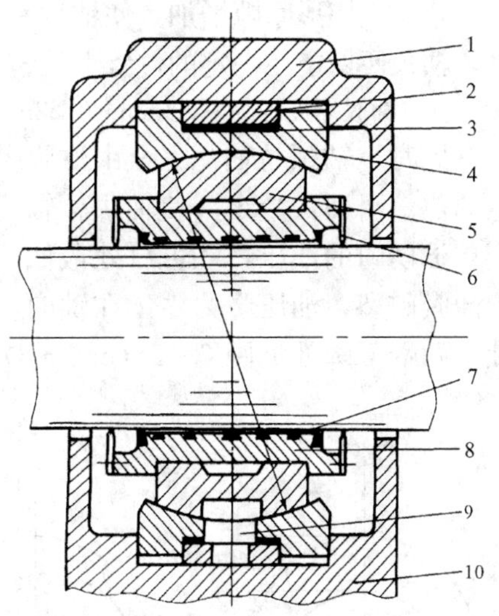

图6-1 可调式球面滑动轴承结构

1—轴承盖；2—调整垫铁；3—调整垫片；4—瓦枕；5—轴瓦壳体（球面瓦体、球形瓦）；6—油挡；7—轴承合金（乌金、巴氏合金）；8—轴瓦（瓦胎）；9—进油孔；10—轴承座

滑动轴承的结构主要由以下部件组成：

(1) 轴承座。分独立式、与主机联体式两类，多为铸铁件（普通铸铁或球墨铸铁）。

(2) 轴承盖。又称轴瓦盖。它与轴承座构成轴承的主体，起着固定轴瓦的作用，通过轴承盖可调整对轴瓦压紧的程度（即轴瓦紧力）。

(3) 轴瓦。分为分体式及整体式两种。轴瓦由单一金属铸造，如铜瓦、生铁瓦等。通常动力设备采用的轴瓦为双层结构，即在轴瓦体（简称瓦胎）内孔上浇铸一层减磨衬层。减磨衬层的材料大都选用轴承合金（又称乌金或巴氏合金）。

(4) 球形瓦与瓦枕。它们是轴瓦与轴承座之间的一种连接装置，一般设备上的轴承设有这种装置，只有在转子较长为适应其旋转时可能出现的挠动，才在轴瓦与轴承座之间增加一套能作微量转动的球形装置。

(5) 调整垫铁。它的作用是在不动轴承座的情况下，能够微调轴瓦在轴承座内的中心位置。在调整垫铁的背部装有调整垫片，通过增减垫片的厚度，即可达到调中心的目的。

（6）挡油装置。它固定在轴瓦的两端，其内孔与轴颈保持一定间隙。它的功能是阻止润滑油沿轴向外流，起着轴封的作用。

（7）润滑油供油系统。滑动轴承必须配有润滑装置。重要的动力设备的滑动轴承均采用独立的、可靠性极高的润滑油供油系统，以保证不间断地向轴瓦供油。连续供油的作用：一是保证轴瓦的润滑；二是将摩擦产生的热量及热源传给轴瓦的热量带走，使轴瓦在稳定的温度下运行。

第二节 油膜与瓦形

滑动轴承是建立以油膜润滑理论为基础的一种轴承。该轴承必须有一个完备的供油系统，不间断地向轴承内供给合格的润滑油。

从轴承的结构可看出，轴颈与轴瓦之间形成一个楔形间隙，当转子的转速到达一定转速后，由于油的黏度和附着力的作用，轴颈将油带入楔形间隙形成楔形油隙。由于润滑油具有不可压缩性，油在楔形油隙的压强随着楔形通道变窄而增大，同时油压产生的挤压力也随之升高。随着转速的上升，油压不断升高，当此油压超过轴颈上的载荷时，便把轴颈抬起。轴颈的抬起，造成楔形间隙增加，使油压有所下降，当油压作用在轴颈上的力与轴颈上的载荷相平衡时，轴颈便稳定在一定的位置上旋转。轴颈的中心由 O_1 移至 O' ［见图 6 - 2（a）（b）］。

注：油膜厚度约为 0.08mm～0.22mm。

此时，轴颈与轴瓦完全由油膜隔开，建立液体摩擦，从而减少其间的摩擦阻力。摩擦产生的热量由回油带走，使轴颈、轴瓦得以冷却。

油楔内的油压，在进口处最低，在油膜厚度最小处，油压达到最大值。油楔出口处，由于油膜破裂，油压降为零。在轴向，轴承长度的中间位置油压最大，其压力按抛物线规律向轴承两端下降［见图 6 - 2（c）、（d）］。

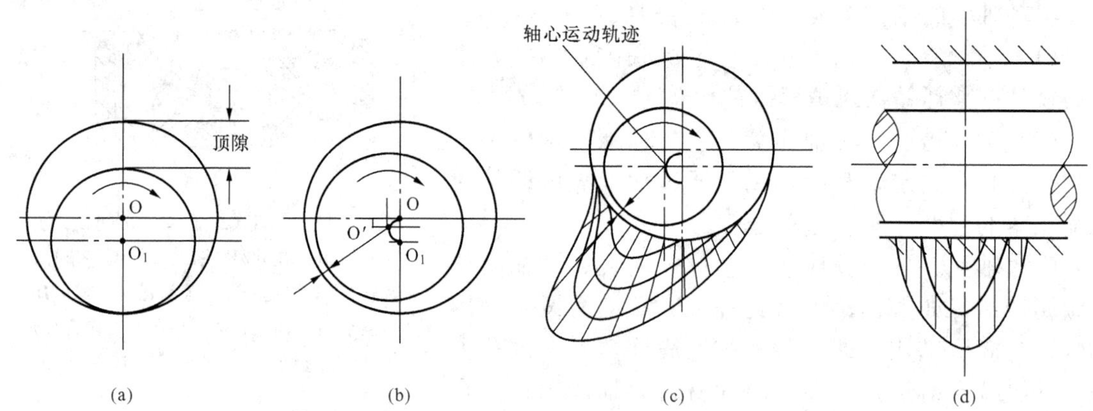

图 6 - 2 轴瓦油膜的形成

（a）轴在静止状态；（b）运行状态，轴颈中心由 O_1 移至 O'；（c）轴心运动轨迹及油膜在径向的压力分布；（d）油膜在轴向的压力分布

油膜的最小厚度应大于轴瓦与轴颈表面加工刀痕所造成的不平度，只有这样才能保证液体润滑作用，因此轴颈与轴瓦的表面必须非常光洁（$\overset{0.20}{\bigtriangledown}$）。

一、影响油膜完整性的因素

滑动轴承的工作可靠性决定于在轴瓦与轴颈之间是否有一层稳定的、完整的油膜。为保证油膜的稳定与完整，应满足以下诸项条件。

1. 润滑油

(1) 充足恒定的油量，稳定的进口油压及适合运行要求的最佳油温；

(2) 油的黏度要与轴颈的线速度、轴瓦的压强相适应；

(3) 油的质量指标（酸度、水分、杂质等）均在允许值内。

2. 轴瓦

(1) 轴承合金完整，无脱胎、裂纹、砂眼、气孔等缺陷；

(2) 瓦的各部间隙符合标准，下瓦接触角正确，其接触面与轴颈接触良好；

(3) 轴瓦的紧力符合运行要求；

(4) 调整垫铁与轴承座配合良好，球形瓦的球面能起到调心作用。

3. 轴颈

(1) 圆度、圆柱度及表面粗糙度均符合质量标准；

(2) 表面无疤痕、划痕、碰伤及锈蚀现象。

除上述条件外，尚有机组的振动、转子的转速等因素也影响油膜的稳定与完整。

事实上，以上所述各项内容与要求，也就是轴承检修的内容及应达到的要求。

二、瓦形

瓦形就是轴瓦内孔的形状。不同的瓦形有着不同形状、不同数量的油楔，同时在结构上也不相同。在热力设备上常采用以下瓦形。

(1) 圆筒形轴瓦。轴瓦内孔为圆筒形［图 6－3 (a)］。该瓦的结构最简单，油的消耗量和摩擦损失与其他瓦形的轴瓦相比，它是最小的，故广为中小型设备所采用。由于该瓦只有一个楔形压力油膜，故在旋转时轴的径向稳定性能差，转子易失稳，易产生低频振荡，也正因此不足，一些高速、重载的设备很少选用。

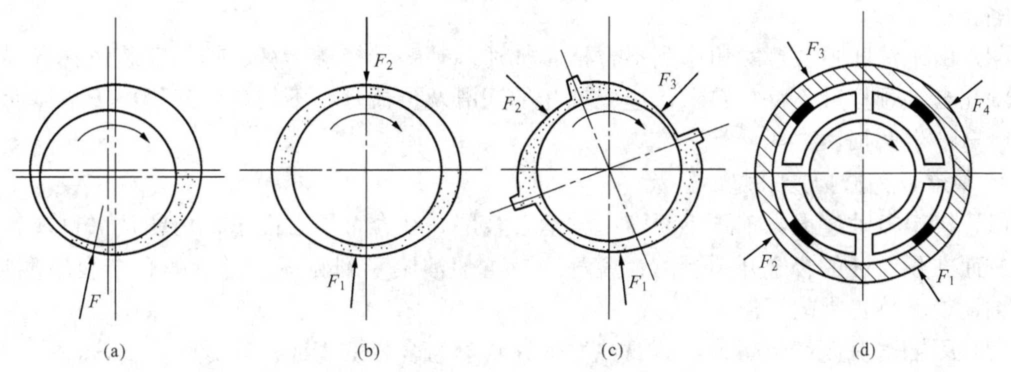

图 6－3　四种瓦形

(a) 圆筒形轴瓦；(b) 椭圆形轴瓦；(c) 三油楔轴瓦；(d) 可倾式轴瓦

(2) 椭圆形轴瓦。轴瓦内孔为椭圆形，椭圆的长半径位于水平方向，短半径位于垂直方向［图 6－3 (b)］。该瓦的上、下部各有一个楔形压力油膜，使油膜的刚度增强，在垂直方向的抗振性能大大提高，但耗油量及摩擦损失要大于圆筒轴瓦。由于该瓦在运行中的可靠性及便于制造与检修，故为重要的热力设备所采用。

(3) 三油楔轴瓦。轴瓦内孔有三个楔形油槽［图 6 - 3 (c)］。据有关资料介绍，该瓦在正常运行条件下，在轻载时有稳定作用，在中等载荷时其稳性并不理想。该瓦的耗能要比椭圆瓦多 30%，此值对大容量机组而言绝非小数。同时从制造、检修、运行诸方面进行比较，该瓦也不占优势。

(4) 可倾式轴瓦。该瓦由 3～5 块或更多块能在支点上自由倾斜的弧形瓦块组成［图 6 - 3 (d)］。瓦块在运行时可以随着转速、载荷及轴承温度的不同而自由摆动，在轴颈的周围形成多个楔形压力油膜。每个油膜作用在轴上的作用力均通过轴颈中心，故而不易产生轴颈涡动的失稳分力，因而具有较高的稳定性。该瓦的减振性能很好，承载能力较大，摩擦耗能小，从多方面比较，该瓦要优于三油楔轴瓦，它越来越多地为现代大功率机组所采用。

第三节　滑动轴承的缺陷及检查方法

一、滑动轴承常见缺陷及产生原因

滑动轴承的主要缺陷表现在轴承合金表面磨损，合金层产生裂纹、局部脱落、脱胎、腐蚀及熔化。其中最常见的缺陷是轴承合金表面磨损，最忌讳的事故是轴承合金熔化。

产生上述缺陷与事故的原因如下。

1. 供油系统发生故障及油质不良

(1) 供油系统发生故障，致使润滑油中断或部分中断，造成轴承合金因缺油而熔化。

(2) 油质不良，如酸性值超标、油中有水、有杂质等，造成轴承合金与轴颈的磨损和腐蚀，严重时油膜被破坏，出现半干摩擦，导致轴承合金熔化。

(3) 油温过高或过低。

2. 轴承及轴瓦问题

(1) 轴承合金质量不合格或浇铸工艺不良，在轴承合金层出现气孔、夹渣、裂纹、脱胎等缺陷。

(2) 由于油间隙及接触角修刮不合格、轴瓦调整垫铁接触不良、轴瓦安装位置有误等原因，轴瓦与轴颈接触不符合要求，造成轴瓦的润滑及负荷分布不均，引起局部干摩擦而导致轴承合金产生磨损。

3. 轴承以外原因所引起的事故

(1) 机组振动过大，轴颈不断撞击轴承合金层，在合金层表面出现白印及可目视到的裂纹，进而在裂纹区的合金开始剥离、脱落。裂纹使油膜受到破坏，脱落的合金会堵塞油隙，致使轴瓦得不到正常的润滑。

(2) 因轴电流而产生腐蚀，其腐蚀发生在轴颈与合金的表面。轻微时，其表面失去金属光泽；严重时，会把轴颈与合金的表面电蚀成麻点。若继续发展，会破坏轴瓦与轴颈的正常接触，造成重大事故。

(3) 因轴颈失圆、表面粗糙、伤痕等缺陷，造成合金超常磨损，破坏油膜的完整性，以致发生烧瓦事故（此现象多发生在球磨机大瓦上）。

根据资料统计，汽轮机的轴瓦的事故多发生在润滑系统供油不正常及机组超速或超振，以及因主机膨胀问题所引起的轴承座偏移或翘头。锅炉辅机滑动轴承的事故多发生在轴瓦上，其原因是刮瓦工艺粗糙、油质差（主要是不清洁）、轴颈粗糙。

二、滑动轴承检修前的测量与检查

在解体的过程中应测记以下各部位数据及实际状况：

（1）轴瓦紧力；

（2）轴瓦顶隙、侧隙及侧隙对称度；

（3）下瓦与轴颈的接触状况及轴承合金磨损程度；

（4）轴颈圆度及表面粗糙度；

（5）油系统的清洁程度及油质化验结果；

（6）其他检查项目（根据轴瓦的结构而确定），如：油挡间隙及磨损情况；调整垫铁与轴承座的接触状况及调整垫片的片数、总厚度；球面瓦的接触状况等。

测记以上数据及实际状况的目的：一是为本次检修提供依据；二是作为原始资料保存，以供备查。

三、轴瓦磨合印迹及轴承合金的检查要点

1. 检查下瓦磨合印迹

解体后，对下瓦的实际磨合印迹应进行分析，通过下瓦的磨合印迹能看出该瓦在运行中的状态和存在的问题，同时应临摹印迹的展开图，并用作图法算出磨合印迹面积，其方法如图 6 - 4 所示。

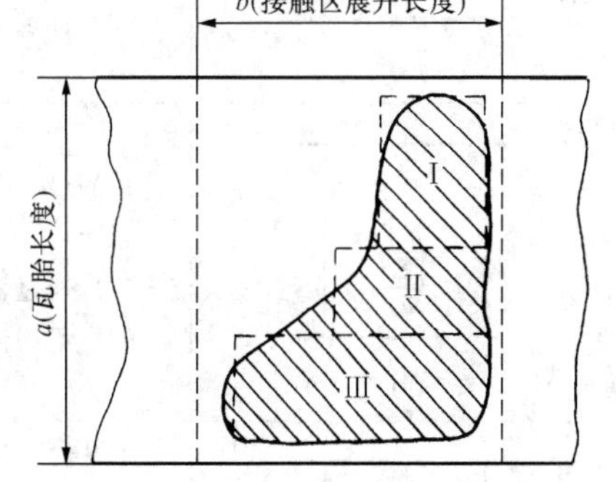

图 6 - 4　磨合印迹的计算方法

标准接触面积：$a \times b$

实际接触面积：Ⅰ＋Ⅱ＋Ⅲ

在工作中，允许实际磨合印迹的面积与形状出现偏差，但实际磨合印迹面积不得小于标准接触面积的 70%。

同时应指出，一个工作状态良好的轴瓦，在解体后检查，其接触区不仅接触良好，而且在合金的接触区表面上还保留着上次大修的精刮花纹。

2. 下瓦磨合印迹可能出现的现象及其原因

下瓦磨合印迹可能出现的现象及其产生的原因，详见表 6 - 1。

3. 检查轴承合金及瓦胎

滑动轴承解体后，首先检查轴承合金的磨合印痕及磨损程度，有无裂纹和脱落、脱胎及电腐蚀等。

表 6 - 1　　下瓦磨合印迹可能出现的现象及其原因

磨合印迹	现象及原因
空角　空角　(a)	在磨合区出现空角，这是最常见的一种现象，只要磨合面积超过标准接触区面积的 70%，即可认定为合格

续表

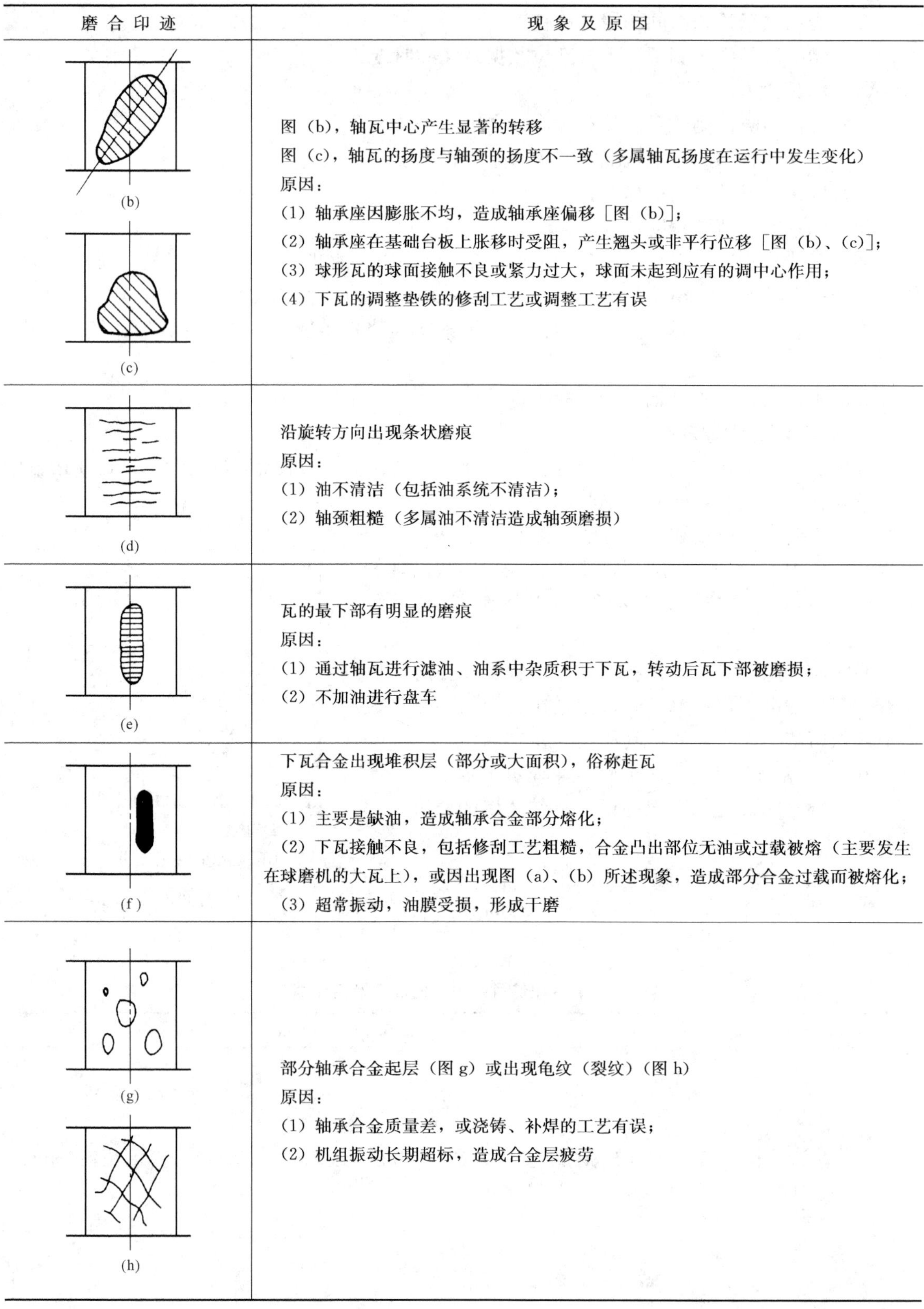

磨合印迹	现象及原因
(b) (c)	图（b），轴瓦中心产生显著的转移 图（c），轴瓦的扬度与轴颈的扬度不一致（多属轴瓦扬度在运行中发生变化） 原因： （1）轴承座因膨胀不均，造成轴承座偏移［图（b）］； （2）轴承座在基础台板上胀移时受阻，产生翘头或非平行位移［图（b）、（c）］； （3）球形瓦的球面接触不良或紧力过大，球面未起到应有的调中心作用； （4）下瓦的调整垫铁的修刮工艺或调整工艺有误
(d)	沿旋转方向出现条状磨痕 原因： （1）油不清洁（包括油系统不清洁）； （2）轴颈粗糙（多属油不清洁造成轴颈磨损）
(e)	瓦的最下部有明显的磨痕 原因： （1）通过轴瓦进行滤油、油系中杂质积于下瓦，转动后瓦下部被磨损； （2）不加油进行盘车
(f)	下瓦合金出现堆积层（部分或大面积），俗称赶瓦 原因： （1）主要是缺油，造成轴承合金部分熔化； （2）下瓦接触不良，包括修刮工艺粗糙，合金凸出部位无油或过载被熔（主要发生在球磨机的大瓦上），或因出现图（a）、（b）所述现象，造成部分合金过载而被熔化； （3）超常振动，油膜受损，形成干磨
(g) (h)	部分轴承合金起层（图 g）或出现龟纹（裂纹）（图 h） 原因： （1）轴承合金质量差，或浇铸、补焊的工艺有误； （2）机组振动长期超标，造成合金层疲劳

续表

磨合印迹	现象及原因
(i)	轴承合金上出现大面积麻点，合金面失去光泽或成黑色 原因： 轴电流造成的电腐蚀，此现象同时也出现在轴颈上

检查轴承合金的磨损程度，除观察其表面磨损的痕迹外，还应根据轴瓦图纸尺寸核算轴承合金现存厚度，也可用直径为5～6mm的钻头在轴瓦磨损最严重处或端部钻一小孔，实测其厚度。

轴承合金脱胎的检查方法，除脱胎很明显处可直接检查看出外，一般都需将轴承合金与瓦胎的接合处浸在煤油中，停留片刻后取出擦干，将干净纸放在接合处或用白粉涂在接合处，然后用手挤压轴承合金面，若纸或白粉有油迹，则证明轴承合金脱胎。

轴瓦经过检查后，若发现有下列缺陷之一时，就必须重新浇铸轴承合金：轴瓦间隙过大，轴承合金现存厚度已不能再继续修刮；轴承合金表面有大面积的砂眼、气孔、杂质、脱胎、裂纹等。在检修中，遇到的一般轴承合金缺陷，大多数是尚未发展到必须重新浇铸的程度，对于这类缺陷均可采用补焊处理。

在检查轴瓦时，也应仔细检查瓦胎。若发现瓦胎有裂纹或变形就应更换新的瓦胎。

四、调整垫铁的检修

对于有调整垫铁的轴承，还应检查调整垫铁的接触情况。当其接触情况不良时，会引起机组的振动。先检查垫铁工作痕迹的分布情况，再用塞尺测量。下轴瓦在不承受转子重量的状态下，下部三块垫铁与洼窝的接触两侧用0.03mm塞尺应塞不进，而下部垫铁应有0.05～0.07mm间隙。下轴瓦在转子重量的作用下，将产生少许变形，下部垫铁间隙消失，从而保证了垫铁的受力均匀（图6-5）。每块垫铁的有效接触面积应占总面积的70%以上。

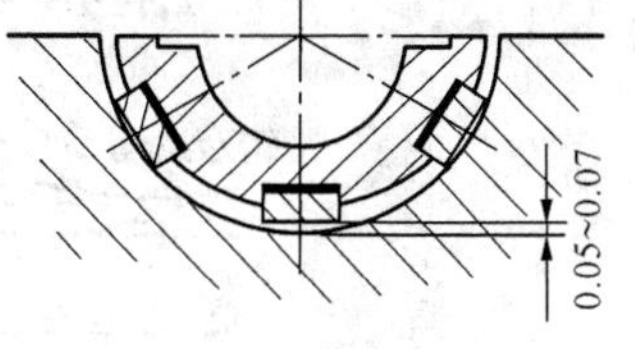

图6-5　下瓦在无转子时的垫铁状态

垫铁不符合要求时，应进行研刮。在轴承洼窝内涂上红丹，将垫铁装在下瓦内研磨着色，根据着色印迹进行刮削。三块垫铁研刮合格后，将下部垫铁内垫片厚度减薄0.05～0.07mm，便能达到上述间隙要求。由于这类轴承的垫铁是微调转子中心用的，所以垫铁的研刮应与转子的找中心工作同时进行。依据转子找中心的调整要求，计算出下部垫铁内垫片的调整数值，再加上根据垫铁接触情况估计的研刮量，来调整垫铁内垫片的厚度。待调整好后，再研刮垫铁。

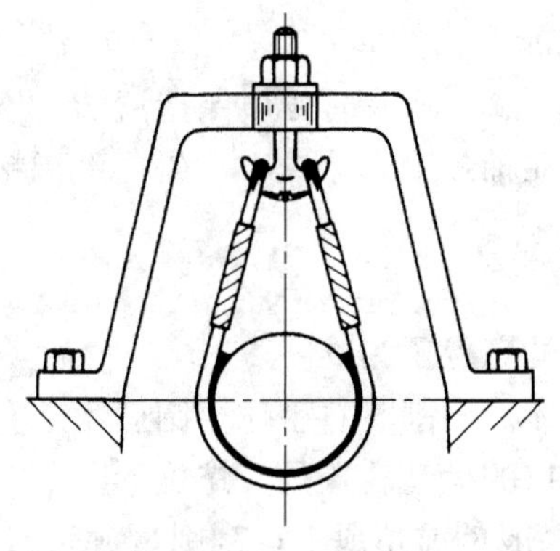
图6-6　抬轴专用工具——铁马

在垫铁研刮的后阶段，应将转子吊入。用铁马（图6-6）将轴稍微抬起，但仍使转子的部分重量压在轴瓦上。将撬棍插入轴瓦两侧吊环内，来回活动轴瓦，使其着色，然后用铁马将轴提高，取出下瓦进行修刮。这种压着轴瓦研磨着色的方法，可保证垫铁着色准确。在研磨过程中，垫铁不许换位或调头，必须按原装配记号进行研刮。

五、球形瓦球面接触的检查

球面的接触情况同样可用塞尺及球面工作痕迹进行检查。接触面积不应小于总面积的60%，并且分布均匀。对球面不要轻易进行研刮或研磨，因球面两侧出现间隙无法调整。此外，研刮工艺不当极易改变球面形状，影响调心。一般接触较差，只要运行正常，就不必作球面的研刮。只有在更换新瓦或因接触不良引起轴瓦振动时才进行研刮工作。

第四节 轴 瓦 刮 削

一、刮削工具及显示剂

轴承合金的刮削一般都采用三角刮刀。刮刀在使用前需要细致地进行刃磨，磨得好坏对刮削质量有着直接的影响。刃磨时将刮刀的前端三角边平放在油石上，根据刮刀前弧形做前后弧形推磨，如图6－7（a）所示。磨好的刮刀不但要求锋利无缺口，而且要求刃口弧面连续。

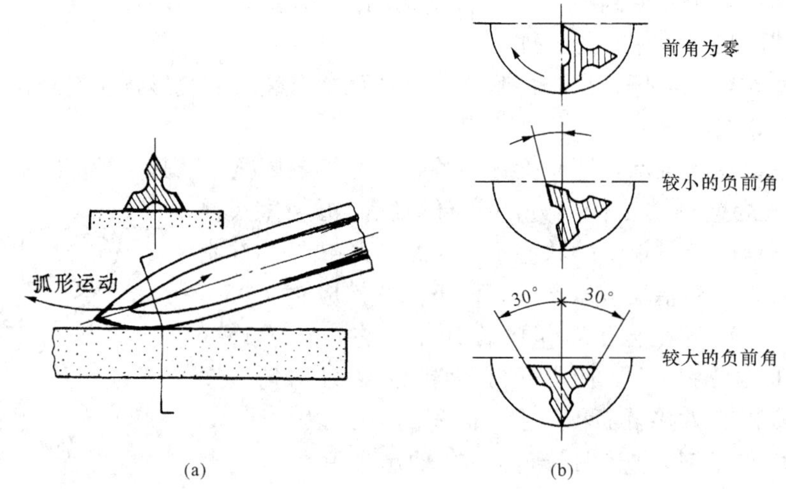

图6－7 刮刀刃磨与刮削角度

（a）三角刮刀的刃磨；（b）刮刀的刮削角度

刮削用显示剂普遍采用红丹粉（使用前用机油调和成糊状）。显示剂必须保持清洁，不得有砂粒、铁屑等混入。显示剂可以涂在轴瓦上，也可以涂在轴颈上。涂抹时，先用手指粘上少许红丹点在工件上，再用手掌将红丹抹匀。

二、轴瓦刮削方法

将轴瓦放平稳并卡牢固，光线以不反光并能看清磨合后的亮点子为准。

握刮刀的方法通常是右手直握刀柄，左手掌向下横握刀体。刮削时右手作半圆运动，左手沿瓦曲面拉动或推动刮刀；同时沿轴向作微小的移动。刃口的运动轨迹是一螺旋形。

刮刀的刮削角度大致分为三种，如图6－7（b）所示。一般负前角愈小，刮削量愈大。

刮削步骤分为粗刮和精刮：

(1) 粗刮。主要用于大的刮削量，如刮下瓦的测隙及在加工后的刀痕等。粗刮允许将瓦放在轴颈上或假轴上进行磨合着色。

(2) 精刮。经粗刮后，将已成瓦形的瓦进行精刮，精刮的重点是下瓦的接触面。精刮时，必须要将轴瓦放在轴承座内，置于使用状态，用转子进行磨合着色，只有这样刮出来的下瓦接触面才是真实的。

三、下瓦刮削后的最终形状

圆筒形轴瓦与椭圆形轴瓦的下瓦刮削后最终形状，可参照图 6-8 标准。

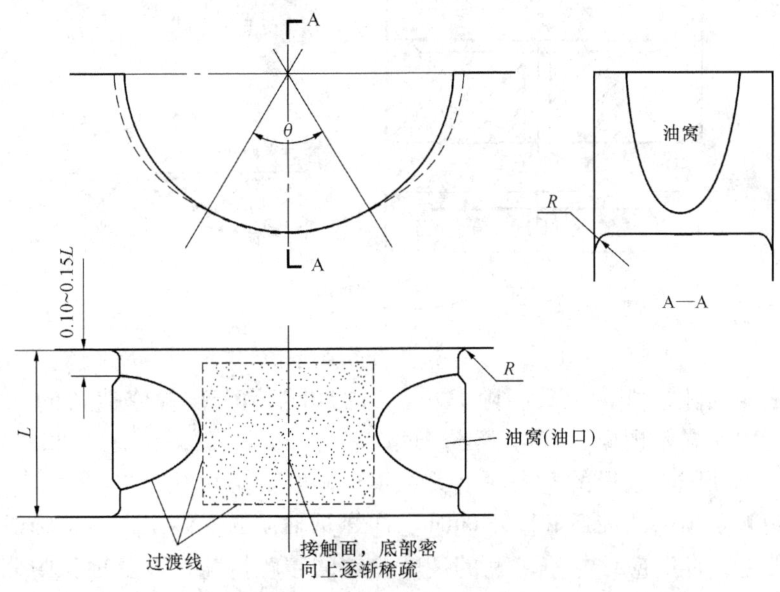

图 6-8 下瓦刮削后的最终形状

(1) 接触角 θ。若制造厂或规程无明确规定时，接触角取 60°～70°。在现场不是量 θ 角，而量测量下瓦接触面的弧长，如 60°，共弧长为 $\pi D/6$。

(2) 接触面。接触点的密度可选用以下标准：高速设备每平方厘米不少于 3 点；中速设备每平方厘米不少于 2 点；离开接触面后，在瓦的其他位置不允许出现接触点。

(3) 油窝（油口）。一般轴瓦的进油口均在油窝内。润滑油进入油窝，油即散开，增大油流通道，有利于油膜形成及对瓦的冷却。

(4) 过渡线。指的是接触区与非接触区的分界线。要求分界明确，但不许出现台阶。油窝与瓦面的交界处，也应为平滑过渡。

(5) R 值。瓦的两端与轴颈两端部通常为圆弧接触，要求瓦的圆弧 R 值略大于轴颈 R 值。

(6) 顶轴油孔与进油孔。对两处油孔的刮削工作应特别仔细。修刮工作应按原样复形，复形有困难时，可参照图 6-9 所示图形刮削。

四、轴瓦的修刮工作

在检修轴承时，若发现轴瓦间隙及接触面不正确，应根据具体情况进行分析，不要盲目动手进行修刮。

(1) 轴瓦两侧间隙偏小，上瓦顶部间隙过大，并超过允许值，此现象说明下瓦有较大的磨损，需进行局部补焊。

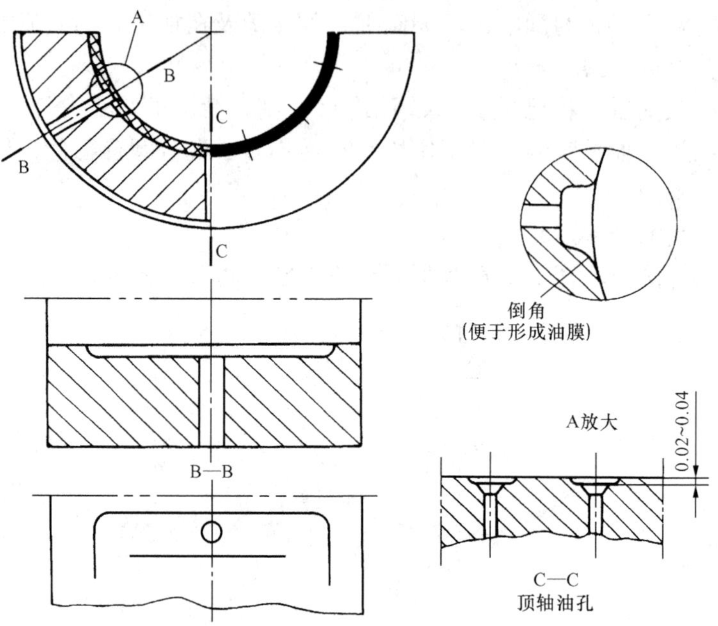

图 6-9　进油孔与顶轴油孔形状

（2）轴瓦两侧间隙过大，顶部间隙偏小，这有可能是上次检修遗留的问题。对这种情况，只要在运行中无异常现象，就可不必修理。

（3）轴瓦两侧间隙与塞尺的塞入深度关系不正确时，必须进行修刮。

（4）轴瓦两侧及顶部的前后间隙不同时，往往是轴瓦的安装位置不正确或由于轴瓦在车加工时造成的偏差。此时应该检查轴瓦的调整垫铁的接触情况，以及轴瓦中分面的圆形销是否有蹩劲现象等，而使轴瓦歪斜。经查证若不是因轴瓦位置不正确而造成的，则可对轴瓦进行修刮。

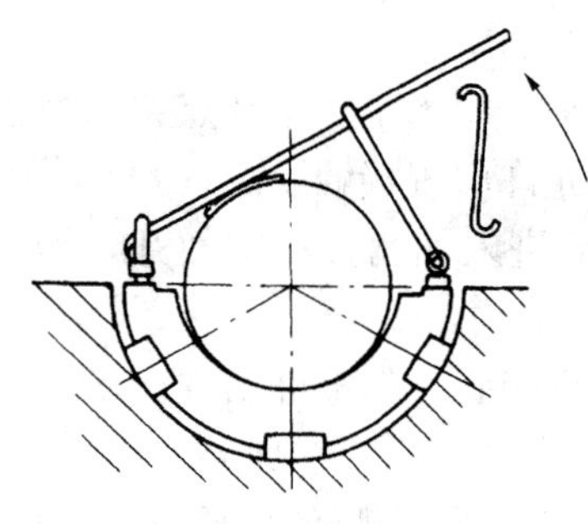

图 6-10　取下瓦的方法

（5）下轴瓦的接触面无论是增大、偏歪或过小都应修刮。在修刮时要注意顶部间隙的变化。

上述轴瓦的修刮工作，除三油楔轴瓦外，均应将下瓦装入轴承座，盘动转子磨合着色，取出下瓦根据痕迹修刮。对于有调整垫铁的轴瓦，应在垫铁修刮后再修刮轴瓦。取下瓦的方法可用铁马将轴颈抬起 0.20～0.30mm，并用事先在轴头上装好的千分表监测轴的抬起值；然后用铜棒在轴瓦一侧轻击，使轴瓦从另一侧滑出，即可取出下瓦，也可采用 8 字钩和撬棍将下瓦取出，如图 6-10 所示。

五、新浇铸轴瓦加工与刮削

新浇铸的轴瓦经检验合格后，将上下瓦结合面多余的合金刨去并研磨好，再用夹具把上下瓦合成一整体，进行车加工。

对于圆筒形轴瓦，通常按轴颈的直径来车旋其内圆，再刮出侧隙和顶隙，也可以按轴颈直径加上顶部间隙值来加工，这样可减少上瓦研刮工作量。为此，应在轴瓦结合面处加一厚度为 1/2 顶部间隙 a 的垫片，并在车床上按上半瓦的结合面为中分面进行找正，如图 6-11（a）所示，使预留的研刮裕量全部留在下瓦上，上瓦基本上不需研刮。

车旋椭圆形轴瓦时，应在轴瓦的水平结合面上放入垫片，垫片的厚度 δ 为轴瓦两侧间隙 b 之和减去顶部间隙 a [图 6-11 (b)]，即

$$\delta = 2b - a$$

车加工时，按上瓦的结合面为中分面进行找正。

车加工的直径 D_1 为轴颈直径 D_0 加上两侧的间隙，即

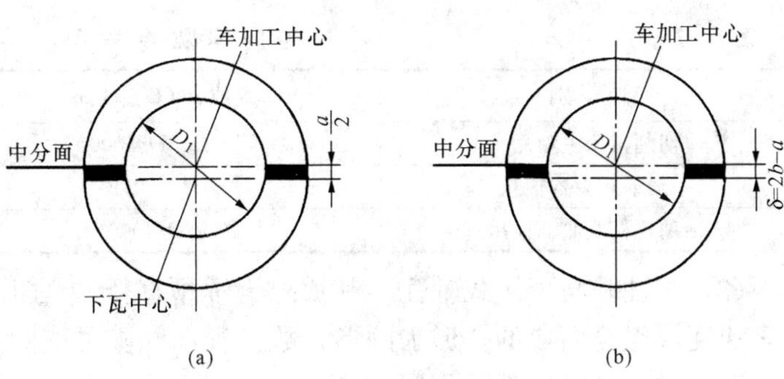

图 6-11　轴瓦内圆的加工方法

(a) 圆筒形轴瓦内圆加工；(b) 椭圆形轴瓦内圆加工

$$D_1 = D_0 + 2b$$

【例 1】　加工一椭圆形轴瓦，轴颈直径 $D_0 = 100$mm，要求顶隙 $a = 0.10$mm，侧隙 $b = 0.20$mm，上下轴瓦结合面应加垫片，厚度为

$$\delta = 2b - a = 2 \times 0.20 - 0.10 = 0.30\text{mm}$$

轴瓦内圆车旋直径为

$$D_1 = D_0 + 2b = 100 + 2 \times 0.20 = 100.40\text{mm}$$

去掉结合面垫片后，顶隙为 0.10mm、侧隙各为 0.20mm。

轴瓦车好后，对下瓦进行体外粗刮，然后将轴瓦装入机体内进行精刮。

第五节　轴瓦间隙与紧力测量

一、轴瓦的径向间隙

轴瓦的径向间隙包括顶隙、侧隙及侧隙对称度。径向间隙的大小，取决于轴瓦的结构及工作要求，其参考标准如下：

(1) 圆筒形与椭圆瓦。径向间隙及接触角如图 6-12 所示。

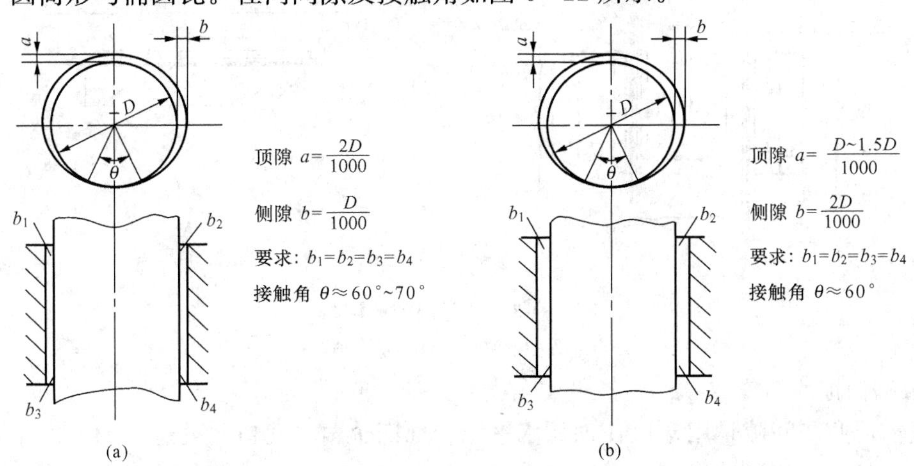

图 6-12　圆形与椭圆瓦的径向间隙

(a) 圆形瓦；(b) 椭圆瓦

(2) 通用机械设备。此类设备的轴瓦多为圆筒形，其径向间隙参考值如表 6-2 所示。

表 6-2 径向间隙参考标准

类　　别	顶隙 a（D=轴颈）	侧隙 b
切削机床主轴瓦	$<0.5D/1000$	$b=\frac{1}{2}a$
一般通用设备轴瓦	$\approx 3D/1000$	
活塞连杆及曲轴轴瓦	$<D/1000$	

（3）三油隙与可倾式轴瓦　其顶隙为轴颈直径 D 的 1.64/1000～2/1000。由于这类轴瓦由多块瓦块组合而成的孔形为圆形，故其径向间隙可按圆筒形标准。

二、轴瓦径向间隙的测量

1. 轴瓦顶隙的测量

先将铅丝放在下瓦水平结合面的两侧和轴颈顶部，如图 6-13（a）所示，然后合上上瓦，对称拧紧结合面螺栓，随后分解开，取出铅丝并测记其厚度。则顶隙为顶部铅丝厚度的平均值减去两侧铅丝厚度的平均值。

为防止顶部间隙出现楔形（顶隙的平均值是合格的），可将前后端的测量值分别进行计算，即前端顶隙 $a_1-\frac{b_1+b_2}{2}$，后端顶隙 $a_2-\frac{b_3+b_4}{2}$，前后端的顶隙应相等。若不等，则证明顶隙出现楔形，如图 6-13（b）所示。

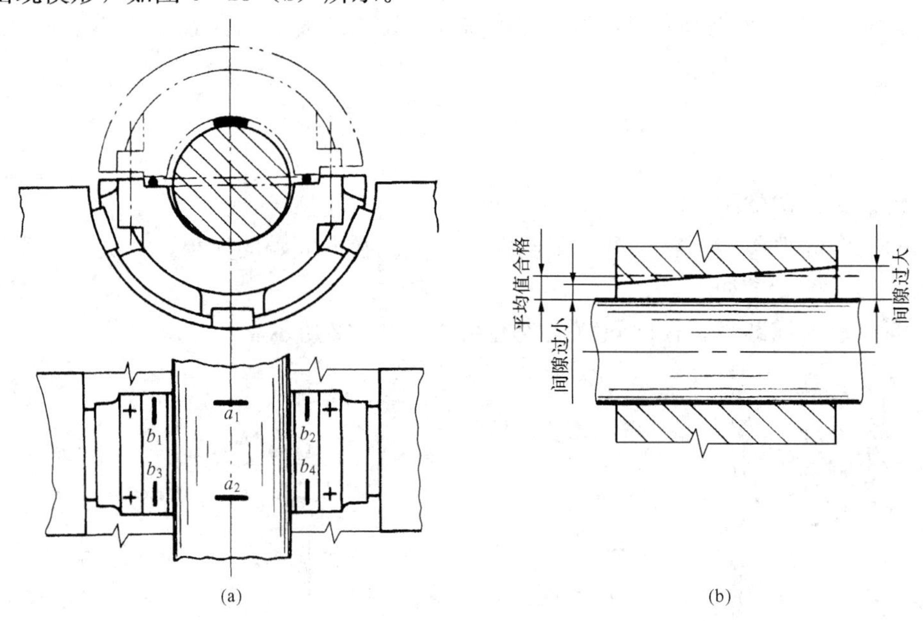

图 6-13　轴瓦顶隙的测量

（a）顶隙的测量；（b）楔形顶隙

2. 轴瓦侧隙的测量

测量轴瓦两侧间隙是用塞尺在轴瓦水平结合面四个角（瓦口）处进行的。由于侧隙是楔形的，故塞尺不可能插入过深，塞尺插入深度约为轴颈直径 D_0 的 1/10～1/12，如图 6-14（a）所示。

3. 下瓦侧隙对称度的测量

轴瓦的侧隙不仅要求瓦口处的间隙合格，而且要求侧隙的形状是一规则的楔形。通过对

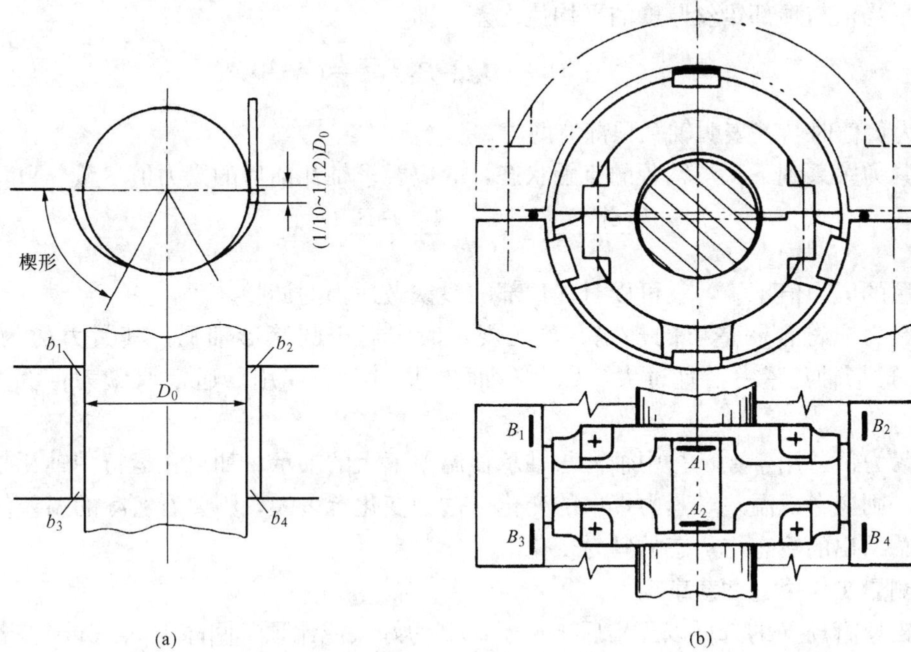

图 6-14　轴瓦侧隙及轴瓦紧力的测量
(a) 轴瓦侧隙的测量；(b) 轴瓦紧力的测量

称度的测量，还可以检查下瓦接触角是否正确。

测量下瓦侧隙对称度时，先用最薄的塞尺沿四个瓦口插入，直到插不动为止，取出塞尺，记录塞尺插入长度，然后递增塞尺厚度（每次增加值相等），按前法测记每次插入深度，测后将测值列表进行分析。表 6-3 为测量实例。

表 6-3　轴瓦侧隙对称度测量记录　mm

塞尺厚度	瓦口编号及塞尺插入深度			
	b_1	b_2	b_3	b_4
0.05	140	135	138	141
0.10	121	118	120	122
0.15	102	105	108	109
0.20	85	87	89	92
0.45	30	31	33	34

从表 6-3 可看出，该瓦的对称度是合格的，若轴瓦较小，塞尺厚度可以从 0.03mm 开始，每次递增 0.03mm 进行测量。

三、轴瓦紧力的测量

轴承盖对轴瓦压紧之力称为轴瓦紧力。紧力的实质就是轴承盖的弹性变形，故可用 mm 为单位示其大小。轴瓦紧力的作用主要是保证轴瓦在运行中的稳定，防止轴瓦在转子不平衡力的作用下产生振动。

轴瓦紧力的测量与轴瓦顶隙的测量方法相同，只是放铅丝的位置不同。测量轴瓦紧力是将铅丝放在轴承座的结合面和轴瓦的顶部处，如图 6-14（b）所示。轴瓦紧力值等于两侧铅

丝厚度的平均值与顶部铅丝厚度的平均值之差，即

$$c=\frac{1}{4}(B_1+B_2+B_3+B_4)-\frac{1}{2}(A_1+A_2)$$

当 c 为负值时，就表明轴瓦顶部有间隙。

轴瓦紧力关系到下瓦与轴颈的接触状态，故应要求轴瓦前后的紧力值尽量一致，即

$$\frac{B_1+B_2}{2}-A_1\approx\frac{B_3+B_4}{2}-A_2$$

若前后的紧力值不等，就可以对瓦顶部的垫铁做适当的调整。

轴瓦紧力应符合制造厂的规定。若无规定时，对于圆筒形轴瓦，其紧力值为 0.05～0.15mm。球形轴瓦紧力不宜过大，以免球面失去调心的作用，通常取紧力值为 0.03mm 左右。

上述紧力值适用于在运行中轴瓦与轴承盖温差不大的轴承。如果在运行中轴瓦与轴承盖温差较大，则应考虑温差对紧力带来的变化。这种变化有多大，则要看实际的温差值，以及在检修中总结出的冷态与热态的紧力变化。

四、测量工作中的注意事项

（1）铅丝直径 d 的选择以压扁后不小于 $d/2$ 为好（或比顶部间隙大 0.5mm）。若选用铅丝的直径过大，则必然将铅丝压得很扁，此时拧紧螺栓的紧力也相应地增加，造成被测量的构件没有必要的变形，并影响测量值的准确性。

（2）铅丝的长度也不易过长，一般以轴瓦长度的 1/5～1/6 为宜。

（3）测量被压扁的铅丝厚度时，应注意最薄处的测量值，最薄处也就是设备结合面间隙最小处。因此，在取测量平均值时，对其最小值要进行分析，切不可大意，因为最小值往往是真实的，而平均值则为虚假的。

（4）若轴瓦的结合面精度很高，在测量时则结合面可不放铅丝或在结合面两侧放置等厚的钢皮。

（5）放置铅丝的位置，一定要符合设备的实际情况，即所测之值应与实际状态相符。

第六节　轴承合金及瓦的补焊

一、轴承合金

轴承合金又称巴氏合金、乌金，是滑动轴承专用的衬层材料。

1. 轴承合金的性能特征

（1）摩擦系数小，与轴颈的摩擦阻力小，因而耗能低。

（2）硬度低，不研轴，其硬度值仅为钢材硬度的 1/10。

（3）具有良好的适形性和嵌塑性，当承受转子重量后，合金能产生微量的适应变形，同时对油中的微量杂质能将其嵌入合金中，减轻对轴颈的磨损。

（4）有良好的导热性能，传热快。

（5）亲油性好，与油的附着力强，易于油膜的形成，并能在软基表面吸附油层。

（6）熔点低，便于铸造和热补；加工性能好，便于车削和刮削。

（7）具有一定的抗压强度，可承受重负荷转子。

2. 轴承合金的理化性质

作为滑动轴承的衬层材料应满足以下要求：从摩擦系数小和具有足够的机械强度出发，要求轴瓦的衬层具有比较硬的材料；从适形性、嵌塑性、硬度低、不研轴等技术要求出发，要求衬层用熔点低、硬度低的软金属材料。很显然，这些要求是矛盾的。因此，衬层材料只能是由多种金属组合而成的合金，即在以软金属为主的软基体组织中分布着硬金属（化合物）所形成的硬质点。当轴旋转时，软的基体被压磨凹下，硬的质点便突出表面，由硬的物质承受轴的压力并抵抗磨损，凹下部分可贮存微量润滑油，软的基体还具有抗冲击、减振能力及较好的磨合性。

现在采用的轴承合金是以锡或铅作为软基，以铜、锑等微量元素组合成化合物为硬质点，硬质点的体积约占15%～30%。

以两种使用最普遍的轴承合金为例，分述其化学成分（表6-4）及物理、机械性能（表6-5）。

表6-4　两种牌号轴承合金化学成分

轴承合金牌号	Sn（锡）	Pb（铅）	Sb（锑）	Cu（铜）	微量元素
ChSnSb11-6	84%～80%	—	10%～12%	5.5%～6.5%	小于0.55%
ChPbSb16-16-1.8	15%～17%	68%～64%	15%～17%	1.5%～2%	

表6-5　轴承合金的机械性能及物理性能

性能		单位	ChSnSb11-6（锡基轴承合金）		ChPbSb16-16-1.8（铅基轴承合金）	
抗拉强度		MPa	90		78	
抗压强度		MPa	115		123	
延伸率		%	6		0.2	
硬度		HB	17℃	100℃	17℃	100℃
			30	13	30	13
开始凝固温度		℃	370		410	
凝固终了温度		℃	240		240	
许用值	轴瓦单位面积负荷 p	MPa	25		15	
	轴颈表面线速度 v	m/s	80		12	
	pv		20		10	

从表6-4和表6-5应了解以下知识：

（1）轴承合金分锡基与铅基两类。锡基轴承合金可塑性强，pv值高，是高速、重载设备首选的轴承合金用料；铅基轴承合金可塑性差、pv值低，但价格便宜，多用于低速轻载设备的轴瓦上。不同牌号的轴承合金不允许混用。

（2）轴承合金的硬度及抗拉强度不高，受碰撞后极易变形或缺损，故在吊装转子及拆装轴瓦时，应特别仔细，防止碰撞，尤其是对瓦口处的合金。

（3）轴承合金的硬度及抗压强度随着工作温度的升高而急剧下降。如合金在工作温度为17℃时，硬度为HB30，当温度升至100℃后，硬度仅为HB13；抗压强度也随之成比例的下降。事实上，当合金温度超过100℃后，就会陷塌，失去了作为轴瓦衬层的全部功能。故严格控制轴瓦的工作温度，成为轴承安全运行的首要条件。

（4）根据实验，轴承合金能承受的温度与合金层的厚度有关，如合金层的厚度在2mm以下时，即使温度到达100℃，轴瓦尚可正常工作，当厚度超过此值后，合金层就出现陷塌。根据这一特性，对工作条件恶劣、不易冷却及冲击载荷大的轴瓦均采用薄型或超薄型衬层，如曲轴瓦、推力轴承的推力瓦块等。

二、轴瓦合金层的补焊

当轴承合金层出现砂眼、气孔、裂纹、磨损（包括大面积的磨损）及熔化等缺陷时，均可采用补焊的方法进行修复。

补焊时在工艺上应注意的事项如下：

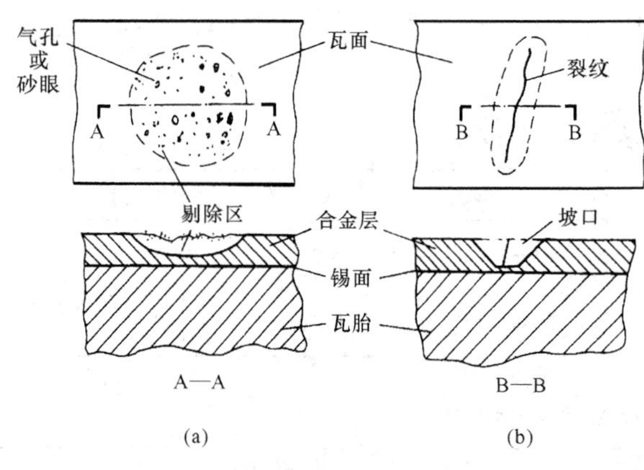

图6-15 合金层表面缺陷的处理

(a) 气孔、砂眼的处理；(b) 裂纹的处理

（1）补焊用的轴承合金应与瓦上合金的牌号相同。若不知瓦上合金牌号，则应取瓦上合金进行成分化验。

（2）在补焊前，对瓦上的缺陷处必须认真进行处理。如：对气孔、砂眼应用錾子将表面上和表层下的缺陷全部剔除，如图6-15（a）所示；对裂纹应用窄錾沿裂纹方向将裂纹剔成坡口形，如图6-15（b）所示，但不要伤及镀锡面；对磨损、烧损、缺损等缺陷，应将缺陷表层的陈旧面用刮刀刮除，直到露出新的合金为止。为了除去补焊面上的残留油污，可用小号火嘴（焊枪）对补焊面进行加热，使油污气化。

（3）补焊用的合金形状，可采用合金焊条（将合金熔化制成$\phi6$左右的细条），也可用合金碎末（仅用于小缺陷的补焊）。

（4）用合金碎末补焊时，用小号火嘴（氧气压为0.1～0.2MPa）先对被焊处的合金进行预热，接近熔点后，立即将合金碎末堆集在被焊处进行加热、熔化，并与被焊处的合金熔合成一体，随后将焊处合金吹平并略高出瓦面。若补焊的面积较大，则应选用合金焊条，用一般氧焊工艺进行堆补。

（5）在补焊的过程中，必须严格控制瓦胎温度，除补焊处外，瓦胎其他部位的温度不许超过100℃。为防止瓦胎受热过于集中，对大面积的补焊应采用交换位置的焊补线路。若施焊时间较长，就可将瓦胎浸泡在水中，焊处露出水面（图6-16），以保证瓦胎上的锡层不被熔化。

（6）补焊的面积不大时，焊后可用粗锉刀对焊疤进行粗加工，然后再修刮。面积较大时，应采用机床加工，以保证有良好的刮削基准。

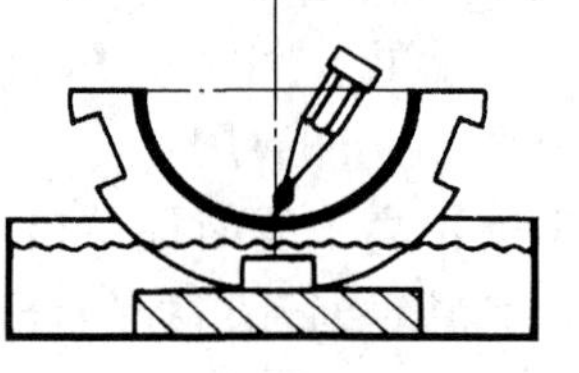

图6-16 补焊时的冷却方法

三、轴承合金层脱胎后的处理

脱胎就是合金层与瓦胎分离，成为互不相连的两部分。脱胎现象很少发生全脱胎，大都是部分脱胎。

造成脱胎的主要原因：①合金层的浇铸工艺有误（多发生在烫锡工序上）；②机组的振动长期超标。

合金层脱胎不同于一般合金层的缺陷，它造成的危害要严重得多。值得注意的是脱胎面积会随着运行时间的增长而扩大，故在检修时应仔细检查脱胎现象，做到及时发现，及时处理。

在本章第三节中叙述了对脱胎的检查方法，所述方法仅能查出是否已脱胎及沿瓦胎接缝方向的脱胎长度，但无法确定脱胎的面积，因而增大了对脱胎的处理难度。根据现场对脱胎的处理方法，可归纳以下几种工艺：

(1) 将已脱胎的合金除去（锯、铣、錾），再重新焊补上合金，此法仅适用于瓦口处的合金脱胎。若脱胎处的镀锡层无锡或不完整，则必须进行烫锡处理，然后再进行补焊。

(2) 用螺钉进行机械固定。在脱胎区钻孔、攻丝，拧上用铜、铝制作的平头螺钉，螺钉头平面要低于合金表面，也可用合金条插入螺孔的进行铆合。螺钉的直径及数量可依据瓦的大小及脱胎面积而定。该法属临时性急救措施。

(3) 若脱胎区发生在下瓦的接触区或脱胎情况严重（面积大或查不清有多大脱胎面），则应更换新瓦或重新浇铸合金。

第七节 滑动推力轴承及非金属滑动轴承检修

一、滑动推力轴承检修

汽轮机及大型动力设备如给水泵、立式泵、轴流风机等，为承受巨大的轴向推力，大都采用滑动推力轴承（推力瓦块的衬层均为轴承合金）。该轴承的结构如图 6-17 所示。

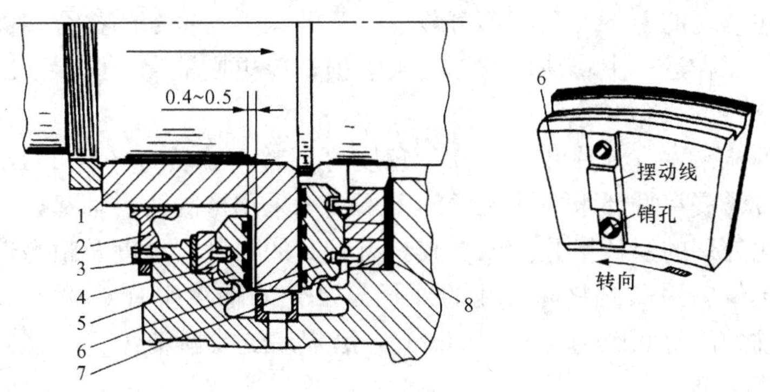

图 6-17 滑动推力轴承结构

1—推力盘；2—油挡；3—调整垫环；4—非工作瓦块挂瓦环；5—非工作瓦块；6—工作瓦块；7—工作瓦块挂瓦环；8—调整垫环

滑动推力轴承的检修要点及质量标准如下：

(1) 检查推力盘的瓢偏度与盘面的表面粗糙度。要求瓢偏度不超过 0.02mm；盘面光滑、无磨痕及腐蚀现象。

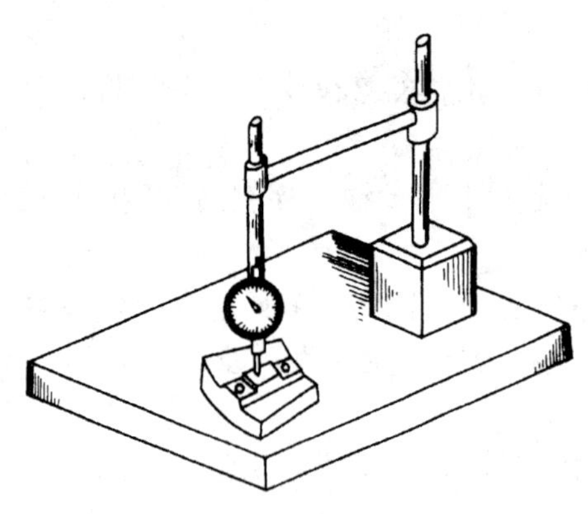

图 6-18 测量瓦块相对厚度差值的方法

（2）检查各瓦块合金面的工作印迹及磨损程度。要求各瓦块的工作印迹大小一致，如不一致，则说明工作中的瓦块所承受的负载不均，应查明其原因；瓦块的合金磨损，多发生在瓦块的进油侧，尤其是油不清洁时，其磨损更甚；同时还应检查每块瓦上的合金层，是否有脱胎现象，若发现脱胎，则应更新或重新浇铸合金。

（3）测量每块瓦的厚度值。将瓦面置于平板面上，再将百分表测杆头放在瓦的摆点上，并微微移动瓦块，记录每块瓦的最大指示值，如图 6-18 所示。要求其值的相对差不超过 0.02mm。

（4）瓦块上的轴承合金层的厚度，一般不超过 1.5mm，新瓦粗刮后应留 0.10mm 左右组合修刮量。

（5）推力瓦的推力间隙应小于转子与静子之间的最小轴向间隙。

二、非金属滑动轴承（轴瓦）检修

非金属轴瓦广泛用于无法用油类进行润滑的设备上。现在大型机组的泵类，多采用全浸式结构，即泵的转子（甚至包括整个泵体）全部浸入水中进行运转，这类泵的轴承均采用非金属轴瓦。现介绍三种泵用的非金属轴瓦及其检修要点。

1. 9LDT-2 型凝结水泵

该泵为双级串联离心泵，立式结构，整个泵体组装在密闭的外壳内，上下所有径向轴承均浸在凝结水中。

轴承的轴瓦材料为氟树脂（高分子化合物），在瓦孔内有八条轴向贯通的水槽，使凝结水通过，起到润滑和冷却作用。当瓦的内孔与轴套的配合间隙（直径）大于 1mm 时，应更换新轴瓦（新瓦的间隙为 0.08～0.20mm），新瓦与轴承孔的配合紧力为 0.02～0.06mm。更换轴瓦时，应注意瓦的上下方向，不可装反，瓦的压盖与轴瓦的接合端面有一只防止转动的止动销，防止轴瓦在运行中转动。若轴套被磨损，应更换轴套，以保证新瓦的径向间隙。

2. 50ZLQ-50 型立式循环水泵

该泵为立式轴流泵，有 5 片叶片，叶片角度可调整，旋转直径为 1.1m，转子长 5.6m，除联轴器外整个转子浸在循环水中。转子的上下轴承采用橡胶衬层轴瓦，瓦胎为铸铁件，衬层为经过特殊硫化处理的黑色橡胶。该橡胶具有较高的强度、硬度及耐磨性能。轴承为两半组合，用定位销定位后用螺栓紧固。瓦的外径与泵壳的轴承座有 0.02～0.06mm 的配合间隙，衬层内孔与轴颈配合间隙为 0.6～0.8mm，磨损后更换新轴瓦。

3. 锅炉强制循环泵

该泵是直流锅炉、低循环倍率锅炉和强制循环锅炉上的主要设备，整个水泵安装在锅炉大直径下降管内的下部。该泵为立式结构，共装有两只径向轴承和一只推力轴承，轴承用给水润滑。

推力瓦片由可拆卸的石棉酚醛塑料制成。该材料的特点：耐高温、耐磨、摩擦系数小（0.01～0.03）；有一定的强度和硬度，并有较高的 pv 值。推力轴承的轴向间隙为 0.80～1.5mm，极限值为 2.5mm，超过此值，应更换推力瓦片（根据设计要求，每两年更换一次）。

上下径向轴瓦为酚醛塑料制品，无金属瓦胎。瓦的内孔与轴套的径向间隙为0.20～0.35mm，允许最大为0.40mm，磨损后更换新瓦；若轴套磨损后直径小于极限值，则应更换轴套。

第八节　轴颈与轴系统检修

在本章第三节叙述了滑动轴承产生事故的原因。轴承事故除轴承本身存在问题外，应充分认识到，油系统与轴颈所存在的问题是造成轴承事故更为重要、更为直接的原因。

以往的事故证明，电厂主、辅机轴瓦的烧瓦事故，绝大部分是因油系统缺油、断油及油不清洁而造成的。在风机、球磨机的轴承事故中，轴颈的粗糙及油含杂质是造成事故的主要原因。例如：某电厂的球磨机连续发生烧瓦事故，平均三天烧一次瓦。经检查，竟然发现，油箱内的煤灰可用手整把整地抓出，主轴颈表面已磨出一条条深深的沟痕，其粗糙程度已无法用粗糙度的标准进行度量。令人无法相信这是事实，无法相信检修素质会低到如此程度。在某些人看来，只要是一根圆形的棒棒就可以做轴颈，只要是油，不管它是什么油，就可以做润滑油。尽管这是极少数，但这绝不是个别。

一、轴颈的检修

1. 对轴颈的精度与粗糙度的要求

（1）转子轴颈表面应光亮，无任何伤痕、锈蚀。轴颈圆度与圆柱度要求不大于0.02mm。

（2）零件的表面粗糙度对零件的使用寿命、抗腐蚀能力有着直接影响。减少轴颈的粗糙度，可大大减少摩擦耗能。轴颈表面粗糙度：小型设备轴颈的Ra值取0.8，加工方法，精车后抛光；重要设备轴颈的Ra值取0.2，磨床加工。

2. 轴颈的研磨

当轴颈出现锈斑、腐蚀、伤痕及失圆等现象时，应及时进行处理。若缺陷尚未发展到必须要用机床加工的程度，可在现场用研磨的方法进行修复。

（1）研磨工具（见图6-19）。工具套筒的内孔孔径要比轴颈直径大10～20mm，内孔需经在床加工，长度与轴颈长度相等。若轴颈根部有圆弧，则套筒长度应减圆弧半径。

（2）研磨方法。研磨时将转子放在支架上，测记研磨前轴颈圆度及圆柱度。在轴颈上包一层涂油砂布，垫上厚度均匀的毛毡，装上套筒，并把毡子和砂布的两头夹在套筒法兰中间，拧紧螺栓。用手盘动工具进行研磨，每隔15～20min更换一次砂布，每隔1h将转子转动90°。当转子转动一圈后，用煤油把轴洗净，用量具检查转子直径，防止将轴颈磨成不规则的圆。

（3）砂布粒度及研磨时间。粒度与时间应由轴颈损伤程度和研磨效果来决定。随着伤痕的减少，应逐步更换细的砂布。当伤痕全被磨掉，轴颈的圆度与圆程度误差不大于0.02mm后，再用研磨膏将轴颈抛光，抛光后将轴颈清洗干净。

（4）轻微锈蚀的处理。当轴颈仅有轻微锈蚀、划痕时，可用00号砂布衬在布带上，沿轴绕两圈，用手来回拉动研磨。

（5）注意事项。当在轴颈上发现裂纹时，不允许对轴颈进行研磨或机床加工。对裂纹应

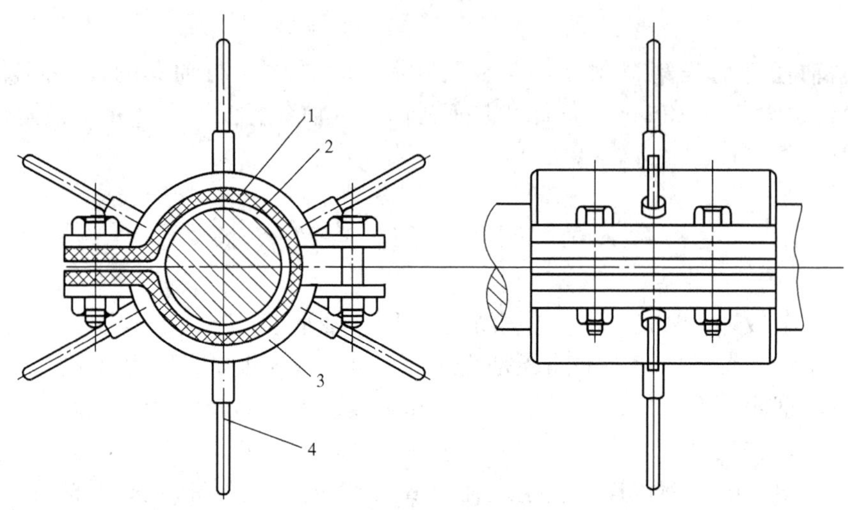

图 6-19 研磨轴颈的工具

1—毛毡；2—砂布；3—钢制套筒（两半合成）；4—手柄

作特殊问题，另行处理。

二、油系统的清洗与检修

油系统能否正常工作直接关系到整个组的安危。要求油系统在任何情况下，绝不能中断供油，并要求整个系统不漏油，漏油不仅影响润滑，还可能引发火灾。因此对该系统的检修要求是：清洁干净、不滴不漏、工作可靠。

1. 油箱清洗

每次大修或因油质劣化更换新油时，都应把油箱里的油全部放出，对油箱进行清扫，清扫方法如下：

（1）放完油后打开油箱上盖，取出滤网等油箱附件。打开底部放油阀，用 100℃的热水把箱里的沉淀的油垢杂质冲洗干净。

（2）用磷酸三钠或清洗剂清洗油箱，直到油污全部清洗干净，再用无棉毛布擦干。为了清除箱内残存的细小杂物，还要用面粉团将内壁仔细的粘一遍。

（3）检查箱内防腐漆是否完好，必要时应重新涂刷防腐漆。

（4）滤网用热水清洗，并用压缩空气吹净。滤网应完整，破裂严重，应更新。部分漏洞，允许补焊。滤网一般采用铜丝布，近来也有选不锈钢丝布，其网目数应符合规程要求。

（5）清洗、检修油箱附件，如油位计等。

2. 冷油器检修

（1）油侧清洗。冷油器的油侧位于铜管的外侧，由于管束排列很密集，导流隔板又多，在管板与管子之间形成“死角”，处于此处的油垢无法直接冲洗，故油侧的清洗难度很大。针对油侧特点，对油侧的清洗一直采用煮、泡工艺。一种采用沸腾的碱性水（如 3%～5%磷酸三钠加水）进行煮洗数小时；另一种是用化学作用更强的液体（如苯和酒精的混合物）在冷油器不解体的情况下，进行泡洗。在煮泡后都必须用净水进行仔细冲洗，洗去碱液和化合物。冷油器的清洗工艺还在不断完善，要求清洗工作在保证清洗质量的前提下，做到省时、省工、安全、环保。

（2）水侧清洗。水侧的清洗工作，主要是清除管壁上的水垢。由于冷油器铜管少而短，大都采用捅杆和带水的刷子捅刷。

(3) 水压试验。清洗工作结束后，将冷油器组装好，在油侧接上水压机进行水压试验。试验水压为0.3MPa，恒压5min。检查铜管有无渗漏、破裂或胀口不严等现象。铜管的更换工艺见本书第七章第六节。

3. 油管道及阀门检修

(1) 油系统阀门修理。油系统的阀门应选用明杆式，便于判别阀门是开还是关。为了防止门芯脱落而造成断油事故，阀门应采用水平安装或倒装。阀门的盘根最好选用碗形耐油橡胶或聚四氟乙烯垫圈。阀门的修理详见第八章。

(2) 油管道法兰的密封垫料。目前油系统所用密封垫多采用隔电纸及耐油橡胶石棉垫，也有选用液体密封胶。用隔电纸时应涂以漆片胶，用耐油橡石棉板时应涂以少量机油，便于下次拆除。高压油管道的垫子厚度不要超过0.8mm；低压管道一般为2mm。

(3) 油管道的清洗。油管道内壁最好用中温中压蒸汽冲洗，分别于管两端通汽冲洗，每侧冲洗2～3min；也可用沸水泡洗。冲洗后要用铁丝捆上白布反复地拉，直拉到白布无锈垢颜色为止（细管可用压缩空气吹布团的方法）。擦净后将管内喷上干净的润滑油，再用塑料布或其他干净用品将管的两端封好，直到组装时再拆封。

(4) 新配制管道的清洗。新管必须用喷砂器将管内壁喷出金属光泽。随后用钢丝刷刷焊口和凹处的残渣；用布团浸上润滑油在管内来回拉洗；再用蒸汽冲洗。

4. 油循环

为保证油系统的清洁，检修结束后，必须进行油循环，过滤系统中的杂质。其方法有二：

(1) 将各轴承下瓦侧隙处用布条塞好（以防止杂物落入下瓦），盖上轴承上盖，启动油泵，以高速油流冲洗管道及轴承室，把杂质带回油箱进行过滤。循环4～8h后，停泵，清洗轴瓦。

(2) 在轴承进油管法兰中临时加装滤网，并在滤网前后各加装一只压力表，启动油泵进行油循环，根据滤网前后的压力差的变化，清洗滤网。当压力差为零时，方可终止循环。

油循环后，还将油箱内的滤网进行清洗。

向油箱注入新油时，必须先用滤油机进行过滤，再注入油箱。

重视润滑油的过滤工作，尽量做好油的再生与重复使用。

思　考　题

1. 叙述四种瓦形轴瓦的优缺点。
2. 油膜是怎样产生的？它的作用是什么？
3. 哪些因素会对油膜产生不良影响？
4. 叙述润滑油质量对轴瓦的影响。
5. 分析轴承合金层被磨损的原因。
6. 为何要严格控制润滑油的油温？
7. 滑动轴承的检测项目有哪些？
8. 如何估算下瓦磨合面积，其标准是什么？
9. 分析下瓦合金出现“赶瓦”现象的原因。

10. 轴瓦用红丹着色磨合后，如何区分高点?

11. 刮瓦时，为何会在刮削处出现台阶?

12. 叙述下瓦刮削后的标准最终形状。

13. 轴瓦的顶隙、侧隙如何测量，标准是什么?

14. 为何要测量下瓦的对称度，如何测量?

15. 何谓轴瓦紧力? 如何理解紧力用毫米为单位?

16. 叙述表 6-4、表 6-5 内容对检修的指导意义。

17. 叙述轴瓦的补焊工艺及应注意的事项。

18. 为何推力瓦的合金层厚度只有 1.5mm?

19. 叙述轴颈对圆度、圆柱度及表面粗糙度的技术要求，并说明为达上述要求需采用的加工方法。

20. 简述研磨轴颈的方法。

21. 简述油箱及油管道的清洗工艺。

22. 油系统检修完后，为何还要进行油循环? 如何进行油循环?

第七章

管道检修及胀管

第一节 管 道 检 修

发电厂的热力管道系统包括蒸汽、给水、凝结水、循环水、空气、疏水、排污等管道系统。在这些庞杂的管道系统中，要做到不滴、不漏并非容易。管道的泄漏不仅影响设备及人身的安全，而且也是一项能源损失。对于高温高压的蒸汽和给水管道，则更不允许在有泄漏的状态下运行。要做到管道系统的不滴、不漏，就必须靠平时的精心维护和高质量的检修。

管道的连接方法有焊接、法兰连接和螺纹连接三种。在高压管道系统中，除了与设备连接处采用法兰连接外，大都采用焊接，以减少泄漏。其他管道系统，在不影响设备检修和管道组装的前提下，也应尽量少采用法兰连接。螺纹连接主要用于工业水管道系统及其他低温低压管道系统。

一、焊接管道检修

焊接管道检修重点是检查焊缝和管子锈蚀程度。高压管道必须按金属监督规程的规定进行检查。低压管道只需查看焊缝是否有渗漏、裂纹及其锈蚀程度。

更换管道时，首先要对选用的管材进行材质鉴定，查看管材的出厂化验单和质检证书，必要时应在现场用光谱仪进行测试，检查无误后，方可施工。

管子的配制步骤如下：

1. 割管

割管一般用手锯或气割进行作业。管距很小时可用如图 7-1 所示的可调手锯，割管较多时可选用如图 7-2 所示的电动锯管机。

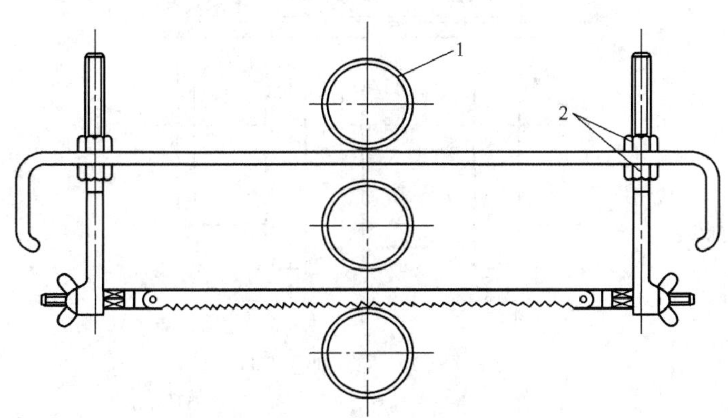

图 7-1 可调手锯

1—管子；2—可调螺帽

图 7-3 为气割割管工具。它适用于切割大直径的管子，在割管的同时也割出了坡口。

2. 制作焊接坡口

所有焊接的管子均需要制作坡口，坡口制作的是否规范对施焊及焊缝质量有直接

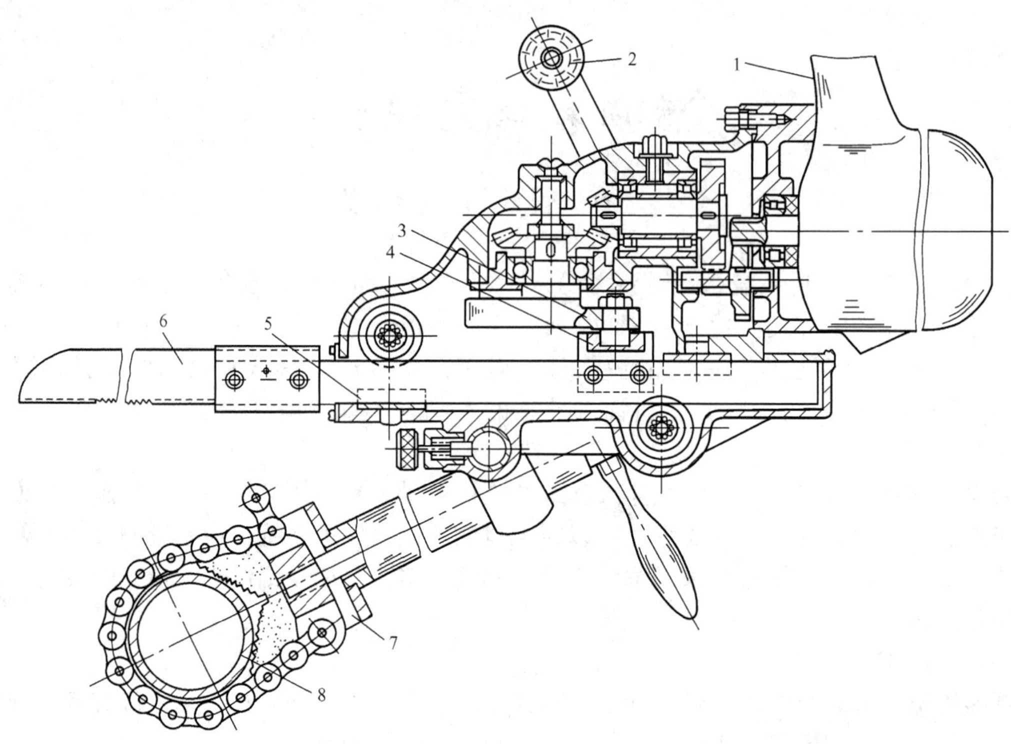

图 7-2 电动锯管机

1—电动机；2—把手；3—偏心轮；4—滑块；5—导向滑块；6—锯条；7—锯钳；8—管子

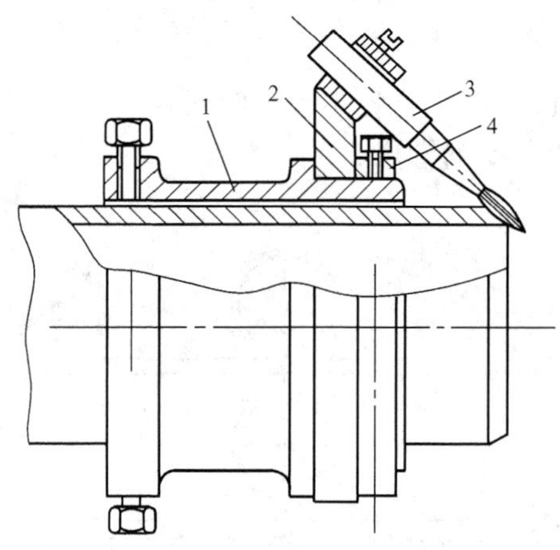

图 7-3 气割割管工具

1—管套；2—割嘴环；3—割嘴；4—挡环

影响。

(1) 坡口的制作。少量的管子，其坡口制作可用钳工工具加工或用角相磨光机磨制。当管子数量较多时，应选用坡口机加工坡口。坡口机种类甚多，每种坡口机只能适应一定管径的管子。图 7-4 为一种小口径电动坡口机。

(2) 焊接坡口的尺寸对坡口的尺寸若无特殊要求，则可按表 7-1 所示尺寸加工。

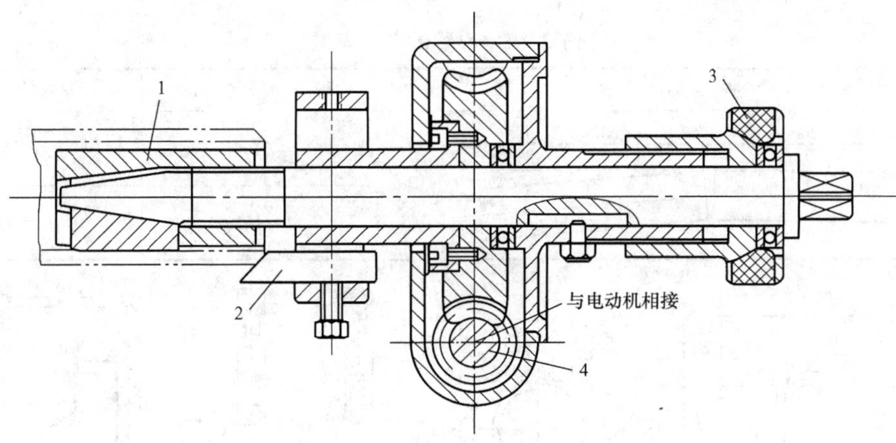

图 7-4 内塞式电动坡口机

1—内塞；2—车刀；3—进刀螺帽；4—蜗杆

表 7-1 **管子坡口尺寸**

焊口形式	对口图	焊接种类	管壁厚度 s (mm)	焊口尺寸		
				α	a (mm)	b (mm)
V 形		气焊	≤6	30°～45°	1～3	0.5～1.5
		电焊	≤16	30°～35°	1～3	0.5～2

(3) 检查坡口平面的偏斜。坡口制作完后要检查平面偏斜，检查方法如图 7-5 所示。平面偏斜值 δ 应小于 1～1.5mm。

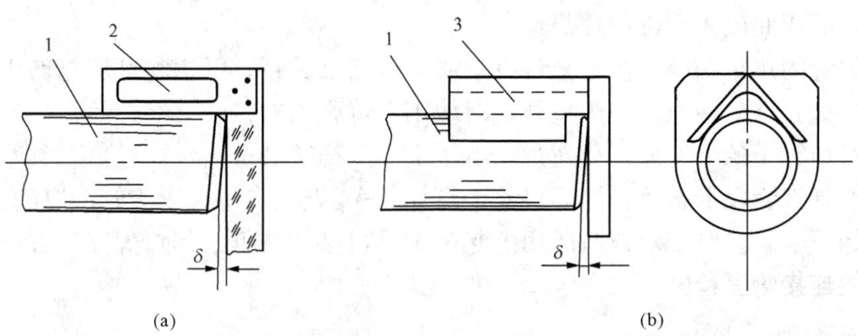

图 7-5 检查管口平面偏斜

(a) 用角尺检查；(b) 用专用样板检查

1—管子；2—角尺；3—管角尺

3. 管子的对接

管子焊接前，必须要将对接的焊口对正，同时还要保证在焊接后，两管中心的偏差不超过表 7-2 所示的允许值。因此在对接时要选用适当的卡具将管子卡牢。常用的卡具如图 7-6 所示。

表 7-2 管子对口中心线的允许偏差

检　查　方　法	管子直径（mm）	偏差值（mm）
200　200　α	<100	$a<1$
	>100	$a<2$

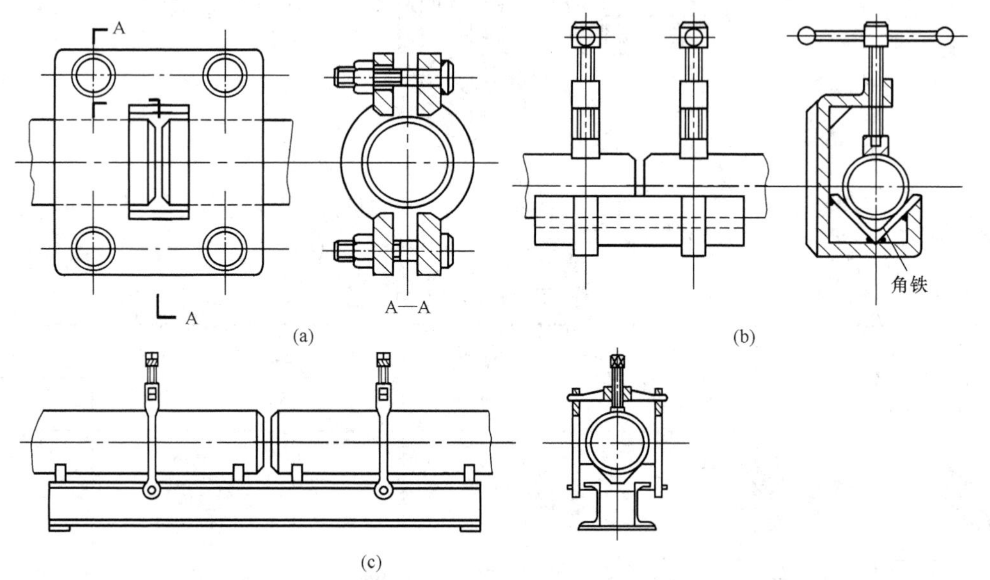

(a)　(b)　(c)

图 7-6　管子对管口卡具

(a) 小管径卡具；(b) 中型管口卡具；(c) 大型管口卡具

4. 有关管子对口的技术要求

(1) 管子的弯曲段不允许布置焊口。

(2) 在焊缝的热影响区域内不允许有油漆、油污及铁锈，并需将此段打磨出金属光泽。

(3) 除设计允许的冷拉对接焊口外，对接不允许强力对口。

(4) 两对口管子的壁厚差不得超过 15%，最大不超过 3mm。

(5) 用卡具将管段卡牢后，沿焊口等距点焊 3～4 点，点焊长度为管壁厚的 2～3 倍，待冷却后，再卸下卡具。管子对口时所用的起吊工具，必须在整个焊口焊完后方可松掉。

二、法兰连接管道检修

1. 法兰密封面的形式

法兰密封面的形式及特性和适用范围见表 7-3。

表 7-3 法兰密封面的形式及特性和适用范围

名　称	简　图	特　性　和　适　用　范　围
普通密封面		结构简单，加工方便。多用于低中压管道系统中。在放置垫子时，垫子不易放正

续表

名称	简图	特性和适用范围
单止口密封面		密封性能比普通密封面好，安装时便于对中，能防止非金属软垫由于内压作用被挤出。配用高压石棉垫时，可承受6.4MPa的压力；当配用金属齿形垫时，可承受20MPa的压力
双止口密封面		密封面窄，易于压紧，垫子不会因内压或变形而被挤出，密封可靠。法兰对中困难，受压后垫子不易取出。多用于有毒介质或密封要求严格的场合。使用的垫料与可承受的压力与单止口密封面基本相同，但不宜采用金属齿形垫
平面沟槽密封面		安装时便于对中，不会因垫子而影响装配尺寸基准，耐冲击振动。配用橡胶O形圈时，可承受压力达32MPa或更高，密封性好。广泛用于液压系统和真空系统
梯形槽密封面		与八角形截面或椭圆形截面的金属垫配用，密封可靠。多用于压力高于6.4MPa的场合

2. 法兰管道的组装要求

(1) 在组装前必须将法兰密封面上原有的旧垫铲除干净，但不得把密封面刮伤，同时要用划针清理密封面上的密封线（图7-7）。

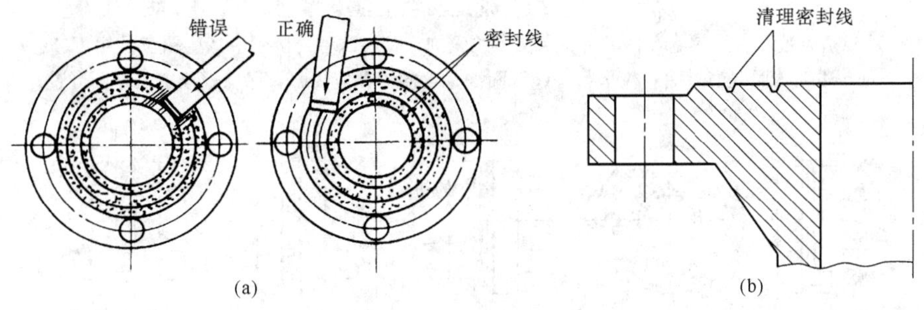

图7-7 法兰密封面的清理

(a) 清理密封面的方法；(b) 清理密封线

(2) 密封面受损的法兰及变了形的法兰（图7-8）不允许再继续使用。

(3) 在组装时，若发现两法兰面不平行、错位、歪斜、螺孔不同心等现象（图7-9），则不允许强行对口或用螺栓强行拉拢。应采取校正管子的方法，或对管道的支吊架进行调整。总的要求：法兰及螺栓不应承受因法兰对口而产生的附加应力。

(4) 安放垫子时必须保证垫子不挡住管孔，正确的安放垫子方法如图7-10所示。

(5) 法兰组装好后，要用钢尺或游标卡检查两法兰之间的间隙，要求四周间隙一致[图7-10 (d)]。

(6) 拧螺栓时，其扭矩到达允许值即可，不允许为防止法兰泄漏而任意加大螺栓扭矩。加大螺栓扭矩会造成法兰变形，反而增加泄漏的可能，同时螺栓还会因扭力过大而滑丝，甚至拉断。

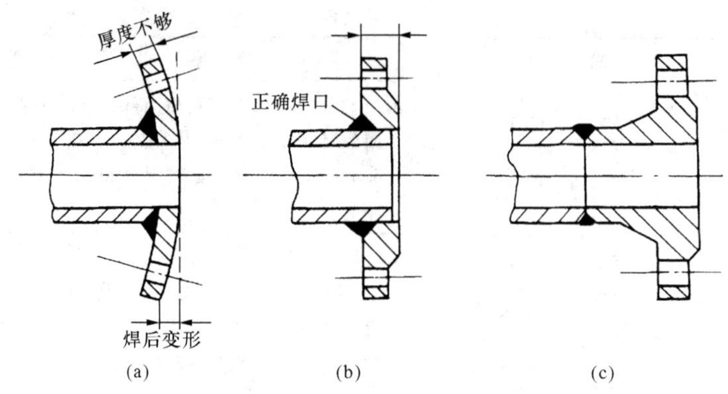

图 7-8　法兰的焊接

(a) 不合格的法兰；(b) 低压法兰；(c) 高压法兰

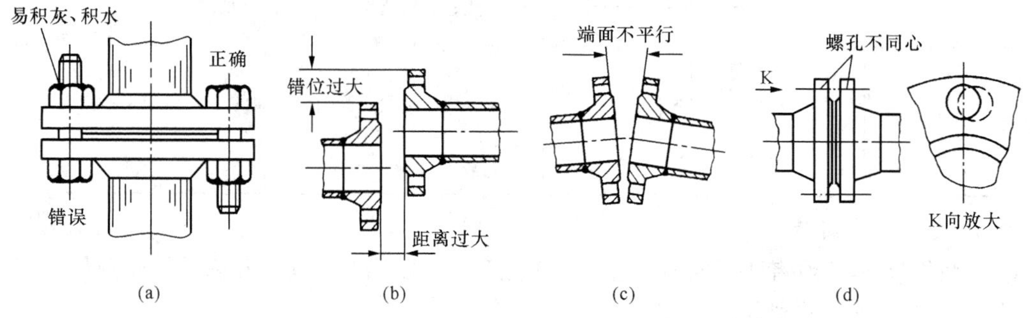

图 7-9　组装管道法兰的注意事项

(a) 螺帽应戴在法兰的下方，以防积水使螺纹锈蚀；(b) 法兰外圆不应产生错位及相距过远；(c) 法兰端面（密封面）应平行；(d) 两法兰上的螺孔应同心，保证螺栓穿入时不受蹩

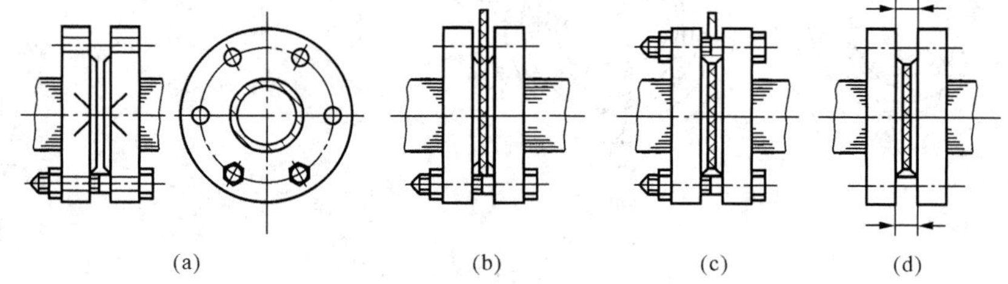

图 7-10　法兰组装工艺

(a) 按法兰上的方位记号将螺孔对准，并穿上位于下面两个螺栓；(b) 将垫子放入，并紧靠在两螺栓上（垫子自动定心）；(c) 装上其他螺栓，并用手将螺帽拧到与法兰接触，然后对称、多遍将螺栓拧紧；(d) 要求各螺栓扭矩一致，四周的间隙相等（用游标卡尺或塞尺测量）

(7) 法兰的垫子宜薄不宜厚，厚垫只会增加泄漏机会。但对于低压、大口径管道，且法兰的密封面极粗糙的情况下，可选用厚而软的材料。

三、螺纹连接管道检修

1. 螺纹连接管道的检修工艺

用螺纹连接的管道，其管径一般不超过 80mm，其管件如弯头、接头、三通等均为通用的标准件。这些标准件通常用可锻铸铁（马铁）或钢材制作。管端螺纹用管子板牙扳制，扳好的外螺纹有一定的锥度。这种锥形螺纹紧后不易泄漏，因而在装配时螺丝不需拧入过多，一般有3～4扣即可，同时也不宜将管件拧得过紧，过紧会使其胀裂。

螺纹管道的配制及其装配顺序：

(1) 用管子割刀将管子截取所需长度。

(2) 用管子板牙扳丝［图7-11 (a)］。

(3) 在螺纹部位抹、缠密封材料，通常只在外螺纹上加密封材料。其方法有二：一是在管螺纹部位抹上一层白铅油或白厚漆，再沿螺纹的尾端向外顺时针方向缠上新麻丝（也可以将麻头压住由外向内缠），如图7-11 (b) 所示；二是用生胶带缠绕在螺纹上，一般缠两层即可。生胶带是新型密封材料，使用方便，清洁、可靠，已替代老的工艺。

(4) 管道安装到一定的长度后，必须装个活接头。若有阀门，则在阀门前或阀门后装活接头。活接头俗称油任［图7-11 (c)］，安装的目的是便于管道检修。在油任的接口面要放置环形垫料，油任对口时应平行，不许强行对口。

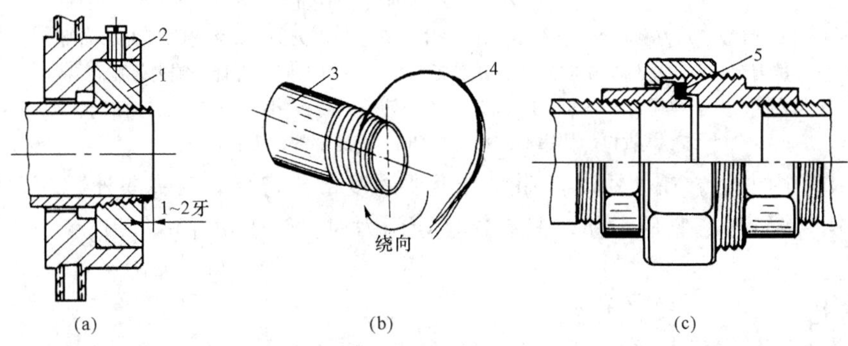

图7-11 螺纹管道的装配

(a) 用板牙扳丝；(b) 涂漆缠麻；(c) 活接头（油任）结构

1—板牙；2—扳丝架；3—管子；4—麻丝；5—石棉胶垫

2. 螺纹连接管道的检修常用工具

(1) 管子割刀。管子割刀是切割管材的专用工具，其使用方法如图7-12所示。由于切割时割口受挤压，故割口有缩口现象并在内口出现锋边。缩口利于扳丝时起扣，锋边则应用半圆锉锉平。

(2) 管子板牙。管子板牙是扳制管螺纹的专用工具。常用的有以下几种：管螺纹圆板牙；可调式管子板牙；电动扳丝机。无论哪种套丝工具，在套丝时均应注意以下事宜：

1) 正确选用管子，要求管子丝板的螺纹大径应与管子外径相吻合。

2) 套丝时，应先将工具的定心三爪卡住管子（不可过紧），方可套丝。起扣时，应用力推住管子板牙，以利于起扣［图7-13 (a)］。

3) 使用组合式丝板时，板牙块（一般为四块）必须按序、对号入座。若装错，则必乱扣。

4) 套丝长度不宜过长，只要管端露出2牙即可，如图7-13 (b) 所示。

在使用各类扳丝机具时，必须定时向板牙上注入机油，以保证刀具刃口的冷却，提高板牙的使用寿命，并可提高螺纹的精度。

(3) 管子钳。管子钳是拆装螺纹管子的专用钳具，其规格与活动扳手相同。图7-14是

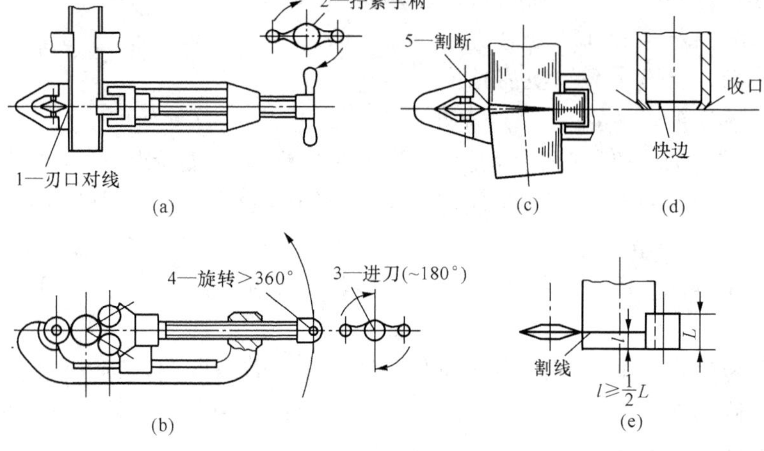

图 7-12　管子割刀的使用工艺

(a) 将管子割刀套在管子上，用两滚轮压住管子，滚刀刃口对准割线；(b) 拧紧进刀手柄，每次旋进 180°左右，进刀后，握住进刀手柄，将管子割刀体旋转一圈（大于 360°）；(c) 进刀一旋转，直至管子割断；(d) 割断后的管口形状（收口、快边）；(e) 割管时，管端部的极限长度

管子钳结构和使用方法。在使用时，钳口开度要适度，并将活动钳头向外翘起，使两钳口形成一个角度 θ，将管子紧紧地卡住。只有这样，用力时，管子钳才不打滑。

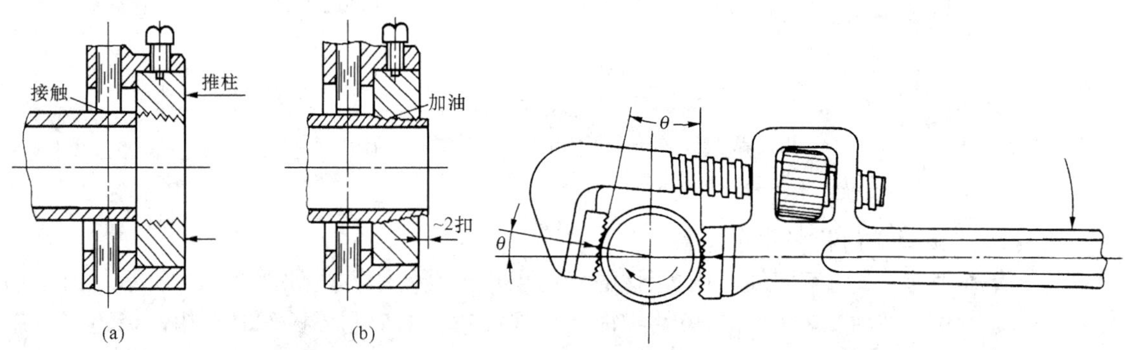

图 7-13　套丝工艺　　　　图 7-14　管子钳的使用方法

另外，还有一种专门用于大口径管子拆装的管子钳，称为链钳。它是用板链代替活动钳头，由于链子很长，故可适应大口径管子的拆装。

3. 管螺纹的技术规范

目前管螺纹尚采用英制标准，而且对套制管螺纹的管子规格也有统一规定。这点应注意，不要与其他管子的规格相混淆。管螺纹及管子的公英制对照见表 7-4。

表 7-4　　管螺纹及管子的公英制对照

公称口径		管子（mm）		管螺纹	
mm	英寸	外径	壁厚	基面处外径（mm）	每英寸牙数
15	1/2	21.25	2.75	20.956	14
20	3/4	26.75		26.442	

续表

公称口径		管子（mm）		管螺纹	
mm	英寸	外径	壁厚	基面处外径（mm）	每英寸牙数
25	1	33.50	3.25	33.250	11
32	1¼	42.25		41.912	
40	1½	48.00	3.50	47.805	
50	2	60.00		59.616	
70	2½	75.50	3.75	75.187	
80	3	88.50	4.00	87.887	

四、管道检修注意事项

（1）在拆卸管道前，要认真检查管道与运行中的管道系统是否断开，在确认已断开并采取了有效的安全措施后，即将检修管段上的疏水、排污阀门全部打开，排除管内汽水，待汽水排尽后，方可拆卸法兰螺栓或进行割管。

（2）在割管或拆法兰前，必须将管子拟分开的两端临时固定牢，以保证管道分开后不发生过多的位移。

（3）在拆卸有保温层的管道时，应尽量不损坏保温层。

（4）在改装管道时，管子之间不得接触，也不得触及设备及建筑物。管道之间的距离应保证不影响管子的膨胀及敷设保温层。在改装管道的同时应将支吊架装好。在管道上两个固定支架之间，必须安置供膨胀用的U形弯或伸缩节。

（5）在组装管道时，应认真冲洗管子内壁，并仔细检查在未检修的管子内是否有异物。

五、密封垫的制作与密封垫料的选用原则

1. 密封垫的制作

密封垫的制作方法如图7-15所示。在制作密封垫中应注意以下几点：

（1）垫的内孔必须略大于工件的内孔。

（2）带止口的法兰，其垫应能在凹口内转动，不允许卡死，以防产生卷边影响密封。

（3）对设备上密封面所用的垫子不允许用锣头在工件上敲打，以防损伤其工作面。

（4）制垫时必须注意节约，尽量从垫料的边缘起线，并将大垫的内孔、边角料留作制小垫用。

2. 法兰密封垫料的选用原则

密封垫料应满足以下条件：

（1）与相接触的介质不起化学反应。

（2）有足够的强度，当法兰用螺栓紧固后，能承受管内的压力，并且在管温影响下强度值变化不大。

（3）材质均匀，无裂纹及老化现象，厚薄一致。

此外，在选用密封垫材时，应力求避免选用很昂贵的材料。密封垫的厚度应尽可能选得薄些，因厚的垫料并不能改善密封性能，且往往适得其反。

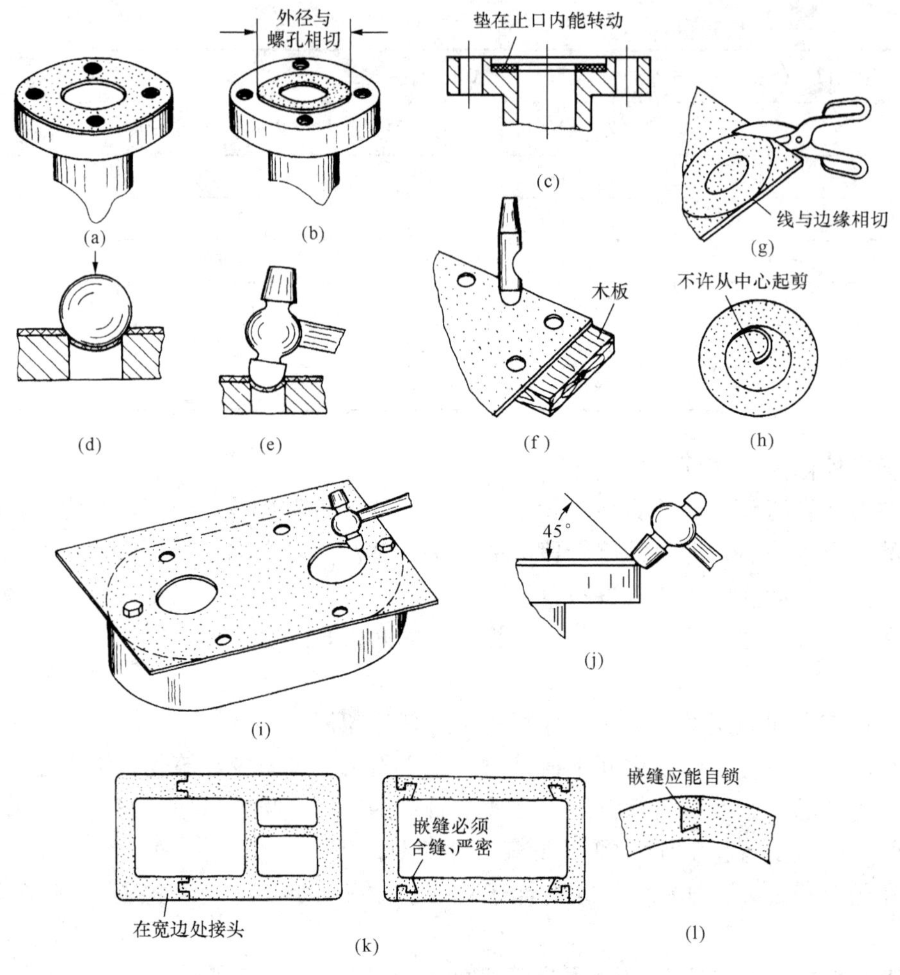

图 7-15　密封垫的制作方法

(a) 带螺孔的法兰垫；(b) 不带螺孔的法兰垫；(c) 止口法兰垫；(d) 用滚珠冲孔；(e) 用榔头敲打孔；(f) 用空心冲冲孔；(g) 用剪刀剪垫；(h) 剪内孔的错误作法；(i) 用榔头敲打内孔；(j) 用榔头敲打边缘；(k) 方框形垫的镶嵌方法；(l) 圆形垫的镶嵌方法

第二节　管道的膨胀与补偿

热力管道从停运到运行温度变化很大，如蒸汽管道温差可达 500℃以上，给水管也可达 250℃。这种温度变化使管道产生极大的热应力，特别是与主要设备相连的管道，如果对管道的热胀、冷缩量补偿不够，不仅影响正常运行，甚至使设备遭到破坏。因此检修时应对管道支吊架进行检查、调整，以免影响管道的膨胀，并检修由于热补偿不够受损坏的法兰与管道。

一、热膨胀量的计算

管道受热后的膨胀量可用线膨胀公式进行计算：

$$\Delta L = \alpha L \Delta t$$

式中　ΔL——受热后管段的膨胀量，mm；

α——钢材线膨胀系数，1/℃；

L——管段长度，mm；

Δt——温差（工作温度减去室温），℃。

在使用此公式时应注意 α 的单位，α 通常是指温度升高 1℃每 mm 的伸长量（单位 mm/mm℃，简化为 1/℃），取 $1.1 \sim 1.2 \times 10^{-5}$。若管段以 m 为单位则应将 m 换为 mm。

【例 1】 一蒸汽管的工作温度 550℃，室温 30℃，测试管段长 10m，则该管段的膨胀量为

$$\Delta L = \frac{(550-30) \times 10 \times 10^3}{1.1 \times 10^5} \approx 50\text{mm}$$

二、热补偿

在管道系统中利用弹性管道来吸收热膨胀，以减小或消除因膨胀而产生的应力，工程上称为热补偿。热补偿的方法分述如下。

1. 利用管道自然走向进行补偿

在布置管道时，应首先尽量利用管道的走向和优化固定支架的位置，使管道有自然补偿的能力。当管道的布置受到现场条件的限制，自然补偿不能解决问题时，应采用补偿器对管道的膨胀问题作彻底地解决。

2. U 形弯补偿器

U 形弯补偿器是用管子弯曲制成。常见的有如图 7－16 所示的两种形状。

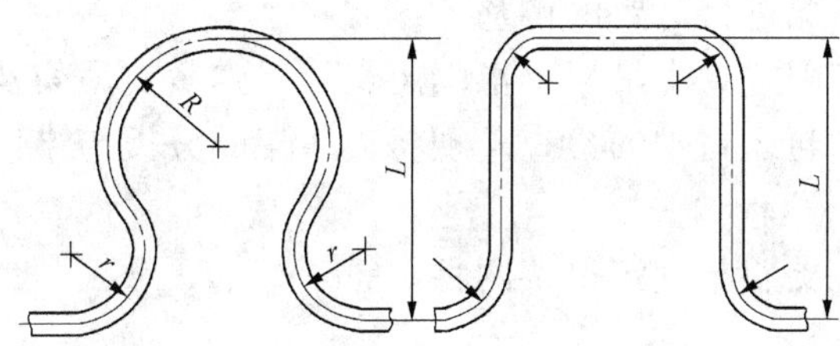

图 7－16　U 形弯补偿器

U 形弯补偿器具有补偿能力大、运行可靠、制造容易的优点，适用于任何压力和温度的管道；缺点是尺寸大、弯头阻力大。U 形弯的弯头弯曲半径应大于 4 倍管径，其补偿能力决定于管径与 L 值。

在安装 U 形弯补偿器时必须进行冷拉，冷拉值不应小于补偿能力的 1/2，如图 7－17 所示的例子。

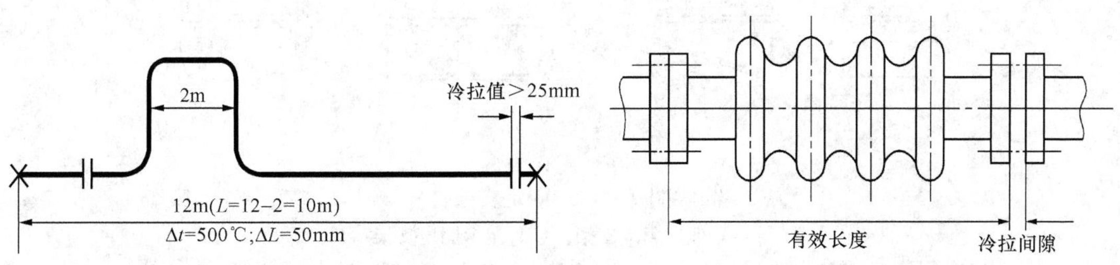

图 7－17　U 形弯补偿器冷拉值举例

图 7－18　波纹补偿器

3. 波纹补偿器

波纹补偿器是用 3～4mm 厚的钢板压制而成，如图 7－18 所示。其补偿能力不大，每个

波纹约5～7mm，一般波纹数不超过6个。适应压力决定于钢板厚度及钢种，多用于中、低压汽、水管道。它主要的优点是外形尺寸小。

三、冷补偿（冷紧）

冷补偿是在管道冷状态时，预加以相反的冷紧应力，使管道在运行初期受热膨胀时，能减小其热应力对设备的有害作用。

冷紧的数值一般不用绝对值表示，而用相对值——冷紧比来表示，即

$$冷紧比\ \beta = \frac{冷紧值}{热伸长值 + 端点附加位移}$$

端点的附加位移表示当计算管段的端点不是固定支架，而是方向性支架时，在该端点所产生的位移。

在蠕变条件下工作的管道，其冷紧比应大于0.7，其他管道的冷紧比一般采用0.5。

第三节　管道支吊架的分类与维修

对管道支吊架的基本要求是：在保证承受管道全部重力（管道、管上附件、保温材料、管内流体）的条件下，管系胀缩变形受到最低限度的限制，连接点受到的作用力及管道的内应力达到最低值。

对于管道支吊架的造型、布置是否合理，在安装时的调整是否正确，均有待于在运行中加以证实，并根据实际情况进行必要的调整。

常见的管道支吊架有固定式支吊架、半固定支架、弹簧支吊架及恒力吊架。支吊架的检修工作主要是平时的维护与运行中的检查。现将支吊架的分类与维修分述如下。

一、固定支吊架

固定支吊架分为固定支架与固定吊架两种。

1. 固定支架

固定支架是管系中的定点（不动点，也称死点），管道以此点为基准向其他方向膨胀。

该架除承受管道的部分重力外，还要承受管道的热胀、冷缩的推力、拉力和扭力，故要求这种支架要有足够的强度和刚性，其基本结构如图7-19所示。

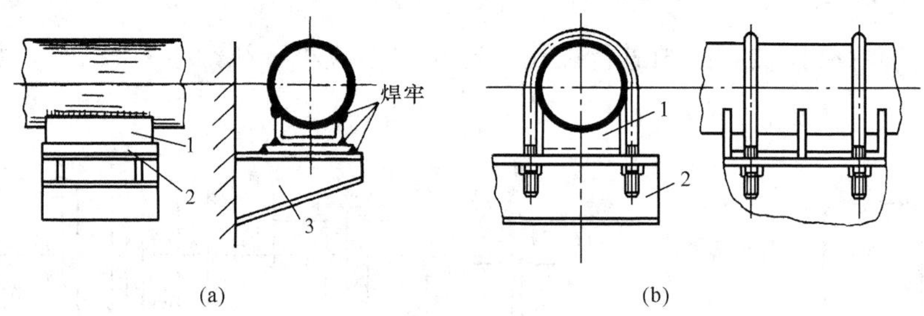

图7-19　固定支架

(a) 焊接固定支架；(b) 包箍固定支架

1—管枕（焊接在管子上）；2—台板（与管枕、支架焊接）；3—支架

2. 固定吊架

固定吊架用在温差变化很小的管道上，主要是承受管道的重力（图7-20）。

二、半固定支架

半固定支架对管道起着导向的作用，只允许管子的膨胀沿着预定的方向位移。因此，在结构和安装上必须保证管子在支架上沿位移方向活动自如。半固定支架有滑动支架和滚动支架及其他半固定支架。

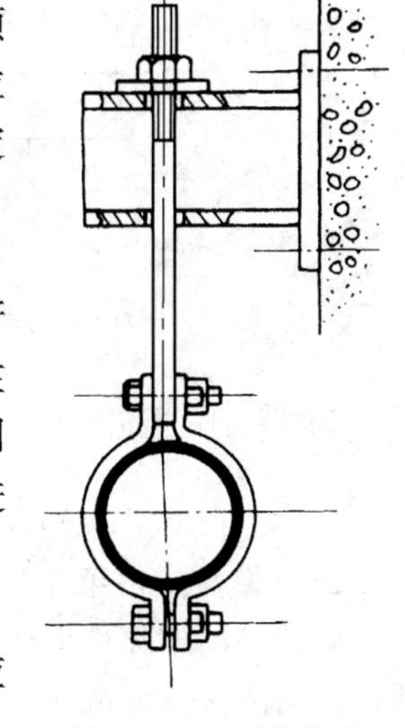

图 7－20 固定支架

1. 滑动支架

滑动支架多为允许管子沿轴向位移的结构，如图 7－21（a）所示。为了防止出现啃边现象，应将管枕的边、角进行倒棱处理。在运行中管枕的位移并不一定沿台板平行滑移，可能会出现如图 7－21（b）所示的情况。此时应查找其原因，找查出原因后，再进行处理。

2. 滚动支架

滚动支架与滑动支架不同之处，就是将滑动改为滚动，以适应较大的位移（图 7－22）。对其结构有以下要求：

（1）滚动支架的滚柱尺寸（直径、长度）应一致。

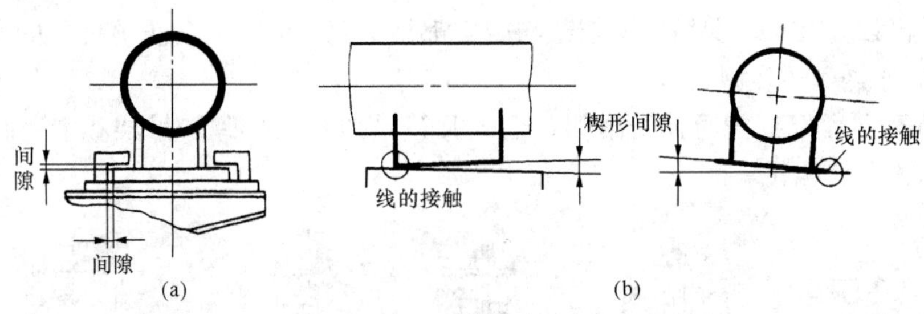

图 7－21 滑动支架及其缺陷

（a）滑动支架结构；（b）滑动支架接触不良

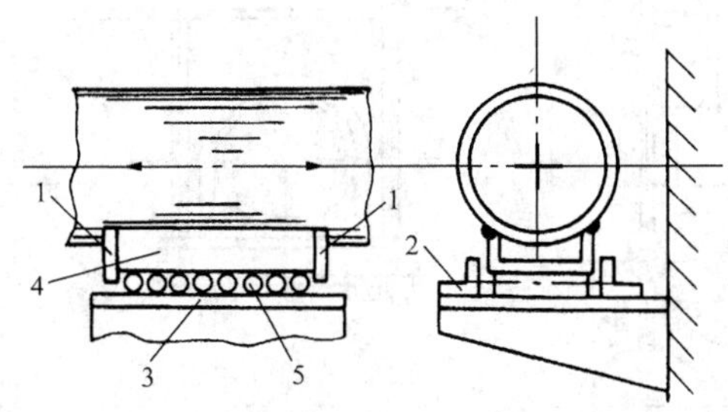

图 7－22 滚动支架

1—限制块；2—导向板；3—台板；4—管枕；5—滚柱

（2）为了防止滚柱滚出支架，在管枕和台板上应焊有限制块，但限制块不应影响支架的正常位移。

3. 支吊架的安装位置

在安装支吊架时应留出热位移量，即在冷态时管枕中心线与支架中心线不重合，其具体位置如图 7－23 所示。

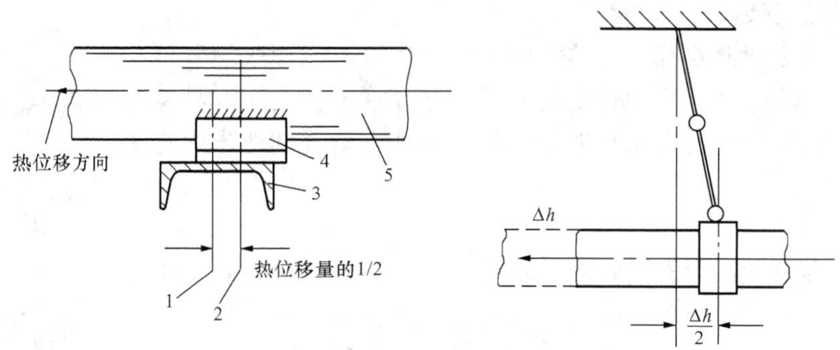

图 7-23 支吊架的安装位置

1—支架中心；2—管枕中心；3—支架；4—管枕；5—管子；Δh—管子的热位移量

三、弹簧支吊架

弹簧支吊架除承重外，还应满足管系的胀、缩位移要求。弹簧支架只允许管道沿弹簧的轴线作轴向位移。弹簧支吊架均采用压簧，因压簧的变形量与载荷成正比，故其变形量不允许超过设计值，否则，会造成支吊架超载和脱空现象。超载不仅是支吊架本身，而且管道也要受到弹簧超压缩的作用力。脱空就是支吊架处于不受力的状态。一个支吊架发生脱空，就意味着其他支吊架产生超载。因此，支吊架的超载与脱空都是不允许的，应防止该现象的发生。

1. 弹簧支吊架主要类型

常见的弹簧支吊架有普通弹簧吊架、盒式弹簧吊架、双排弹簧吊架和滑动弹簧支架，如图 7-24 所示。

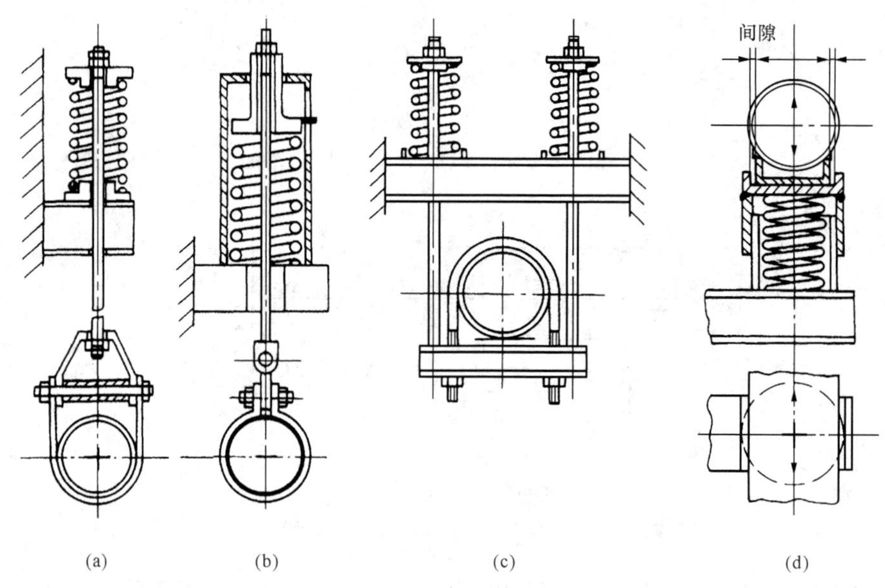

图 7-24 弹簧支吊架

(a) 普通弹簧吊架；(b) 盒式弹簧吊架；(c) 双排弹簧吊架；(d) 滑动弹簧支架

2. 压簧常见缺陷及产生原因

弹簧支吊架的压簧由于制造、使用等原因，常出现以下缺陷：

(1) 弹簧钢丝断裂。现象：钢丝已断或有裂纹尚未断开。原因：钢丝材质不均匀；在轧制钢丝的过程中产生夹砂、分层及裂纹；热处理不当，如淬火过头或回火不够；使用时超载造成弹簧压缩过量；长期振动造成材料疲劳。

(2) 弹簧弯曲变形。现象：弹簧中轴线弯曲成弧形或两端面严重歪斜。原因：热处理不当，如加热不均匀或回火操作不当；修磨弹簧端面时造成退火；弹簧长期倾斜受力。

(3) 弹簧失去弹性。现象：完全失去弹性，整根弹簧压缩成永久变形；弹簧中一圈或几圈失去弹性。原因：用料发生错误，即所用的材料不是制造弹簧的，或所用的弹簧钢性能达不到使用的要求；热处理发生技术性错误；弹簧长期处于高温区运行。

支吊架压簧凡出现上述缺陷之一，就应更换。同时也要分析出现缺陷的原因。若属于支吊架布局不合理或选型上的问题，则在检修时应予改正。

四、恒力吊架

用普通弹簧吊架来支承管子，只有在其膨胀位移值不是很大时，方可适用。因为弹簧的行程与弹力成正比关系，对应于垂直的位移量，就有相应的弹簧反作用力，此反作用力有可能导致管道支点及管道本身产生不能允许的高应力。因此，这种吊架的使用是有限度的。

在温差很大且有较大热位移的管道上，宜采用恒作用力吊架，简称恒力吊架。因恒力吊架的承载能力不随支吊点的位置升降而变动，所以在管道产生热位移时，不致引起管系各吊点的荷载重新分配问题，即一部分吊架脱空，而另一部分吊架超载，管系也不会产生附加应力。恒力吊架结构如图 7 - 25 所示。

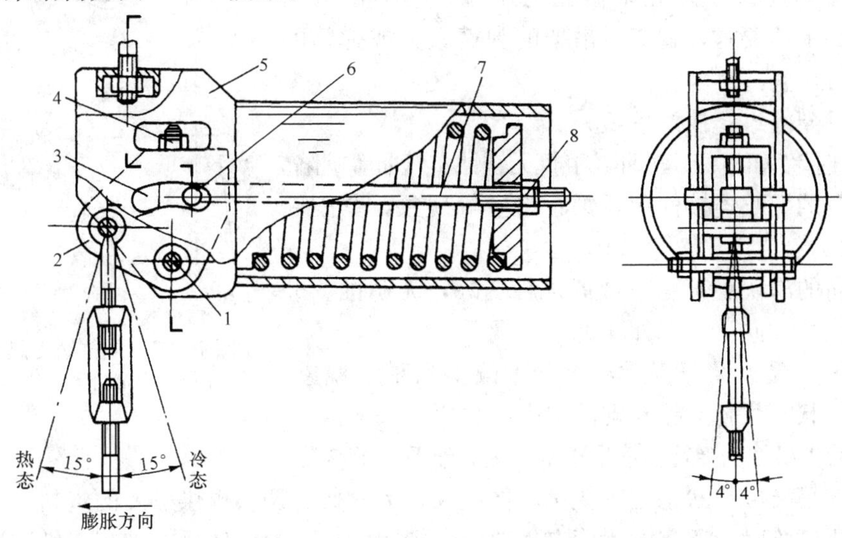

图 7 - 25 恒力吊架结构

1—支点轴；2—内壳；3—限位孔；4—调整螺帽；5—外壳；6—限位销；7—弹簧拉杆；8—弹簧紧力调整螺帽

1. 恒力吊架的机械原理

恒力吊架的弹簧是间接承受管道载荷的。管道下移时，位能作为同值的弹性能储存起来；管道上移时，弹性能又以同值释放出来。图 7 - 26 为恒力吊架的受力原理图，其力矩的平衡式如下：

$$F_1 a_1 = P_1 b_1$$

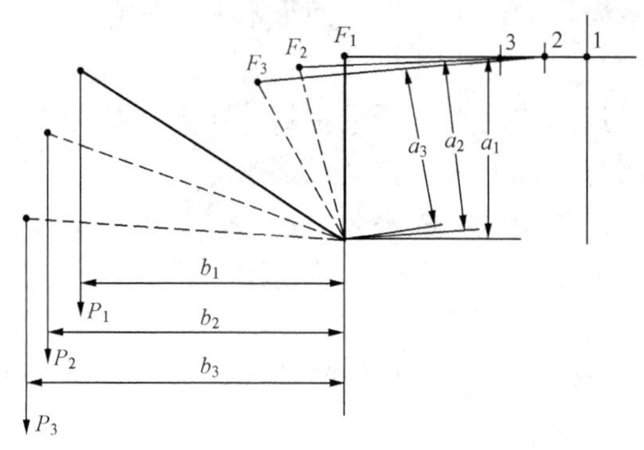

图 7-26 恒力吊架受力原理

$$F_2a_2 = P_2b_2$$

$$F_3a_3 = P_3b_3$$

$$Fa = Pb$$

$$P = \frac{Fa}{b}$$

式中 F——弹簧的弹力；

P——作用在管道上的力。

要使力 P 为恒力，则要求$\frac{Fa}{b}$的比值保持一个近似的常数。式中 a 值变化不大，主要是保持 F 与 b 的比值恒定。恒力吊架的恒定范围不能超过$\frac{Fa}{b}$的比例关系。

2. 恒力吊架的调整

(1) 若采用如图 7-25 的结构，则弹簧中心线应处于水平位置，其吊杆的冷态位置和热态位置应与吊杆垂线对称。

(2) 固定在内壳上的限位销，在冷态时（弹簧处于最小压缩状态）应位于外壳限位孔的右端（图 7-27），留有间隙；在热态时应位于外壳限位孔的左端，同样留有间隙。若达不到上述要求，就应对吊架的弹簧紧力或弹簧的拉杆位置进行调整。

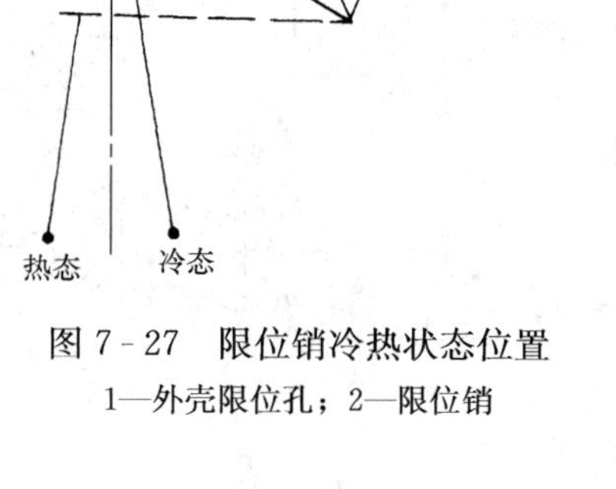

图 7-27 限位销冷热状态位置

1—外壳限位孔；2—限位销

五、支吊架的维修注意事项

(1) 各连接件如吊杆、吊环、卡箍无锈蚀、弯曲等缺陷。

(2) 所有的螺纹连接件无锈蚀、滑丝等现象，紧固件不松动。

(3) 导向的滑块、管枕与台板接触良好，无锈蚀、磨损缺陷，沿位移方向移动自如，无卡涩现象。

(4) 支吊架受力情况正常，无严重偏斜和脱空现象；支吊架的冷热状态位置大致与支吊架中心线对称。

(5) 弹簧支吊架的弹簧压缩量正常，无裂纹及压缩变形。

(6) 对支吊架冷热状态位置变化应作记录，为检修、调整提供必要的资料。

(7) 水压试验时，所有的弹簧支吊架应卡锁固定；试验结束后立即将卡锁装置拆除。

(8) 在拆装管道前，必须充分考虑到“拆下此管”后对支吊架会产生什么样的影响。无论何种情况均不允许支吊架因拆装管道而超载及受力方向发生大的变化。

(9) 在检修工作中，不允许利用支吊架作为起重作业的锚点，或作为起吊重物的承重支架。

第四节 弯管及铜管的弯制和连接

管子的弯制是管道检修的一项重要内容。弯管工艺大致可分为加热弯制与常温下弯制（即冷弯）。无论采用哪种弯管工艺，管子在弯曲处的壁厚及形状均要发生变化。这种变化不仅影响管子的强度，而且影响介质在管内的流动。因此，对管子的弯制除了解其工艺外，还应了解管子在弯曲时的截面变化。

一、弯管的截面变化及弯曲半径

管子弯曲时截面的变化，从图 7-28 中可以看出，在中心线以外的各层线段都不同程度的伸长；在中心线以内的各层线段都不同程度的缩短。这种变化表示了构件受力后的变形，外层受拉，内层受压。在接近中心线的一层在弯曲时长度没有变化，即这一层没有受拉，也没有受压，称为中性层。

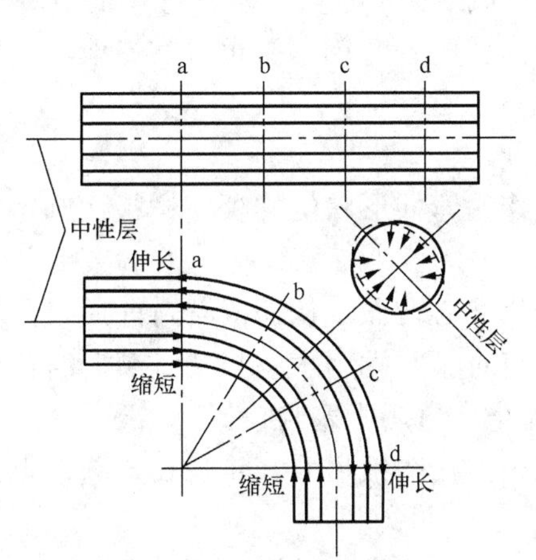
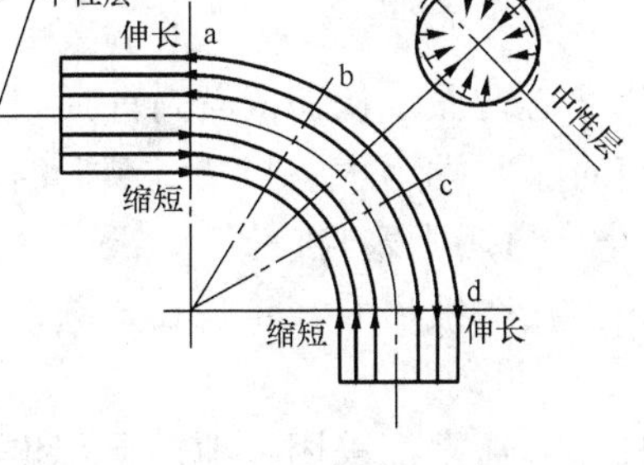

图 7-28　管子弯曲时截面的变化

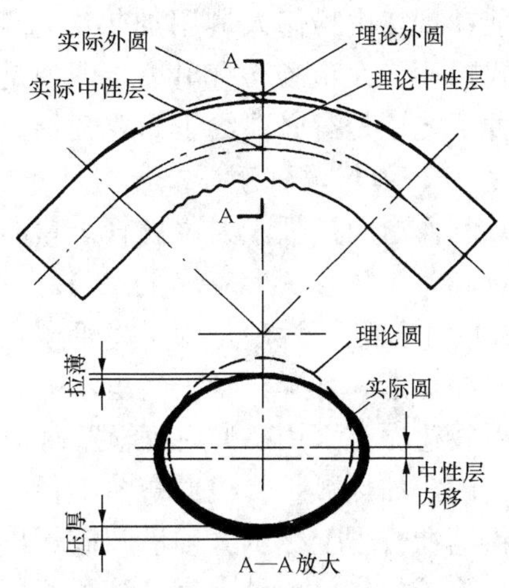

图 7-29　管子弯曲后截面形状

实际上管子在弯曲时，中性层以外的金属不仅受拉伸长、管壁变薄，而且外弧管壁被拉平；中性层以内的金属受压缩短、管壁变厚，挤压变形达到一定极限后管壁就出现突肋、折皱，中性层内移，横截面变成如图 7-29 所示的形状。这样的截面不仅管子的截面积减小了，而且由于外层的管壁被拉薄，管子强度直接受到影响。为了防止管子在弯曲时产生缺陷，要求管子的弯曲半径不能太小。弯曲半径越小，上述的缺陷就越严重；弯曲半径大，对材料的强度及减小流体在弯道处的阻力是有利的。但弯曲半径过大，弯管工作量和装配的工作量及管道所占的空间也将增大，管道的总体布置也困难。

综上所述，平衡其利弊，在工艺上以管子外层壁厚的减薄率作为确定弯曲半径值的依据。壁厚的减薄率可按下式计算：

$$\delta = \frac{100D}{2R + D}$$

式中　δ——相对于原壁厚的减薄率，%；

D——管子外径，mm；

R——弯曲半径，mm。

【例 2】　管径 ϕ100，弯曲半径 300mm，则减薄率

$$\delta = \frac{100 \times 100}{2 \times 300 + 100} = 14.3\%$$

按规程规定管壁的减薄率一般控制在 15%以内。根据这一数值，即可计算出弯曲半径的最小值。同时弯管的方法不同，管子在受力变形等方面也有较大的差别，故最小弯曲半径

也各异。其最小弯曲半径分别为：

（1）冷弯管时，弯曲半径不小于管外径的4倍；用弯管机弯管时，其弯曲半径不小于管外径的2倍。

（2）热弯管时（充砂），弯曲半径不小于管外径的3.5倍。

（3）高压汽水管道的弯头均采用加厚管弯制，弯头的外层最薄处的壁厚不得小于直管的理论计算壁厚。

二、热弯管工艺

目前在现场由检修人员用加热法弯制弯头的场面已很少再现。钢管弯头的制作已专业化，各式的弯头在市场均有出售，即使是用于高温高压的合金钢弯头也可在专业厂订制；但作为一种工艺还是有必要给予简要介绍。

1. 充砂、加热弯制弯头工艺

（1）制作弯曲样板。为了使管子弯曲准确，需作一弯曲形状的样板，样板用圆钢按实样图中心弯制。为防止变形应焊上拉筋。

（2）管子灌砂。灌砂是为了将管子空心弯曲变为实心弯曲，从而改善弯曲质量。灌砂所用的砂要经筛选并炒干，除去砂里水分。灌砂前，将管子一端用木塞封堵。灌砂时，管子竖立，边灌砂边振实（用榔头敲打管壁），直到灌满为止。再用木塞封口。

（3）确定加热弧长。根据弯曲半径计算弯曲弧长。按图纸尺寸，将弧长、起弯点及加热长度用粉笔在管子上标示（须沿圆圈标出）。

（4）管子加热。少量小直径管子可用氧乙炔焰加热。通常都采用在地炉上用焦炭进行加热。加热时，要随时转动管子及调整风门，使管子加热均匀。

（5）弯管。将加热好的管子放在弯管台上，如果是有缝管，则应将管缝置于最上方。用水冷却加热段两端非弯曲部位，把样板放在管子中心线上，施力，使管子弯曲段沿着样板弧线弯曲。对已到位的弯曲部位可随时浇水冷却。

（6）除砂。待管子稍冷后，即可除砂。将管内砂全部排空（可用榔头振击）。为清除烧结在管壁上的砂粒，可选用钢丝绞管器或用喷砂工艺进行除砂。

2. 可控硅中频弯管

可控硅中频弯管机是利用中频电源感应加热管子，使其温度达到弯管温度并通过弯管机而达到弯管目的。图7-30是该机的示意图。

这套装置由一套可控硅串联逆变发生器作为加热电源（以3相380V交流电整流为500V直流电，再逆变成400～1200Hz的中频交流电），通过水内冷中频变压器和加热圈（中频感应圈）加热待弯的钢管（含合金钢）。

弯管的过程是：首先把钢管穿过中频感应圈2，再把钢管放置在弯管机的导向滚轮3之间，用管卡6将钢管的端部固定在转臂7上。然后启动中频电源，使在感应圈内部宽约20～30mm的一段钢管感应发热。当钢管的受感应部位温度升到近1000℃时，启动弯管机的电动机4，减速轴带动转臂旋转，拖动钢管前移，同时使已红热的钢管产生弯曲变形。管子前移、加热、弯曲是一个连续的同步的过程，直到弯至所需的角度为止。

在这样的弯管设备上能弯制各种金属材料制成的薄壁和厚壁管子。如果在弯管过程中保持着相应的加热条件，则如同管子处于热处理过程，就可省去随后的调质处理。

用这种弯管机弯管还可以选用一种外加的冷却装置，使用冷却装置的优点在于利用冷却

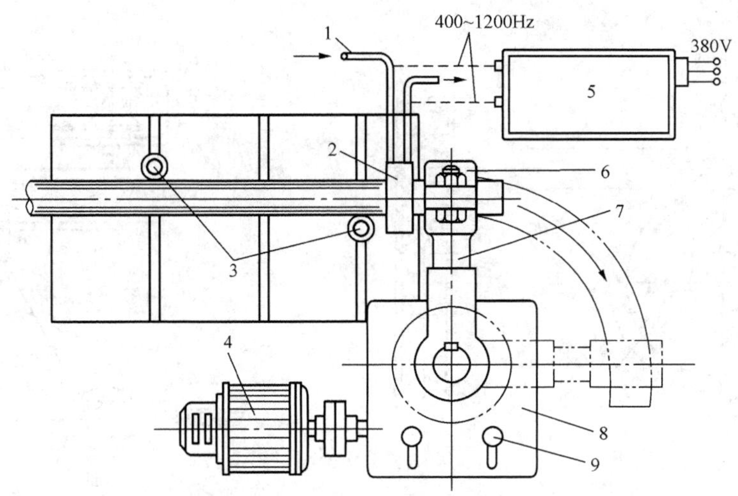

图 7-30 可控硅中频弯管机示意

1—冷却水进口管；2—中频感应圈；3—导向滚轮；4—调速电动机；5—可控硅中频发生器；6—管卡；7—可调转臂；8—变速箱；9—变速手柄

液的最佳冷却速度来调整弯管的不圆度。

用这种弯管机弯管由于管子加热只在一小段管段上，其成型是逐步在加热段形成，故无须任何模具、胎具及样板。改变弯曲半径时，只需调整可调转臂的长度（即改变旋转半径）和导向滚轮的相应位置即可。弯管质量优于其他任何一种弯管质量，尤其是在弯制大直径（直径在 500mm 以上）厚壁管及各类型的合金钢管时，更显示出它的突出性能。

三、冷弯管工艺

1. 冷弯管原理

冷弯管大都采用模具弯制，通过施力迫使管子按模具的弧形产生变形，如图 7-31 所示。图 7-31（a）为小滚轮定位，大轮转动；图 7-31（b）则是小滚轮沿着大轮滚动。从图中可看出，管子是在两轮中心连线处开始弯曲（A—A 剖面）。从图中还看出，一副大小轮（相当于模具）只能弯制同一管径、同一弯曲半径的管子。

2. 冷弯机

（1）滚轮式弯管机。该机结构如图 7-31 所示。若将大轮装上电动装置，则就成为电动弯管机。

（2）液压式弯管机。该机结构如图 7-32 所示。这类弯管机不足之处是它的模具只有半片（图中 4 号部件），靠半片模具顶着管子内侧使管子弯曲，而管子弯曲部的外侧，由于无模具控制，致使弯曲部位外侧产生严重拉平现象（断面成偏圆）。该机配有用于不同管径的模具，使用时应根据管径选用相应规格的模具。

3. 冷弯后的热处理

管子经冷弯后，在弯曲部位的金属内部产生较大的内应力，故在冷弯后要对弯曲部位进行回火处理，一般情况采用低温回火即可。

四、管内壁除锈与除渣

凡是新配制的管道在组装前，必须对新管内壁进行除锈、除渣工作（特别是油系统管道）。清除工作不限于充砂的热弯头，包括各类弯头及直管。除锈、除垢的工具可选用钢丝

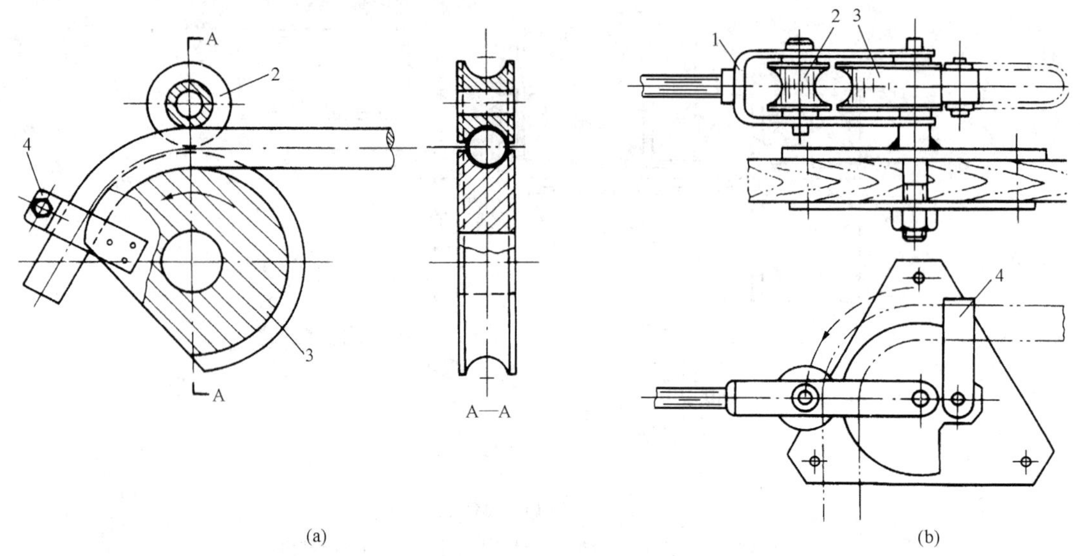

图 7-31 弯管机的工作原理

1—滚动架；2—小滚轮；3—大轮；4—管卡

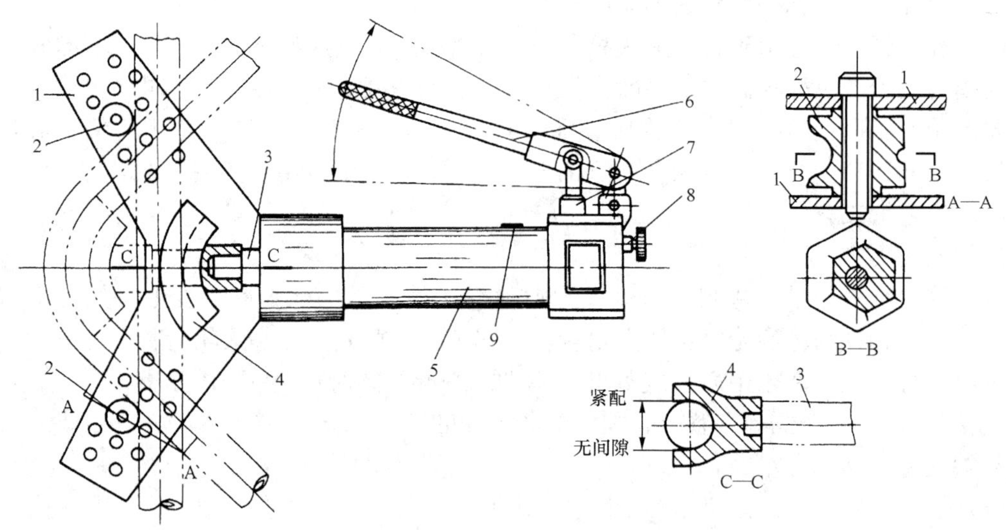

图 7-32 手动液压弯管机

1—定位孔板；2—限位导向模块；3—工作活塞杆；4—弯管模具（多种规格）；5—机体；6—手压杆；7—柱塞式油泵；8—工作缸回油阀；9—加油螺孔（也作放油、排气用）

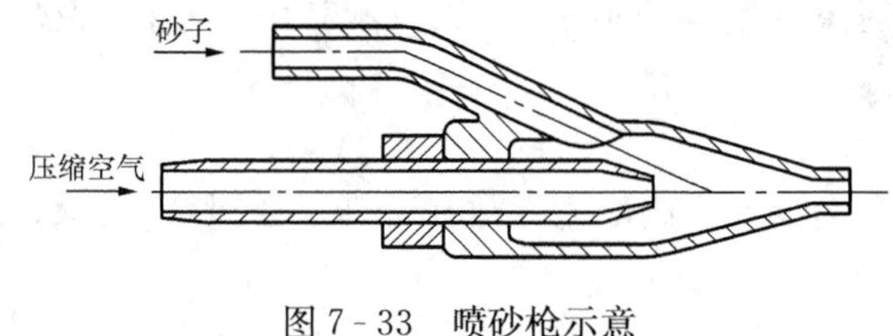

图 7-33 喷砂枪示意

绞管器，但该工具能力有限。对锈蚀较重、管径较大的管子，应选用喷砂除锈工艺，该工艺是用压缩空气通过喷砂枪（图 7-33），将细砂吸入枪内，再从枪口喷出。靠高速的气流带着砂子冲刷管壁，达到除锈、除渣的目的。冲刷要从管子两端反复地进行，待管壁出现金属光泽时方可停止。为了防止喷砂灰尘的飞扬，可在管子的端头出口处布置一个负压装置（如吹尘器），靠装置内的负压作用，阻止砂尘外逸。

五、铜管的弯制与连接工艺

1. 铜管的弯制

铜管的弯制指的是小口径铜管，如仪表管、小口径油管等。弯制时，管材可在退火或不退火状态下进行。铜管的退火方法与钢材相反。其工艺是：将铜管加热至450℃左右（外表颜色发生改变）后，再将加热部位放入水中，冷却后取出即可，也可以在加热后置于空气中冷却。铜管的弯制方法如下：

（1）用模具弯制。弯管时铜管可不退火，不用充填物，与冷弯钢管的方法相同。若为黄铜管且弯制半径又很小，为防止弯管时铜管破裂，就应进行退火处理。

（2）用弹簧弯制。将弹簧放入铜管内需要弯制的部位，以限制管子弯曲时的挤压变形，如图7-34所示。弹簧的长度应超过弯曲段的弧长，其外径应略小于铜管内径。弯管时，可将铜管子紧靠在圆柱体上进行。

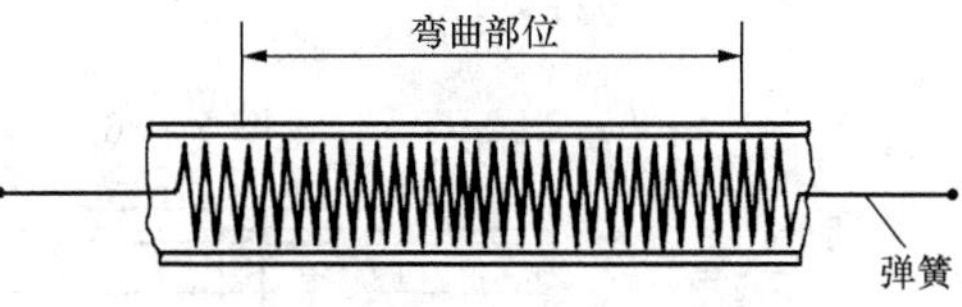

图7-34 弹簧的放置位置

（3）充填弯制。先将铜管退火，然后把熔化后的充填物（树脂、沥青）灌入铜管内，待充填物冷凝后，再将铜管靠在模具上进行弯曲。充填物也可用细砂，但弯制后必须将铜管内的砂全部清除干净。

2. 铜管与设备的连接

（1）用密封胶圈进行挤压密封连接，如图7-35（a）所示。仅适用于液压不太大的管道。

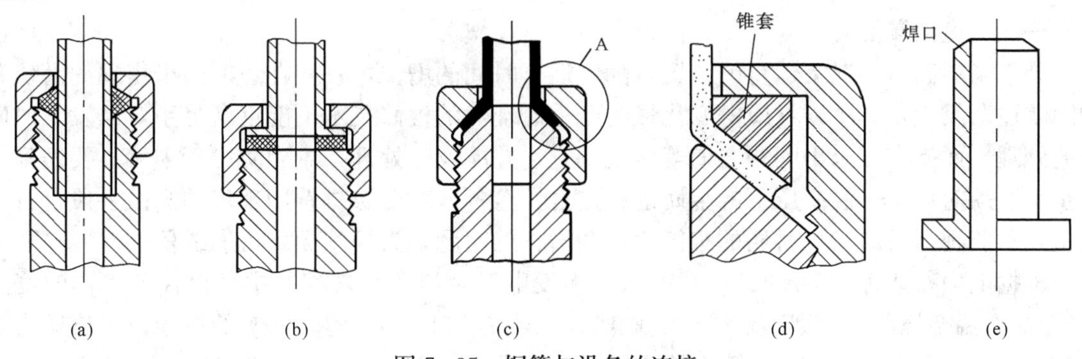

图7-35 铜管与设备的连接

（a）密封胶圈连接；（b）平头接头连接；（c）锥形头连接；（d）锥形头连接A部改进；（e）车制接头

（2）平头接头连接，如图7-35（b）所示。平头的制作工艺见如图7-36所示的工步图。

（3）锥形接头连接，如图7-35（c）所示。为防止铜锥头损伤，应加装一锥套［图7-35（d）］。

（4）车制接头，如图7-35（e）所示。为了保证接头牢固、可靠，多采取在铜管上焊接上一个车制强度高的接头，代替在管端制作接头的工艺。

3. 铜管的焊接连接

铜管的接头应尽量避免直接对接，应采用如图7-37所示的连接法。重要的焊口要用银焊或铜焊；低压、无振动的铜管允许采用锡焊，也可采用密封胶。

接头无论是套管式或承插式，其管孔与管头的配合均不许松动，否则将影响接头施焊后的强度。

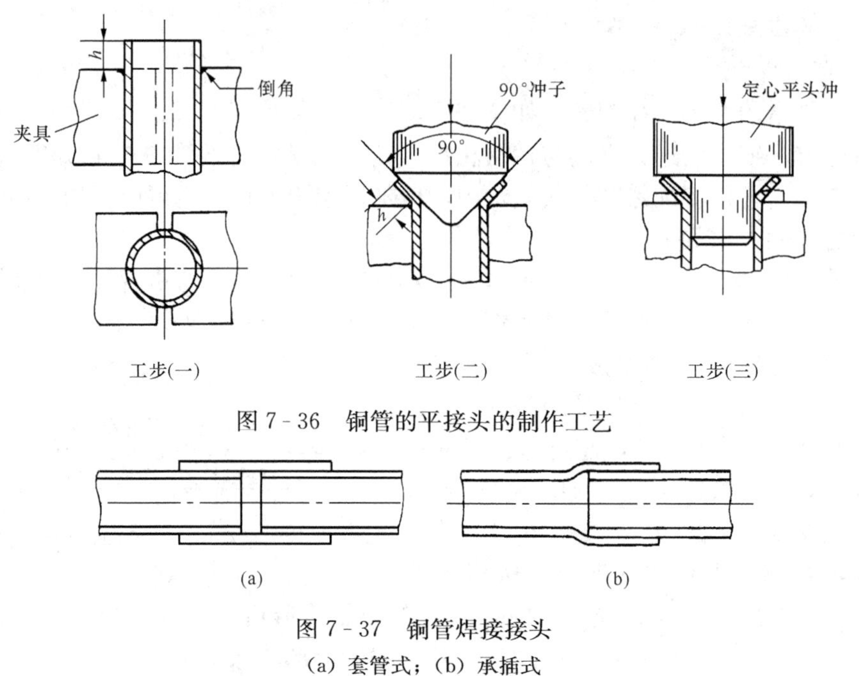

图 7-36 铜管的平接头的制作工艺

图 7-37 铜管焊接接头
(a) 套管式；(b) 承插式

第五节 管 道 金 属 监 督

一、管道金属监督

处于高温高压工况下运行的装置，随着运行时间的增长，一些在短期内未出现的潜伏着的问题逐渐发生，其中以材质的变化最为严重。现代的检修技术不能仅满足于对已发生的问题的处理，而要求在未出问题之前就能发现它，并能及时处理，做到防患于未然。要做到这一步，必须对处于高温高压下的金属进行监督。监督即对金属材料用现代的测试手段进行定期检查和监视，及时发现材质的细微变化和潜在的问题，为检修提供可靠的依据。

根据电力行业标准 DL 438—1991《火力发电厂金属监督规程》中规定：凡工作温度≥450℃的高温金属部件，如蒸汽管道、阀门、三通等；工作温度≥400℃的螺栓；工作压力≥6MPa 的承压部件，如水冷壁管、给水管等；工作压力＞3.9MPa 的锅筒；100MW 以上机组低温再热蒸汽管道；汽轮机大轴、叶轮、叶片及发电机大轴、护环等，均属金属技术监督的范围。

1. 管道蠕变监督

在高温的作用下，金属的伸长量不单取决于负载，而且取决于加负载的时间，随着时间的推移，金属发生越来越大的变形，这种现象叫蠕变。蠕变只有在温度超过极限值时才会发生。每种钢材都具有其特定的温度极限，普通钢材的蠕变温度极限约为 300～350℃。蠕变的基本特征是部件在高温作用下，即使应力大大低于材料的屈服极限也会发生永久变形。

制造高温高压管道及设备的金属材料蠕变温度极限都高于其工作温度，但随着时间的推移，金属材料的品质也在发生变化，因此必须对高温高压下运行的管道及设备进行蠕变监督。

蠕变监督是在蒸汽温度较高（包括波动温度），应力具有一定代表性，管壁较薄的同批钢管水平段上进行。监督的长度不得小于5.1m，在这段上不允许开孔和安装仪表插座，也不许安装支吊架及其他临时的装置。在所需监督的管段上，装上用不锈钢制作的蠕变测点装置，如图7-38所示。测量时用外径千分尺量其相对测点的距离，运行前测记一次，作为原始数据；运行中视具体情况定期测记，并将测量结果及时进行计算。通过计算，即可求出管道钢材的蠕变变形量和蠕变速度。

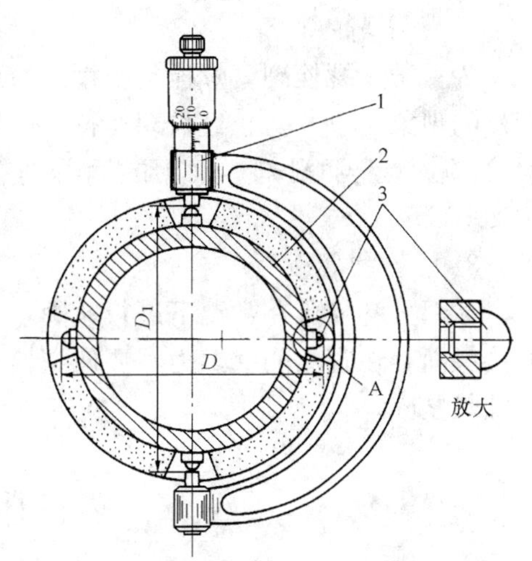

图7-38 蠕变测点装置及其测量
1—外径千分尺（分厘卡）；2—管子；3—不锈钢测头

2. 管道监督

管道监督的内容甚多，现将与检修人员工作有关的内容分述如下：

(1) 新装机组的主蒸汽管道，如实测壁厚小于理论计算壁厚时，就不许使用。

(2) 与主蒸汽管道连接的疏水、放水、放汽及旁路管道，不得采用直插式。已投入运行的直插式连接应换成管座（漏斗式）连接。

(3) 对主蒸汽管道可能积水的部位，如压力表管、疏水管附近、较长的死管及不经常使用的联络管，应加强内壁裂纹的检查。

(4) 新管子在使用前应逐段地进行外观、壁厚、金相组织、硬度等检查。焊口应采用氩弧焊打底，焊后应进行100%的无损探伤检查。

(5) 蒸汽管道要保温良好，严禁裸露运行。保温材料不应引起管材腐蚀，运行中严防水、油渗入保温层。管道保温层表面应有焊缝位置的标志。严禁在管道上焊接固定保温的拉钩。

(6) 制作弯头、三通的管子，应选用加厚管或用壁厚有足够裕度的管子。弯管段上的壁厚不得小于直管的理论计算壁厚。当弯曲部分不圆度大于6%～7%，或内外表面存在裂纹、分层、重皮和过烧等缺陷时，就不许使用。

(7) 铸钢阀门存在裂纹或严重缺陷（如粘砂、缩孔、折叠、夹渣、漏焊等降低强度和严密性的缺陷）时，应及时处理或更换。若发现阀门外壁有蠕变裂纹时，则不许采用补焊修理，应及时更换。

(8) 应定期检查管道支吊架和位移指示器的工作状况，特别要注意机组启停前后的检查，发现松脱、偏斜、卡死等现象时，应及时修复并做好记录。

二、对高温高压管道所用螺栓的特殊要求

1. 对螺栓的要求

高温高压管道上的螺栓，由于受到金属蠕变作用及管道、法兰膨胀产生外力的影响，要求螺栓具有优良的机械性能及抗蠕变性能。因而螺栓均采用优质合金钢制造，并经热处理。

在加工时，对螺栓、螺帽的加工精度、表面粗糙度及螺纹配合均有严格要求。为了保证螺纹的良好配合，螺栓与螺帽应配套使用，为此可在螺栓、螺帽的侧面打上钢号。

重要的螺栓应建卡，卡片上注明材质、经何种热处理、无损探伤结论、用于何处及日期。

2. 螺栓副的润滑

为了防止螺栓副（螺栓与螺帽配对后的简称）在紧固和拆开时不发生螺纹部位被拉伤、卡死的现象，以及防止经长期运行产生锈蚀，在检修时必须对螺栓副进行认真的清洗，并在螺纹部位涂上润滑剂。常用的润滑剂有铜基润滑膏、片状黑铅粉、二硫化钼（温度不超过 400℃）。

3. 螺栓的紧固

大部分螺栓可在常温下进行紧固，不需加热。对于大直径螺栓因螺纹之间、螺帽与法兰的接触面存在很大的摩擦力，要使螺栓副达到要求的紧力，仅靠扳手的力量已不可能，需采用加热紧固。

第六节　铜　管　胀　接

一、铜管的检验和胀管前的准备工作

1. 新铜管工艺性能试验及热处理

新铜管的外表面要求无裂纹、砂眼、重皮、折弯等缺陷。工艺性能试验有两项内容：其一将选样铜管锯成 20～30mm 几段，两端锉平并压扁成椭圆断面，其短径为长径的 1/2，管子不容许出现裂纹；其二再锯 50mm 长几段，向管内打入顶角为 45°的圆锥棒，管头呈漏斗状，被胀大的上口直径要比原管径大 30%，而不出现裂纹，如图 7-39（a）所示。

将合格的管子截成需要的长段，并作单根水压试验及无损探伤检验，再进行回火处理。回火的方法如下：把铜管装在回火加热筒内［图 7-39（b）］，通入蒸汽，以 20～30℃/min 的升温速度升至 300～350℃，恒温 1h 后关闭蒸汽阀 1，打开疏水阀 2 进行冷却，待筒温降至 250℃以下时即可打开堵板 3，待冷却至常温后将铜管取出。

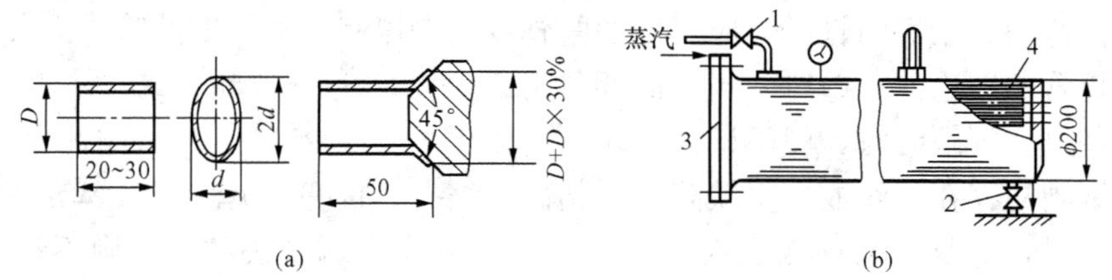

图 7-39　铜管工艺性能试验及回火装置

（a）工艺性能试验；（b）回火装置

1—蒸汽阀；2—疏水阀；3—堵板；4—铜管

2. 胀铜管前准备工作

（1）用氧—乙炔焰或喷灯将铜管两端胀接部位加热至暗红色，再进行退火处理，并用砂布将退火部位打磨干净（包括内壁）。

（2）清除管头切口毛刺，并倒去快口，检查管头端面是否垂直于管中心线，若不垂直应修正。

（3）将管板孔擦干净，并用砂布打磨，去除铁锈，但要防止孔径增大或孔失圆。

（4）用游标卡尺检查管板孔径及管子外径，其差值应为 0.20～0.50mm，差值过大会造成铜管在胀接时破裂。

二、坏铜管的取出及胀管

1. 坏铜管取出

把需要更换的管子做出记号，用不淬火的鸭嘴扁錾将铜管两端胀口挤成如图 7-40（a）的形状，从一端用平头冲向另一端将铜管冲出一小段，再用手虎钳夹住管头把管子拉出。在拉管时，要防止把管子拉断。若管子很紧，用手虎钳拉不出时，则可采用图 7-40（b）所示的夹具将管子拉出（在装夹具前，在管内塞一节圆铁芯）。

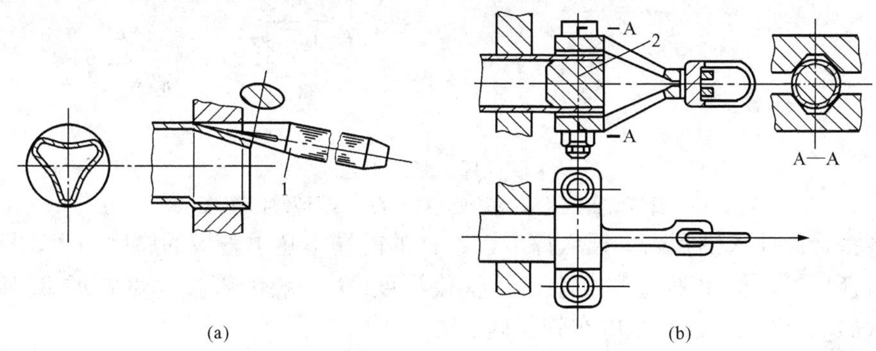

图 7-40 取铜管的方法

（a）挤扁胀口的方法；（b）夹管工具

1—鸭嘴扁錾；2—圆铁芯

坏铜管取出后，如果不及时装新铜管而用堵头堵塞时，应用紫铜堵头，以防损坏管板孔。堵塞铜管的根数不得超过铜管总数的 5%～10%。

当铜管需全部更换时，可用风铲将管子由设备的内部隔板处铲断，再用平头冲从两端隔板上冲出管头。

2. 胀管

胀管是凝汽器、抽气器、加热器等热交换器检修工作经常遇到的工艺。胀铜管所采用的胀管器的结构如图 7-41 所示。具体胀管工艺如下：

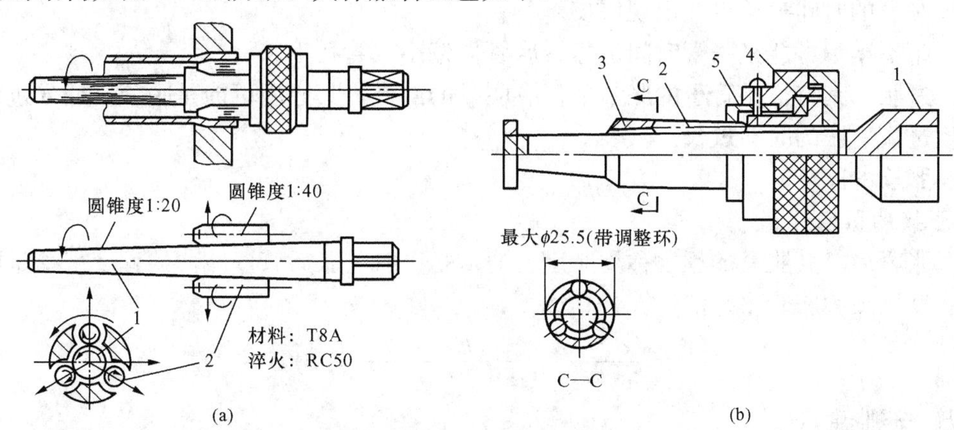

图 7-41 胀管器结构

（a）斜柱式；（b）前进式

1—胀杆；2—滚柱（胀珠）；3—保持架；4—外壳；5—调整环

（1）将铜管穿入管板孔内，管端面露出管板外的长度控制在 2mm 左右［图 7-42（a）］。

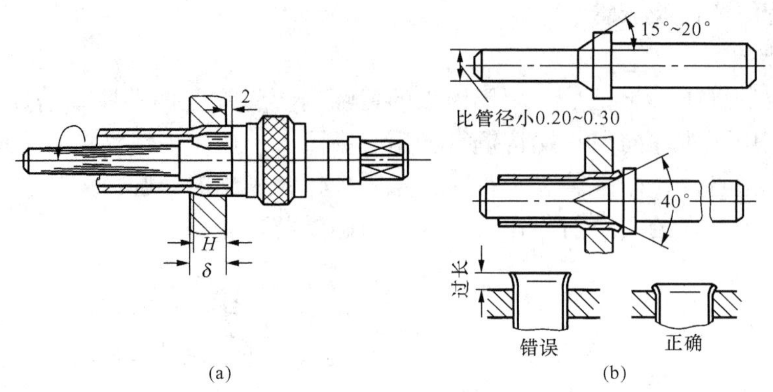

图 7-42　胀管工艺

（a）管端露出值及胀接深度；（b）翻边工具及对翻边要求

（2）将胀管器插入铜管内，插入深度以滚柱的前端不超出管板的厚度为限，即胀接的深度不能超出管板厚，但也不允许过小，其胀接深度 H 一般为管板厚度 δ 的 85%左右为宜［图 7-42（a）］，胀接的过渡段应在管孔内。

（3）放好胀管器后，将胀杆推紧，使滚柱紧紧地挤住铜管的内壁；用专用扳手沿顺时针方向转动胀杆，当管子胀大并与管孔壁接触后管子不再活动，再把胀杆转 2～3 圈，即完成胀接工作。

（4）管子胀好后，逆转胀杆，退出胀管器；再用翻边工具进行翻边［图 7-42（b）］，以增加管端与孔壁的紧力，同时也可减少水流的阻力及水流对管端的冲刷；翻边的锥度为 30°～40°，翻边后管子的折弯部位应稍入管孔。

（5）胀接工作结束后，即可进行水压试验，要求胀口无渗漏现象。若有渗漏，则应查明渗漏原因，如属胀紧程度不够，允许进行补胀一次。

三、胀管可能产生的缺陷及其原因

（1）胀口管壁出现层皮和剥落的薄片或裂纹，其原因可能是铜管退火不够或翻边角度过大，另外胀管的时间过长也会出现层皮。

（2）胀不牢，可能是胀管时间过短、胀管器偏小或管孔不圆。

（3）过胀，其特征是管子的胀紧部位有明显的圈槽，其原因可能是胀管器插入过深、胀杆的锥度过大、胀的时间过长。

四、胀接的胀度

1. 胀接的胀度计算

管子胀紧后，其胀紧的程度称为胀度，通常是以管子胀后管壁减薄的程度来衡量胀紧程度的。胀度（或称胀管率）的计算公式如下：

$$H=\frac{(d_2-d_1)-(D_2-D_1)}{D_2}\times 100\%$$

式中　H——胀度；

d_1——胀管前管子内径，mm；

d_2——胀管后管子内径，mm；

D_1——胀管前管子外径，mm；

D_2——管板孔直径，mm。

胀度的标准可采用表 7-5 推荐的数据。

表 7-5 胀度标准（推荐值）

管壁厚/管外径	0.05	0.08	0.12
推荐胀度 H（%）	0.7～1.20	1.0～2.0	1.8～3.0

【例 3】 铜管外径为 22mm、内径为 18mm、壁厚为 2mm，管板孔直径为 22.3mm，管壁厚/管外径＝2/22＝0.09，胀度取 1.5%。求管子胀后内径 d_2。

解 代入上式 $$0.015=\frac{(d_2-18)-(22.3-22)}{22.3}$$

则 $$d_2=18.635\ (\text{mm})$$

铜管胀后的实际壁厚为

$$\frac{22.3-18.635}{2}=1.83(\text{mm})$$

管子的减薄率为

$$\frac{2-1.83}{2}\times 100\%=8.4\%$$

2. 胀杆的锥度与胀管器直径扩大值的关系

胀接时，可根据胀杆的锥度与胀管器直径扩大值的关系，计算出胀杆需要前进的深度，以此来控制胀度。

以上述例题为例，设胀杆锥度为 1/40，求达到要求的胀度时胀杆前进值。

解 锥度 1/40，即胀杆每前进 1mm，胀管器直径扩大值为 1/40＝0.025（mm）

铜管内径胀前与胀后的直径差为 18.635－18＝0.635（mm）

则胀杆的前进值为 0.635/0.025＝25.4（mm）

思考题

1. 叙述有关管子对口的技术要求。
2. 叙述法兰管道的组装技术要求。
3. 叙述螺纹管道的组装的注意事项。
4. 油任的作用是什么？如何组装油任。
5. 叙述管道检修时安全注意事项。
6. 叙述法兰密封垫料的选用原则。
7. 一段给水管道，水温 230℃，室温 30℃，计算一段 8m 长管子的膨胀量？
8. 何谓管道的热补偿？
9. 为何在安装 U 形弯补偿器时必须进行冷拉，冷拉值应为多少？
10. 何谓冷紧？一般管道的冷紧比为多少？
11. 如何确定管道支吊架在冷态时的位置？
12. 叙述压簧的常见缺陷及产生原因。
13. 叙述支吊架维修注意事项。
14. 何谓中性层？在弯有缝管时管缝应放在什么位置？

15. 管子冷弯后要进行何种热处理？为什么？
16. 铜管的退火与钢材的退火有何不同?
17. 何谓金属监督?
18. 哪些管道属于金属监督范围?
19. 简述胀管的原理。
20. 为什么胀接的深度不应超过管板厚度?
21. 叙述胀管可能产生的缺陷及其原因。
22. 何谓胀度？如何衡量胀紧程度?
23. 胀管器胀杆锥度为 1/25，胀杆前进 15mm，求胀管器直径扩大值是多少?

第八章

阀 门 检 修

第一节 阀门拆装与修理

一、阀门结构

热力系统中的阀门种类繁多，其中以闸板阀和球形阀占绝大多数。现以常见的闸板阀［图 8-1（a)］和球形阀［图 8-1（b)］为例，叙述阀门的检修工艺。其他阀门可参照这两种阀门的检修方法进行修理。

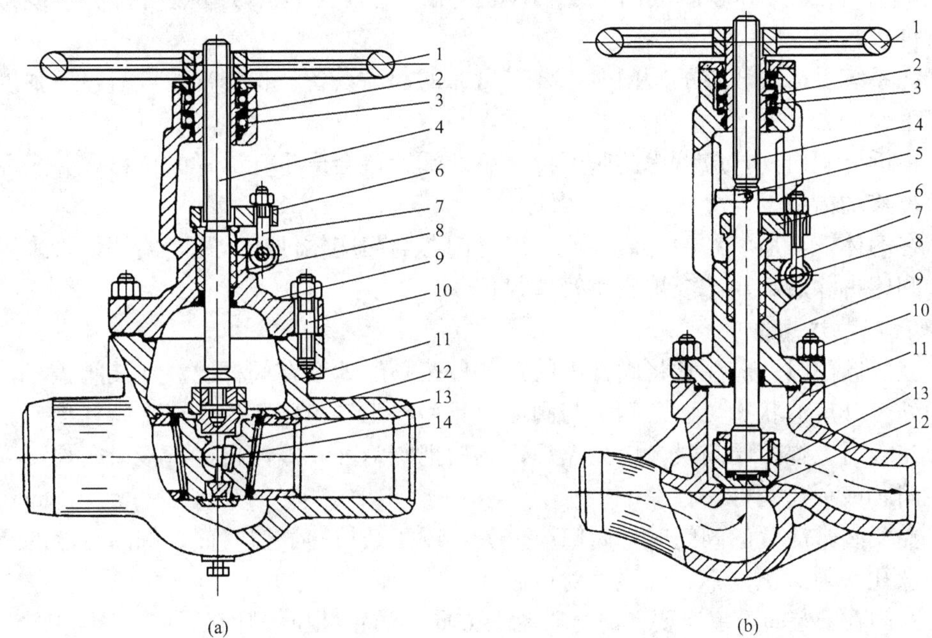

图 8-1 阀门结构
（a）闸板阀；（b）球形阀
1—手轮；2—螺母；3—推力轴承；4—阀杆；5—导向板；6—盘根压盖；7—压盖螺栓；8—盘根；9—阀盖；10—连接螺栓；11—阀体；12—门座；13—门芯；14—万向顶

二、阀门拆装注意事项

1. 阀门拆卸注意事项

对于焊接在管道上的高压阀门，如属一般性缺陷，则通常就地检修；若损坏严重，则应把阀门从管道上切割下来，运到修理车间进行检修。对于法兰连接的阀门，也要视其缺陷情况和阀门大小，决定是否需要从管道上拆卸下来修理。

(1) 拆卸前必须检查确认阀门连接的管道已从系统中断开，管道内已无压力，阀门才能进行拆卸。将检修的阀门从运行系统中隔断，一般采用单向隔断，如图 8-2（a）所示。单向隔断要考虑到流体是否有倒灌的可能（流体从其他管道回流），必要时可采取双向隔断，即将检修部位的两端均隔断，如图 8-2（b）所示。作为隔断用的阀门、堵板必须可靠、不泄漏、有足够的强度，并采取有效的监护措施（如挂牌、加封条等）。

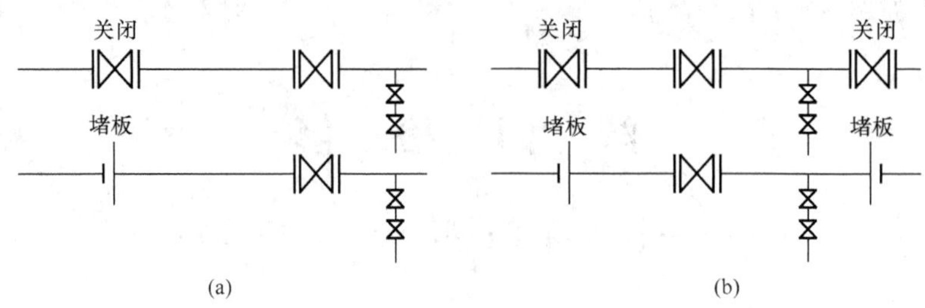

图 8-2 管道系统的隔断方法
(a) 单向隔断；(b) 双向隔断

阀门从系统上隔断后，应将这段上的疏水阀、排污阀全部打开（直到检修完毕投入运行时方可关闭）。若此段无疏水、排污装置，就可用阀门自身的排放孔进行排放，或将旁路管卸下进行排放。

(2) 在系统上拆装较重的阀门时，要有可靠的起吊设备，检修部位应有足够强度的工作平台或脚手架。

(3) 在拆卸阀门前，应考虑此阀门拆下后两端管道会产生什么样的位移，并采取相应的固定管道位移的措施。

(4) 在解体前，应将阀门开启少许，以防门芯与门座锈蚀或卡死，给解体带来困难。

(5) 阀门拆除后，用布或堵头将管口封住。

2. 阀门组装注意事项

(1) 在装阀门时，应注意将阀杆上的套装件按顺序地套在阀杆上。在装阀盖时，阀杆的位置必须处于开启的状态，以防阀盖与阀体上紧后将门芯与门座压伤或将阀杆顶弯。

(2) 在管道上焊接阀门时，应先点焊，然后把阀门开几圈，再进行接口全焊，以防温度过高卡住门芯或顶弯阀杆。

(3) 在安装带法兰的阀门时，阀门应全关，以防杂屑落入密封面。阀门法兰的螺孔与管道法兰的螺孔必须对正，不允许强力对口。

(4) 阀门在安装时，一定要弄清介质流动方向，防止装反。除普通闸板阀［图 8-3 (a)］可不考虑方向外，其他阀门都有方向性，包括特殊结构的闸板阀［图 8-3 (b)、(c)］。如果装反，就会影响阀门使用效果与寿命（如节流阀），或根本就不起作用（如减压阀），甚至造成危险（如逆止阀）。各类阀门的安装方向如图 8-3 所示。

小口径截止阀（球形阀）［见图 8-3 (f)］在安装时应使介质的流向由下向上。这样流体阻力小，在开启阀门时可以省力；同时当阀门关闭后，阀盖的垫料以及盘根都不致受到介质压力和温度的作用，并可在运行中更换或添加盘根。

口径大于 100mm 的高压截止阀［见图 8-3 (g)］，在安装时应使介质流向由上向下。这样是为了使截止阀在关闭时，介质的压力作用于门芯上方，以增加阀门的密封性。对活动门芯的截止阀，不论其口径大小，只允许介质流向由下向上，否则将会造成阀门打不开的危险。

(5) 阀门的动力头（动力驱动装置）应在阀门安装后进行安装，以防损坏传动部件。根据动力驱动装置的结构，准确调整行程开关位置，要求能将门关严和开足；同时根据技术规定进行过扭力保护试验。

(6) 更换新阀门时，除制造厂有特殊规定外，在安装前均应进行解体检查，并按技术标准重新组装。

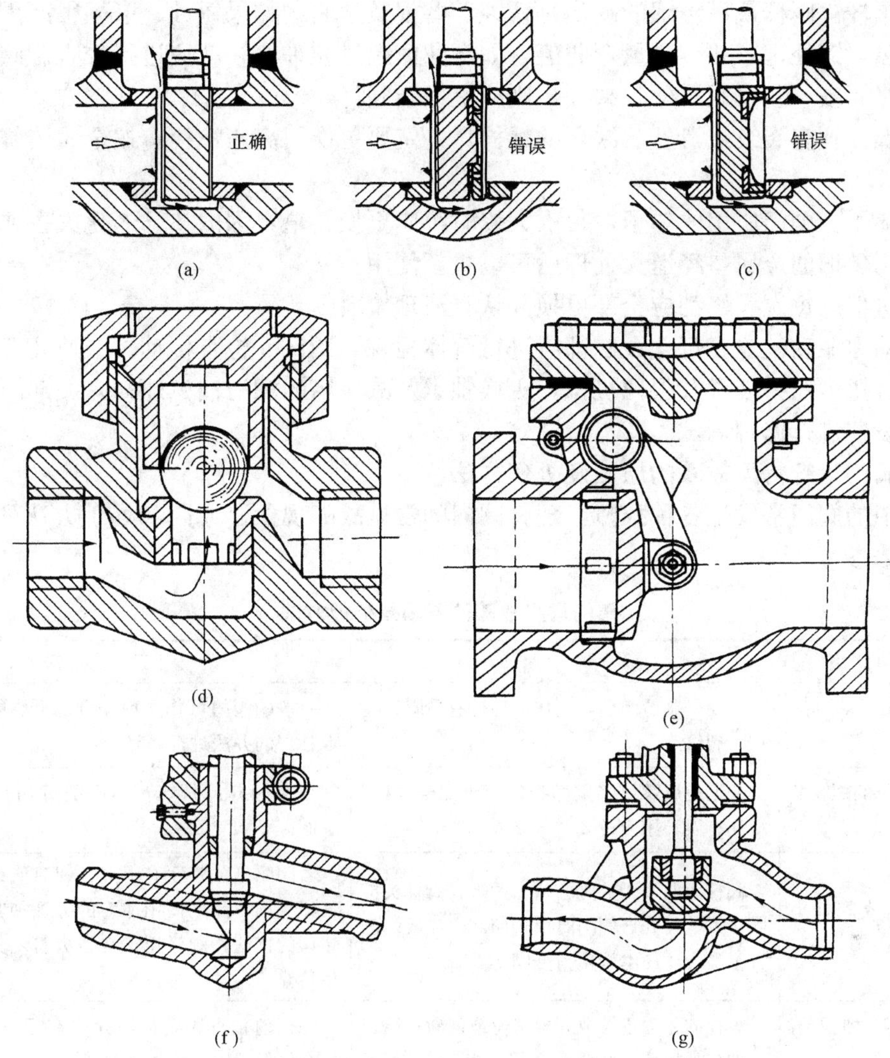

图 8-3　阀门安装方向

(a) 普通闸板阀；(b)，(c) 有方向性的闸板阀；(d)，(e) 逆止阀；
(f) 小口径截止阀；(g) 口径大于 100mm 的截止阀

(7) 凡是将要装在管道上的阀门（修理的或新更换的），在安装前必须做水压试验，并有试验合格证明方可使用。

三、阀门检修项目及修理要点

(1) 阀体。高压阀门由于运行中温度的变化或制造缺陷，阀体可能产生裂纹、砂眼等缺陷。对其裂纹的检查及修理方法可参照汽包、汽缸裂纹的检查及修理方法。补焊后的阀体，要做 1.5 倍工作压力的水压试验。当缺陷过大时，应更换阀门。

(2) 门芯与门座。由于密封面经常受到汽水的冲刷、侵蚀、磨损，致使密封面受损，造成泄漏。阀门检修的主要工作就是研磨门芯与门座的密封面。当密封面锈坑过深时，可先用车床光一刀后再研磨。若密封面经多次修理已经变得很薄时，就可将构成密封面的实体（密封环或密封座）取下更换新的（注：这类可拆卸的密封环一般采用过盈配合嵌合在门芯、门座体上）。如果门芯、门座的密封面不是采用嵌合体的结构，就可采用在密封面上堆焊的办法解决。

(3) 阀杆。阀杆最易出现的缺陷是锈蚀、磨损及弯曲，如果锈蚀、磨损很严重，可以采用涂镀或热喷镀处理，并应测量弯曲值，如弯曲值超过允许值，就应进行校直。阀杆上的螺纹必须完好无损，若发现滑丝、缺牙，则应更换新阀杆。

(4) 螺栓。有裂纹或滑丝、缺牙的螺栓，一定要更换。高压螺栓应按金属监督的规定进行处理。

(5) 垫子。阀门所用的垫子，每次大修时都应更换新垫，因旧垫已老化失去弹性，起不到密封作用。旧的金属垫经退火处理后可以重新使用。

(6) 盘根。每次大修都应全部更换并认真清理填料盒。

(7) 动力驱动装置。每次大修都应进行解体检查与调试。检查传动、减速装置的磨损情况，调整过扭力保护装置及限位机构，更换轴承及减速箱的润滑油。通知有关部门对自控系统、电气设备进行修理调试。

四、阀门运行常见故障的原因及处理方法

运行中的阀门常发生各种故障，现将阀门的常见故障现象、原因和处理方法列于表8-1中，供检修参考。

表8-1 阀门常见故障的原因及处理方法

故障现象	原因	处理方法
阀体渗漏	主要是制造问题，阀体的坯件有砂眼、夹层、裂纹	一般的阀门可作更换处理；重要的阀门可采取补焊的办法进行修复
阀杆与螺母的螺纹发生滑丝	长期使用螺纹严重磨损；螺纹配合过松；操作有误，用力过大	更换阀杆或螺母；不许随意加长力臂进行关阀
阀杆弯曲或阀杆头折断	阀杆弯曲多为关阀的扭力过大；阀杆头折断多发生在开启阀门时由于门芯卡死或门已开至最大，还继续用力开阀	若阀门已关紧还有泄漏，则只能说明密封面已经受损，此刻再用加力的方法使其不漏，是错误的作法；阀门用正常扭力打不开时，应解体检修
阀体与阀盖之间的结合面泄漏	螺栓的紧力不够或螺栓滑丝或已断；结合面的垫子损坏；结合面不平	在任何情况下，都不允许在运行中紧螺栓，应在停机后进行检查修理
阀门关闭不严（关紧后还是泄漏）	阀门没有真正关紧；门芯与门座的密封面没有研磨好或受损；阀体内有异物，门芯下落后不能到位	将阀门开启再重新关阀，并适当加力关闭阀门，若加力后还是泄漏，待停机后解体检查
门座与阀体的配合处泄漏	装配紧力不够；门座环（密封环）的强度不够，因热变形而松动；阀体的配合处有砂眼或裂纹	取下门座环进行堆焊或镀铬，再按过盈配合标准精车；更换新门座环（密封环）；阀体的砂眼、裂纹可进行补焊修复
开启阀门时阀杆在动，但阀门没有打开	此类故障多发生在阀杆头与门芯的连接处的部件上：阀杆头折断；阀杆头与门芯的连接销脱落或折断；阀杆头与门芯的卡口磨损；门芯上的螺母滑丝（注：若是球形阀，则有可能阀门装反）	应认识到：阀杆头与门芯的连接处是阀门故障的多发区，因该处一直受到介质的冲刷、腐蚀，并在启闭阀门时，该处受力最大。故在检修时应特别仔细并将其零件换成抗腐蚀的材料
运行中的阀门突然自行关闭	其原因同上	处理方法也同上。某些重要管道上的阀门，如油系统的阀门，要求阀门横装或倒装，以防此类事故发生

续表

故障现象	原　因	处理方法
启闭阀门用力超常或启闭不动	盘根压得过紧或压盖紧偏；阀杆螺纹与螺母螺纹锈死；阀门长期处于全开或全关状态，其活动部件锈住；阀杆严重弯曲；冷态下阀门关得太紧，受热后胀住；阀门开启过头被卡死	适当拧松压盖螺帽，再试开；在检修时对阀门的活动零件应采取润滑和防锈腐处理，如抹润滑脂，抹干黑铅粉；阀门应定期进行启闭活动，预防因长期不动而锈住；阀门全开后再关回1/2～1圈

以上故障未包括动力驱动装置出现的问题。盘根的故障详见本章第三节。

第二节　阀　门　研　磨

门芯与门座的密封面研磨是阀门检修的主要项目，多为手工操作、工作量大、要求高、也很枯燥，应引起重视。

一、研磨材料及规格

阀门的研磨材料有砂布、研磨砂、研磨膏。

（1）砂布。砂布根据布上砂粒的粗细分为00号、0号、1号、2号等，00号最细。

（2）研磨砂。研磨砂的规格根据砂粒的粗细分为磨粒、磨粉、微粉三种。一般磨粒、磨粉作为粗研磨用。当表面粗糙度要求低于$\overset{0.2}{\triangledown}$时，应选用微粉研磨。常用的研磨砂的种类及其用途见表8-2。

表8-2　常用的研磨砂

名　称	主要成分	颜　色	粒度号数	适用于被研磨的材料
人造刚玉	Al_2O_3 92%～95%	暗棕色 淡粉红色	12#～M5	碳素钢、合金钢、可锻铸铁、软黄铜等（表面渗氮钢、硬质合金不适用）
人造白刚玉	Al_2O_3 97%～98.5%	白　色	16#～M5	
人造碳化硅（人造金刚石）	Si_2C 96%～98.5%	黑　色	16#～M5	灰铸铁、软黄铜、青铜、紫铜
人造碳化硅	Si_2C 97%～99%	绿　色	16#～M5	
人造碳化硼	B72%～78% C20%～24%	黑　色	硬质合金、渗碳钢	

（3）研磨膏。研磨膏是用油脂（石蜡、甘油、三硬脂酸等）和研磨粉调制成的，一般作为细研磨用。

二、手工研磨与机械研磨

1. 手工研磨的专用工具

手工研磨阀门密封面的专用工具，也称为胎具或研磨头、研磨座。开始研磨密封面时，不能将门芯与门座直接对磨，因其损坏程度不一致，直接对磨易将门芯、门座磨偏，故在粗磨阶段应采用胎具分别与门座、门芯研磨。研磨门芯用研磨座，研磨门座用研磨头。常用的研磨胎具如图8-4所示。

在制作和使用研磨专用工具时，应注意以下几点：

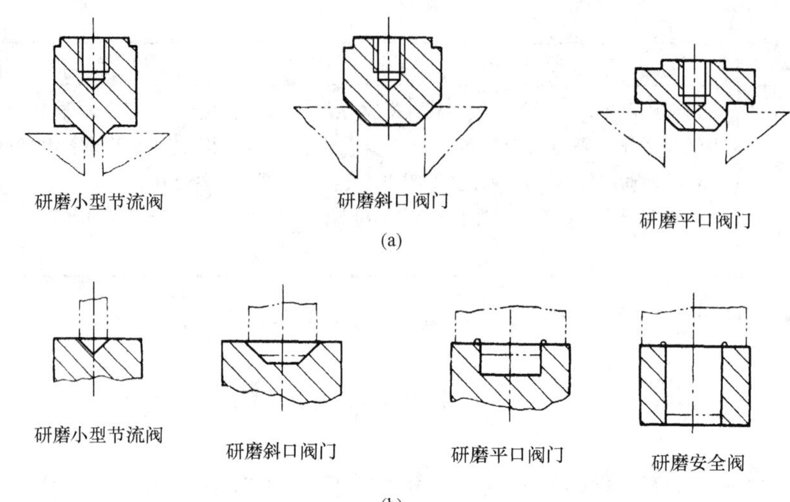

图 8-4 研磨胎具
(a) 研磨头；(b) 研磨座

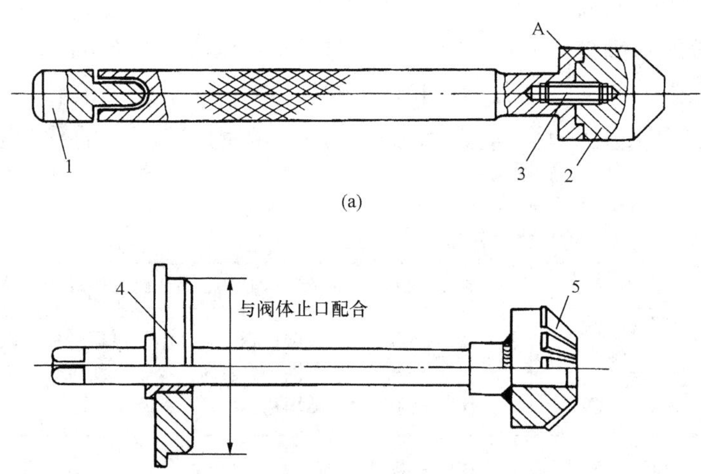

图 8-5 研磨杆
1—活动头；2—研磨头；3—丝对；4—定心板；5—铣刀头

(1) 研磨胎具的材料硬度要低于门芯、门座，通常选用低碳钢或生铁制作。胎具的尺寸、角度应与被研磨的门芯、门座大小一致。

(2) 在研磨时要配上研磨杆。研磨杆与胎具建议采用止口连接，见图 8-5 (a) 中 A。这种连接便于更换胎具，并使研磨杆与胎具同心。

(3) 在研磨过程中，研磨杆与门座要保持垂直。图 8-5 (b) 所示的研磨杆用一嵌合在阀体上的定心板 4 进行导向，使研磨杆在研磨时不发生偏斜。如发现磨偏时，应及时纠正（图 8-6)。

研磨杆的头部也可安装锥度铣刀头 5，直接对门座进行铣削，以提高研磨效率，如图 8-5 (b) 所示。

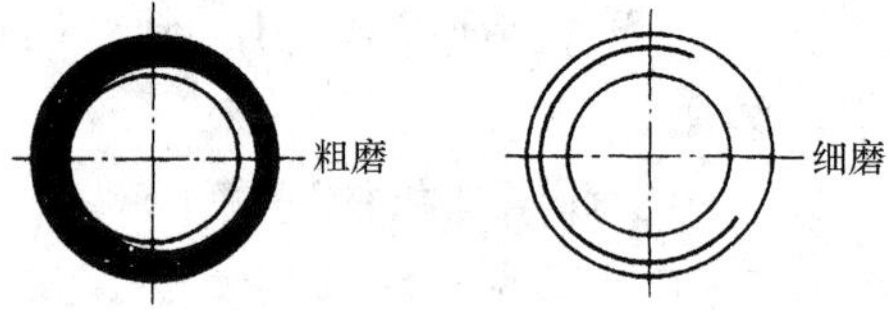

图 8-6 研磨时的磨偏现象

2. 机械研磨

用于机械研磨所需的研磨机，已由专业厂进行研制和生产，目前在市场上可购到适用于各式阀门密封面研磨的研磨机。它的出现已逐步改变用手工研磨或由检修人员自制研磨机的局面。现在介绍目前在现场还在运用的机械研磨工具。

(1) 球形阀电动研磨。研磨小型球形阀时可用手枪电钻夹住研磨杆进行。电钻研磨效率很高，如研磨门座上 0.2～0.3mm 深的坑，只要几分钟就能磨平。用电动研磨完后还需再用手工细研磨。

（2）闸板阀研磨装置。闸板阀门座的研磨采用手工研磨，不仅费时，而且很难保证质量，故多采用机械研磨。

图8-7是双磨盘电动研磨装置图。这种装置以手电钻为动力，经减速带动磨盘转动。研磨时，在磨盘上涂上研磨砂或在压盘上压上环形砂布进行。因研磨速度很快，故需随时检查研磨情况。

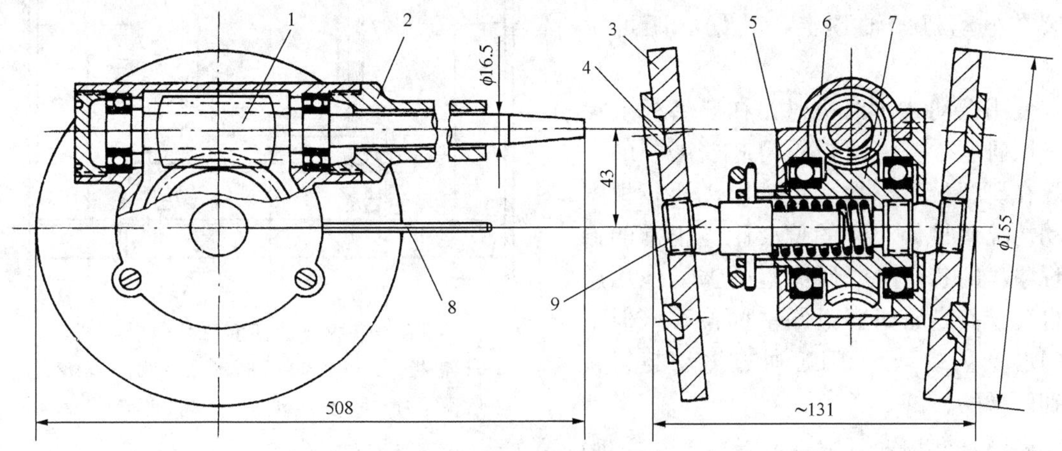

图8-7 双磨盘电动研磨装置
1—蜗杆；2—套筒；3—磨盘；4—压盘；5—弹簧；
6—外壳；7—蜗轮；8—拉杆；9—万向接头

图8-8所示为一种手动研磨机。这种手动研磨机用于$\phi25\sim\phi80$的闸板阀门座的研磨。

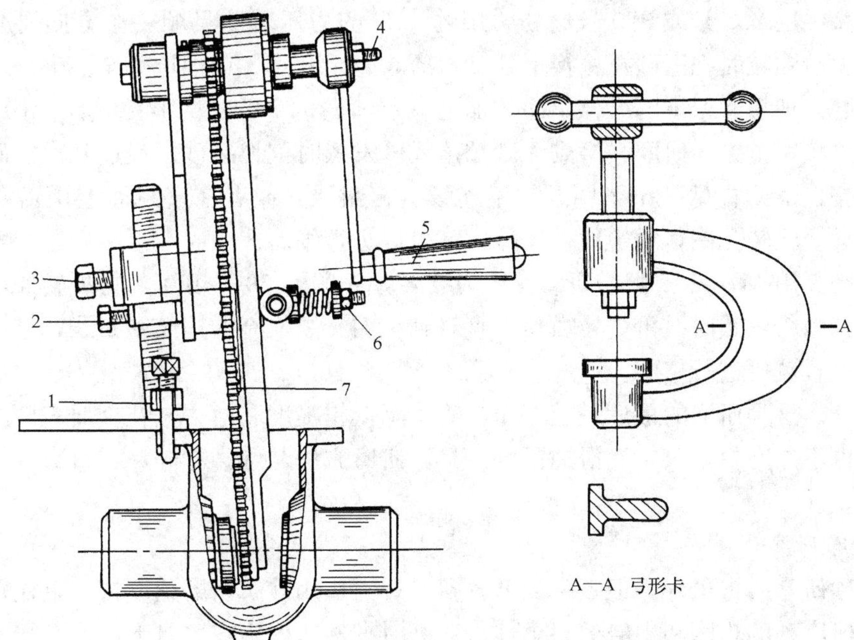

图8-8 手动研磨机
1—弓形卡（见详图）；2—微调螺栓；3—锁紧螺钉；4—偏心调整螺杆；
5—手柄；6—压力调整装置；7—链条

(3) 振动式研磨机。该机结构如图8-9所示。研磨板1为圆盘形，用生铁铸造，上平面精车。弹簧2（4～6只）起支撑研磨板作用，并使其产生弹性振动，弹簧的张力可用螺栓进行调整。研磨板的振动是靠偏心环所产生的离心力，该环装在电动机的轴颈上，其偏心距可以调整。

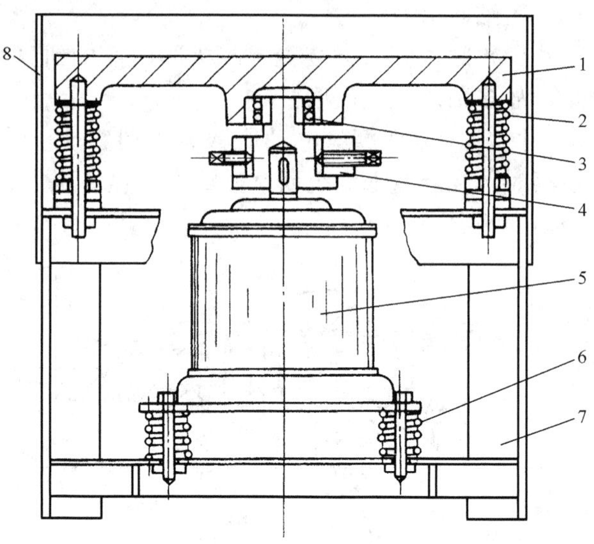

图8-9 振动式研磨机结构示意
1—研磨板；2，6—弹簧；3—向心球面滚珠轴承；4—偏心环；5—电动机；7—机架；8—安全罩

使用振动式研磨机时，在研磨板上涂上一层研磨砂，将闸板阀门芯要磨削的一面放在研磨板上，然后启动电动机，根据振动情况调整偏心环的偏心距。正常的振动现象：门芯自身受研磨盘的振动作用产生自转，并沿着研磨盘圆平面位移（但不许门芯产生跳动）。门芯通过振动与旋转达到研磨的目的。

研磨盘磨损到一定程度后应上车床进行精车。

三、球形阀门的研磨步骤及方法

1. 用研磨砂研磨

用研磨砂研磨球形阀密封面可分为四个步骤：

(1) 粗磨。阀门密封面锈蚀坑大于0.5mm时，应先车光，再进行研磨。具体做法是：在密封面上涂一层280号或320号磨粉，用约15N的力压着胎具顺一个方向研磨，磨到从胎具中感到无砂颗粒时把旧砂擦去换上新砂再磨，直至麻点、锈蚀坑完全消失。

(2) 中磨。把粗磨留下的砂擦干净，加上一层薄薄的M28～M14微粉，用10N左右的力压着胎具仍顺一个方向研磨，磨到无砂粒声或砂发黑时就换新砂。经过几次换砂后，看密封面基本光亮，隐约看见一条不明显、不连续的密封线，或者在密封面上用铅笔划几道横线，合上胎具轻轻转几圈，铅笔线被磨掉，就可以进行细磨。

(3) 细磨。用M7～M5微粉研磨，用力要轻，先顺转60°～100°，再反转40°～90°，来回研磨，磨到微粉发黑时，再更换微粉，直看到一圈又黑又亮的连续密封线，且占密封面宽度的2/3以上，就可进行精磨。

(4) 精磨。这是研磨的最后一道工序，为了降低粗糙度和磨去嵌在金属表面的砂粒。磨时不加外力也不加磨料，只用润滑油研磨。具体研磨方法与细磨相同，一直磨到加进的油磨后不变色为止。

2. 用砂布研磨

用研磨砂研磨质量虽好，但效率太低，费时费力。用砂布研磨速度快，也比较干净，尤其是代替用研磨砂的粗磨和中磨效果更佳。研磨时把砂布固定在胎具上，对有严重缺陷的密封面，先用粗砂布把大的缺陷磨掉，再换细砂布研磨，最后用抛光砂布磨一遍。研磨时可按一个方向旋转胎具，且用力要轻而均衡。在研磨的过程中应注意不要使砂布皱叠而把密封面磨坏。砂布的剪裁与压装如图 8 - 10 所示。

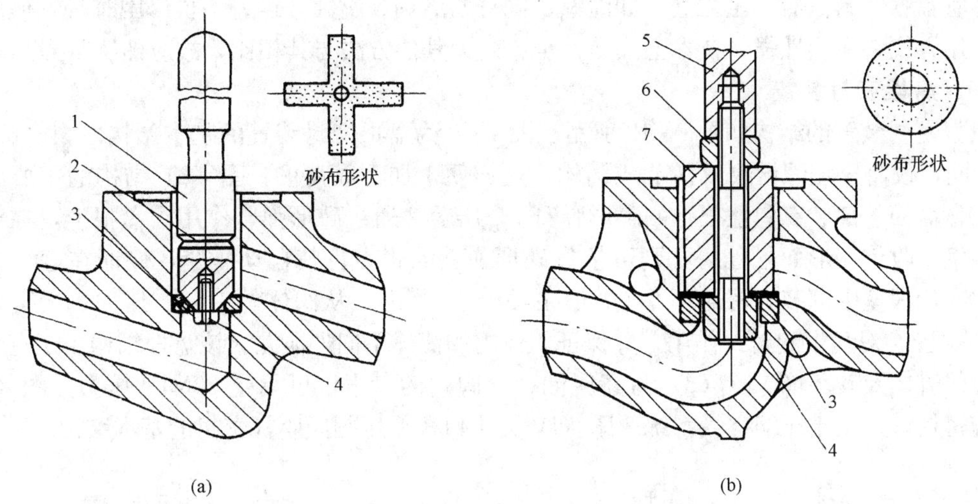

图 8 - 10 砂布的剪裁与压装

(a) 研磨斜口；(b) 研磨平口

1—导向胎具；2—扎砂布的槽；3—门座；4—压砂布螺帽；5—研磨杆；6—螺母；7—导向套

阀门的密封面经研磨后，还会有泄漏的可能，这主要是在研磨过程中有可能被磨偏的原因。研磨工作也不一定必须从粗磨开始，可视密封面损坏程度来确定。

第三节 盘 根

阀门的阀杆是一个活动部件。它与阀盖之间的密封方法均采用盘根密封法，即用填料围着阀杆装入盘根室内，并将填料压紧达到密封目的。随着高温高压技术的出现，对阀杆的密封作了一些改进。如图 8 - 11 (a) 所示的阀杆反向密封装置。它是把盘根室的下方加工成一反向阀门座，当阀门全开时，靠门芯的背部与反向门座密封，内压不致作用于盘根上，但只有在阀门全开时才起到密封作用，而且在阀门启闭的过程中还是依靠盘根密封，故有它的局限性；又如图 8 - 11 (b) 所示的迷宫式密封装置，是将阀杆加工成很多环状槽，高压流体每流过一道槽即降一次压，流至出口高压就变成低压，达到密封目的。此装置使阀门结构变得复杂，阀体高度增加很多，而且其构件的加工精度要求极高，用料也有特殊要求，除极少数特殊阀门采用此结构外，

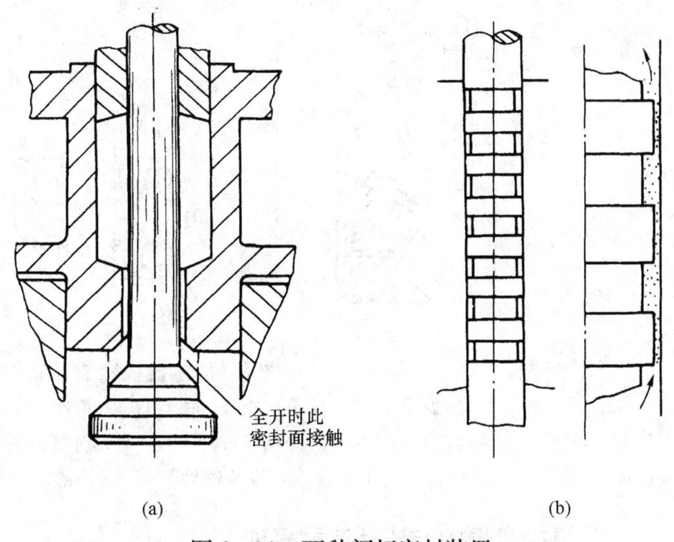

图 8 - 11 两种阀杆密封装置

(a) 阀杆反向密封装置；(b) 迷宫式密封装置

一般均不宜采用。

尽管盘根密封法有不足之处，如泄漏、阀杆易磨损、腐蚀，运行中检修困难等，但此法经济、使用方便、适应性强、技术上成熟，至今尚无其他方法与其相比，故应熟练掌握其工艺。

一、盘根密封装置

盘根密封装置的结构如图 8-12 所示。图（a）为盘根密封装置的基本结构。图（b）与图（a）相同，仅将压盖螺栓改成活节式结构，这样便于加、取盘根。图（c）结构的主要区别在于：①在盘根上部装有弹性很强的碟形弹簧 7，压盖 2 通过碟形弹簧作用在盘根上，在运行中若盘根发生收缩变形而松弛时，则可依靠碟形弹簧的张力将其自动压紧，保证在运行中不泄漏；②在盘根室中部装有密封环 9（类似泵类的水封环），从阀体外引入有压力、无害的流体（图中 A 处），对盘根起密封作用，并保证阀体内的流体不向外泄漏。该盘根结构用于有毒或有放射性的流体及其环境。图（d）为高压油、气阀门的盘根，可承受 60MPa 压力。图（e）是用皮碗密封，适用于压缩空气系统。图（f）为小口径低压阀门阀杆密封的基本结构。

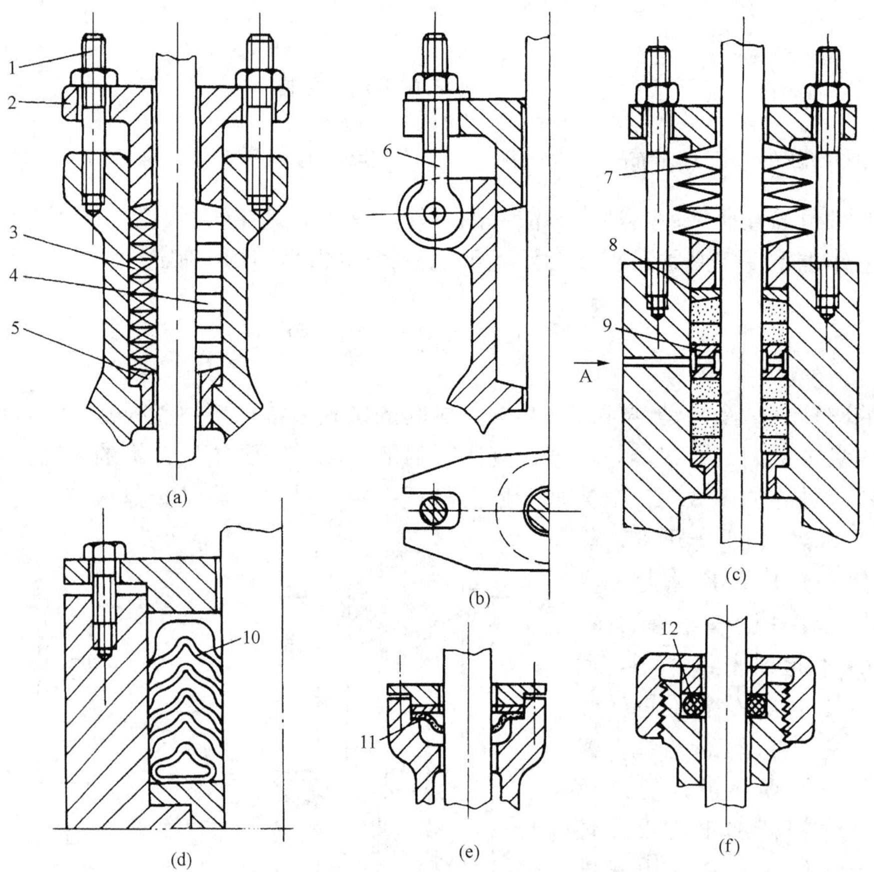

图 8-12　盘根密封装置结构

1—压盖螺栓；2—压盖（压板、格兰）；3—盘根（填料）；4—盘根盒（盘根室、填料盒）；5—衬套；6—活节螺栓；7—碟形弹簧；8—不锈钢垫圈；9—密封环；10—人字形橡胶密封圈；11—皮碗；12—O 形密封圈

二、更换盘根的方法及注意事项

（1）根据流体参数、理化性质及盘根盒尺寸，正确地选用盘根。

(2) 阀杆与阀盖的间隙不要太大，一般为 0.10～0.20mm。阀杆与盘根的接触段应光滑，以保证其密封性能。

(3) 破裂或干硬的盘根不能使用。盘根的宽度与盘根盒的径向空隙相差不大时（2mm左右），允许将盘根拍扁，但不得拍散。汽水阀门在加盘根时，应放入少量鳞状干石墨粉，以便取出。

(4) 盘根的填加圈数应以盘根压盖进入盘根盒的深度为准。压盖压入部分应是压盖可压入深度 H 的 1/2～2/3，如图 8-13 所示。

(5) 加盘根时应用如图 8-14 所示工具（两个半圆套管）对每圈盘根进行压紧，以防止盘根全部加好后再用压盖一次加压产生上紧下松的现象。压盖压紧后与阀杆四周的径向间隙要求一致。

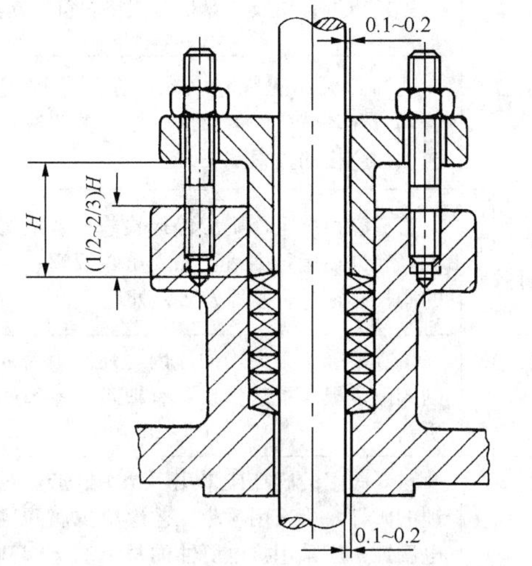

图 8-13 阀杆间隙和盘根压盖的压入深度

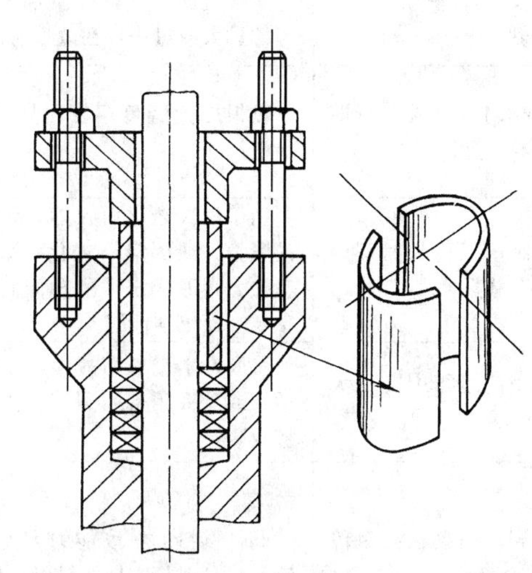

图 8-14 压紧盘根的方法

(6) 新加入的盘根接头，应切成 30°～45°斜口，相邻两圈的接头错开 120°～180°，如图 8-15 所示。盘根切口要整齐，并无松散的纤维头。

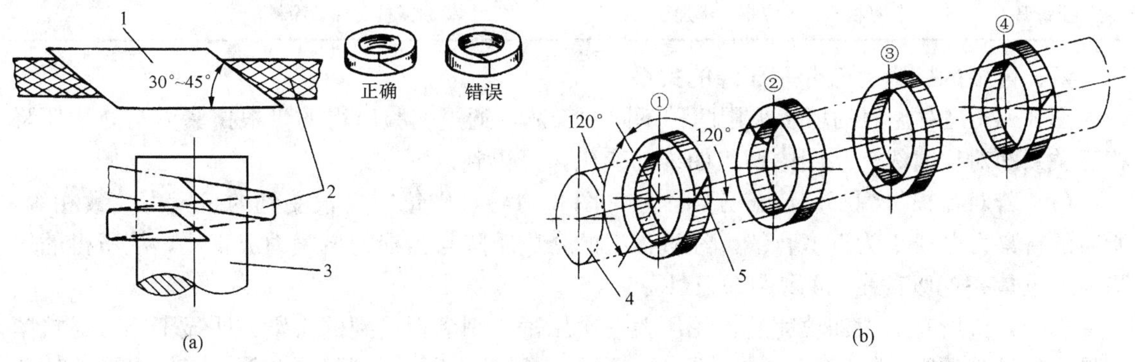

图 8-15 盘根接头与填装

(a) 盘根接头；(b) 盘根填装

1—样板；2—盘根；3—与阀杆等径的圆棒；4—阀杆；5—盘根接头

为了增强盘根的密封性能及改进在现场制作盘根圈的烦琐工艺。目前一些主要系统上的阀门已采用用密封材料制成的各种规格的密封圈（如 RSM－O 型柔性石墨密封圈）。这类密封圈可单独使用，通常在封圈的上下加上用不锈钢材料制作的保护垫圈，并要求阀杆的表面粗糙度达到$\overset{0.6}{\triangledown}$，阀杆不同心度控制在 0.05mm 以下。为了便于安装，封圈开有切口，在安装时不可将封圈切口沿径向拉开而应沿阀杆轴向扭转，使切口错开。封圈套进阀杆不能作多次往复扭转。

三、盘根密封装置主要缺陷及处理方法

盘根密封装置的主要缺陷、发生原因及处理方法见表 8－3。

表 8－3　　盘根密封装置的主要缺陷、发生原因及处理方法

缺　陷	原　因	处 理 方 法
安装盘根时盘根断裂	盘根过期、老化或质量太差；盘根断面尺寸过大或过小，在改型时锤击过度	更换质量合格及与盘根盒规格相符的新盘根
阀门一投入运行即发生泄漏	盘根压紧程度不够；加盘根方法有误；盘根尺寸过小	适当拧紧压盖螺丝（允许在运行中进行），若仍泄漏，就应停运取出盘根，重新按正规工艺填加合格的盘根
阀门运行长时间后发生泄漏	由于盘根老化而收缩，致压盖失去原有的紧力，或因盘根老化、磨损，在阀杆与盘根之间形成定型的轴向间隙；因阀杆严重锈蚀而出现泄漏	若泄漏很严重，则应停运检修；若泄漏量不大，允许在运行中适当拧紧压盖螺帽；对锈腐的阀杆必须进行复原及防锈处理
阀门运行中突然大量泄漏	多属发生突然事故，如系统的压力突然增加或盘根压盖断裂、压盖螺栓滑丝等机械故障	检查系统压力突增的原因，凡发生大量泄漏的阀门盘根应重新更换；有缺陷的零部件必须更新
阀杆与盘根接触段严重腐蚀	阀杆材料的抗腐能力太差，密封处长期泄漏；盘根与阀杆接触段产生电腐蚀	重要阀门的阀杆应采用不锈钢制造，对已腐蚀的阀杆，可采用喷涂工艺解决抗腐问题。抗电腐蚀：应采用抗电腐蚀的材料加工阀杆；在加盘根时应注意清洁工作，做水压试验时要用凝结水以减小电解作用
盘根与阀杆、盘根盒严重粘连及盘根盒内严重锈腐	长期泄漏或阀门长期处于全开或全关状态；工作不负责任，未认真清理旧盘根和盘根盒，加盘根时不加干黑铅粉	阀门不允许发生长期泄漏；在检修时必须认真清理盘根盒，加盘根时在盘根盒内抹上干黑铅粉或抗腐蚀的涂料

四、盘根的挤紧力与介质压降的关系

图 8－16 是对盘根的填装采用两种不同的工艺，通过实验所得的盘根挤紧力与介质压降相互关系的对比曲线。从图中两组曲线的变化，可得到以下结论：

（1）若对盘根每圈都用压盖分别压紧（图 8－14），则每圈盘根受到的挤紧力大致相等，所得的挤紧力曲线 1 为近似直线。经过盘根的介质压降与盘根的挤紧力成正比，故所得的压降线 2 也是一近似直线。两线相交于 K 点。

（2）若待所有盘根加填完后，用压盖一次压紧，则盘根受到的挤紧力明显不等。受挤紧力最大的是第④圈，第③圈次之，①、②圈受力甚微，所得挤紧力线③为一变化极大的曲线。由此而产生的压降曲线 4 也必然是一变化明显的曲线。3、4 曲线交于 K′点。

（3）K 点由第①圈移至第④圈的 K′点，密封点明显向盘根室的出口位移。可看出只要第④圈出问题，盘根就有可能发生泄漏，说明盘根一次压紧的工艺是危险的。

（4）由于挤紧力集中在第④圈（K′点），也造成阀杆在此段的超常磨损。

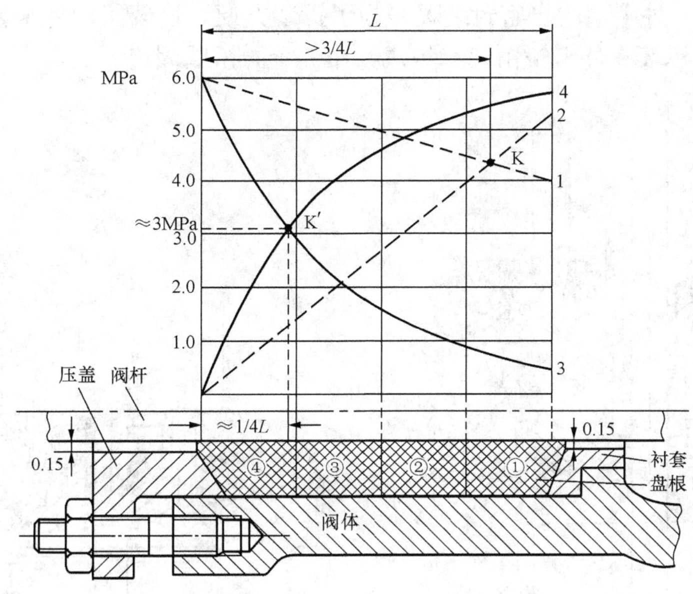

图 8-16 盘根的挤紧力与介质压降的关系

1—盘根分多次压紧所得的盘根挤紧力曲线；2—盘根分多次压紧所得的介质压降曲线；3—盘根一次压紧所得的盘根挤紧力曲线；4—盘根一次压紧所得的介质压降曲线

第四节 高压阀门自密封装置检修

为了改善高压阀门的综合性能，提高阀门质量，国内外制造厂对高压阀门作了较大的改进，其总的趋向是：

(1) 改进阀体造型，以提高阀体强度，便于铸造、便于机加工。

(2) 改进阀体与阀盖、阀底的连接方式，减少法兰结构，提高抗泄漏能力；减少螺栓连接，以减轻其检修劳动强度。

现将与检修有关的阀体连接装置的检修方法分述如下。

一、自密封装置的结构

改进后的高压阀门的阀体底部和阀盖上部均采用一种自密封装置，其结构如下：

图 8-17 为阀体底部自密封装置。密封盘 1 为一中段锥体的实心结构，受紧固螺栓 6 的紧力和阀体内介质压力的作用，其锥体部分紧压在密封圈 3 上，达到阀体底部的密封。密封圈 3 原为低碳钢或不锈钢制造，现改用柔性石墨制造，为了防止阀体与密封圈的接触部位产生锈蚀，在该处嵌有不锈钢套 2。止动环 5 采用四块组合结构，嵌合在阀体的槽口内。

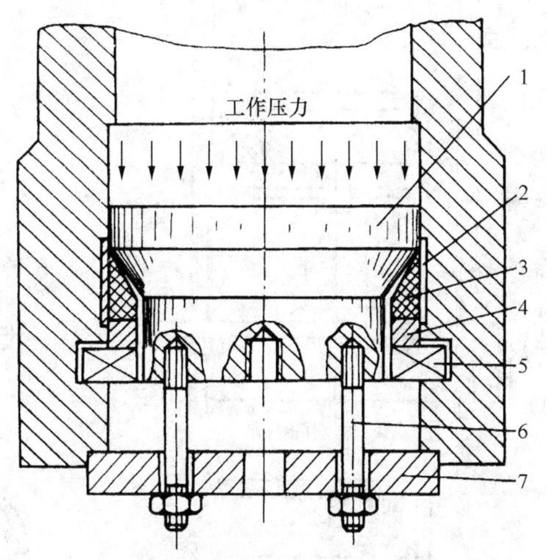

图 8-17 阀体底部自密封装置

1—密封盘；2—硬质不锈钢套；3—密封圈；4—支承环；5—开口止动环；6—紧固螺栓；7—垫板

图 8-18 为阀盖上部自密封装置。

图 8-19 为带有外卡箍的自密封装置。为了拆装方便，该装置用外卡箍代替图 8-18 中的开口止动环和支承环。外卡箍由两半组成并用一个防松圈固定。

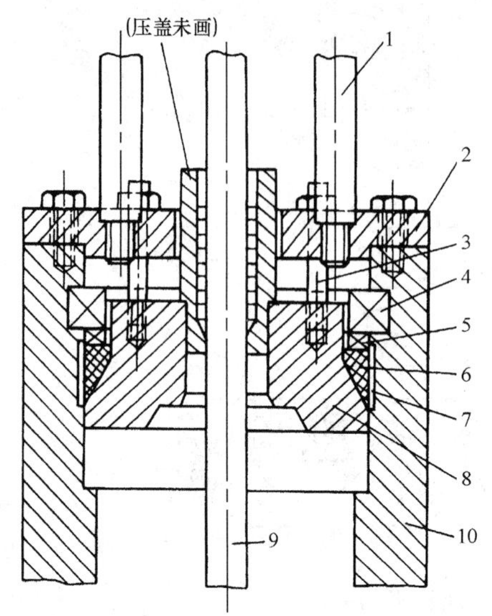

图 8-18　阀盖上部自密封装置

1—连接上部操纵机构的立柱；2—连接垫板；3—紧固螺栓；4—开口止动环；5—支承环；6—密封圈；7—不锈钢套；8—密封盘；9—阀杆；10—阀体上部

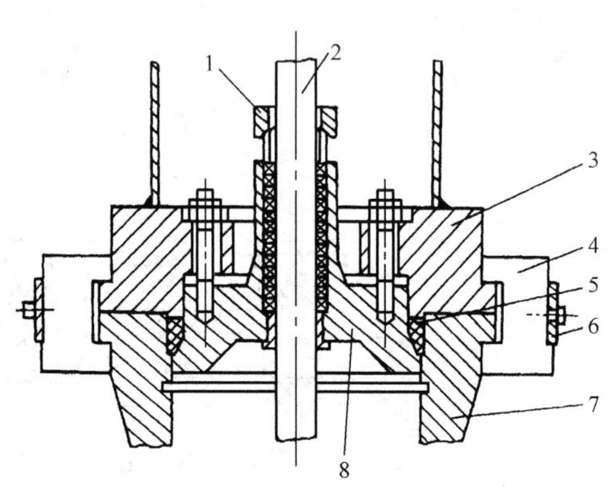

图 8-19　带有外卡箍的自密封装置

1—盘根压盖；2—阀杆；3—阀盖板；4—外卡箍；5—密封圈；6—防松圈；7—阀体上部；8—密封盘

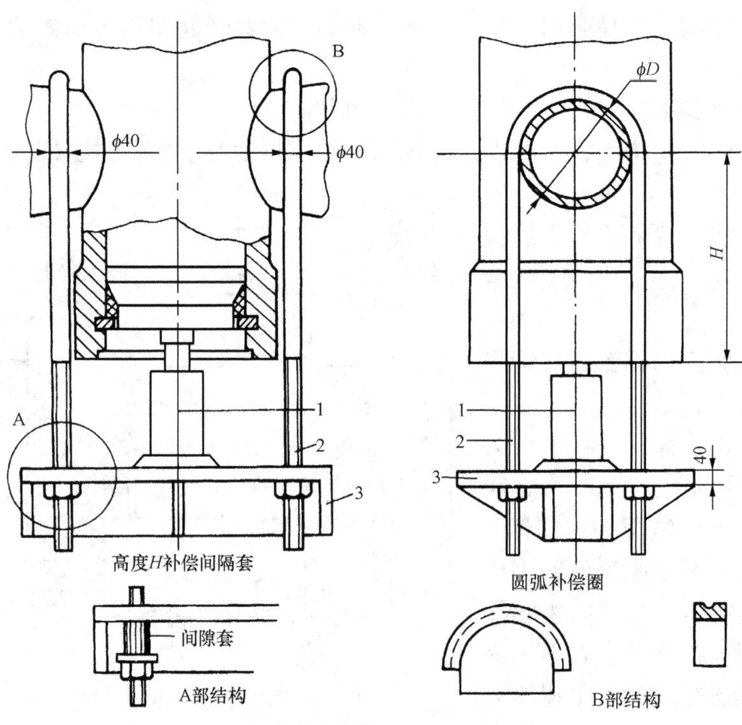

图 8-20　阀体底部自密封装置的拆卸

1—千斤顶；2—吊架；3—台板

二、自密封装置的拆卸与装配

1. 阀体底部自密封装置的拆卸

图 8-20 为阀体底部自密封装置的拆卸方法。拆卸时用圆钢制作的吊架将台板吊装在阀体的下部，用千斤顶将密封盘顶松，取出止动环和支承环，再取下密封圈，最后取出密封盘。

2. 阀盖上部自密封装置的拆卸

图 8-21 为阀盖上部自密封装置的拆卸方法。通常采用螺杆压取或顶丝顶取。先将密封盘向下顶松，再依次取出各部件，如图 8-21 (a)、(b) 所示。当

用常规方法拆卸无效时，可采用加热拆卸。加热的部位应在密封盘位置相对应的阀体外表面。在加热前必须给密封盘一个预压力，待外壳受热膨胀后，密封盘能及时松动，如图8-21（c）所示。热源可用焊枪（氧—乙炔焰）或喷灯。

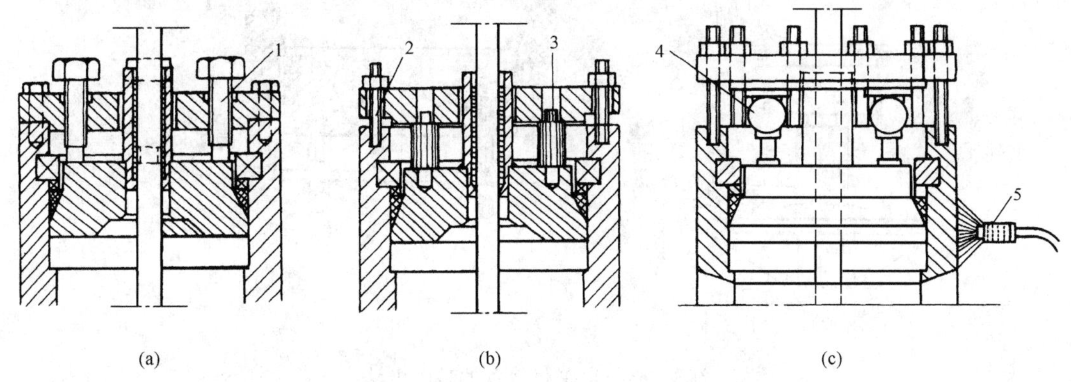

图8-21 阀盖上部自密封装置的拆卸

1—顶丝；2—丝对；3—支撑杆；4—千斤顶；5—加热嘴

3. 密封圈的拆卸

根据密封圈的尺寸，在密封圈的底部钻三个适当孔径的螺孔，装上压板，用丝对拉取，如图8-22所示。此法适用于金属密封圈。若为柔性石墨圈，可直接用钩具将石墨圈钩出。

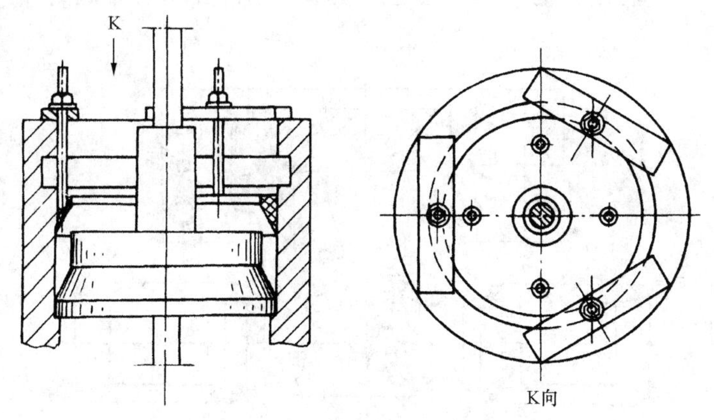

图8-22 密封圈的拆卸方法

取出的金属密封圈应检查其接触印迹，在密封圈的尖部外侧应全圆周与阀体内腔接触。如果印迹有断续现象，则说明阀体有变形，内腔失圆（也有可能是密封盘失圆），查明原因后应进行修理（镗孔或车密封盘外圆），恢复其精度。若密封圈没有损坏，则可继续使用。装复前应进行抛光处理。

4. 自密封装置的装配

阀体底部自密封装置的装配难度要大于阀盖上部自密封装置的装配，因阀体底部的零件需要倒装。

阀体底部自密封装置的装配方法可分为分件组装［图8-23（a）］和整体组装［图8-23（b）］。分件组装时，先将各部件按装配顺序预放在升降工作台上，或放置在图8-20所示的专用台板上，然后一件一件地顶入阀体内部。整体组装时，把装配的部件用支架组合成一整体，再将组合件放置在升降台上顶入阀体内。

全部零件装配完毕后，用扳手将紧固螺栓6拧紧（图8-17），其紧力值要符合制造厂规定。做完水压试验后，再将该螺栓紧固一次。

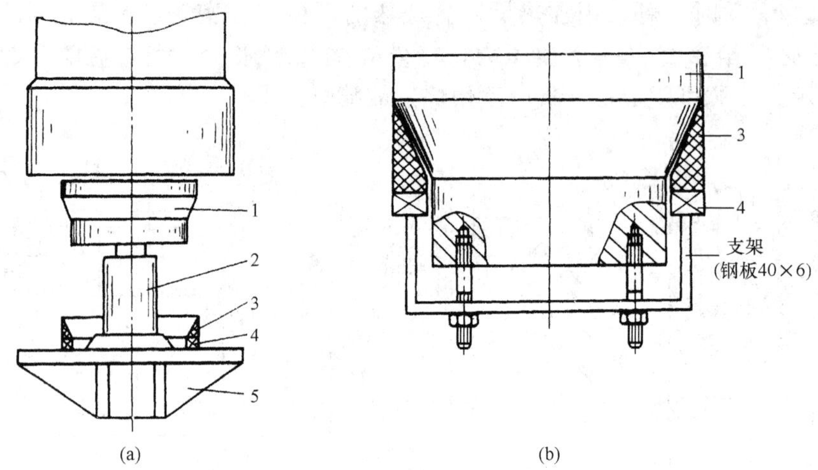

图 8-23　自密封装置的装配方法

(a) 分件组装；(b) 整体组装

1—密封盘；2—千斤顶；3—密封圈；4—支承环；5—升降工作台

三、膜片式密封圈的检修

在高压阀门上常采用膜片式密封圈和阀体与阀盖之间用卡箍连接结构，如图 8-24 所示。这种结构的主要优点是体积小、零件少、可靠性高。

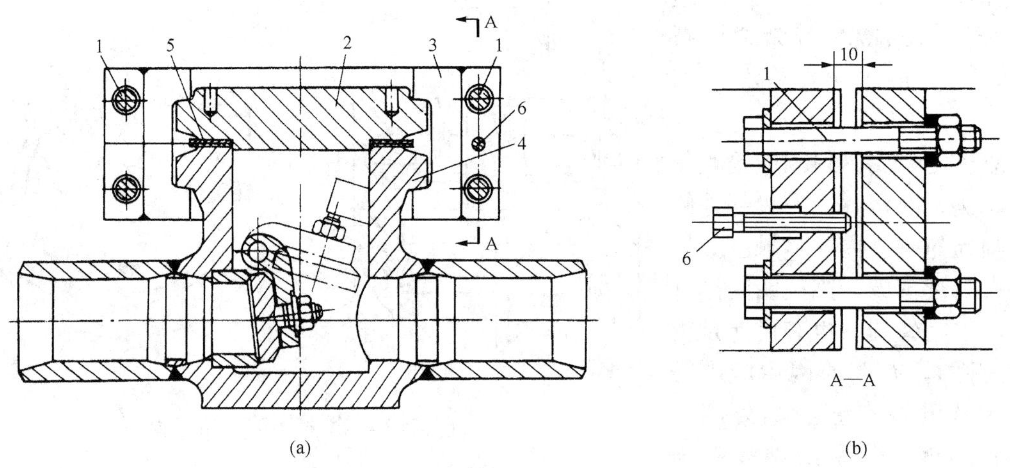

图 8-24　膜片和卡箍式密封装置

(a) 逆止阀上部的密封装置；(b) 卡箍连接处的结构

1—紧固螺栓；2—阀盖；3—卡箍（两个半片）；4—阀体；5—膜片密封圈；6—顶丝

1. 拆卸方法

(1) 将阀门处于开启状态（指闸阀、球阀）。

(2) 拧松卡箍 3 上的四个紧固螺栓 1（仅松几扣）。

(3) 用顶丝 6 将卡箍顶分开。若顶丝力量不够，则可在两半片卡箍之间的缝隙里打入楔铁，使卡箍分开。

(4) 将卡箍吊住，取下紧固螺栓，拆除卡箍。

(5) 磨去两膜片的外缘焊缝 4（图 8-25）。如果膜片密封圈的外露部分不足 7mm，则要更换膜片，因小于此数值就不能进行自熔焊接。

2. 更换膜片的方法

(1) 先除掉旧膜片的焊缝 1（图 8-25）。清除时不要过分伤损阀体和阀盖的密封面，清除的方法一般均用车削加工。

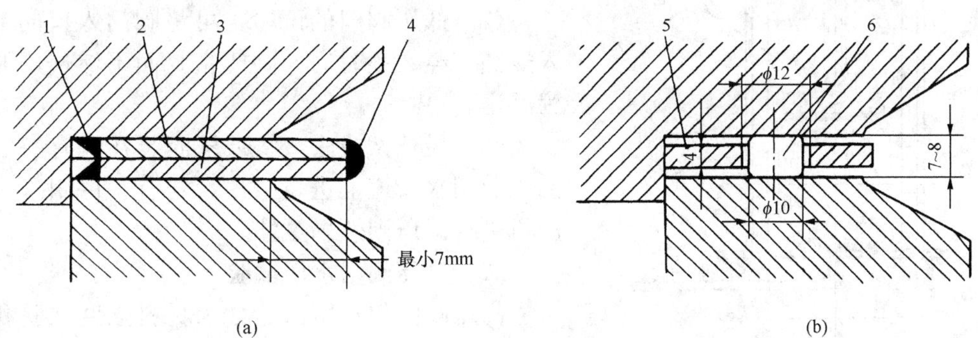

图 8-25　膜片的更换方法

(a) 膜片密封圈的结构；(b) 新膜片厚度的测量方法

1—焊缝；2—上膜片；3—下膜片；4—自熔焊接焊缝；5—钢环；6—紫铜圆柱

(2) 检查阀体、阀盖的密封面。若密封面受损，则应用机床加工，恢复其精度与表面粗糙度。

(3) 测量所加新膜片的厚度。用一个 4mm 厚的钢环，在环的中径上钻四个ϕ12 等分孔，孔中安放ϕ10、高为 7～8mm 的紫铜柱；然后装上卡箍，并对称拧紧四个紧固螺栓，其紧度以两半卡箍之间的距离等于 10mm（举例）为止；紧好后再拆除，取出紫铜柱，用千分尺（分厘卡）测量其高度值；新膜片的总厚度为所测紫铜柱高度值的平均值加 0.50mm，则每膜片的厚度再除以 2。

(4) 新膜片的上下密封面需用平面磨床进行磨加工。

3. 组装步骤

(1) 新膜片磨好后，将两片新膜片分别焊在阀体和阀盖上，焊时注意正确地选用焊条。

(2) 施焊后，对焊缝进行打磨，并用平尺检查。

(3) 将阀盖扣合在阀体上，将上下膜片用氧焊吹熔进行自熔焊接。焊时要装上半片卡箍，以防膜片在施焊时变形。

(4) 装好卡箍，对称拧紧四个紧固螺栓，直至两半卡箍之间的距离达 10mm 为止。两卡箍之间的距离应在卡箍的圆柱体处测量［图 8-24 (b)］，不能在凸耳上测量。因凸耳未经精加工，无基准面。

(5) 阀门投入运行并经半小时升温、加压后，再将紧固螺栓紧一次，以保证锁紧良好。

第五节　阀门水压试验及质量标准

阀门检修好后，应及时进行水压试验，合格后方可使用。未从管道上拆下来的阀门，其水压试验可以和管道系统的水压试验同时进行。拆下来检修后的阀门，其水压试验必须在试

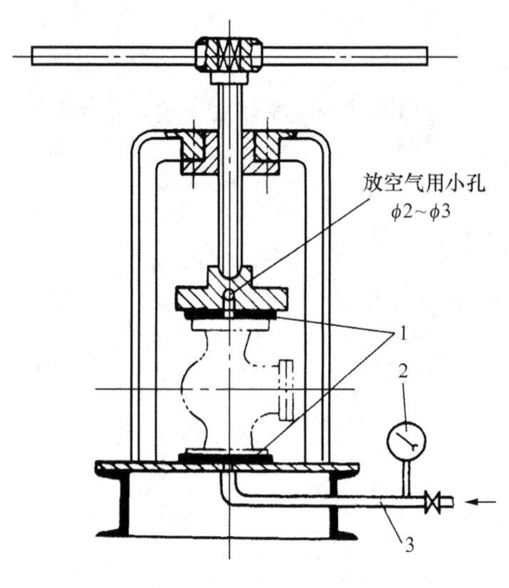

图 8-26 阀门水压试验台
1—垫片；2—压力表；3—压力水管

验台上进行，如图 8-26 所示。

一、低压旋塞和低压阀门试验

(1) 低压旋塞（考克）的试验，可以通过嘴吸，只要能吸住舌头 1min，就认为合格。

(2) 低压阀门的试验，可将阀门入口向上，倒入煤油，经数小时后，阀门密封面不渗透，即可认为严密。

(3) 最佳试验法，将低压阀装在具有一定压力的工业用水管道上进行试压，若有条件用一小型水压机进行试压则效果更佳。

二、高压阀门水压试验

高压阀门的水压试验分为材料强度试验和气密性试验两种。

1. 材料强度试验

试验的目的是检查阀盖、阀体的材料强度及铸造、补焊的质量。其试验方法如下：

把阀门压在试验台上，打开阀门并向阀体内充满水，然后升压至试验压力，边升压边检查。试验压力为工作压力的 1.5 倍，在此压力下保持 5min，如没有出现泄漏、渗透等现象，则强度试验就合格。

需要做材料强度试验的阀门，必须是阀体或阀盖出现重大缺陷，如变形、裂纹，并经车削加工或补焊等工艺修复的。对于常规检修后的阀门，只需做气密性试验。

2. 气密性（严密性）试验

试验的目的是检查门芯与门座、阀杆与盘根、阀体与阀盖等处是否严密。其试验方法如下：

(1) 门芯与门座密封面的试验，将阀门压在试验台上，并向阀体内注水，排除阀体内空气，待空气排尽后，再将阀门关闭，然后加压到试验压力。

(2) 阀杆与盘根、阀体与阀盖的试验，经过密封面试验后，把阀门打开，让水进入阀体内并充满，再加压到试验压力。

(3) 试压质量标准，试验压力为工作压力的 1.25 倍，并恒压 5min，如没有出现降压、泄漏、渗透等现象，气密性试验就为合格。如不合格，就应再次进行修理，修后再重做水压试验。试压合格的阀门，要挂上“已修好”的标牌。

第六节 动态、静态密封材料

一、密封与密封材料

起密封作用的部件如垫圈、盘根等，通称为密封件，简称为密封。

密封分为静态密封和动态密封两类。凡处于相对静止的两结合面之间的密封称为静态密封，如法兰的垫圈、阀门的阀体与阀盖结合面的垫圈，均属静态密封；凡处于两结合面之间有相对运动的密封称为动态密封，如阀门用的盘根、泵类轴颈用的填料、活塞用的皮碗、胶圈等，均属动态密封。

正确地选用密封对保证设备检修质量、保证安全运行极为重要。检修人员应能根据介质的理化性质及工作参数正确地选用密封件。现将常用的静态密封垫料和动态密封盘根列表 8-4 和表 8-5。

表 8-4　　常用的垫料

种类	材料	压力（MPa）	温度（℃）	介质
纸垫	软钢纸板	＜0.4	＜120	油类
橡皮垫	天然橡胶	＜0.6	－60～100	水、空气、稀盐（硫）酸
	普通橡胶板（HG4—329—1966）		－40～60	水、空气
夹布橡胶垫	夹布橡胶（GB 583—1965）	＜0.6	－30～60	水、空气、油
橡胶石棉垫（JB1161—1973）（JB87—1959）	高压橡胶石棉板（JC125—1966）	＜6	＜450	空气、蒸汽、水、＜98%硫酸、＜35%盐酸
	中压橡胶石棉板（JC125—1966）	＜4	＜350	
	低压橡胶石棉板	＜1.5	＜200	
	耐油橡胶石棉板（GB539—1966）	＜4	＜400	油、氢气、碱类
O形橡胶圈（GB1235—1976）（JB921—1975）	耐油、耐低温、耐高温的橡胶	＜32	－60～200	油、空气、水蒸气
	耐酸碱的橡胶	2.5	－25～80	浓度20%硫酸、盐酸
金属平垫	紫铜、铝、铅、软钢、不锈钢、合金钢	＜20	600	蒸汽、水、油、酸、碱
金属齿形垫、异形金属垫（八角形、梯形、椭圆形的垫）	10（08）钢、（0Cr13）	＞4	600	
	铝、合金钢	＞6.4	600	

表 8-5　　常用的盘根

种类	材料	压力（MPa）	温度（℃）	介质
棉盘根	棉纱编结棉绳；油浸棉绳；橡胶棉绳	＜20～25	＜100	水、空气、油类
麻盘根	麻绳；油浸麻绳；橡胶麻绳	＜16～20	＜100	
普通石棉盘根	油和石墨浸渍过的石棉线；夹铝丝石棉编织线，用油、石墨浸渍；夹铜丝石棉编织线，用油和石墨浸渍	＜4.5 ＜4.5 ＜6	＜250 ＜350 ＜450	水、空气、蒸汽、油类
高压石棉盘根	用石棉布（线），以橡胶为黏结剂，石棉与片状石墨粉的混合物	＜6	＜450	水、空气、蒸汽
石墨盘根	石墨做成的环，并在环间填充银色石墨粉，掺入不锈钢丝，以提高使用寿命	＜14	540	蒸汽
碳纤维填料（盘根）①	经预氧化或碳化的聚内烯纤维，浸渍聚四氟乙烯乳液	＜20	＜320	各种介质

续表

种　类	材　料	压力 (MPa)	温度 (℃)	介　质
氟纤维填料② (可制成标准形状)	聚四氟乙烯纤维，浸渍聚四氟乙烯乳液	<35	260	各种介质
金属丝填料	铅丝 铜丝	 <35	230 500	油 蒸汽
PSM-O型柔性石墨密封圈	(成品为矩形截面圆圈)	<32		用于高压阀门

①碳纤维盘根具有自润滑性、密封性良好，对轴颈磨损轻微（仅为石棉盘根的1/50），适用转动机械的轴封。

②与①相同，并能在强腐蚀介质中应用，寿命达2500h以上。

二、阀门密封与工艺的关系

1. 阀体与阀盖接合面的密封

(1) 普通密封面。它是低、中压阀门普遍采用密封结构，如图8-27 (a) 所示。对密封垫的选料，只要其理化性质符合要求，无其他特殊规定（包括垫料的厚度）。

(2) 沟槽密封面。它是高压阀门阀体、阀盖接合面普遍采用的结构，如图8-27 (b) 所示。在沟槽内用何种材质的垫料，无严格规定（在检修规程中有具体要求），但在垫料的厚度上应满足：即在接合面的螺栓拧到标准扭矩后，两密封面不能接触，如图8-27 (b) A部放大图所示。若已接触无间隙，则有两种可能：一是密封垫已达到所需的密封紧度，而另一更大的可能是垫料尚未达到密封紧度。后一种现象是危险的，故要求密封垫的厚度在螺栓拧紧后，还未将垫子全部压入槽内（两密封面尚有一定间隙 δ）。

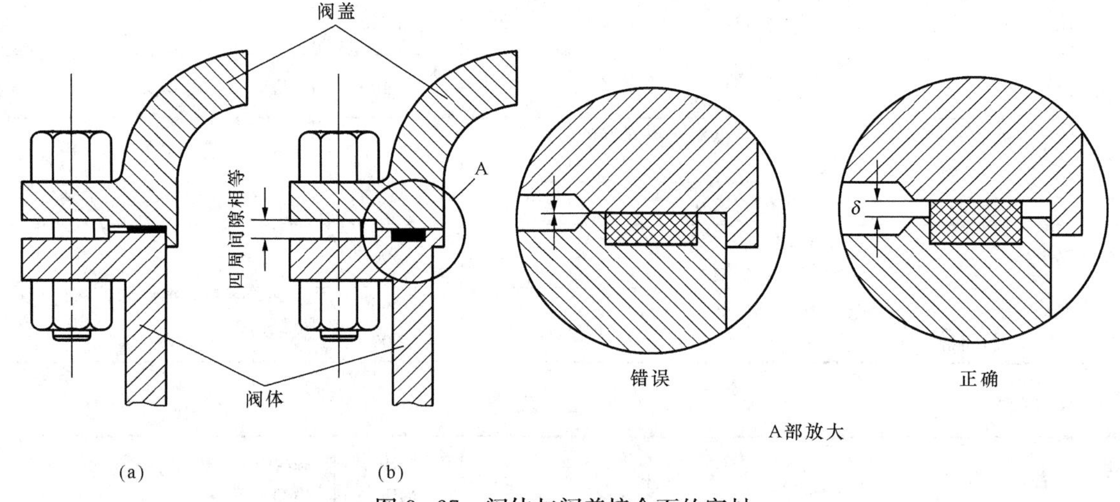

图8-27　阀体与阀盖接合面的密封

(a) 普通密封面；(b) 沟槽密封面及A部放大

这一要求同样适用于管道法兰连接。

2. 盘根密封

(1) 盘根用料的优选。阀门盘根的密封性能优劣，除依靠正确的填加工艺外，还取定于所选用盘根的材质性能。例如：过去最常用的石棉石墨盘根，它与碳纤维编制的盘根相比，后者在严密性、耐磨性及润滑性等明显优于前者。选用新材料、发现新材料是提高密封性能的重要方向。

(2) 膨胀问题。盘根密封同样存在着膨胀问题。例如一个 100mm 直径的阀杆在 500℃时，其直径会增大 0.50mm。虽然盘根、阀盖也在膨胀，但存在着温差与膨胀系数的差异。多次反复升温降温，使得非弹性的盘根与阀杆之间形成间隙，造成泄漏。解决途径：

——选用具有一定弹性的盘根如：金属丝填料、O 形柔性石墨密封圈等；

——加强阀盖的保温，减少阀盖与阀体的温差；

——改进盘根根部衬套设计，如图 8-28 所示。

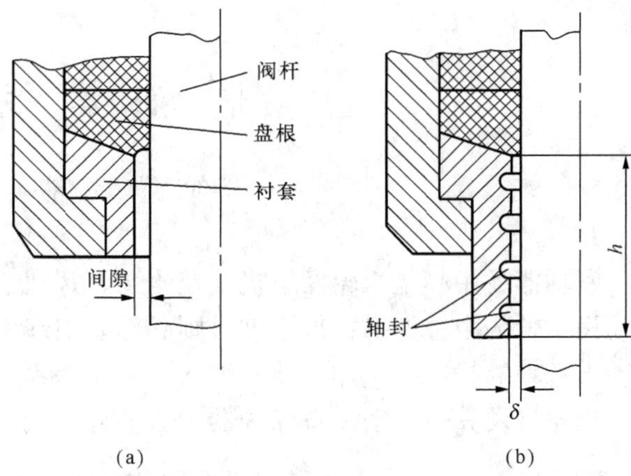

图 8-28 盘根根部衬套的改进

(a) 原结构；(b) 改进后的衬套；

h—增加衬套的长度，并在衬套孔壁车制轴封槽；

δ—减小衬套与阀杆之间的间隙（小于 0.15mm）

思 考 题

1. 阀门在解体前，如何证实该阀门已从系统中解列（与运行系统隔断）？
2. 阀门在解体与组装时，为何阀门的门芯要处于开启状态？
3. 门芯或门座在粗磨时，根据什么现象确定要更换研磨砂？
4. 在开始研磨时，为何不能将门芯与门座直接进行粗磨？
5. 球型阀的安装方向如何确定？
6. 在运行中若发现阀门盘根处泄漏量增大，是否可以紧盘根压盖以消除泄漏？
7. 新检修好的阀门投入运行后，在盘根处即发生泄漏，是何原因？
8. 开启阀门时，手轮车旋转，但阀门开不开是何原因？
9. 开启阀门时，阀杆在动，但阀门没有打开是何原因？

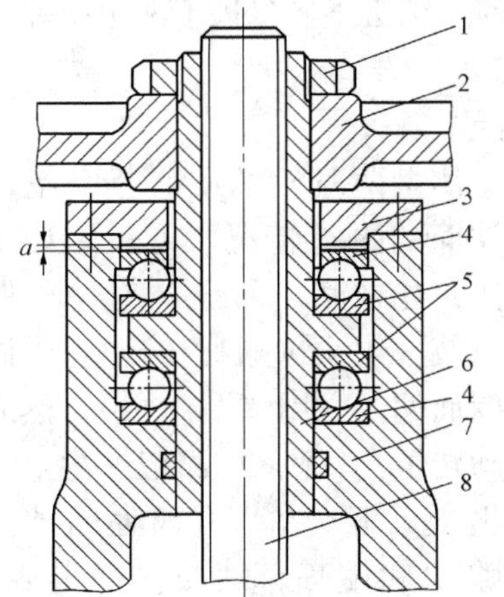

图 8-29 阀门的启闭结构

10. 启、闭阀门时，用力开、关，阀门就是打不开或关不严，是何原因？是否可再加力启、闭？
11. 叙述填加盘根的工艺。
12. 为什么在填加盘根时要分层压紧？
13. 简述阀门水压试验分类及试验方法。
14. 何谓动、静态密封？
15. 在填装带沟槽密封结构的垫料时，对垫料的厚度有何要求？
16. 对盘根根部衬套的改进方案进行分析，为什么改进方案会增加盘根的密封性能？
17. 注明图 8-29 阀门启闭结构各零件的名称，重点说明 4、5 零件的名称、用途及组装的注意事项。图中 a 为间隙，说明此间隙的作用。

第九章

联 轴 器 找 中 心

第一节 概　　述

联轴器找中心是汽轮发电机组及水泵、风机、磨煤机等转动设备检修的一项重要工作。转动设备轴的中心如果找得不准，则必然要引起机组的超常振动。因此，在检修中必须进行转动设备轴的找中心工作，使两轴的中心偏差不超过规定数值。

汽轮机及其他转动设备联轴器中心的允许偏差，见表 9-1 和表 9-2。

表 9-1　汽轮机联轴器中心的允许偏差（3000r/min）　mm

联轴器类别	端面允许偏差	外圆允许偏差	联轴器类别	端面允许偏差	外圆允许偏差
刚性联轴器	≤0.02～0.03	≤0.04	挠性联轴器（弹性）	≤0.06	≤0.08
半挠性联轴器	≤0.05	≤0.06	挠性联轴器（齿轮）	≤0.08	≤0.10

表 9-2　其他转动设备联轴器中心的允许偏差（端面值）　mm

联轴器类别	3000r/min	1500～3000 r/min	750～1500 r/min	500～750 r/min	500r/min 以下
刚性联轴器	0.02	0.04	0.06	0.08	0.10
半挠性联轴器	0.04	0.06	0.08	0.10	0.15

外圆允许偏差比端面允许偏差可适当放大，但放大值一般不超过 0.02mm。

一、联轴器找中心的目的及原理

联轴器找中心的目的是使一转子轴中心线为另一转子轴中心线的延续曲线。因两个转子的轴是用联轴器连接的，所以只要联轴器的两对轮中心是延续的，那么这两转子的中心线也就一定是一条延续的曲线。要使联轴器的两对轮中心是延续的，则必须满足以下两个条件：

（1）使两个对轮中心重合，也就是使两对轮的外圆同心。

（2）使两个对轮的结合面（端面）平行（两轴中心线平行）。

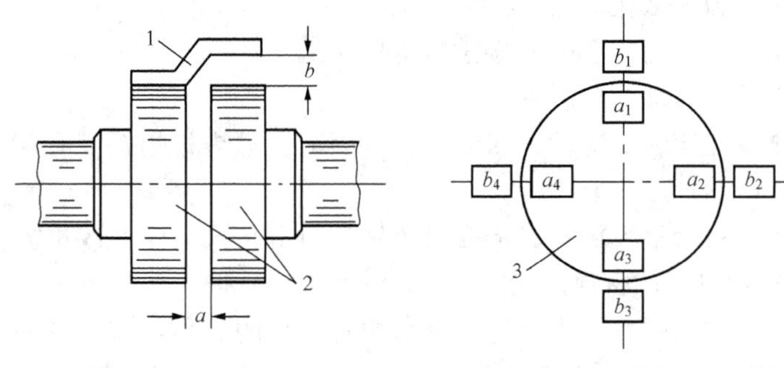

图 9-1　对轮找中心的原理

1—桥规；2—联轴器对轮；3—中心记录图

测量两对轮的中心重合情况和端面的平行情况，可采用如下方法：先在某一转子的对轮外圆面上装一工具（通称桥规），供测外圆面偏差之用（图 9-1）；然后转动转子，每隔 90°测记一次，共测出上、下、左、右四处的外圆间隙 b 和端面间隙 a，得出 b_1、b_2、b_3、b_4 和 a_1、a_2、a_3、a_4，再将其结果记在图 9-1 的方格内。

若测得的数值中：

$a_1=a_2=a_3=a_4$，则表明两对轮的端面是平行的；

$b_1=b_2=b_3=b_4$，则表明两对轮是同心的。

同时满足上述两个条件，两轴的中心线就是一条延续曲线。如果所测得的数值不等，就说明两轴中心线不是一条延续曲线，需要对轴承进行调整。

由此可知，联轴器找中心的主要工作有两项：

(1) 测量两对轮的外圆面和端面的偏差值；

(2) 根据测量的偏差数值，对轴承（或轴瓦）作相应的调整，使两对轮中心同心、端面平行。

二、对轮的加工误差对找中心的影响

由于联轴找中心是以外圆和端面为基准进行调整的，所以就要求对轮和轴颈的加工精度及对轮的安装质量不许有偏差。实际上，要做到没有偏差是不可能的，也就是说对轮外圆与端面不可避免地存在着晃动和瓢偏。当转动一侧对轮时，即可从图 9-2 中清楚地看出对轮的瓢偏和晃动对端面 a 值及外圆 b 值的影响。

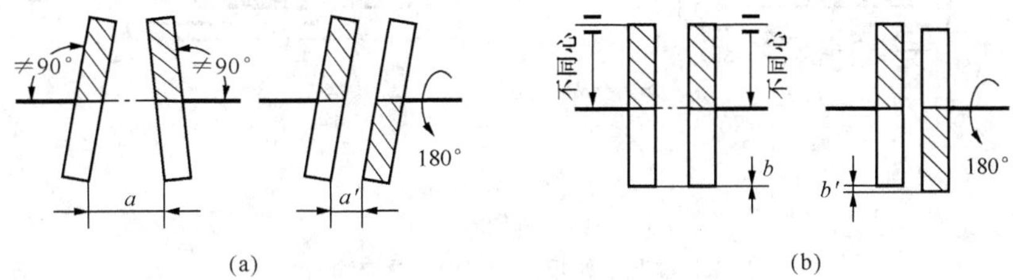

图 9-2　对轮的瓢偏与晃动对找中心的影响

(a) 瓢偏的影响；(b) 晃动的影响

若用销子将两对轮穿连，并同时转动两对轮，就可发现端面 a 值及外圆 b 值不随着两对轮转动的位置改变而发生变化，如图 9-3 所示，也就是说两对轮瓢偏及晃动对所测出的端面 a 值和外圆 b 值没有影响。

根据上述实验，得到下述结论：在找中心时，必须将两对轮依照原来的连接位置连在一起同时转动。

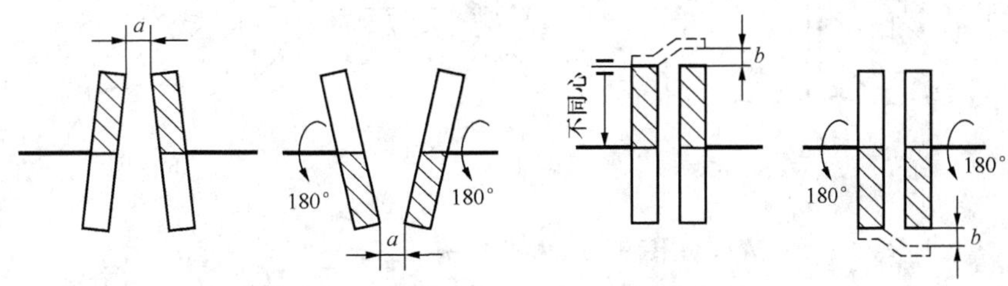

图 9-3　两对轮同时转动后的情况

第二节　找中心方法及步骤

一、找中心前的准备工作

(1) 检查并消除可能影响对轮找中心的各种因素。如拆除联轴器上的附件及连接螺栓

（两对轮只留一根穿销），并清除对轮上的油垢、锈斑；检查各轴瓦是否处于良好状态；检查两个转子是否处于自由状态，无任何外力施加在转子上等。

（2）准备桥规。桥规一般都是自制的，图 9-4 与图 9-5 所示的是两种通用性较好的桥规。

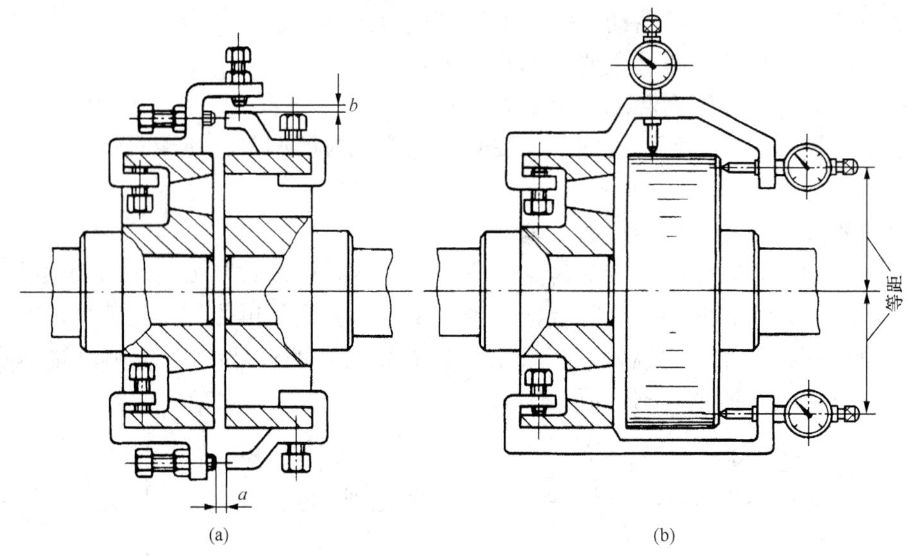

图 9-4 桥规结构（一）

（a）用塞尺测量的桥规；（b）用百分表测量的桥规

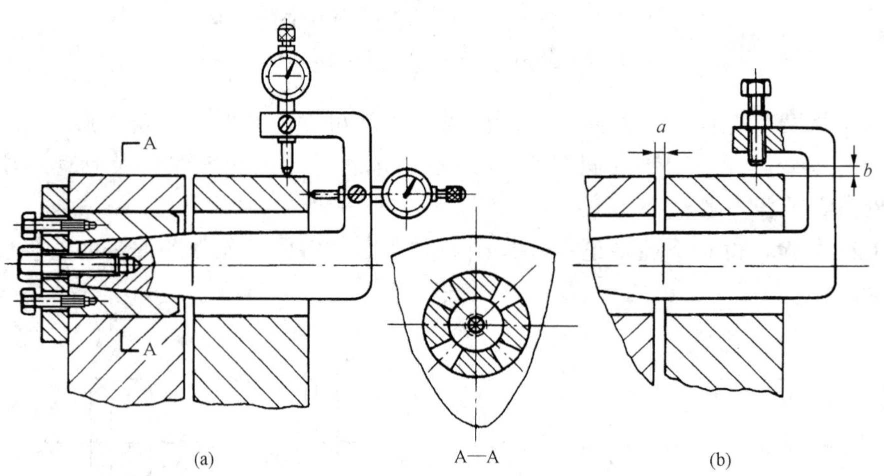

图 9-5 桥规结构（二）

（a）用百分表测量的桥规；（b）用塞尺测量的桥规

（3）用塞尺测量时需调整桥规的测位间隙（图 9-5 中间隙 b），在保证有间隙的前提下，应尽量将间隙 b 调小，以减小因塞尺片数过多而造成的误差。使用塞尺的方法如图 9-6 所示。

（4）用百分表测量时，必须按百分表的组装要求进行（详见图 1-22 的说明）。桥规与百分表装好后，试转一圈。要求测量外圆的百分表指针复原位，测量端面两表的读数的差值应与起始时的差值相等。百分表的安装角度，应有利于看清指针的位置，便于读数（图 9 - 7）。

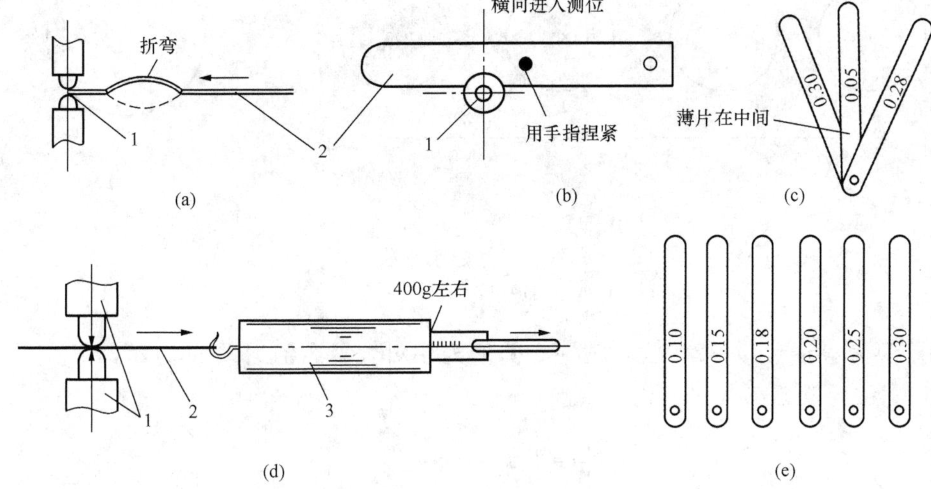

图 9 - 6　使用塞尺方法

(a) 不要用塞尺的端头插入测点；(b) 应将塞尺中部横向插入测位；(c) 塞尺重叠数不超过三片；每加一片（三片为基数）加 0.01mm；(d) 塞尺插入的紧度约为 400g（弹簧秤）；(e) 找中心时将塞尺拆散，按序排列，以利于选用

1—测位；2—塞尺；3—弹簧秤

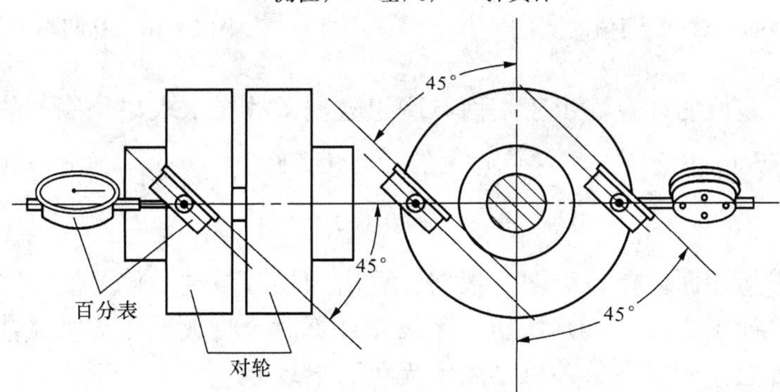

图 9 - 7　百分表的安装角度

二、数据的测量、记录及计算

1. 外圆、端面数据的测记

(1) 测记时，将测量外圆的百分表转到上方，先测出外圆值 b_1，记录在圆外，再测端面值 a_1、a_3，记录在圆内，如图 9 - 8 所示。每转 90°测记一次，共测四次。在现场多用一个图记录，这样更便于分析和计算。

(2) 测量端面值要装两只百分表，是为了消除在测量时轴向窜动对端面的影响，两表必须装在同一直径线上并距中心等距（图 9 - 9）。

2. 外圆、端面偏差值的计算

(1) 外圆中的心差值的计算。从图 9 - 10 可看出外圆与中心的关系，外圆差值为 b_1-b_3，

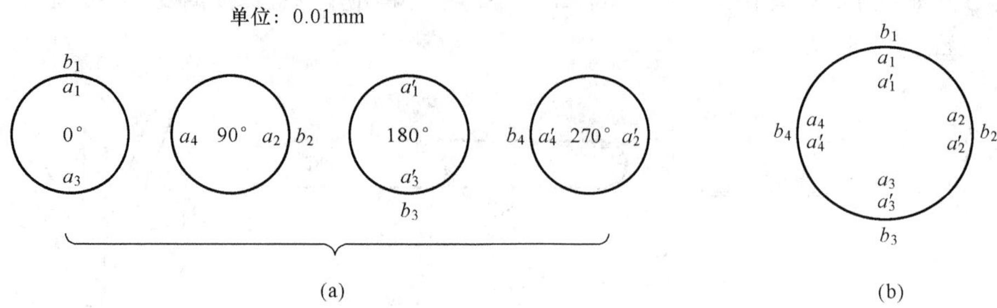

图 9-8 记录方法

(a) 用四个图记录；(b) 用一个图记录

而轴中心差值为（b_1-b_3）/2。故外圆中心差值为相对位置数值之差的 1/2。

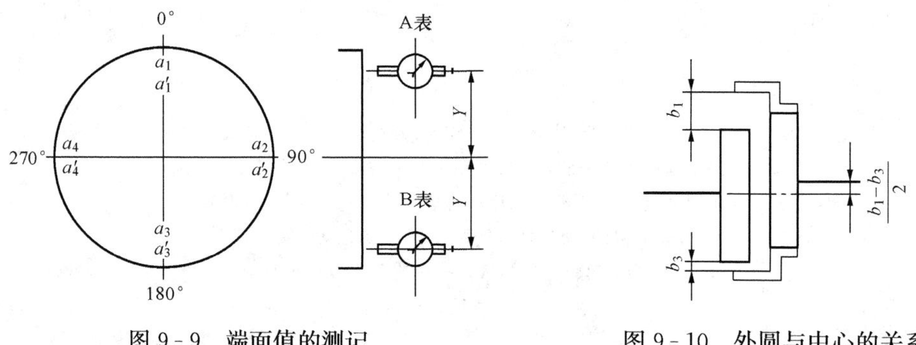

图 9-9 端面值的测记

图 9-10 外圆与中心的关系

（2）端面平行差值的计算。由于端面有两组数据，故要求求出每测点的平均值。端面上下不平行值为$\frac{a_1+a'_1}{2}-\frac{a_3+a'_3}{2}$，左右为$\frac{a_2+a'_2}{2}-\frac{a_4+a'_4}{2}$，故端面不平行值为相对位置平均值之差。

（3）对轮外圆与端面偏差总结图。根据计算出的外圆与端面偏差值，将偏差值记录在对轮偏差总结图中，如图 9-11（b）所示。因为在计算时，将大数作为被减数，并将计算结果记录在被减数位置上，所以在偏差总结图中无负数出现。

三、中心状态分析

根据对轮的偏差总结图中数据，即可对两轴的中心状态进行推理，并绘制出中心状态图。绘制中心状态图是找中心成败的关键，不允许发生推理上的错误，要特别细心。

绘制中心状态图具备的条件：

（1）准备条件：测量工具，桥规固定方式，视向（图 9-11 所示的对轮简图）。

（2）记录并绘制测量记录图，如图 9-11（a）所示。

（3）计算并绘制对轮偏差总结图［图 9-11（b）］。

（4）测记对轮直径与轴承中心距的尺寸。

举例说明：

图 9-11（a）是用塞尺测量的记录图。桥规固定在轴的调整端，视向见图中箭头方向。

图 9-11（b）是根据（a）图的记录计算出的对轮偏差总结图。图中的左右是根据视向确定的。

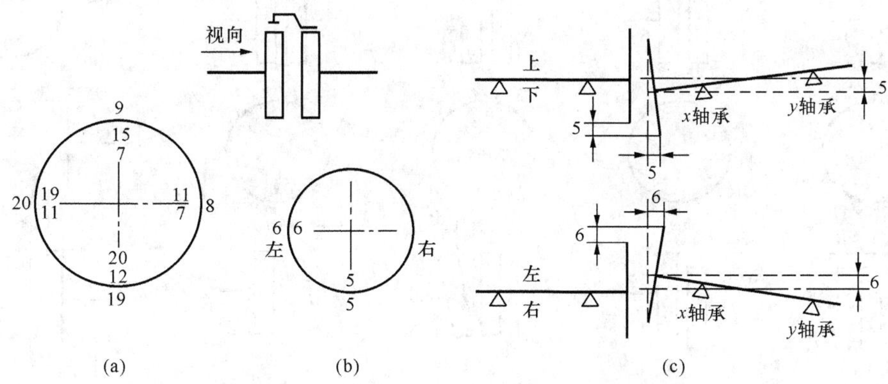

图 9-11 中心状态的分析（用塞尺测量）

（a）记录图；（b）对轮偏差总结图；（c）中心状态图

图 9-12 是用百分表测量的记录图和中心状态图。

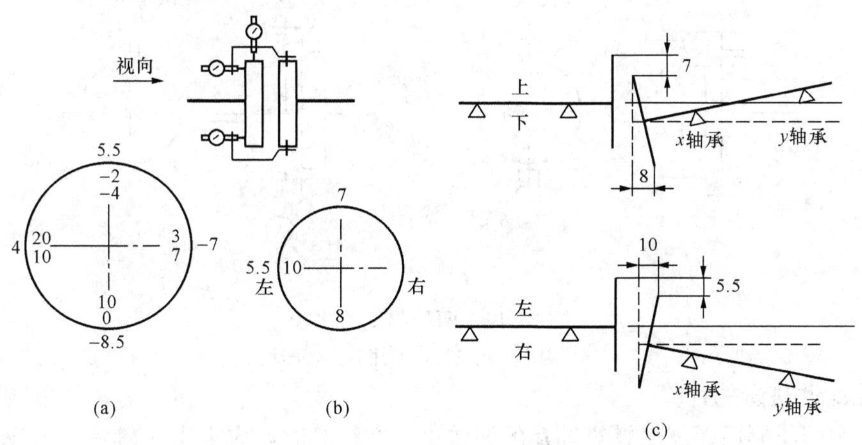

图 9-12 中心状态的分析（用百分表测量）

（a）记录图；（b）对轮偏差总结图；（c）中心状态图

四、绘制中心状态图应注意的几个问题

（1）桥规固定在 A 侧对轮，根据中心偏差总结图外圈差值，说明 B 侧对轮中心低 0.20mm [9-13（a）]。

（2）若将桥规固定在 B 侧，则 A 侧对轮中心低 0.20mm [图 9-13（b）]。

（3）测量对轮端的平行差时，由于测位的不同，致使对轮的张口方向相反。图 9-13（c）上张口，图 9-13（d）为下张口。

（4）在中心状态图上标示对轮外圈、端面偏差值时，一定要与中心总结图所示的偏差值方位相同，如图 9-13（e）所示。

（5）用塞尺测量与用百分表测量不同之处是测值与测位的状态相反，详见图 9-14 所示的两种测量的比较。

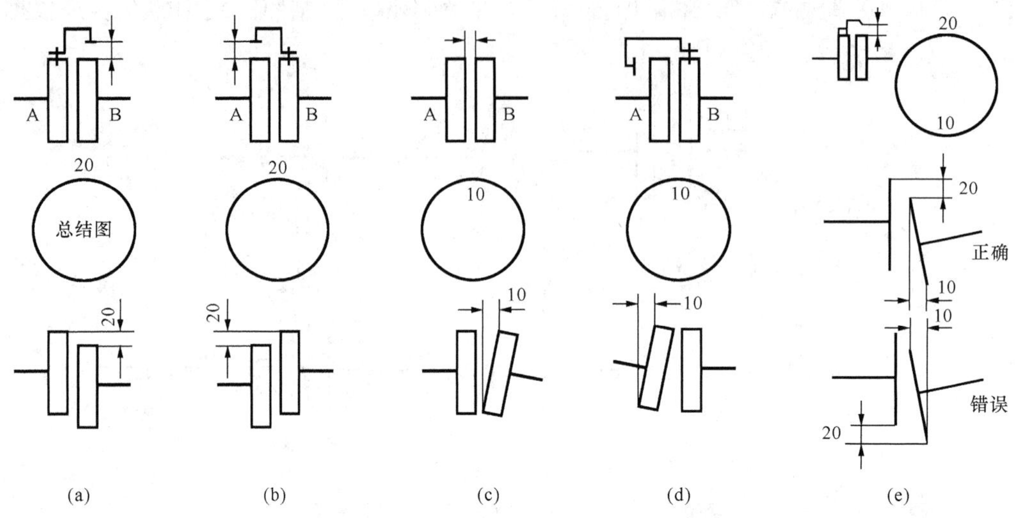

图 9-13　绘制中心状态图的注意事项

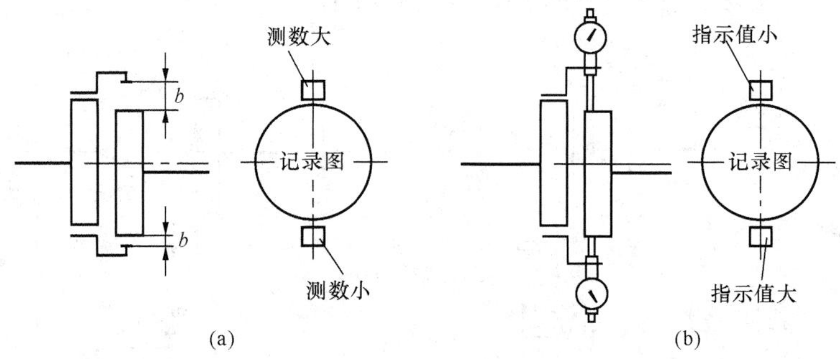

图 9-14　两种测量的比较

(a) 用塞尺测量；(b) 用百分表测量

五、轴瓦调整量的计算

中心状态图绘制后，就可计算轴瓦的调整量。在计算时，先求出 x 轴承与 y 轴承为消除 a 值的调整量，按三角形相似定理（图 9-15）有如下关系：

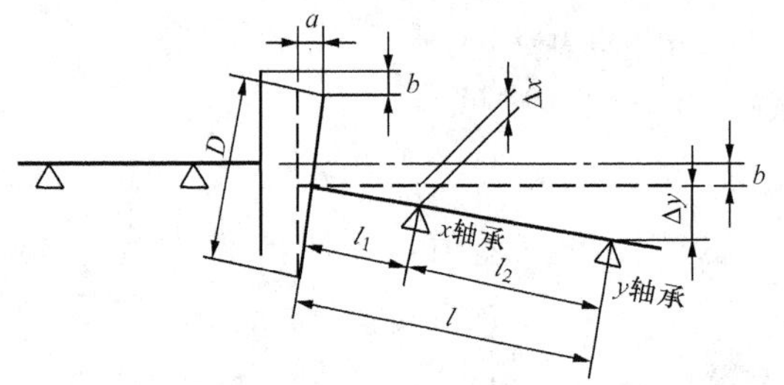

图 9-15　计算轴瓦调整量示意

$$\frac{\Delta x}{a}=\frac{l_1}{D}\quad 则\ \Delta x=\frac{l_1 a}{D};$$

$$\frac{\Delta y}{a}=\frac{l}{D}\quad 则\ \Delta y=\frac{la}{D}$$

求出 Δx、Δy 后，再根据中心状态图，确定是减去 b 值还是加上 b 值，即总的调整量为 $\Delta x\pm b$；$\Delta y\pm b$。

【例 1】　转子的尺寸及测记数据（用塞尺测量），如图 9-16（a）所示。

（1）根据对轮偏差总结图绘制中心状态图，如图 9-16（b）所示。

（2）计算轴瓦为消除 a 值的调整量。

x 瓦与 y 瓦应向上移动：

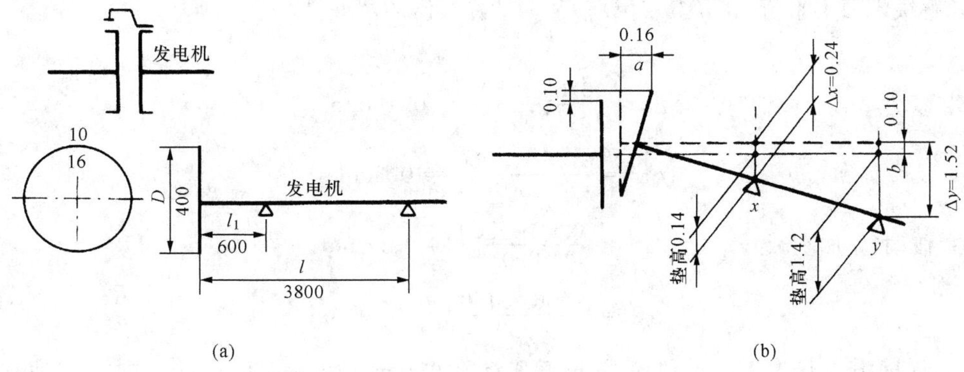

图 9-16　例题 1 示意

(a) 已知条件；(b) 中心状态图

$$\Delta x = \frac{l_1 a}{D} = \frac{600 \times 0.16}{400} = 0.24\text{mm}$$

$$\Delta y = \frac{la}{D} = \frac{3800 \times 0.16}{400} = 1.52\text{mm}$$

(3) 根据中心状态图，两轴瓦应同时减去 b 值。

x 瓦应垫高　　0.24－0.10＝0.14mm

y 瓦应垫高　　1.52－0.10＝1.42mm

【例 2】　已知条件详见图 9-17 (a)。

(1) 根据记录图算出对轮偏差总结图，如图 9-17 (b) 所示。

(2) 根据对轮偏差总结图及测量方法（桥规固定方式、测量的量具），绘制中心状态图，如图 9-17 (c) 所示，并经校核无误。

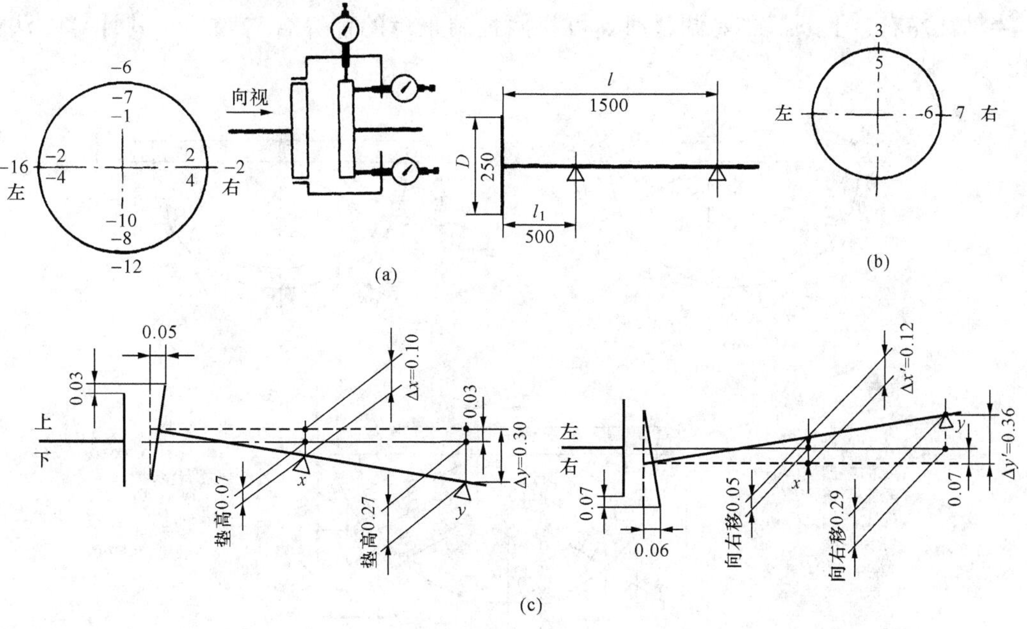

图 9-17　例 2 示意

(a) 已知条件；(b) 对轮偏差总结图；(c) 中心状态图

（3）解决端面不平行的问题，计算轴瓦为消除 a 值的调整量。

向上移动 $\Delta x=\frac{0.05\times500}{250}=0.10\text{mm}$

$\Delta y=\frac{0.05\times1500}{250}=0.30\text{mm}$

向右移动（左加右减） $\Delta x'=\frac{0.06\times500}{250}=0.12\text{mm}$

$\Delta y'=\frac{0.06\times1500}{250}=0.36\text{mm}$

（4）根据中心状态图，两轴瓦应向下移动 0.03mm（减去 0.03mm）；向左移动 0.07mm（减去 0.07mm）。

x 瓦应垫高 0.10－0.03＝0.07mm

y 瓦应垫高 0.30－0.03＝0.27mm

x 瓦应向右移动（左加右减） 0.12－0.07＝0.05mm

y 瓦应向右移动（左加右减） 0.36－0.07＝0.29mm

六、可调式轴承调整量的计算

可调式轴承的下瓦通常为三块垫铁，左右的两块多为倾斜结构，这给计算工作增加一定难度，只要理解垫铁的角度与调整量的关系，其计算工作也易掌握。

当轴瓦左右调整 ΔL 时，两侧垫片的调整量为 $\Delta L\cos\alpha$。如图 9-18（a）所示的图例，左侧增加 $\Delta L\cos\alpha$，右侧减少 $\Delta L\cos\alpha$，下面垫片不变。

当轴瓦上下调整 ΔH 时，两侧垫片的调整量为 $\Delta H\sin\alpha$。如图 9-18（b）所示的图例，两侧垫片增加 $\Delta H\sin\alpha$，下面垫片增加 ΔH。

当轴瓦左右、上下都需要调整时，可将两种调整量的计算合二为一，其计算方法如图 9-18（c）所示。

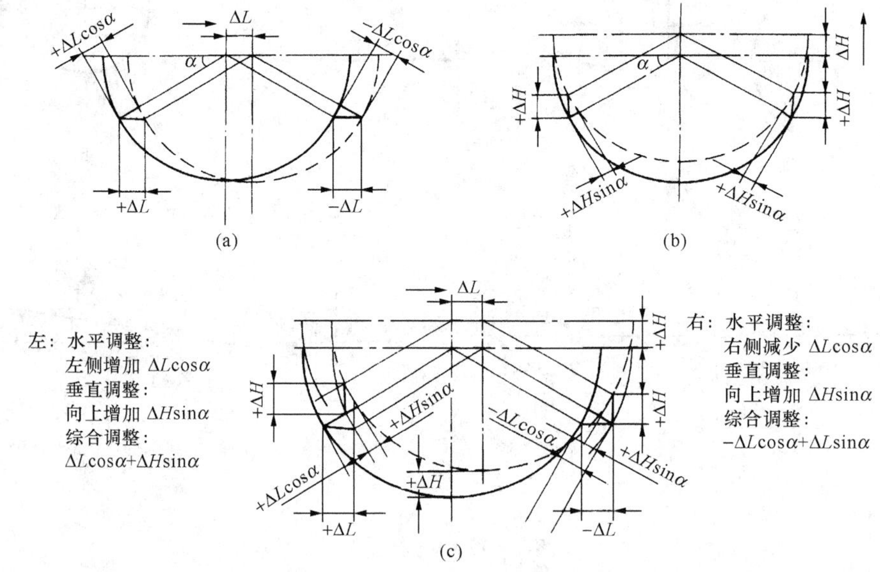

图 9-18 可调式轴承调整量综合计算图例

【例 3】 设下瓦有三块垫铁，正下方一块，两侧各一块，两侧垫铁与水平夹角 α 为 $17°30'$。根据例题 2 各瓦的移动量，求出各瓦的垫铁调整量。

（1）x 瓦垫高 0.07mm，底部垫铁增加为 0.07mm，两侧垫铁各增加为

$$0.07\sin\alpha=0.07\times0.3=0.02\text{mm}$$

x 瓦向右移动（左加右减）0.05mm，底部垫铁不需调整，左侧垫铁增加及右侧垫铁减小均为

$$0.05\cos\alpha=0.05\times0.95=0.048\text{mm}$$

综合调整：

左侧为 $0.02+0.048=0.068\text{mm}$

右侧为 $0.02-0.048=-0.028\text{mm}$

底部为 0.07mm

（2）y 瓦垫高 0.27mm，底部垫铁增加为 0.27mm，两侧垫铁各增加为

$$0.27\sin\alpha=0.27\times0.3=0.081\text{mm}$$

y 瓦向右移动（左加右减）0.29mm，底部垫铁不需调整，左侧垫铁增加及右侧垫铁减小均为

$$0.29\cos\alpha=0.29\times0.95=0.275\text{mm}$$

综合调整：

左侧为 $0.081+0.275=0.356\text{mm}$

右侧为 $0.081-0.275=-0.194\text{mm}$

底部为 0.27mm

七、测量数据产生误差的原因及注意事项

（1）轴承安装不良，垫铁与轴承洼窝接触情况不良，轴瓦经调整之后重新装入时不能复原。

（2）有外力作用在转子上，如盘车装置的影响和对轮临时连接销子蹩劲等。

（3）百分表固定不牢固或百分表卡得过紧；测量部位不平或桥规的测位有斜度；桥规固定不牢固或刚性差；读百分表时，发生误读、误记，误读多发生在表计出现负数时。

（4）垫片片数过多，垫片不平、有毛刺或宽度过大。因此，对垫片要求使用等厚的薄钢片，冲剪后磨去毛刺，垫片宽度应比垫铁小 1～2mm。每次安放垫铁时，应注意原来的方向。

（5）在用塞尺测量时，易产生对塞尺厚度误认，当塞尺厚度值看不清或塞尺片数较多时，应用分厘卡测量其厚度。

（6）通常将桥规的固定端装在非调整侧的对轮上，以减少推理上的错误。

（7）轴瓦调整装复后，别忘记调整轴瓦紧力。

第三节 运行状态下转子中心的变化

热机从冷态向运行状态过渡时，转子位置（即中心状态）会发生明显变化。因此，在安装和检修时必须考虑运行状态下各种因素对中心的影响。这些因素包括：轴承座垂直方向的热膨胀；油膜厚度的影响；转子升温、强度下降、挠度增加所带来的影响等。

现以轴承座垂直方向热膨胀为例，证实其膨胀对中心的影响程度。

有一个热机，二个转子，三个轴承座（其中 2、3 瓦共一个轴承座），轴承座中心至台板

高 h 为 900mm，如图 9-19（a）所示。前轴承座运行温度 $t_1=60℃$，中轴承座 $t_2=70℃$，后轴承座 $t_3=45℃$。

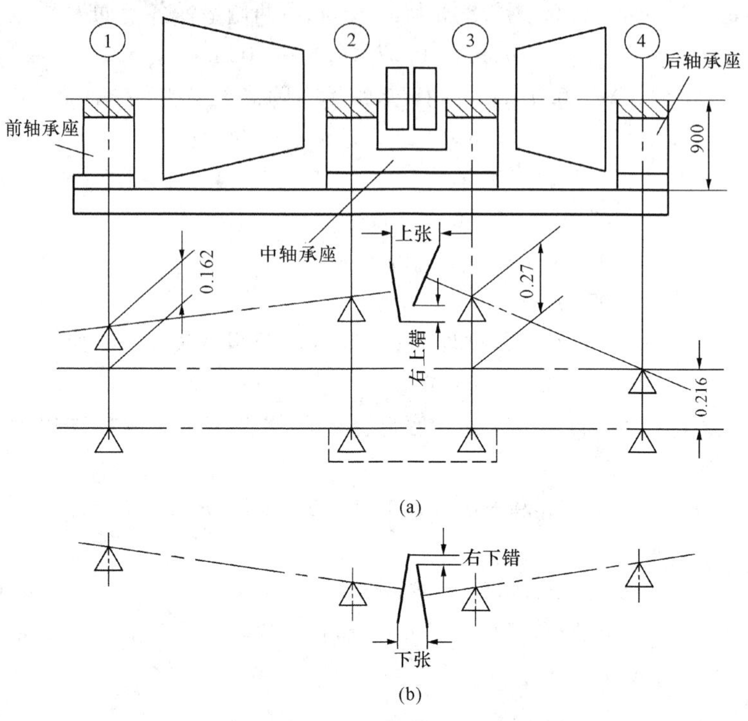

图 9-19 运行状态下转子中心的变化

以 t_3 为基准，则前、中轴承座升高为

$$\Delta h_1 = \alpha h \Delta t_1 = 1.2 \times 10^{-5} \times 900(60℃ - 45℃) = 0.162\text{mm}$$

$$\Delta h_2 = \alpha h \Delta t_2 = 1.2 \times 10^{-5} \times 900(70℃ - 45℃) = 0.27\text{mm}$$

膨胀后的中心状态如图 9-19（a）所示，形成上张口，右对轮外圆上错位。在运行时，两对轮是用螺栓紧固，不可能出现张口与错位现象，但其张口、错位所产生力，必然作用到轴瓦上，造成各瓦负荷变化，显然 2、3 号瓦的负荷加重（尤其是以 3 号瓦为最）。其结果造成轻则加速轴承合金磨损、轴瓦温度升高；重则发生烧瓦、超振等重大事故。

所以在联轴器找中心时，要有意的将对轮中心按热态中心的反方向进行调整。即将对轮调整成下张口、右下错位，如图 9-19（b）所示。其张口值、错位为多少，除计算外还需经过试运行，总结出最佳的张口值与错位值。

第四节 简易找中心及立式转动设备找中心

一、简易找中心

联轴器简易找中心法适用于小功率的转动机械，如小容量的风机、水泵等。

在找中心前，先检查联轴器两对轮的瓢偏与晃动及安装在轴上是否松动，如不符合要求就应进行修理。然后将修理好的设备安装在机座上，并拧紧设备上的地脚螺丝。

找中心时，用直尺平靠两对轮外圆面，用塞尺测量对轮端面四个方向的间隙，如图

9－20（a）所示。每转动90°测量一次（两对轮同时转动），测记方法及中心的调整，均按前述方法进行。

调整时，原则上是调整电动机的机脚，因电动机无管道等附件。调整用的垫子（铁皮）应加在紧靠设备机脚的地脚螺丝两侧，最好是将垫子做成U字形，让地脚螺丝卡在垫子中间，如图9－20（b）所示。

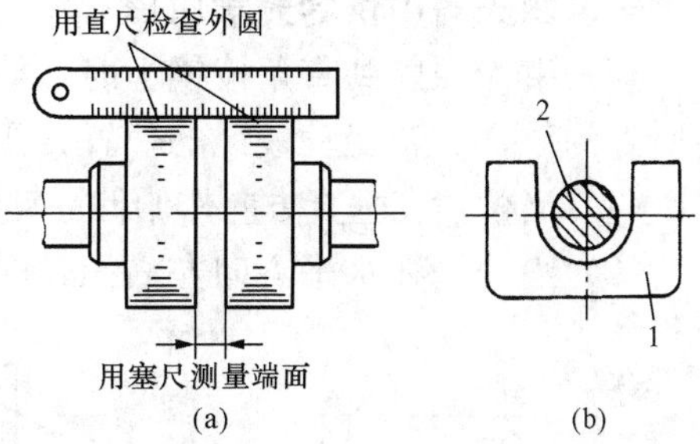

图9－20　简易找中心法
（a）检查中心方法；（b）调整垫的制作
1—调整垫；2—地脚螺丝

垫子垫好后设备的四脚和机座之间应均无间隙，切不可只垫对角两方，留下另一对角不垫紧，用调整地脚螺丝松紧的方法来调整联轴器的中心。

二、立式转动设备找中心

电厂有些转动设备常采用立式结构，如立式凝结水泵。立式转动设备的电动机与立式机座采用止口对接，整机的同心度比较高，对于这类结构只要是原装的设备，在修理和装配时的工艺又是正确的，一般情况中心不会有多大的问题。若更换了原配设备或机座发生变形需要找中心时，则其找中心的方法与卧式的相同。至于调整的方法，因机而异，多数是在电动机端盖与机座之间加减垫子，解决对轮端面的平行度。用移动电动机端盖在机座止口内的位置，解决对轮外圆的同心度，但这种方法有不妥之处，需进一步改进。

第五节　激 光 找 中 心

用激光找联轴器中心与前述的用百分表（或塞尺）找联轴器中心，其原理与工艺步骤基本相同。

用激光找中心的先进之处在于：用激光束代替百分表、塞尺；用微机代替人工记录、分析、计算，故具有快捷、准确、简便的优点。

现以国产LA1－1B型激光对中仪为例，叙述其工作原理。该仪器的示意如图9－21所示。

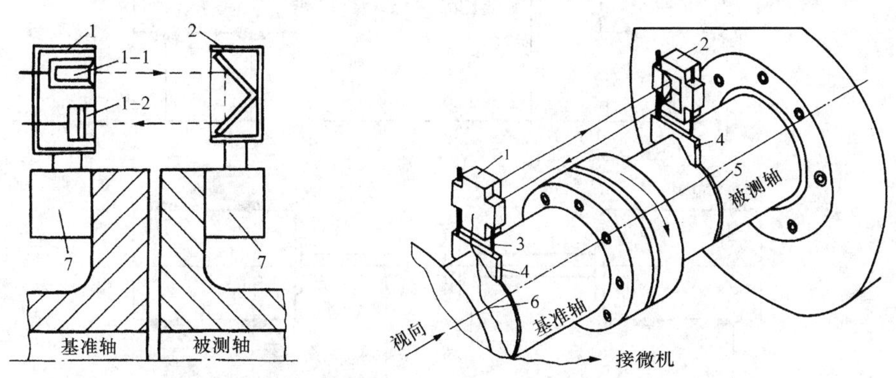

图9－21　LA1－1B型激光对中仪示意
1—激光发射/接收靶盒（1－1—激光发射器；1－2—激光接收器）；2—直角棱镜靶盒；3—调节柱；4—V形卡具；5—链卡；6—信号电线；7—磁力表座

一、激光对中仪的光学原理

当一束光照射到直角棱镜上时，棱镜即会将光束折回。棱镜折回光束的线路，决定于棱镜所处的位置。若变动棱镜的位置，则通过棱镜折回的光束将发生以下变化：

（1）当棱镜在垂直方向作俯仰运动时，入射光与反射光成等距平行变化［图 9-22（a）］。

（2）当棱镜在水平方向左右扭转时，反射光也发生左右转移［图 9-22（b）］。

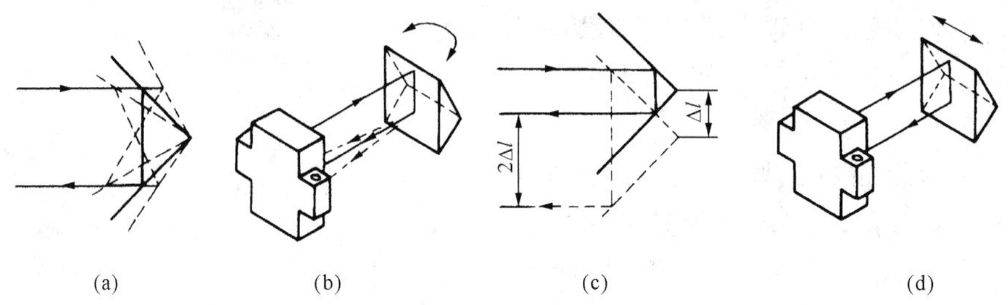

图 9-22 折回光束变化的情况

（3）当棱镜相对入射光作垂直方向上下移动 Δl 时，反射光相对于入射光的移动量为 $2\Delta l$［图 9-22（c）］。

（4）当棱镜左右平行移动时，入射光与反射光的相对位置保持不变［图 9-22（d）］。

二、LA1-1B 型激光对中仪的使用方法

（1）将发射/接收靶固定在基准轴上，把直角棱镜固定在被测轴上（调整侧），操作者站在发射靶后面，并按顺时针方向转动两对轮（两对轮用穿销连接）。

（2）开机后，激光发射器 1-1 发出一束红色激光射向直角棱镜，由直角棱镜反回的光束被激光接收器 1-2 接收。折回的光束在接收器中的位置，将随着两轴转动到 12∶00（时针位置）、3∶00、6∶00、9∶00 四个不同方位而改变，接收器将接收到不同位置的光束转变为电信号送到微机中，经微机的计算就给出两对轮的端面平行偏差、外圆偏差（图 9-23）及相应的轴承座（轴瓦）的调整量（图 9-24）。

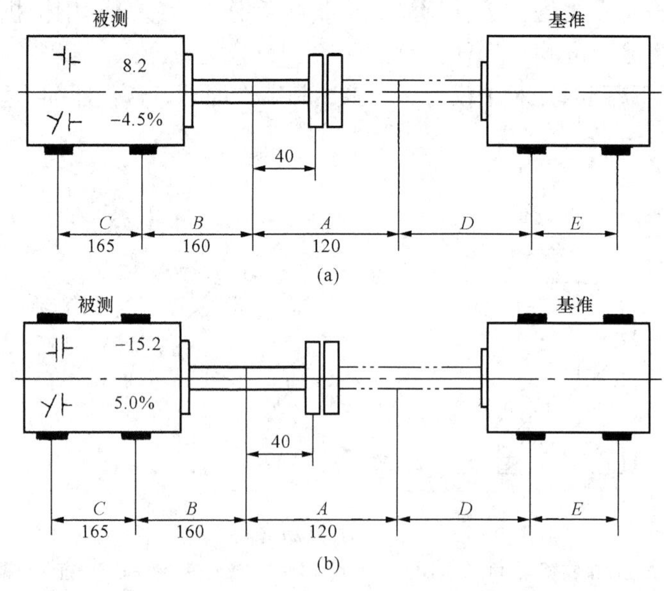

图 9-23 两对轮的中心状态

（a）垂直结果（侧视）；（b）水平结果（俯视）

（3）根据电视屏上显示的数据，对轴承座或轴瓦进行调整。调整后，再用同样的方法对中心状态进行复查。

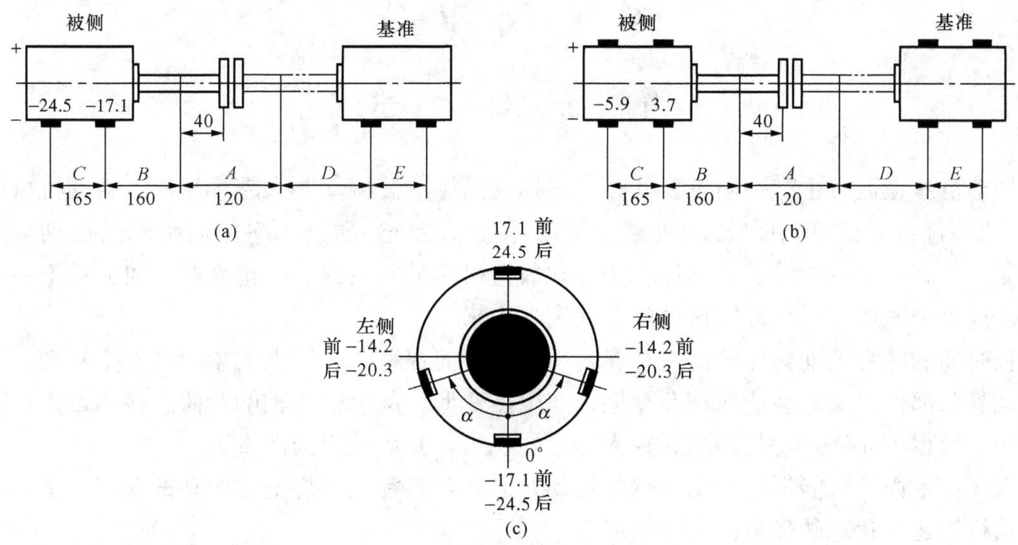

图 9-24　轴承座及轴瓦的调整量

（a）轴承座垂直调整量（侧视）；（b）轴承座水平调整量（俯视）；（c）轴瓦垂直调整量（主视）

思　考　题

1. 为什么要用联轴器的对轮找两轴的中心？
2. 找中心时，为何要将两对轮同时转动？转动一个对轮找中心是否可行？
3. 测量对轮端面值时，为何要用两只百分表？用一只是否可行？
4. 测记对轮外圆 b 值时，要求 $b_1+b_3=b_2+b_4$，若不等是何原因？
5. 叙述对轮外圆偏差、端面平行偏差的计算方法。
6. 在找汽轮发电机中心时，为何要以汽轮机转子为基准端？在找水泵、风机中心时，应以何端为基准？为什么？
7. 根据图 9-25（a）的已知条件绘制中心状态图；再根据中心状态图和图（b）、（c）的测量条件，分别填写外圆中心偏差值？

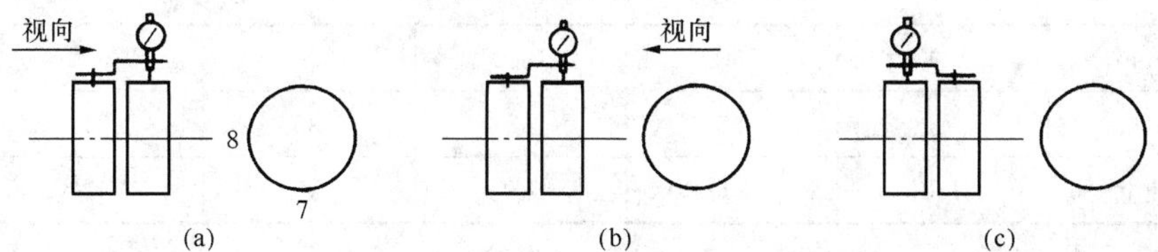

图 9-25　思考题 7

8. 根据测量数据对轴瓦进行了调整，结果中心还是不对，是何原因？
9. 简述简易找中心法。如果仅用钢尺检查对轮外圆偏差，是否可以确定两对轮的中心状态？
10. 为什么不允许用设备地脚螺栓的紧度来调整对轮中心？为什么地脚螺栓下的垫铁要制作成 U 形的？
11. 简述轴中心在热态下可能发生的变化，以轴承座垂直方向热膨胀为例说明轴中心变化，在检修中用什么方法解决上述问题？

第十章

转子找平衡

第一节 概 述

转动机械在运行中有一项重要的技术指标就是振动。振动要求越小越好。转动机械产生振动的原因很复杂，其中以转动机械的转动部分（转子）质量不平衡而引起的振动最为普遍，尤其是高速运行的转子，即使转子存在数值很小的质量偏心，也会产生较大的不平衡离心力。这个力通过支承部件以振动的形式表现出来。

长时期的超常振动会导致机组金属材料的疲劳而损坏，转子上的紧固件发生松动，间隙小的动静两部件因振动会造成相互摩擦，产生热变形，甚至引起轴的弯曲。振动过大，哪怕是时间很短也不允许，尤其是高转速大容量的机组，其后果更为严重。

现代技术尚不可能消除转动机械的振动，因此对各类机组规定出振动的允许范围，以此来衡量机组运行状态的优劣。

一、汽轮机振动标准

表 10－1 为原水利电力部制定的汽轮机振动标准。表 10－2 为国际电工委员会（IEC）推荐的汽轮机振动标准。根据该委员会的推荐，振动值既可以在轴承上测量，也可以在靠近轴承的轴上测量，同时推荐值为振动值的上限。

在轴上测量振动是用涡流传感器进行非接触性测量，其值要大于在轴承上的测量值，两个测值之比不是常数，每台机组都有它的特定比值，所以表 10－2 列举两种测量标准并不符合实际情况，目前我国还沿用表 10－1 标准。

表 10－1　　部颁汽轮机振动标准　　μm

转　速（r/min）	优	良	合　格
1500	30 以下	50 以下	70 以下
3000	20 以下	30 以下	50 以下

表 10－2　　IEC 推荐的汽轮机振动标准　　μm

转　速（r/min）	1000	1500	1800	3000	3600	6000 以上
在轴承上测量	75	50	42	25	21	12
在靠近轴承的轴上测量	150	100	84	50	42	24

二、转子分类及刚性转子不平衡现象

转子可分为刚性转子与挠性转子两类。刚性转子是指转子在不平衡力的作用下，转子轴线不发生动挠曲变形；挠性转子是指转子在不平衡力的作用下，转子轴线发生动挠曲变形。严格地讲，绝对刚性转子不存在，但习惯上把转子在不平衡力作用下，转子轴线没有显著变形，即挠曲造成的附加不平衡可以忽略不计的转子，都作为刚性转子对待。

在转子找平衡工作中，若把转子设定为刚体，则可使转子复杂的不平衡状态简化为一般

的力系平衡关系，从而大大简化找平衡的方法。

假设某转子由两段组成，如图10-1(a)所示。

刚性转子因质量不平衡产生的不平衡现象，有以下三种类型：

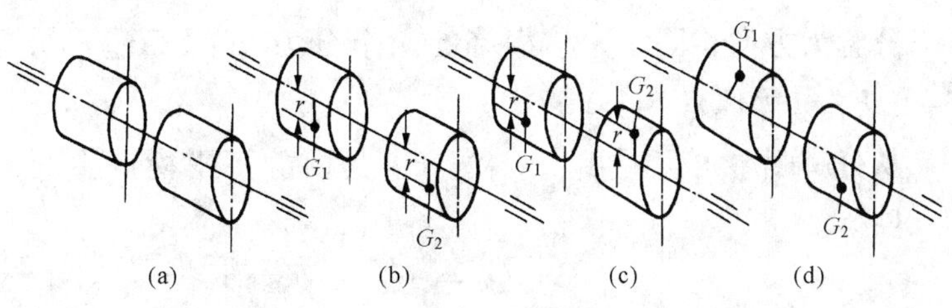

图10-1　刚性转子不平衡的类型

(1) 两段的重心G_1、G_2处于转子的同一侧，且在同一轴向截面内，如图10-1(b)所示。静止时转子重心G受地心引力的作用，转子不能在某一位置保持稳定，这种情况称为静不平衡。

(2) 两段的重心G_1、G_2处在同一轴向截面内转子的两侧，如图10-1(c)所示。若$G_1r=G_2r$，则转子处于静平衡状态。但转动时，其离心力形成一个力偶，转子产生振动，这种情况称为动不平衡。

(3) 两段的重心G_1与G_2不在同一轴向截面内，如图10-1(d)所示。这种情况既存在静不平衡，又存在动不平衡，称此情况为混合不平衡。

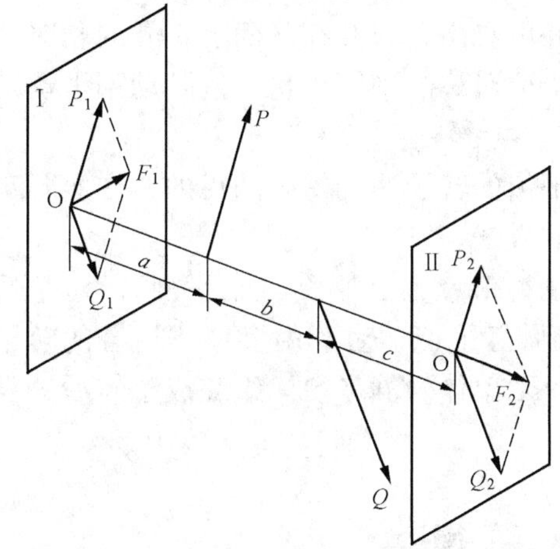

图10-2　不平衡力的分解与合成

前两种类型纯属特例，实际上转子的不平衡现象都是以混合不平衡的状态出现的。

三、转子混合不平衡的力系平衡关系

假定平面Ⅰ和平面Ⅱ为转子两端供加平衡重量的轮盘（为了作图清晰，将轮盘画成矩形），如图10-2所示。不平衡重量G_1、G_2产生的离心力为$\vec{P}$与$\vec{Q}$（均为向量）。根据力的平衡原理，$\vec{P}$可以分解为作用在平面Ⅰ上的$\vec{P}_1$和作用在平面Ⅱ上的$\vec{P}_2$，同理$\vec{Q}$也可以分解为$\vec{Q}_1$和$\vec{Q}_2$，即

$$\vec{P}=\vec{P}_1+\vec{P}_2,\vec{P}_1a=\vec{P}_2(b+c)$$

$$\vec{Q}=\vec{Q}_1+\vec{Q}_2,\vec{Q}_1(a+b)=\vec{Q}_2c$$

用力的合成原理，求出平面Ⅰ上$\vec{P}_1$与$\vec{Q}_1$的合力$\vec{F}_1$及平面Ⅱ上$\vec{P}_2$与$\vec{Q}_2$的合力$\vec{F}_2$。很明显，$\vec{F}_1$、$\vec{F}_2$两个力所产生的效应与不平衡力$\vec{P}$、$\vec{Q}$作用在转子上的效应完全等效。因此，只要在平面Ⅰ和Ⅱ上加上与$\vec{F}_1$、$\vec{F}_2$大小相等方向相反两个力，即可抵消不平衡力$\vec{P}$、$\vec{Q}$所起的作用。

作用在转子上的$\vec{P}$、$\vec{Q}$不平衡力属混合不平衡类型，内含静不平衡力和动不平衡力两部分，所以，还需对与$\vec{P}$、$\vec{Q}$等效的$\vec{F}_1$、$\vec{F}_2$两个力进一步作力的分解，如图10-3(a)所示。

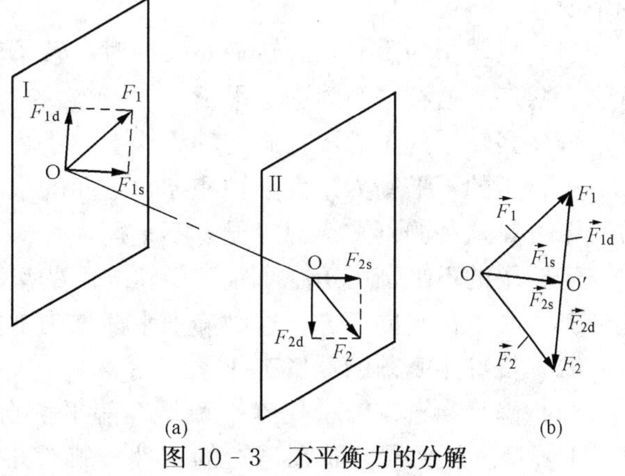

图10-3　不平衡力的分解

作用在平面Ⅰ、Ⅱ中的力$\vec{F}_1$及$\vec{F}_2$

可以分解为方向相同、大小相等的两个分力 $\vec{F}_{1s}$、$\vec{F}_{2s}$和方向相反、大小相等的两个分力 $\vec{F}_{1d}$、$\vec{F}_{2d}$（力偶）。

从分解图中可以看出：$\vec{F}_{1s}$、$\vec{F}_{2s}$是由静不平衡产生的，$\vec{F}_{1d}$、$\vec{F}_{2d}$是由动不平衡产生的，即

$$\vec{F}_1 = \vec{F}_{1s} + \vec{F}_{1d};\vec{F}_2 = \vec{F}_{2s} + \vec{F}_{2d}$$

$$\vec{F}_{1s} = \vec{F}_{2s} = \frac{1}{2}(\vec{F}_1 + \vec{F}_{2s})(\text{静不平衡}) \tag{10-1}$$

$$\vec{F}_{1d} = -\vec{F}_{2d} = \frac{1}{2}(\vec{F}_1 - \vec{F}_{2s})(\text{动不平衡}) \tag{10-2}$$

说明：作用在平面Ⅰ、Ⅱ上的力 $\vec{F}_1$、$\vec{F}_2$，可用测振仪测出其力的相位及振幅值。$\vec{F}_{1s}$、$\vec{F}_{2s}$及 $\vec{F}_{1d}$、$\vec{F}_{2d}$的大小和方向可根据测出 $\vec{F}_1$、$\vec{F}_2$相位及振幅值利用作图法求出。将 $\vec{F}_1$、$\vec{F}_2$画在坐标原点O上，令 $OF_1=\vec{F}_1$，$OF_2=\vec{F}_2$，连接 F_1F_2，并取其中点O′，则 $OO'=\vec{F}_{1s}=\vec{F}_{2s}$，$O'F_1=\vec{F}_{1d}$，$O'F_2=\vec{F}_{2d}$，如图 10-3（b）所示。

图 10-3（b）的图形，取决于 $\vec{F}_1$、$\vec{F}_2$的相位和振幅大小。从该图可以看出，该转子的不平衡，是以动不平衡为主，还是以静不平衡为主。并可看出，只要在平面Ⅰ、Ⅱ的相对位置上加上两个对称的平衡重量（消除静不平衡）和两个反对称的平衡重量（消除动不平衡），就可使转子达到平衡。

以上是对刚性转子不平衡现象的分析。为了使不平衡的转子达到平衡的目的，在实际工作中是根据转子的不平衡现象及其结构来确定找平衡的方法。

转子找平衡方法可分为两类：静态找平衡（静平衡）和动态找平衡（动平衡）。对于质量分布较集中的低速转子（如单级叶轮、风机等），仅做静平衡；对于由多单体组合的转子（如多级水泵转子、多级汽轮机转子等），应分别先对每个单体做静平衡，组装成整体后，再做动平衡。

第二节 转子找静平衡

一、转子静不平衡的表现

先将转子放置在静平衡台上，然后用手轻轻地转动转子，让它自由停下来，可能出现下列情况：

（1）当转子的重心在旋转轴心线上时，转子转到任一角度都可以停下来，这时转子处于静平衡状态，这种平衡为随意平衡。

（2）当转子的重心不在旋转轴心线上时：

若转子的不平衡力矩大于轴和导轨之间的滚动摩擦力矩，则转子就要转动，使转子重心位于下方，这种静不平衡称为显著不平衡；

若转子的不平衡力矩小于轴和导轨之间的滚动摩擦力矩，则转子虽有转动趋势，但却不能使其重心方位转向下方，这种静不平衡称为不显著不平衡。

二、找静平衡前的准备工作

（1）静平衡台。转子找静平衡是在静平衡台上进行的，其结构及轨道截面形状，如图 10-4 所示。静平衡台应有足够的刚性。轨道工作面宽度应保证轴颈和轨道工作面不被压

伤。对于1t重的转子，其工作面的宽度为3～6mm；1～6t的转子，其工作面宽度为3～30mm（约为5mm/t）。轨道的长度约为轴颈直径的6～8倍，其材料通常为碳素工具钢或钢轨。轨道工作面应经磨床加工，其表面粗糙度不大于$\overset{0.4}{\triangledown}$。

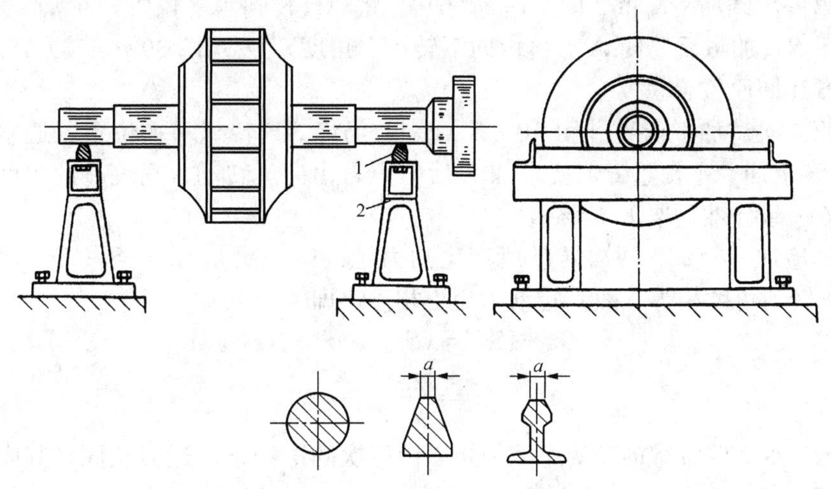

图10-4 静平衡台及轨道截面形状

1—轨道；2—台架

静平衡台安装后，需对轨道进行校正。轨道水平方向的斜度不得大于0.1～0.3mm/m，两轨间不平行度允许偏差为2mm/m。静平衡台的安放位置应设在无机械振动和背风的地方，以免影响转子找平衡。

(2) 转子。找静平衡的转子应清理干净，转子上的全部零件要组装好，并不得有松动。轴颈的圆度误差不得超过0.02mm，圆柱度误差不大于0.05mm，轴颈不许有明显的伤痕。若采用假轴找静平衡时，则假轴与转子的配合不得松动，假轴的加工精度不得低于原轴的精度。

转子找静平衡，一般是在转子和轴检修完毕后进行。在找完平衡后，转子与轴不应再进行修理。

(3) 试加重的配制。在找平衡时，需要在转子上配加临时平衡重，称为试加平衡重，简称试加重。试加重常采用胶泥，较重时可在胶泥上加铅块。若转子上有平衡槽、平衡孔、平衡柱的，则应在这些装置上直接固定试加平衡块。

三、转子找静平衡的方法

1. 用两次加重法找转子显著不平衡

两次加重法只适用于显著不平衡的转子找静平衡，具体作法如下（图10-5）。

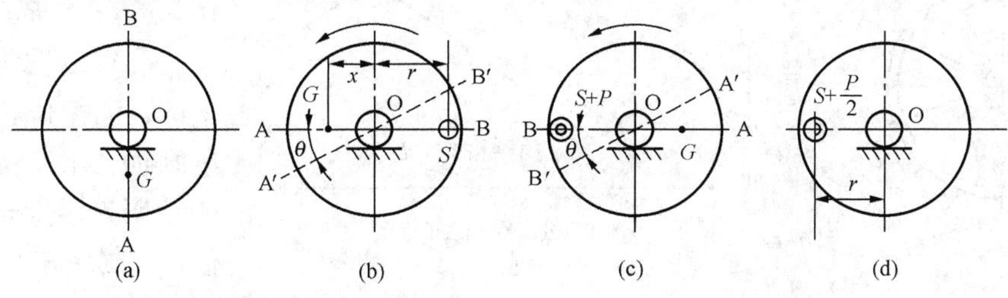

图10-5 两次加重法找转子显著不平衡的工艺步骤

(1) 找出转子重心方位。将转子放在静平衡台的轨道上，往复滚动数次，则重的一侧必然位于正下方，如果数次的结果均一致，则下方就是转子重心 G 的方位（即转子不平衡重的方位）。将该方位定为 A，A 的对称方位为 B，即为加试加重的方位，如图 10-5（a）所示。

(2) 求第一次试加平衡重［图 10-5（b）］。将 AB 转到水平位置，在 OB 方向半径为 r 处加一平衡重 S，加重后要使 A 点自由向下转动一角度 θ（θ 角以 30°～45°为宜）。然后称出 S 重，再将 S 还回原位置。

(3) 求第二次试加平衡重［图 10-5（c）］。仍将 AB 转到水平位置（通常将 AB 调转 180°），又在 S 上加一平衡重 P，要求加 P 后 B 点自由向下转动一角度，此角度必须和第一次的转动角 θ 一致。然后取下 P 称重。

(4) 计算应加平衡重。两次转动所产生的力矩：第一次是 $Gx-Sr$；第二次是 $(S+P)r-Gx$。因两次转动角度相等，故其转动力矩也相等，即

$$Gx-Sr=(S+P)r-Gx$$

所以

$$Gx=\frac{2S+P}{2}r \tag{10-3}$$

在转子滚动时，导轨对轴颈的摩擦力矩，因两次的滚动条件近似相同，其摩擦力矩相差甚微，故可视为相等，并在列等式时略去不计。

若使转子达到平衡，所加平衡重 Q 应满足 $Qr=Gx$ 的要求，将 Qr 代入式（10-3），得

$$Qr=\frac{2S+P}{2}r$$

所以

$$Q=S+\frac{P}{2} \tag{10-4}$$

说明：第一次加重 S 后，若是 B 点向下转动 θ 角，则第二次试加重 P 应加在 A 点上（加重半径与第一次相等），并向下转动 θ 角。其平衡重应为 $Q=S-\dfrac{P}{2}$。

(5) 校验。将 Q 加在试加重位置，若转子能在轨道上任一位置停住，则说明该转子已不存在显著不平衡。

2. 用试加重周移法找转子不显著不平衡

(1) 将转子圆周分成若干等分（通常为 8 等分），并将各等分点标上序号。

(2) 将 1 点的半径线置于水平位置，并在 1 点加一试加重 S_1，使转子向下转动一角度 θ，然后取下称重。用同样方法依次找出其他各点试加重。在加试加重时，必须使各点转动方向一致，加重半径 r 一致，转动角度一致，如图 10-6（a）所示。

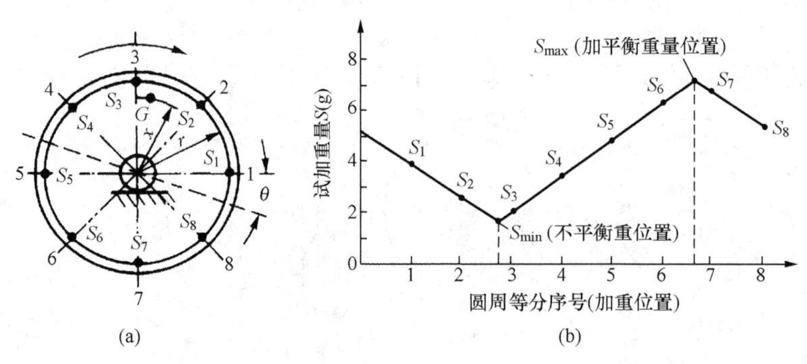

图 10-6　用试加重周移法找转子不显著不平衡
(a) 求各点试加重；(b) 试加重与加重位置曲线

(3) 以试加重 S 为纵坐标，加重位置为横坐标，绘制曲线图，如图 10-6（b）所示。曲线交点的最低点为转子不显著不平衡 G 的方位。曲线交点的最高点是转子的最轻点，也就

是平衡重应加的位置。

(4) 根据图 10-6 可得下列平衡式：

$$Gx + S_{min} r = S_{max} r - Gx$$

所以

$$Gx = \frac{S_{max} - S_{min}}{2} r \tag{10-5}$$

若使转子达到平衡，所加平衡重 Q 应满足 $Qr = Gx$ 的要求，将 Qr 代入式 (10-5)，并化简得

$$Q = \frac{S_{max} - S_{min}}{2} \tag{10-6}$$

把平衡重 Q 加在曲线的最高点，该点往往是一段小弧，高点不明显，可在转子与曲线最高点相应位置的左右作几次试验，以求得最佳位置。

3. 用秒表法找转子显著不平衡

秒表法找静平衡的原理：一个不平衡的转子放在静平衡台上，由于不平衡重的作用，转子在轨道上来回摆动。转子的摆动周期与不平衡重的大小有关，不平衡重越重，转子的摆动周期越短，反之周期越长。

转子在轨道上的摆动周期与不平衡重的关系，根据数学分析和实验得出：不平衡重 G 与摆动周期 T_x 的平方成反比，即

$$G \propto \frac{1}{T_x^2} \text{ 或 } G = B \frac{1}{T_x^2} \tag{10-7}$$

式中　B——比例常数。

当试加重 S 和不平衡重 G 重合时，得 $S+G$，如将 $S+G$ 和最小周期 T_{min} 写成式(10-7) 的形式，得

$$S + G = B' \frac{1}{T_{min}^2} \tag{10-8}$$

式中　B'——比例常数。

当 S 和 G 的方向相反时，得 $S-G$，如将 $S-G$ 和最大周期 T_{max} 写成式 (10-7) 的形式，得

$$S - G = B' \frac{1}{T_{max}^2} \tag{10-9}$$

式 (10-8) 除以式 (10-9)，得

$$G = S \frac{T_{max}^2 - T_{min}^2}{T_{max}^2 + T_{min}^2} \tag{10-10}$$

式 (10-10) 仅适用于 $S>G$ 的情况。

当 $G>S$ 时，其等式为

$$G - S = B' \frac{1}{T_{max}^2} \tag{10-11}$$

式 (10-8) 除以式 (10-11)，得

$$G = S \frac{T_{max}^2 + T_{min}^2}{T_{max}^2 - T_{min}^2} \tag{10-12}$$

根据上述原理，用秒表法找转子显著不平衡的步骤如下：

(1) 用前述方法求出转子不平衡重 G 的方位，如图 10-7 (a) 所示，并将 AB 置于水平

位置。

（2）在转子轻的B侧加一试加重 S，加重半径为 r，加重后可能出现如图10-7（b）所示的两种情况：

1）试加重 S 产生的力矩大于不平衡重 G 的力矩（即 $S>G$），则B侧向下转动；

2）若 $S<G$，则A侧向下转动。

（3）用秒表测记转子摆动一个周期的时间，其时间为 T_{max}。

（4）将 S 取下加在A侧（G 的方位），加重半径仍为 r，再用秒表测记一个周期的时间，以 T_{min} 表示，如图10-7（c）所示。

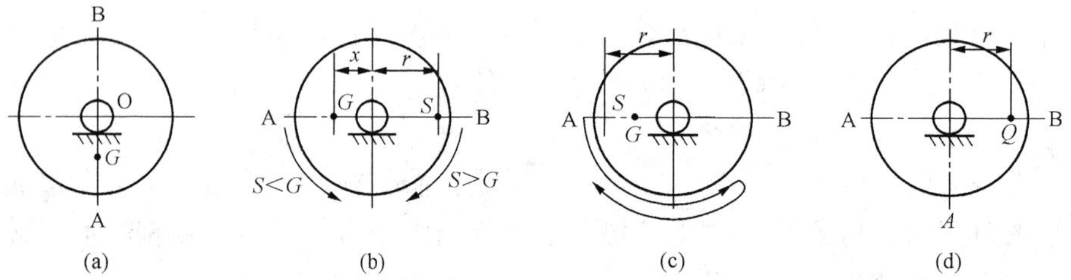

图10-7　用秒表法找转子显著不平衡的工艺步骤

（5）计算应加平衡重 Q：若 $S>G$，用式（10-10），求出 G 值；若 $S<G$，用式(10-12)，求出 G 值。

G 值也就是应加平衡重 Q 的数值，故只需将平衡重 Q 加在B侧，半径为 r 的位置上，即可消除转子显著不平衡［图10-7（d）］。

4. 用秒表法找转子不显著不平衡

（1）将转子等分成8等份，并标上序号。

（2）将1点置于水平位置，并在该点的轮缘上加一试加重 S，1点自由向下转动，同时用秒表测记转子摆动一个周期所需的时间。用同样的方法依次测出各点的摆动周期，如图10-8（a）所示。在测试时，必须满足以下要求：所选的试加重 S 不变；加重半径不变；转子摆动时按表的时机一致。

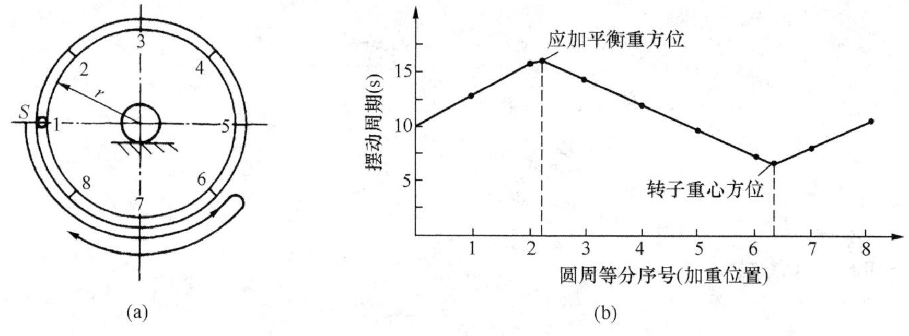

图10-8　用秒表法找转子不显著不平衡的方法

（a）求各点摆动周期；（b）摆动周期与加重位置的曲线

（3）根据各等分点所测的摆动周期（秒数）绘制曲线图［图10-8（b）］。曲线最低点在横坐标的投影点为转子重心方位，其摆动周期最短，以 T_{min} 表示；曲线最高点在横坐标的投影点为应加平衡重的方位，其摆动周期最长，以 T_{max} 表示。

（4）计算应加平衡重 $Q=S\dfrac{T_{max}^2-T_{min}^2}{T_{max}^2+T_{min}^2}$（g）。

将平衡重加在与曲线最高点相对应的转子位置上，加重半径为 r。

实例：某单级转子用秒表法找不显著静不平衡，试加重为40g，测记三次，取平均值，记录数据与曲线图见图10-9。

测位		1	2	3	4	5	6	7	8
记录	1	10.7	10.7	11.0	11.9	12.2	11.6	11.0	10.7
	2	10.6	10.8	11.0	11.9	12.3	11.7	11.2	10.7
	3	10.5	10.85	11.1	11.8	12.2	11.7	11.3	10.8
平均值 s		10.6	10.8	11.0	11.9	12.2	11.7	11.2	10.7

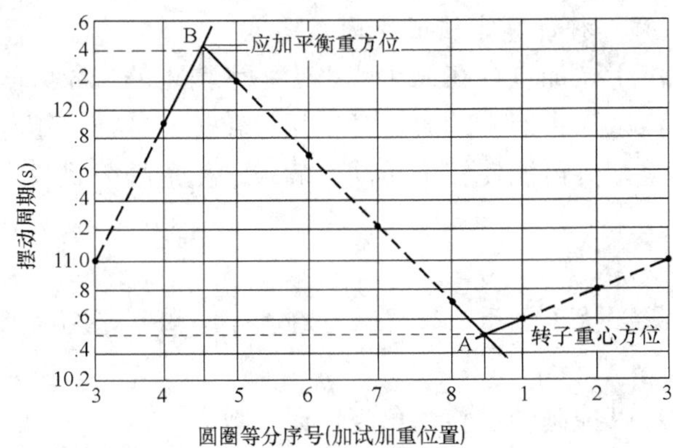

图10-9　用秒表法找不显著不平衡实例

A点：曲线的最低点，要横坐标的投影点为转子重心方位，位于1—8等分点之间，其摆动周期 T_{min} 为10.5s。

B点：曲线的最高点，在横坐标的投影点为应加平衡的方位，位于4—5等分点之间，其摆动周期 T_{max} 为12.4s。

$$\text{平衡重}=\text{试加重}\frac{T_{max}^2-T_{min}^2}{T_{max}^2+T_{min}^2}=40\,\frac{12.4^2-10.5^2}{12.4^2+10.5^2}=6.6\text{g}$$

平衡重固定在4—5之间半径为 r 的位置。

四、工艺分析

1. 轨道与轴颈的加工精度对转子找静平衡的影响

轨道的平直度及轴颈的圆度直接影响转子找静平衡的效果，尤其是在找转子的不显著不平衡时其影响程度更为明显，具体表现为：

（1）在等分点上加试加重时，无法控制转子向下的转动角度，试加重轻一点，转子不动，略为增加很少一点，转子立即转动一个很大角度。

（2）各等分点所加的试加重数值无规律性变化，以至造成无法作曲线图（图10-10）。

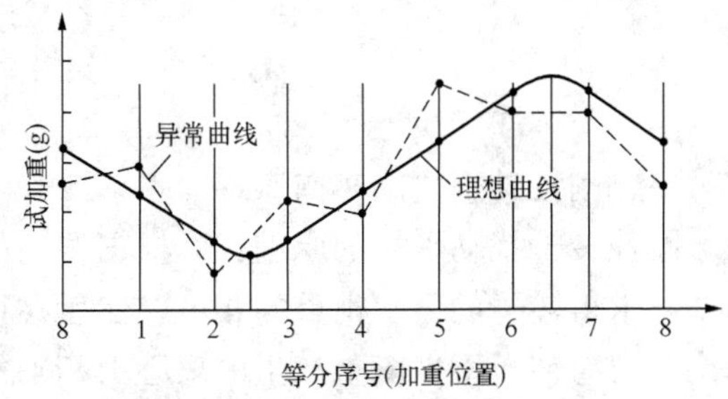

图10-10　异常曲线示例

（3）曲线图中的最低位置（即转子重心方

位）与最高位置（即应加平衡重方位）不仅不在同一直径线上，而且相差甚远，以至无法确定应加平衡重的方位。

2. 关于不显著不平衡曲线图中最高点与最低点的位置

理论上曲线的最高点与最低点应处于对称的方位，事实上总会有误差。当误差不是很大时，通常是以最高点为准，并在最高点左右位置，重复做几次加重试验，求出最佳加重方位。

3. 关于显著不平衡与不显著不平衡的问题

（1）当转子存在显著不平衡时，应先消除转子的显著不平衡，再消除不显著不平衡。

（2）若转子无显著不平衡，此时不能认定转子已处于平衡状态，只有在通过找转子不显著不平衡后方可认定。

4. 用秒表法找转子不显著不平衡只有一种计算方法的原因

在用秒表法找转子显著不平衡时，由于试加重存在大于或小于不平衡重的现象，故有两种计算方法。在找转子不显著不平衡时，试加重产生的力矩必须超过转子不平衡力矩与摩擦力矩之和，即试加重要大大超过不平衡重，方可能使转子转动，故求平衡重的公式只有一个（即 $S>G$ 的公式）。

5. 加重法与秒表法找静平衡的效果比较

实践证实，用秒表法找静平衡的效果要优于加重法，尤其是在找不显著不平衡时，秒表法的优点更为明显。

（1）加重法操作费时、费事，并且难以控制转子转动角度，误差较大。

（2）用加重法时，轴颈在轨道上滚动距离很短（约为 $\pi D/8$）。用秒表法时，转子是来回摆动一个周期，轴颈滚动的距离要长得多（约为 $\pi D/1.5$）。两者相比，加重法对轨道的平直度及轴颈的圆度的质量要求更为苛刻。

五、剩余不平衡重的测定和静平衡质量的评定

转子在找好平衡后，往往还存在着轻微的不平衡，这种轻微的不平衡称为剩余不平衡。

找剩余不平衡的方法与用试加重法找转子不显著不平衡的方法完全一样。通过测试得出转子各等分点中的一对差值最大的数值，用大值减去小值之差除以 2，其得数就是剩余不平衡重量。

剩余不平衡重越小，静平衡质量越高。实践证明：转子的剩余不平衡重，在额定转速下产生的离心力不超过该转子重量的 5%时，就可保证机组平稳地运行，即静平衡已经合格。

第三节　刚性转子高速找动平衡

一、刚性转子找动平衡原理

刚性转子找动平衡的原理：是根据振动的振幅大小与引起振动的力成正比的关系，通过测试，求得转子的不平衡重的相位，然后在不平衡重相位的相反位置加一平衡重，使其产生的离心力与转子不平衡重产生的离心力相平衡，从而达到消除转子振动的目的。

转子找动平衡的方法大致可归纳如下：

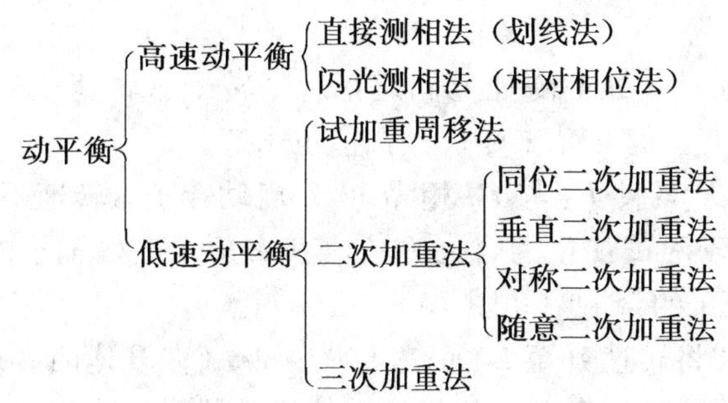

低速动平衡不能采用测相、测振法，但高速动平衡可采用找低速动平衡的任何一种方法。

转子找动平衡，若能在额定转速下进行最为理想。但是经过大修的转子，对其平衡情况不明，则应先在低速下找动平衡，使转子基本上达到平衡要求，然后在高速下找动平衡，这样不致引起过大的振动。

低速动平衡不是用仪器进行测相、测振，因转子处于低速状态（400r/min 左右），其不平衡质量所产生的不平衡力很小，不足以使转子产生明显可测的振幅，因而也就无法用仪器测出不平衡力的相位（目前科研部门正在研制测低速振动的仪器）。

低速动平衡是在专用的低速动平衡台上进行的，平衡台采用一种可摆式的轴承，轴承在低转速时与不平衡力发生共振，并将振动改变为适当的、可测的往复运动。然后通过两次以上加试加重试验，即可得到两次以上不同的合振幅值，根据每次的加重位置和加重后的合振幅，再进行作图与计算，求出应加平衡重的方位与大小。

转子高速找动平衡一般是在机体内进行的，其平衡转速通常低于或等于工作转速。找平衡时，是同时测出转子的振动振幅及使转子产生振动的不平衡重相位，这与低速找动平衡的方法有明显的区别。现将刚性转子高速找动平衡的方法分述如下。

二、转子滞后角的试验

在作高速动平衡时，有一重要的物理现象，就是振幅始终滞后于引起振动的扰动力一个角度，即振幅和不平衡力不同相，振幅要滞后于该力一个相位角，称此角为滞后角。滞后角可以通过实验证实其存在及其特性。

实验设备如图 10 - 11（a）所示，实验步骤如下：

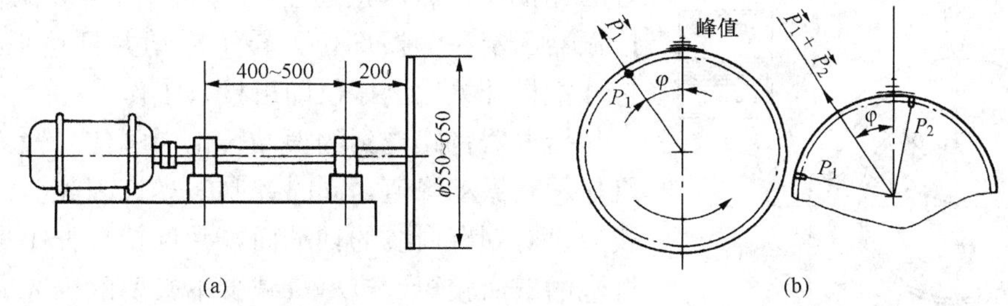

图 10 - 11　滞后角实验

（1）实验前将转子的动平衡找好，振幅值小于 0.01mm。

（2）在轮盘的平衡孔上加一试加重 P_1，启动转子，将转速控制在 1500r/min，使前轴承产生 0.20mm 左右振幅。

（3）用直接测相法（划线法）测出振幅相位。停机后，发现测出的振幅相位要滞后 P_1

一个角度，用 φ 表示。

（4）将 P_1 取下改在另一处平衡孔上固定，启动转子（转速不变），测出振幅相位。此时发现振幅相位发生改变，但 φ 角未变、振幅值也未变。

（5）再加一试加重 P_2，使 P_2 与 P_1 相隔 90°，启动转子（转速不变），测出相位与振幅。此时发现振幅相位滞后于两试加重的合力方位，其 φ 角未变，轴承的振幅按 P_1 与 P_2 的矢量关系增加，即 P_1 与 P_2 的合振幅［图 10－11（b）］。

（6）将 P_2 取下，并将转速升至 2000～2500r/min（在升速时，应监视机组的振动，振幅值控制在 0.30mm 以下），测出振幅与相位后停机。此时发生以下变化：测出的振幅相位滞后角增大了，振幅值也明显增加。

结论：

（1）φ 角称为滞后角，滞后角是一物理现象，对每个已定型的转子，如转速、轴承结构、转子结构均不改变，其滞后角是一定值。滞后角表示在机械振动中，由于惯性效应的存在，振幅始终滞后于引起振动扰动力一个角度，该角度和振动系统的自振频率及系统阻尼有关。

（2）当转子上有两个以上不平衡力时，各力总是以合力的形式出现，其振幅也是按矢量关系变化。

（3）滞后角是一个未知数，在作动平衡时并不需要测出滞后角值，而是根据滞后角是一定值的特征进行找动平衡工作。

三、测相法找动平衡

测相法找动平衡是采用一套灵敏度高的闪光测振仪同时测量振幅和相位（振动的方位）的方法，称为测相法，又称相对相位法。

高速测相法找动平衡必须具备两个条件：

（1）轴承振幅与不平衡重产生的离心力成正比；

（2）当转速不变时，轴承振动与不平衡重之间的相位差保持不变（即滞后角 φ 不变）。

1. 测振仪

测振仪通常由拾振器（电磁传感器、涡流传感器）、闪光灯和主机三部分组成。

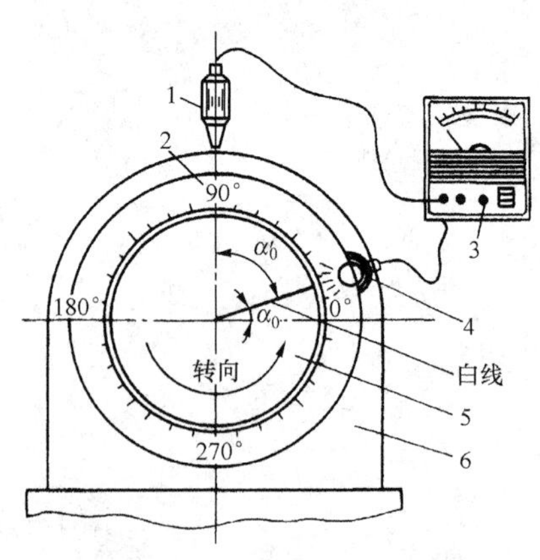

图 10－12 闪光测相的布置

1—拾振器；2—刻度盘；3—闪光测振仪；4—闪光灯；5—轴端头；6—轴承座

使用前，按说明书的要求接好主机与拾振器、闪光灯的连接线，然后接通主机电源（注意电源电压），将拾振器固定在测振部位，转子启动并到达平衡转速后，打开主机开关，测振仪即可投入工作。

拾振器将感受到的振动转化为电信号输入主机，主机显示其振动峰值，同时控制闪光灯闪光。闪光灯的光线应正对划有白线的轴端面，并保持最佳距离。闪光灯灯泡的寿命较短，应尽量减少不必要的闪光时间，同时在单独用测振仪测振时，要将闪光开关关闭。

测量前，在轴端面划一径向白线，在轴承座端面贴张 360°的刻度盘，将拾振器（电磁传感器）放置在轴承盖的正上方（也可放在水平方向），如图 10－12 所示。

2. 相位与振幅

转子上的不平衡力作用在轴承上，以振动形式反映出来。在轴承上测量振动时，其位置是固定不变的，而转子上的不平衡力是跟随转子的旋转而不断地改变其方向。也就是说，在转子转动一圈中，在轴承上所测得的振幅是个变量，其值的大小决定于不平衡力在当时所处的角度，在物理学上称这角度为相或相位或相位角。根据实验，转子旋转360°，振幅的变化成一正弦曲线［图 10 - 13（a）］。通常所说的振幅是指不平衡力经过测点时的振幅值，即振动的峰值。

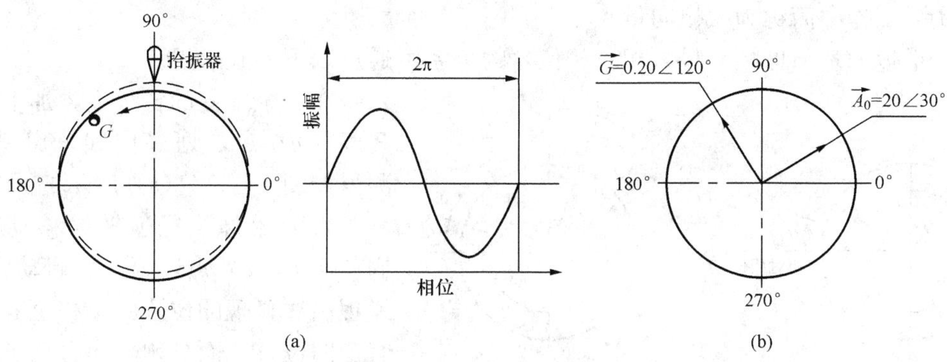

图 10 - 13 相位与振幅

在找动平衡时，力的方位用相位角表示，采用角度符号，如相位为 24°，即记为∠24°；力的大小应以力的单位表示，但力以振动形式出现时，是以振幅表示其大小，振幅的计量单位是 mm。力的向量标示法如下：

$$\vec{G}=A_0\angle\beta$$

式中 $\vec{G}$——力的向量标示（含大小与方向）；

A_0——$\vec{G}$产生的振幅峰值，mm 或 1/100mm；

$\angle\beta$——力的相位角（与初相的夹角）。

【例 1】 $\vec{G}=0.20\angle120°$，表示 G 产生的振幅（峰值）为 0.20mm，相位角为 120°［图 10 - 13（b）］。

$A_0\angle\beta$ 不仅可作力的向量标示，同时也可作振幅向量标示，如图 10 - 13（b）中所示，$\vec{A_0}=20\angle30°$。

3. 相对相位

在作高速动平衡时，在转子的轴端划了一条径向白线，这条白线是任意划的，但只要一划上，就固定了白线与转子上不平衡重的相对应的关系，只要找到在高速旋转中的白线，就意味着找到了不平衡重在转子上的方位，找高速旋转中的白线是通过闪光灯实现的。

启动转子后，将闪光灯正对轴端白线处，当闪光的频率与转子的转速同步时，由于人眼睛的时滞现象，白线便停留在某一位置不动了。根据贴在轴承端面的刻度盘，就可读出白线所在角度（即白线的相位），如图 10 - 14 所示。只要测试的条件不改变，白线显现的相位就不会变，而白线显现的相位是与不平衡重的振幅峰值到达拾振器时的相位相对应的［图 10 - 14（a）］，所以把白线显现的相位，称为$\vec{G}$（不平衡重）的相对应的相位，简称$\vec{G}$的相对相位。

4. 重量向量与相对相位振幅向量的关系

重量向量：不平衡重或试加重在旋转时产生离心力，力是一向量，故称由重量而产生的向量为重量向量。如不平衡重 G 的向量，称平衡重向量，以 $\vec{G}$ 标示。

相对相位振幅向量：由于离心力而产生振动，振动的大小为振幅，故振幅也是向量。在轴端白线显现时，它同时提供了两个数据：一是重量的相对相位；二是拾振器测得的振幅。故称在白线显现时的振幅为相对相位振幅，当用向量表示振幅时，就称为相对相位振幅向量。如振幅为 A_0，其振幅向量为 $\vec{A_0}$，由于 $\vec{A_0}$ 是在相对相位处，所以称 $\vec{A_0}$ 为相对相位振幅向量，在实际工作中简称为振幅向量 $\vec{A_0}$。

关于重量向量与振幅向量（相对相位）的关系可通过以下实验求得。

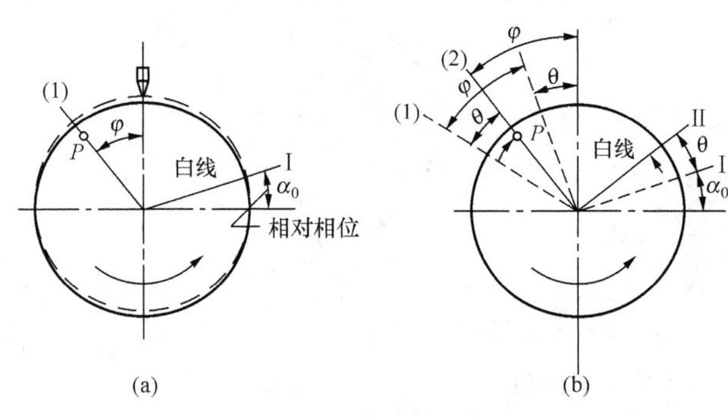

图 10－14　相对相位法原理

在一个平衡的转子上，加上试加重 P 于（1）点，划好白线，启动转子，测得如图 10－14（a）所示的图像。

将 P 沿原半径逆转向移动一个圆周角 θ 于（2）点，第二次启动转子后，发现白线显现的位置由Ⅰ移至Ⅱ，并没有逆向位移，而是顺转向移动了一个圆周角 θ，即与 P 的移动角度相等，方向相反，如图 10－14（b）所示。

对这一现象应如何分析？

从前面滞后角实验得知：振幅始终滞后于引起振动的不平衡力一个角度，在条件不变的情况下，此角为定值。当把 P 逆转向移动 θ 角后，振幅峰值相位也随着逆转向 θ 角，转子转到原来的闪光位置，由于不是振动峰值，闪光灯不亮，故转子还需转动 θ 角才到峰值，使闪光灯发光，白线的显现也随着顺转向移动一个 θ 角。由此得出：在测试条件不变的情况下，当重量相位（重量向量）改变时，白线显现的相对相位（即振幅向量）亦相应改变，其改变的角度相等、方向相反。

对上述现象，必须理解并牢记。

5. 相对相位法（闪光测相法）找动平衡的具体作法

将测振的转子按图 10－12 进行布置，启动转子后，测得不平衡重 $\vec{G}$ 的振幅 A_0 和白线显现位置Ⅰ线，Ⅰ线就是 $\vec{G}$ 的振幅向量 $\vec{A_0}$ 的位置，如图 10－15（a）所示。

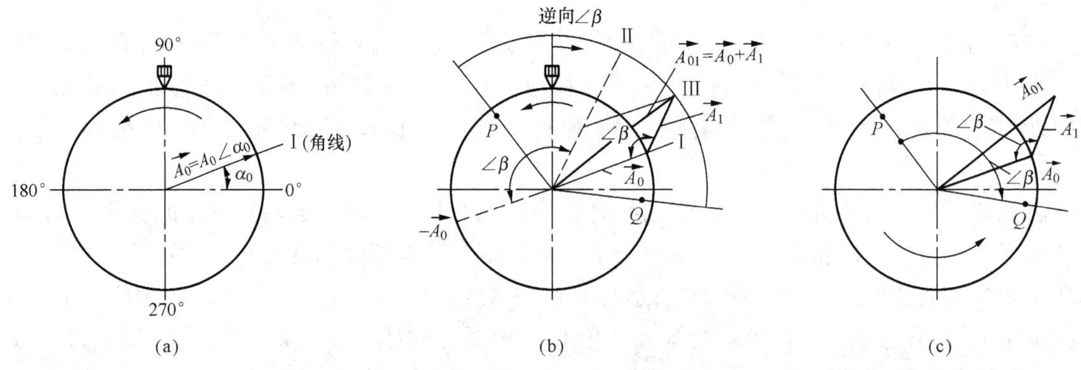

图 10－15　用相对相位法找动平衡

在转子上加上试加重 P，启动转子，测得$\vec{G}+\vec{P}$的合振幅A_{01}和白线第二次显现位置Ⅲ线，Ⅲ线就是$\vec{G}+\vec{P}$合振幅的相对相位。

现有已知条件：试加重 P（g），$\vec{G}$的振幅向量$\vec{A_0}$（mm），$\vec{G}+\vec{P}$的振幅向量$\vec{A_{01}}$（mm），Ⅰ线与Ⅲ线的相位角。

根据上述已知条件，将振幅向量用同一比例，作$\vec{G}$、$\vec{P}$的相对相位振幅向量平行四边形，如图 10-15（b）所示，从图中可得到 P 的相位和大小。在实际工作中，只需绘一个向量三角形，即可求得 A_1（试加重 P 振幅）。

从图 10-15（b）、（c）中可明显看出，若要使转子平衡，应将 A_1（图中Ⅱ线）顺转向$\angle\beta$至$-\vec{A_0}$的位置（注意是相对相位），则平衡重的位置应自试加重 P 的位置逆转向一个$\angle\beta$（半径不变）。平衡重的大小为

$$Q=P\frac{A_0}{A_1}\quad g \tag{10-13}$$

6. 实例分析

【例 2】 实测某转子原始不平衡重的相对相位振幅向量$\vec{A_0}=0.25\angle 14°$，试加重 P 为 50g，加试加重 P 后，测得$\vec{G}+\vec{P}$的相对相位合振幅向量$\vec{A_{01}}=0.13\angle 68°$，求平衡重 Q 的大小及加重位置。

根据已知条件，用同一比例作图 10-16，从图中测得$\vec{P}$的相对相位振幅向量$\vec{A_1}=0.21\angle 164°$，通过计算求出$-\vec{A_0}$与$\vec{A_1}$的相位差$\angle\beta=\angle(14°+180°-164°)=\angle 30°$。实际工作时，不采用计算，而是用量角器直接测出$\angle\beta$。将试加重 P 从加重位置逆转向$\angle 30°$，即得应加平衡重 Q 的位置。判定 P 是逆向还是顺向，首先要判定相对相位的变化方向，从图 10-16 中看出由$\vec{A_0}$至$\vec{A_{01}}$是顺转向，故 P 就应逆转向。

平衡重 Q 值为

$$Q=P\frac{A_0}{A_1}=50\times\frac{25}{21}\approx 61(\text{g})$$

【例 3】 $\vec{A_0}=0.22\angle 230°$，$P=50$g，$\vec{A_{01}}=0.26\angle 205°$。

用同一比例作图 10-17，从图中测得$A_1=0.113$，用量角器量出$\angle\beta=97°$。将试加重 P 顺转向 97°，即为 Q 的位置，因为由$\vec{A_0}$至$\vec{A_{01}}$是逆转向的。

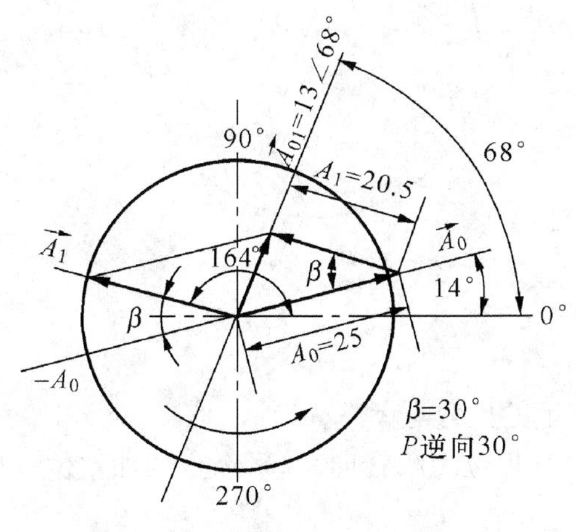

图 10-16 例 1 示意图

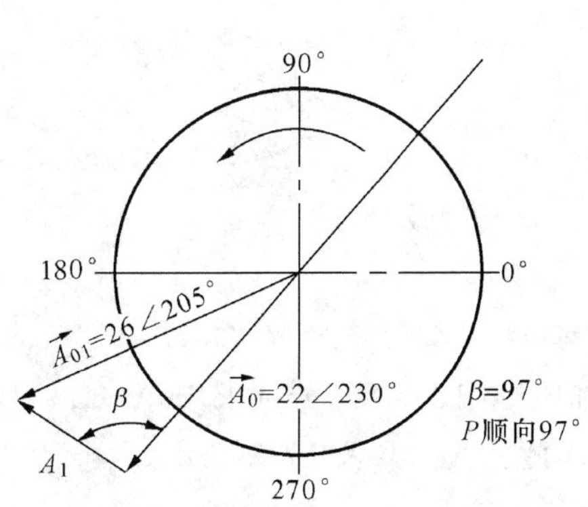

图 10-17 例 2 示意图

平衡重 Q 值为

$$Q = 50 \times \frac{22}{11.3} = 98(\text{g})$$

【例 4】 某高速动平衡模拟机为多转盘、双轴承（A、B），转子重 90kg，平衡转速 2000r/min。

实验：划白线后，启动转子，测得 $\vec{A}_0$ 值，见表 10-3。

表 10-3 **$\vec{A}_0$ 值的振幅与相位**

轴承	拾振器的测量位置			取最大振幅		$\vec{A}_0$
	↥	↦	⊙			
	振幅（1/100mm）			测位	振幅	
A	2.9	4.4	16	⊙	16	16∠125°
B	4.3	20.5	15.5	↦	20.5	20.5∠295°

计算试加重 P 值。代入公式，得出 A、B 侧在平衡面上的试加重 P 值为：A 侧的 P_A 为 21g；B 侧的 P_B 为 26g。为防止产生过大的振幅，实际取值为

A 侧 $P_A = 12\text{g}$

B 侧 $P_B = 14.4\text{g}$

分别将 P_A、P_B 试加重固定在两侧平衡面上，启动转子，测得 $\vec{A}_{01}$ 值，见表 10-4。

表 10-4 **$\vec{A}_{01}$ 值的振幅与相位**

轴承	↥	↦	⊙	$\vec{A}_{01}$
A			13.5	13.5∠150°
B		5.6		5.6∠90°

注 拾振器的测量位置必须与测 $\vec{A}_0$ 时相同。

根据测得的数据，绘制向量图（图 10-18）。

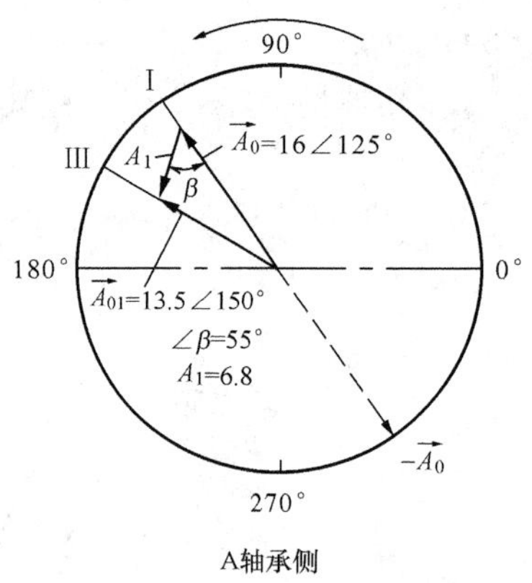

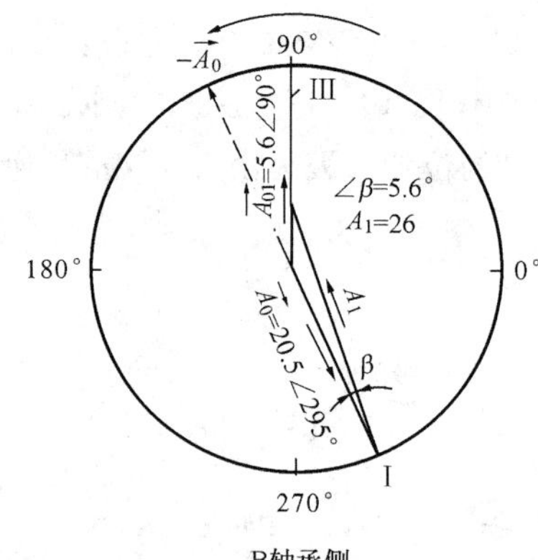

图 10-18 例 3

根据图 10-18，分别求出 A、B 侧应加平衡重的位置与大小。

A 侧：$A_1 = 6.8$（1/100mm），$\angle\beta = 55°$（相对相位为顺转向），平衡重的加重位置应自 P_A 处逆转向 55°，平衡重的大小为

$$Q_A = 12 \times \frac{16}{6.8} = 28.2(\text{g})$$

B侧：A_1=26（1/100mm），$\angle\beta$=5.6°（相对相位为顺转向），平衡重的加重位置自 P_B 处逆转向5.6°，平衡重的大小为

$$Q_B = 14.4 \times \frac{20.5}{26} = 11.5(g)$$

四、简单测相法（划线法）找动平衡

此法是用划线的方法求取振幅相位，故也称划线法。划线法找动平衡简单、直观。先介绍划线法有助于对其他测相找平衡法的理解。

(1) 在靠近转子的轴上选择一段长为20～40mm、表面光滑、圆度及晃动度均合格的轴段，作为划线位置，并在该段上涂一层白粉或紫色液。启动转子至工作转速。待转速稳定后，用铅笔或划针向涂色轴段轻微地靠近，在该段上划3～5道线段，线段越短越好，如图10-19所示。同时用测振仪测取轴承的振幅 A_0。停机后，找出各线段的中点，并将该点移到转子平衡面上，此点即为第一次划线位置点。设该点为A。

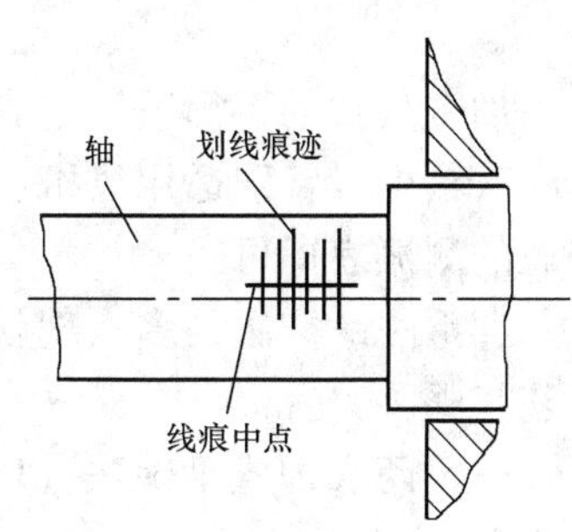

图10-19　划线痕迹示意图

(2) 选取试加重（详见本章第五节）。

(3) 自平衡面上A点逆转90°得C点（选择90°目的是便于作图、求证及使划线法规范化），在C点上加试加重 P［图10-20（a）］。再次启动转子，进行第二次划线，并将划线中点移至平衡面上（设该点为B），同时测记轴承振幅 A_{01}。

(4) 作图：以实际加重半径作圆（也可缩小比例），圆周上A、B点为两次划线中点，C点为试加重 P 的位置点。连接OA、OB、OC，在OA、OB线上按同一比例分别截取Oa、Ob等于振幅 A_0、A_{01}。连接ab，设$\angle$Oab=θ，由OC为始边逆转 θ 角至D点，则D点就是应加平衡重的位置，如图10-20（b）所示。

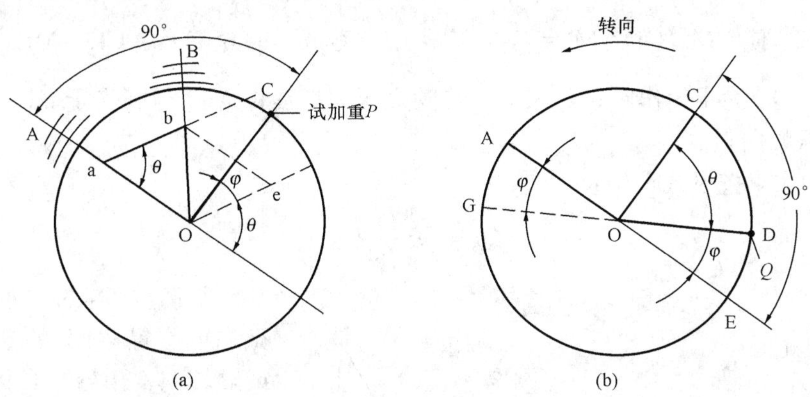

图10-20　划线法作图

注：图中的 θ 角是一定值，当试加得重量改变时，只是B点的位置发生改变，不会改变 θ 角的角度，这也是验证用划线法找动平衡的操作是否有误的标准。

从图10-20可看出，Oa是转子的原振幅，该振幅的相位要滞后转子实际不平衡相位一个 φ 角，即 $\overrightarrow{OG}$ 相位为转子的不平衡重相位。平衡重应加在 $\overrightarrow{OG}$ 的反方向，即D点。从图10-25中得知，$\angle$COE=90°，而$\angle$COE=$\angle\varphi+\angle\theta$，故只要以OC为始边逆向作一 θ 角，即得应加平衡重的D点。

根据向量平行四边形法则，$\overrightarrow{Ob}=\overrightarrow{Oa}+\overrightarrow{Oe}$。若要转子处于平衡状态，则其合振幅 $\overrightarrow{Ob}$ 应为

零，即 P 所产生的振幅数值 Oe 等于 Oa 并方向相反。因 $\overrightarrow{Oe}=\overrightarrow{ab}$，故平衡重 Q 应为

$$Q = P\frac{Oa}{ab} \tag{10-14}$$

（5）将平衡重 Q 加在 D 点上，启动转子进行试验。若振幅不合格，可对 Q 值及其位置作适当的调整。

第四节 加重法找动平衡

加重法找动平衡适用于高速与低速的找动平衡工作。该工艺推理简单、操作方便、机组启动次数少，特别适用风机、水泵类找动平衡工作。同时它不需贵重的仪器仪表，只要一只普通的测振表即可。

加重法的方法甚多，现就最常用、效果较好的两点法（180°法）和三点法为例，阐述其工艺步骤。

一、两次加重平衡法（180°两点法）

1．工艺步骤

（1）检查转子是否具备可启动的条件，无问题后，启动转子，用振动表测记轴承的振动值。若为两个轴承，则以振动值大的为原始振幅 A_0。确定转子的平衡面，即加平衡重的平面。

（2）选取试加重 P，详见本章第五节。

（3）将试加重 P 固定在平衡面的某一点上（任意），并作记号“1”，启动转子，测记其共振振幅 A_1。

（4）将试加重 P 按同半径，移动 180°，并作记号“2”，测记其共振振幅 A_2。

（5）根据三次振幅值，用作图法求出应加平衡重的位置及其大小，具体作法如下（图 10-21）：

作△ODM，使 OM∶OD∶MD $=A_0:\frac{A_1}{2}:\frac{A_2}{2}$；延长 MD 至 C，使 CD＝MD，并连接 OC；以 O 为圆心，OC 为半径作圆；延长 CO 与圆交于 B，延长 MO 与圆交于 S。则 OC 为试加重 P 引起的振幅向量。

平衡重的大小按下式求出：

$$Q_A = P\frac{OM}{OC}\quad \text{g} \tag{10-15}$$

平衡重 Q_A 的位置应在第一次试加重位置“1”的逆转向 α 角处或顺转向 α 角处，具体方位由试验确定。从图 10-21 可以看出，平衡重 Q_A 必然与不平衡重大小相等、方向相反，即在 MO 的延长线与试加重圆相交的 S 点。因为作图时△ODM 可作在图的上方也可作在图的下方，即 MO 的延长线可以交 S 点也可以交于 S′点，所以具体方位需要试验。

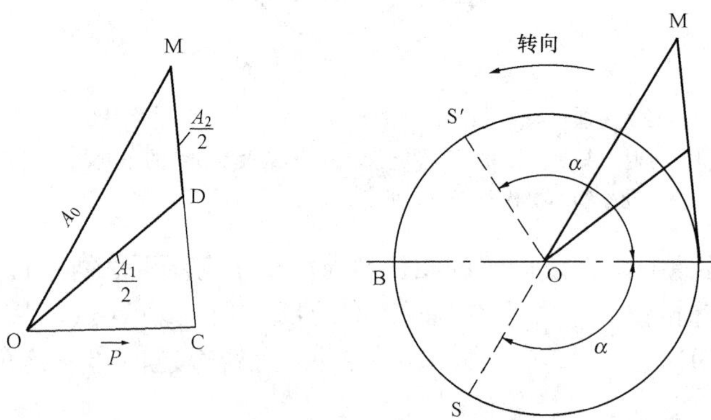

图 10-21 180°两次加重法作图

2. 180°两点法作图的求证

首先要证明$\overrightarrow{OC}$是试加重 P 在“1”点所产生的振幅，根据图 10-21 所示图形作平行四边形 OMEC 与 OMFB，如图 10-22 所示。

图中：$\overrightarrow{A_1}=\overrightarrow{A_0}+\overrightarrow{OC}$；$\overrightarrow{A_2}=\overrightarrow{A_0}+\overrightarrow{OB}$

$\overrightarrow{A_1}$是试加重 P 加在“1”点后与原不平衡重振幅 A_0 的合振幅；$\overrightarrow{A_2}$是 P 加在“2”合与 A_0 的合振幅。根据图 10-21 的作图法，OC 就是 P 在“1”点引起的振幅向量；OB 就是 P 在“2”点引起的振幅向量。

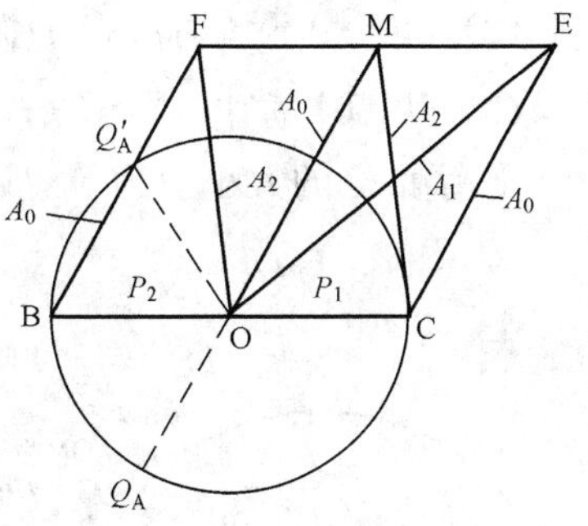

图 10-22　180°两点法求证

二、三次加重平衡法（三点法）之一

三点法是在两点法的基础上多增加一个加重点，使加重点在转子上均匀分布，从而能较准确地找出应加平衡重的大小和方位。

在转子上设互为 120°的三个点（半径相等），将试加重 P 依次加在各点上，并测量各点的振幅 A_1、A_2、A_3。

将三个振幅值用同一比例作三个同心圆［图 10-23（a）］。在大圆（图中 A_3 圆）上取一点 a，以 a 为圆心、aO 为半径，在大圆上交 h 点。以小圆（图中 A_2 圆）半径为半径，h 为圆心，在中圆（A_1 圆）上取 b、b′两点。以 ab 为半径，b（或 a）为圆心，在小圆上取 c 点。再以 ab′为半径，以 b′（或 a）为圆心，在小圆上取 c′。连接 a、b、c 和 a、b′、c′，得两个等边三角形，如图 10-23（a）所示。

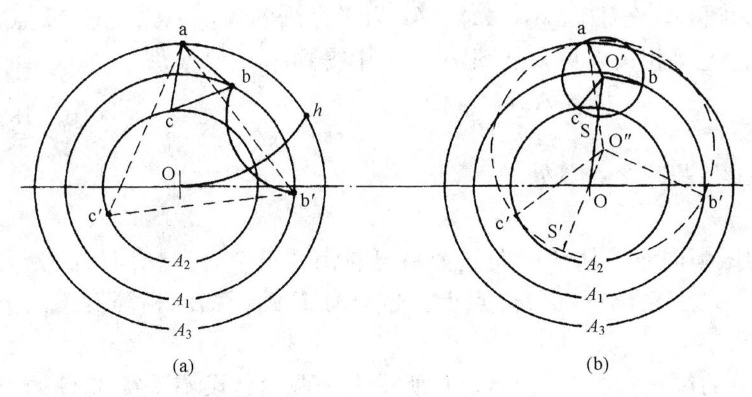

图 10-23　三点法找动平衡（一）

找出两等边三角形的中心 O′、O″，分别作等边三角形的外接圆，再把 OO′和 OO″连线，分别交两外接圆于 S 和 S′点，如图 10-23（b）所示。现对 O′与 O″两外接圆分别进行分析。

1. O′外接圆

（1）在 O′外接圆中，$\overrightarrow{aO'}$（$\overrightarrow{bO'}$、$\overrightarrow{cO'}$）为试加重 P 的振幅向量。

（2）$\overrightarrow{OO'}$为不平衡重 G 的振幅向量，S 点为加平衡重 Q 的位置。

（3）从图中看出$\overrightarrow{aO'}<\overrightarrow{OO'}$，即说明试加重 P 小于不平衡重 G。

平衡重 Q 的大小应为

$$Q=P\frac{OO'}{aO'}\quad g \tag{10-16}$$

2. O″外接圆

（1）在 O″外接圆中，$\overrightarrow{aO''}$（$\overrightarrow{b'O''}$、$\overrightarrow{c'O''}$）为试加重 P 的振幅向量。

（2）$\overrightarrow{OO''}$为不平衡重 G 的振幅向量，S′点为加平衡重 Q 的位置。

（3）从图中看出$\overrightarrow{aO''}>\overrightarrow{OO''}$，即说明 $P>G$。

平衡重 Q 的大小应为

$$Q=P\frac{OO''}{aO''}\quad g \tag{10-17}$$

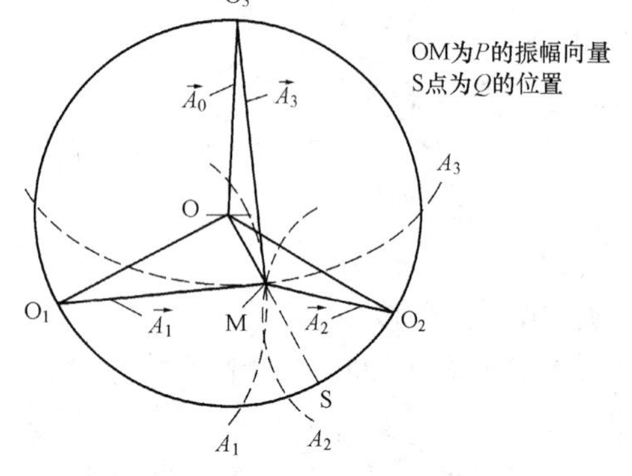

图 10-24　三点法找动平衡（二）

三、三次加重平衡法（三点法）之二

1. 工艺步骤

该工艺的特点是以原始振幅 A_0 为准，在 A_0 为基圆的圆上作图，求出 Q 及平衡重的位置。作图步骤如下（图 10-24）。

（1）检查转子，确认无问题后，启动转子，精确测出原始振幅 A_0 值。

（2）以 A_0 振幅为半径作圆，并将圆周三等分，分别为以 O_1、O_2、O_3 标示。

（3）将选取好的试加重分别加在转子的平衡面上（平衡面的三等份要求准确，加重半径必须一致），分三次启动转子，测得三个合振幅，以 A_1、A_2、A_3 标示。

（4）以圆中 O_1、O_2、O_3 为圆心，分别以 A_1、A_2、A_3 为半径画圆弧，三弧交于 M 点，OM 即为试加重 P 的振幅向量。连接相关点后，从图 10-24 中得到：

$$Q=P\frac{A_0}{OM}\quad g \tag{10-18}$$

Q 的位置在 OM 的延长线上与基圆交点 S 处。

2. 工艺分析

（1）首先确定 OM 是 P 的振幅向量，从图中向量关系可看出，三个合振幅向量的分向量是同一个 OM，在测试中只有 P 三次出现在等分点上，也只有 P 的振幅以相等值三次出现在基圆上，故$\vec{P}=\overrightarrow{OM}$。

（2）为何 S 点就是加平衡重的位置？图 10-25（a）所示为一假设：设不平衡重 G 的方位正好在等分点的延长线上（图中以 OO_3 延长线为例），加 P 后测记三点振幅，A_3 最小，$A_1=A_2$，三个圆弧的交点必然在 OO_3 半径线上 M 点，说明 P 应加在 OM 的延长线上，即$\overline{OS}$。

另一种情况如图 10-25（b）所示。设 G 位于 OO_3 半径线上，加 P 后测记三点振幅，A_3 最大，$A_1=A_2$，三弧的交点必然交在 OO_3 延长线 OS 线段上的 M 点，平衡重 P 应加在 OM 的延长线上

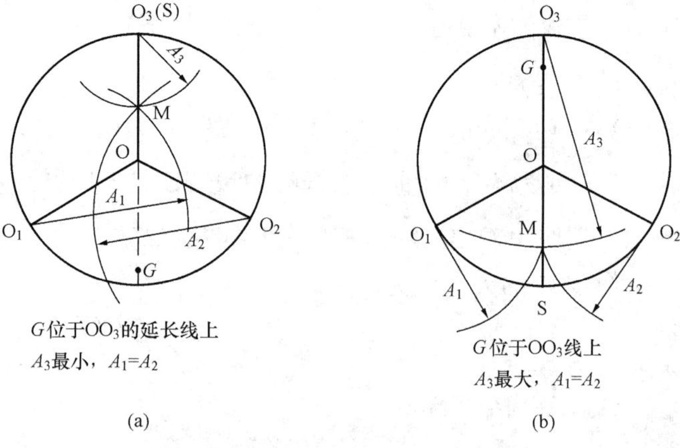

图 10-25　三点法（二）分析

（即 OS 线）。

第五节　试加重的计算及平衡块的配制与固定

一、试加重的计算

在找转子动平衡时，对试加平衡重有以下要求：加试加重后转子的振幅与相位要有明显的变化，以利于对平衡状态的分析；试加重不宜过重，以免在试验时转子振动过大而发生意外。

在找转子动平衡时，由于影响转子振幅变化的因素较复杂，很难精确计算试加重的大小，仅能进行粗略的估算。从有关资料介绍的各种计算试加重的方法来看，每种计算方法都有一定的适用范围，这点在选用时应加以注意。现将常用的两种计算方法介绍如下：

公式 1：即式（10-19），适用于低速在动平衡台上找动平衡。

$$P = K\frac{400A_0}{r}\quad \text{g} \tag{10-19}$$

式中　K——系数，根据转子质量、工作转速和动平衡台的灵敏度而定，其数值一般可取1～3或更小；

A_0——A 侧原始共振振幅，1/100mm；

r——固定试加重的半径，mm。

K 值的选取根据经验，若转子很重，可取大值；如果转子很轻，且 A_0 值很大，其值可取零点几。

公式 2：即式（10-20）适用于高速找动平衡（转速大于 1500r/min）。

$$P = 1.5\frac{mA_0}{r\left(\frac{n}{3000}\right)^2}\quad \text{g} \tag{10-20}$$

式中　m——转子质量，kg；

A_0——A 侧原始共振振幅，1/100mm；

r——固定试加重的半径，mm；

n——平衡转速（试验时转子转速），r/min。

按式（10-20）求得的 P 值可适当调整，以使试加重产生的离心力不大于转子重量的 10%～15%。

还有一式与式（10-20）相近似，仅在选用单位及系数上有所区别。该式如下：

$$P = 250\frac{mA_0}{D}\left(\frac{3000}{n}\right)^2\quad \text{g} \tag{10-21}$$

式中　A_0——A 侧原始共振振幅，mm；

D——固定试加重的直径，mm。

式（10-21）中其他量的单位与式（10-20）的相同。若将式（10-20）改为与式（10-21）相同的单位，则两式仅在系数上有差别，式（10-20）的系数为 1.5，式（10-21）的系数为 1.25。

二、平衡块的配制与固定

转子用试加重找好平衡后（动平衡与静平衡），必须将临时平衡重换成永久平衡重，即平衡块。无论属哪类转子，平衡块的配制与固定均应满足以下要求：

(1) 平衡块所产生的离心力应等于临时平衡重所产生的离心力。

(2) 平衡块的形状与大小要做到不使机体内动静部分之间的间隙减小，即保证在运行中不发生摩擦。

(3) 平衡块的固定必须牢固，在工作转速下不会松动、位移，其自身要有足够的强度，转速高的转子不允许用铅、铸铁等强度低的材料制作平衡块。

平衡块的配制与固定要根据转子的具体结构而定。大多数转子在平衡面上均有专门安置平衡块的燕尾槽或T形槽。将平衡块做成槽形装在平衡槽内，用止头螺钉固定，并在两端头加封以防位移，如图 10-26 (a) 所示。平衡块在外形上不要凸出于轮端面。若平衡块较重，按槽的截面形状制作的平衡块难以平衡时，则要在保证转子动静部分不产生摩擦的前提下，允许将平衡块加厚凸出端面，如图 10-26 (b) 所示。

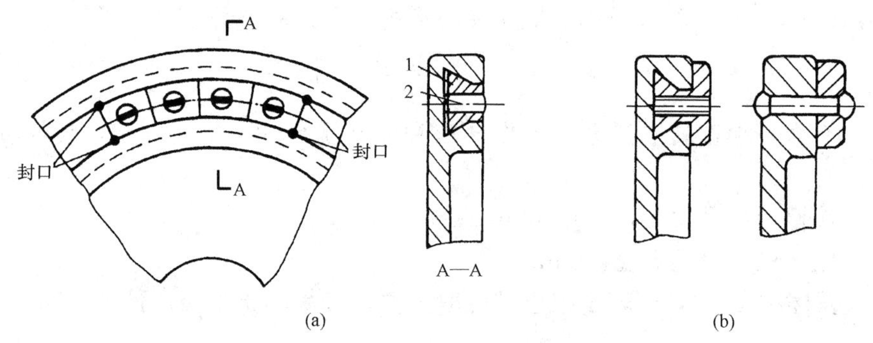

图 10-26 平衡块的配制与固定

(a) 平衡块的固定；(b) 凸出的平衡块

1—平衡块；2—止头螺钉

若转子的轮盘较厚，在不影响轮盘强度的情况下，就可以在加重的对方（转子重侧）去掉一部分金属，用钻盲孔或铣削或用砂轮磨削均可。用砂轮磨削时，很难准确计算磨削量，采用时应慎重。

在某些转子上，如风机的叶轮，可以用焊接的方法固定平衡块。在施焊时，应注意防止转子变形。对要求高的转子不要采用焊接法。

当平衡块的重心不同于临时平衡重的重心时，无论是平衡块形状的改变，还是固定位置的改变，均要用有关公式进行计算，使平衡块产生的离心力等于临时平衡重所产生的离心力。若是固定半径发生改变，则可利用平衡块重与固定位置的半径成反比的关系，求出改变半径后应加的平衡块重，再固定在改变后的位置上。

第六节 查找机组振动的原因

机组振动是一种现象。从这种现象中查找其原因是件复杂细致的工作。为了尽快、准确地找到振动的原因，首先应对可能引起振动的诸因素进行分析，根据分析的情况再进行试验，最后确定振动的原因。

查找机组振动时，可按下列程序进行。

1. 机组处于运行状态的检查

(1) 测记机组各位置的振动值（轴承、机座、基础等），并与原始记录进行对比，找出疑点。

(2) 运行参数与原设计的要求有何变动。

(3) 轴瓦的油温、油压、油量及油的品质是否在正常值内。

(4) 机组是否有异声，尤其是对金属的摩擦声和撞击声应特别注意。

(5) 机组膨胀是否均匀（与停机冷却后进行对比），有滑销装置的机组应测记其间隙值。

(6) 地脚螺帽（或螺栓）是否松动，机组的垫铁是否松动或位移，基础是否下沉、倾斜或有裂纹。

(7) 机组在启停过程中，其共振转速、振幅是否有变化。

(8) 曾发生过哪些异常运行现象。

2. 停机后的检查

(1) 滑动轴承的间隙及紧力是否正常，下瓦的接触及磨合是否有异常。

(2) 滚动轴承是否损坏及内外圈的配合是否松动。

(3) 联轴器中心是否有变化，联轴器上的连接件是否松动或变形。

3. 机组解体后的检查

(1) 原有的平衡块是否脱落或产生位移。

(2) 转体上的零件有无松动，是否有装错、装漏的零部件及已脱落的零件。

(3) 机组的动静部分的间隙是否正常，有无摩擦的痕迹。

(4) 测量轴的弯曲值及转体零部件的瓢偏与晃动值。

(5) 转体的磨损程度（对风机类应重点检查）。

(6) 介质经过的通道（如水泵叶轮）是否有堵塞及锈蚀、结垢，导致通道截面发生变化。

(7) 机组水平、转子扬度是否有变化。

(8) 电机转子有无松动零件，空气间隙是否正常，电气部分是否有短路现象。

(9) 重新找转子的平衡。

思 考 题

1. 何谓显著静不平衡和不显著静不平衡？

2. 见图 10-5 (c)，为什么要将转子调转 180°后，在 S 上再加一试加重 P？不调转 180°行不行？

3. 简述用秒表法找静平衡的工艺步骤。

4. 在找静平衡时，为何秒表法优于试加重法？

5. 用秒表法找转子不显著静不平衡时，为什么最小周期是转子的重心方位？

6. 简述动不平衡产生的原因。

7. 简述滞后角的特征。

8. 为什么低速找动平衡时，不能采用测相法？

9. 简述二点法找动平衡的工艺步骤。

10. 简述三点法找高速找动平衡的工艺步骤。
11. 说明在用测相法找动平衡时在转子轴端划一条白线的作用?
12. 为什么说振幅也是向量?
13. 何谓相对相位?
14. 简述重量向量与相对相位振幅向量的关系。
15. 简述相对相位法(测相法)找动平衡的工艺步骤。
16. 说明用划线法找动平衡时在轴颈处划线的目的及划线注意事项。
17. 平衡块的制作与固定应满足哪些要求?
18. 在运行中,如何查找机组超常振动的原因?
19. 为什么说图 10 - 20 中的 θ 角是一定值?

特 殊 检 修 工 艺

在热力设备的检修过程中，往往会用到一些有别于常规的检修工艺。如喷涂与涂镀、金属的粘接、堵漏及设备诊断技术等，把它们称之为特殊检修工艺。

第一节 喷 涂 与 涂 镀

一、喷镀（或喷涂）

喷镀是利用燃气或电能，把加热到熔化或近熔化状态的金属微粒，喷附在镀件表面上而形成的覆盖层的方法。喷镀法不限定被镀件的尺寸，对大面积的表面也可以制成均匀的喷镀层。因此，在需要对大型设备表面进行耐腐蚀性、耐磨性和耐热性等防护处理时，采用喷镀法既方便又经济。同时用喷镀法修复被磨损的轴类、配合面也很有效。

1. 金属电弧喷镀与火焰喷镀

这两类喷镀法是喷镀工艺早期采用的方法。喷镀时，采用电弧或火焰将金属丝（或粉末）熔化，用压缩空气将熔化了的金属雾化成直径为0.01～0.015mm的颗粒，以140～300m/s的速度喷向工件。在热源中心处熔化的金属颗粒温度可达3000℃（视热源的温度而定），经过压缩空气的吹送受到冷却。当喷射到工件表面时，温度下降到800～900℃，成为塑性的金属颗粒，而不是液体颗粒。由于喷射速度很大，金属颗粒被填塞在预先拉毛的刻痕里，并被撞扁，因此紧紧地镶附在工件表面上。继之而来的颗粒射到先落下的颗粒上面，填补在它们间隙中，形成完整的喷镀层。

喷镀层与工件表面之间通常为机械结合，也可以产生部分分子结合。由于喷镀层是堆积，加之金属颗粒的直径有时达0.2mm，故喷镀层往往存在许多空隙。

现将上述两类喷镀法所用的喷镀工具简介如下：

图11-1～图11-3分别为气体熔线式、粉末式、电熔式喷镀的工作原理。以上三种喷镀法具有工艺与设备简单的优点，但其热源温度不够高，喷射速度与能量不够，因此这种喷镀的镀层的密度、强度及附着力均不理想。

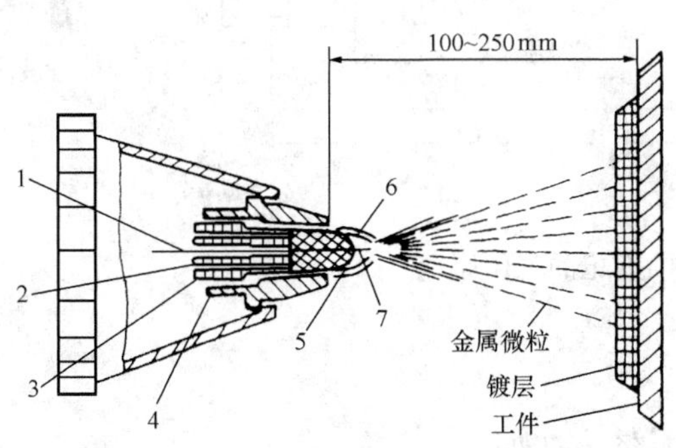

图11-1 气体熔线式喷镀的工作原理
1—线料（<3mm）；2—氧+乙炔；3—压缩空气；4—喷嘴外罩；5—空气流；6—火焰；7—熔化端部

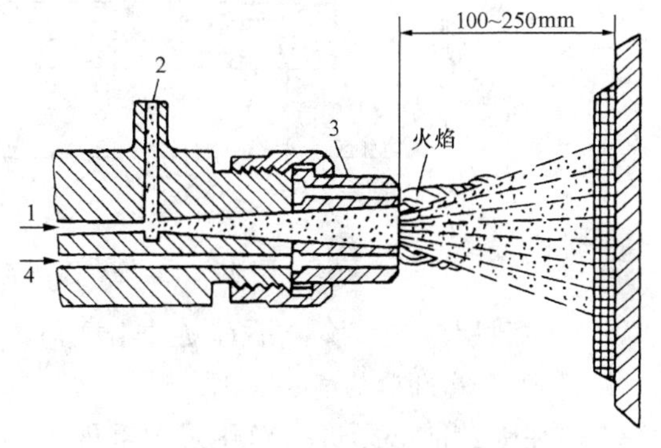

图11-2 粉末式喷镀的工作原理
1—输送粉末的压缩空气；2—粉末材料进口管；3—喷嘴头；4—氧+丙烷或氧+乙炔

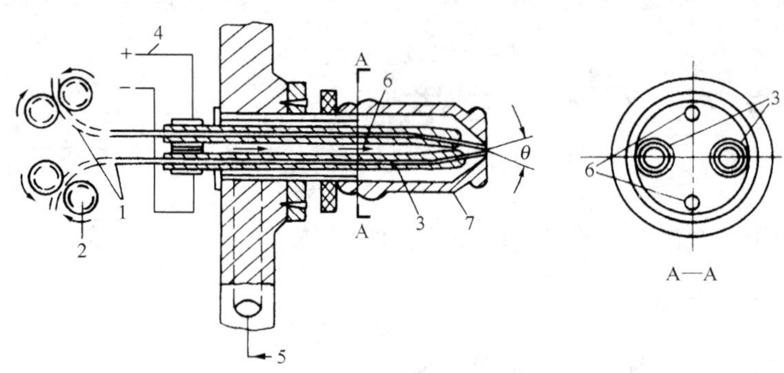

图 11-3　电熔式喷镀的工作原理

1—金属丝（直径约为 1mm）；2—送线齿轮（气动）；3—输线管；4—直流焊机焊线（300A）；5—压缩空气进口；6—压缩空气进道；7—喷嘴外罩

2. 等离子射流式喷镀

该装置的工作原理如图 11-4 所示。喷枪是通过棒状钍钨电极供给一定电压的直流电后，在电极与喷嘴之间产生电弧的一种装置。工作气体（氮气与 5%～25%氢气混合气）通过电极间的通道将电弧吹入喷嘴。被电弧加热到 8000K 以上的高温气体（最高可达 15000K）出现电离现象。由于此时呈现了通常气体没有的电磁性能而称为等离子体。等离子体高速从喷嘴喷出，其速度可达音速。粉末状的喷镀材料用工作气体输送并流入等离子流中，被熔化和加速，以很大的能量喷向工作表面，形成喷镀层。

由于离子流的温度远远高于任何材料的熔点，原则上可采用任何材料作喷镀材料，因而用途极为广泛。

3. 喷镀层的物理特性

（1）被喷镀的工件表面温度仅为 70～80℃，工件不会发生变形，并不受工件或喷镀材料焊接性能的限制。

（2）喷镀层有一定的孔隙，其密度为喷镀用材料密度的 85%～95%。

（3）喷镀层与工件表面为机械结合，部分可能为分子结合，结合强度依工艺及材料的不同约为 5～50MPa。

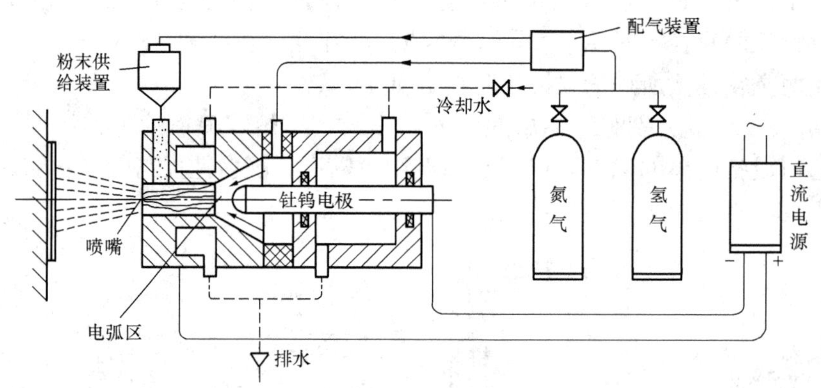

图 11-4　等离子射流式喷射枪的工作原理

（4）喷镀层材质较脆，不宜受冲击载荷。

4. 工件喷镀前后的表面处理

工件在喷镀前必须进行净化及拉毛处理，其具体方法如下：

（1）彻底清除工件表面的油污。

（2）用角向磨光机打磨工件表面，磨去氧化层，使表面露出金属光泽。

(3) 用电火花将工件拉毛，通常用普通电焊机，选用镍丝作电极（电流 80～100A），在工件上来回拖移，利用电火花将工件表面打成麻点并符合粗糙化的要求。经电火花拉毛后，用钢丝刷将表面刷净。电火花拉毛作业除上述方法外，还可借用电火花强化振动器（图 11-5）进行拉毛作业，其拉毛质量优于前者。

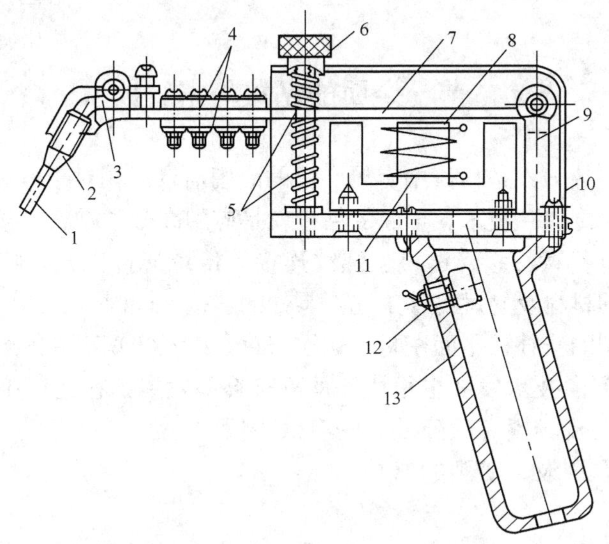

图 11-5　电火花强化振动器结构图

1—硬质合金电极；2—接长棒；3—电极夹头；4—绝缘层压板；5—振幅弹簧；6—振幅调节螺帽；7—振动臂；8—山形磁铁；9—底板；10—罩壳；11—磁力线圈；12—开关；13—手柄

注：它由变压器供给 24V 电源，当磁力线圈 11 通过交流电流时，由山形磁铁 8 对振动臂产生一脉冲磁力，振动臂 7 与铁芯间相互吸引，使弹簧 5 储存一定的位能。当过渡到负半周时，磁力消失，弹簧储存的位能释放，使振动臂反向位移。由于交变磁力与弹簧弹力的交替作用，使振动臂产生每秒 100 次的振动从而带动装在振动臂一端的电极夹头振动，振动的幅值可用振幅调节螺帽进行调整。它除有拉毛的功能外，还有更重要的功能，就是对工作表面进行强化处理。

喷镀的质量在很大程度上取决于工作面的净化及拉毛处理。

工作面经喷镀后，对其喷镀层表面需进行再加工。由于喷镀层材质较脆，所以不允许敲击、錾削，可用锉刀锉削、刮刀刮削，或用机床进行车、磨加工。在用刮刀刮削喷镀层的边缘时，刮刀应从喷镀区的内部向外刮削，并要逐渐减轻刮削压力。喷镀层的边缘应锉成圆角，以防喷镀层剥落。

二、涂镀

涂镀的原理近似电镀（如镀铬）。涂镀采用直流电，工件接直流电流电源的负极，镀笔接正极，如图 11-6 所示。涂镀时将吸有涂镀液的刷子（镀笔）在工件表面匀速移动，在直流电场的作用下，涂镀液中的金属离子沉积在工件的表面上。

涂镀层的厚度与涂镀的时间成正比，其厚度为 0.01～1.5mm。在操作时，应根据实际的需要确定最佳涂镀层厚度。

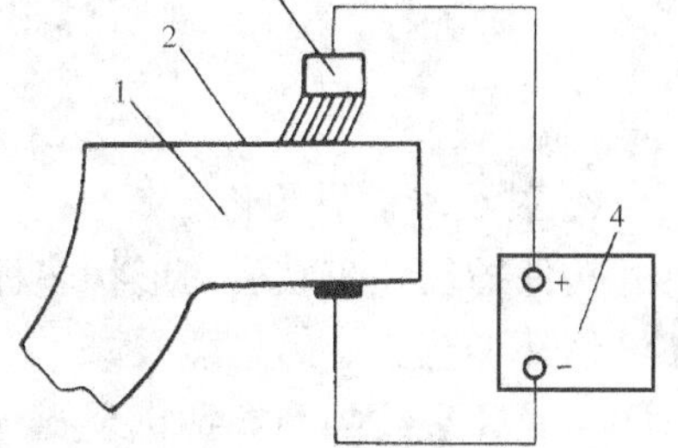

图 11-6　涂镀工艺示意

1—工件（如汽缸）；2—工件表面（涂镀面）；3—镀笔；4—直流电源

涂镀层的结合强度很高，可与焊接相近。涂镀层的表面粗糙度取决于原工件表面的粗糙度。若涂镀层达不到粗糙度要求，可在涂镀后进行磨削、抛光。

由于喷镀与涂镀工艺对各类的机械修理具有普遍性，所以此项检修工作已形成专业化，在各大城市均有从事此项工作的专业公司。这对提高喷镀、涂镀质量，降低检修成本都具有现实意义。

第二节 金属的粘接与密封技术

金属的粘接技术在热力设备检修中有较广泛的应用前景。相对于电焊、气焊等传统检修工艺而言，它可称之为“冷焊”技术。金属的粘接就是应用高分子材料黏接剂，对设备的零部件进行连接。它可以部分代替焊接、铆接、螺纹连接等传统连接工艺，特别适用于高碳、高合金、铸铁等难于焊接的材料及易燃易爆工况下零件的连接。同时，金属的粘接技术也可用于设备零部件的裂纹、破裂的修补，平面密封、螺纹密封，以及实现部件的磨损、腐蚀的修复。

用黏接剂进行堵漏的技术发展也很快，从静态补漏发展到在运行中堵漏，从低压堵漏发展到高压堵漏，已成为现场紧急故障处理的有效手段之一。

一、构件的连接及裂纹、破裂的修补

1. 构件的连接

利用黏接剂对零件进行连接，其接头的设计是成功的关键之一。因为黏接剂的抗压强度、剪切强度均较高（约为 30～60MPa)，但其剥离强度和冲击韧性较差，加之胶层较脆，所以在连接时应尽量使接头承受压缩和剪切负载，避免承受剥离和不均匀拉伸负载，如图 11－7 所示。

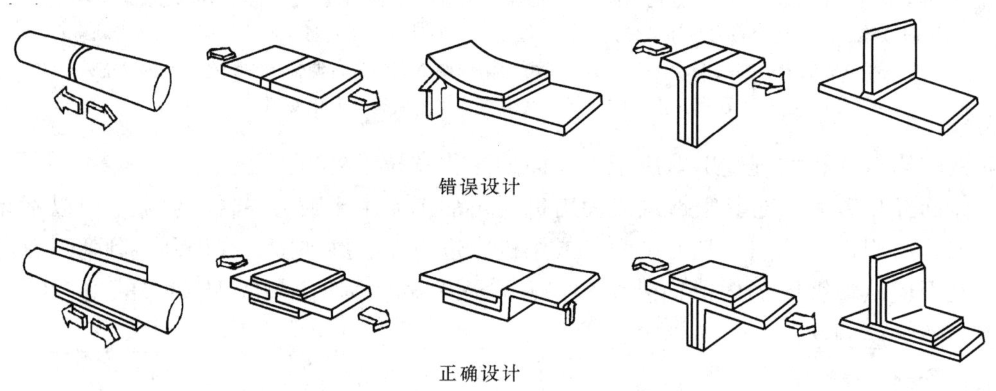

图示 11－7 粘接接头的设计

2. 裂纹与破裂的修补

构件的裂纹与破裂的形状多种多样，但其修补的工艺是相同的。以构件的裂纹为例，叙述其修补工艺。

(1) 在裂纹的两端钻止裂孔（$\phi3\sim\phi4$)，如图 11－8 (a) 所示。

(2) 用旋转锉或角向砂轮沿裂纹开 V 形坡口，坡口的深度决定于裂纹深度、构件的壁厚及受力状况，在可能的条件下，加深坡口深度可提高粘接强度，坡口的角度一般为 30°～60°，如图 11－8 (b) 所示。

(3) 坡口制成后，必须严格清洗V形槽。

(4) 将配制好的修补剂填入V形槽内，并比槽宽出20mm左右［图11-8 (c)］，待其初固化后，再在其面上覆盖一层补强带进行加强处理，如图11-8 (d) 所示。

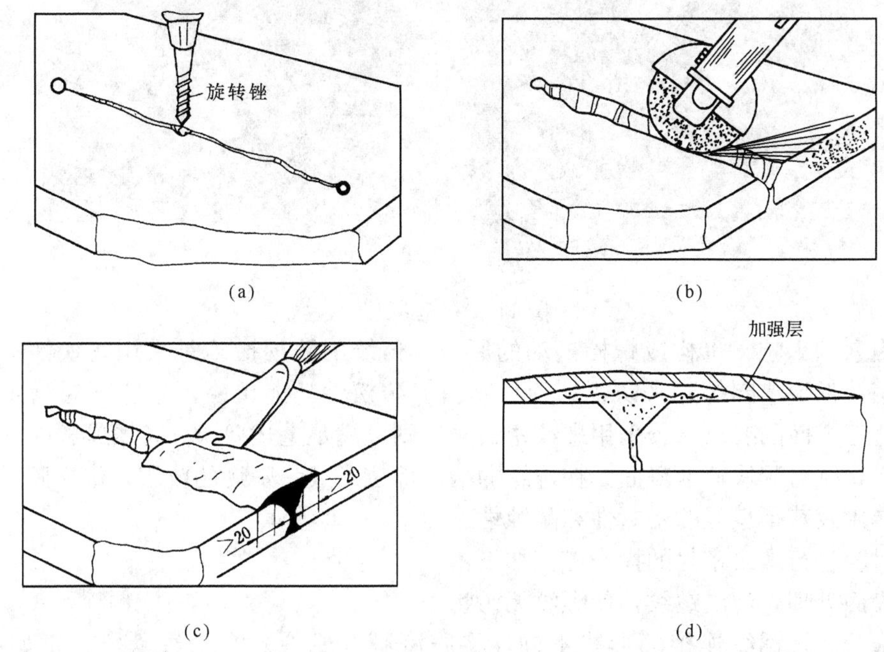

图11-8 裂纹修补工艺

二、平面密封与螺纹密封

1. 平面密封

法兰、缸体等结合面之间，常采用不同材质的垫料制成垫子进行密封，但这种密封垫受温度、压力及振动等因素的影响，垫子易老化、失去弹性，甚至错位（即垫子发生位移）导致密封失效。特别是对于大型或形状不规则或是窄的密封面，采用垫子进行密封就显得更困难。若选择相应的密封剂进行密封，则可大大提高密封性能。由于密封剂具有良好的填充性，所以固化后能形成一个与结合面形状一致的密封垫。该垫坚韧有弹性，耐湿、耐压、耐振动冲击，同时具有良好的耐介质性，是一个高强度的弹性垫圈。

采用密封胶进行平面密封的步骤如下：

(1) 清洗结合面。对结合面的清洗工作必须认真，保证结合面无油污、灰尘。

(2) 施胶。选择相应的密封胶，将胶挤在密封面上，形成一个连续封闭的胶圈，其数量要足以充满整个结合面，如图11-9所示。

(3) 装配。合上相应的配件（上缸盖、法兰等），装上螺栓，用常规工艺将螺栓拧紧。

(4) 固化。通常均在常温下固化，固化所需的时间，取决于所选用密封胶的性能。

(5) 拆卸。用常规的方法进行拆卸。

2. 螺纹密封锁固

连接件通常用螺栓进行连接、紧固及密封。因螺纹存在升角，所以松螺栓的力矩比紧螺栓的力矩小20%～30%，这就是螺栓会自行松动的原因之一；另外，冲击、振动、旋转及

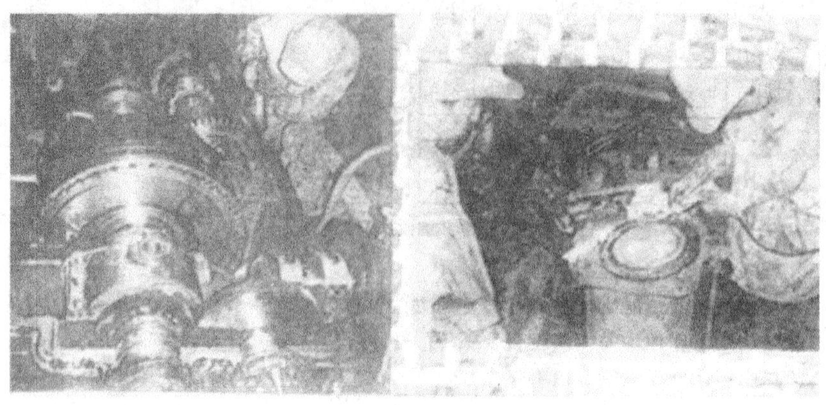

图 11-9　施胶工艺

热松弛等因素的影响，也构成螺栓松动的原因。传统的防松措施是采用防松件（如弹簧垫圈、开口销、保险垫圈等）来防止螺栓松动。但防松件功能单一，不能同时满足防松、防锈、密封这三方面的要求。若采用螺纹密封胶，则可满足上述要求。拧紧螺栓时，将密封胶涂在螺纹上，密封胶快速地凝固，在螺纹的啮合部位形成一坚韧的胶层，依靠胶粘力起到可靠的防松作用及获得良好的密封性和耐蚀性。

用密封胶进行螺纹密封的操作工艺如下：

(1) 表面处理。清洗螺纹，使螺纹无污物。

(2) 施胶。视螺纹连接的形式不同，将胶液滴（或涂）在螺纹啮合处，如图 11-10 所示。

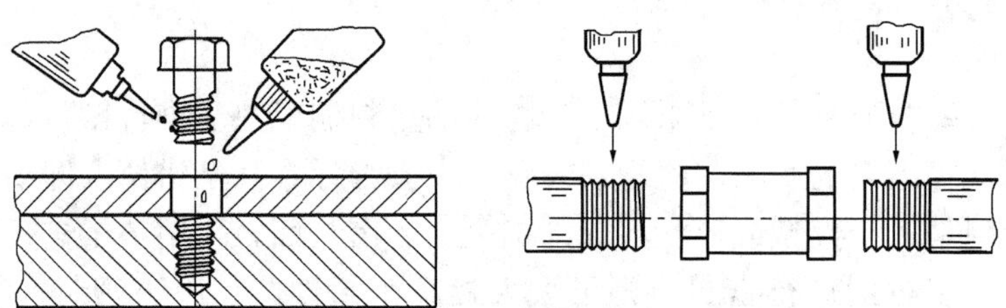

图 11-10　螺纹施胶工艺

(3) 装配。按常规将螺栓拧紧至规定力矩。

(4) 固化。在常温下固化，固化时间视选用的密封胶而定。

(5) 拆卸。选用普通胶种，在拆卸时只要用大于拧紧力矩 10%～20%的力矩即可将螺栓松开，且拆卸后胶层呈粉末状，便于清理和重新装配。若选用高强度胶种，则应采用加热法进行拆卸。

三、磨损与腐蚀的修复

对于被磨损和腐蚀的零部件进行修复的方法较多，如喷涂、涂镀、堆焊等。这些都是正规、有效的工艺，但均需专用设备及熟练的技术。用高分子金属修复剂进行修补，相比之下要简单得多，同时它具有以下优点：

(1) 修复工作在常温下进行，工件不会产生热变形。

(2) 使用该剂不需专用设备，工艺简单。

(3) 被修复部位的耐磨性、耐腐蚀性可达到甚至超过原件材质水平。

现以修复磨损的轴为例，简述其工艺：

（1）在车床上将磨损部位车成螺纹状，如图 11-11（a）所示。如磨损深度在 2mm 左右时，可直接在磨损处的表面车丝。若被磨损处过深，则必须考虑轴的强度。车螺纹时其参数可参见表 11-1。

表 11-1 车螺纹时其参数 mm

螺纹参数	轴直径	
	<50	≥50
螺距	0.64	1.27
螺纹深度	0.30	1.64

（2）认真清洗待修复及车加工后的表面。

（3）配制修补剂。修补剂一般为 A、B 两组，故需按修补剂的说明准确配兑并混合均匀。

（4）将配兑好的修补剂敷于修复处，并使之高出轴外径 1～2mm，作为加工余量［图 11-11（b）］，并在常温下使修补剂固化。

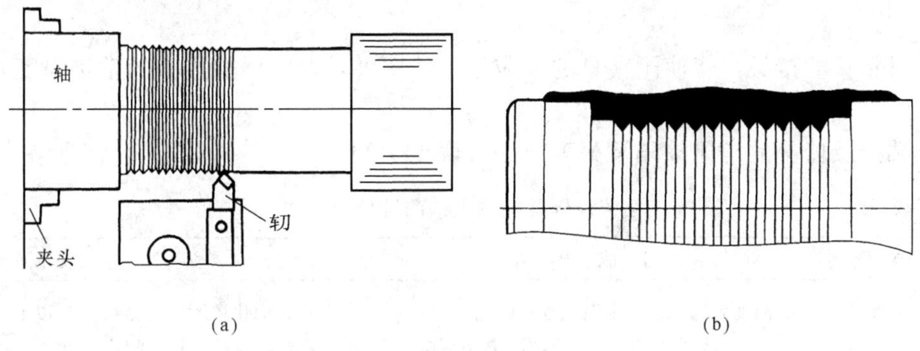

图 11-11 轴类的修复工艺

（5）在车床上进行精车至要求尺寸。为保证车削质量，推荐切削参数如下：

切削速度：0.20～0.50m/s；

切削深度：粗车 0.5～1.0mm，精车 0.1～0.2mm（车后抛光）；

刀具材料：YT15 或 YT30。

四、堵漏

目前用黏接剂进行堵漏的技术，已发展到在机组不停运的情况下进行堵漏，因为此项工艺的专业性与技术性极强，已超出本书应编写的范围，故略去。本节仅介绍一般低温、低压设备在不解体的情况下进行堵漏的工艺。其步骤如下。

1. 表面处理

由于黏接剂与泄漏处金属的结合主要是化学键的结合，所以表面处理得好坏直接关系到堵漏是否成功。通常，表面处理的方法是先擦去泄漏处的污物，然后用角向砂轮机除去表层油漆、铁锈并露出金属基体，要求越粗糙越好。

2. 堵漏

（1）将带压胶棒压入泄漏裂纹或孔内，并保持施压状态至胶棒硬化。

（2）泄漏处暂时堵住后，立即用清洗剂清洗堵漏处的周围表面及浮油（指油管道），然后用吸水材料擦去表面水分并用热风吹干。

（3）因带压胶棒只起临时堵漏作用，所以还必须对泄漏处再进行正式堵漏。正式堵漏需根据管内介质及工况选用相应的黏接剂，配制后涂敷在胶棒堵漏部位。由于这类黏接剂固化速度很快，所以要随配随用。待到其初步固化后，用湿刮（就是把刮刀浸湿进行刮抹）将敷层修平。

五、使用粘接剂的注意事项

（1）根据零部件黏接技术的要求、损坏程度、缺陷性质及设备内介质种类与参数等，正确选用修复工艺粘接材料。目前市场供应的粘接材料（密封材料）种类繁多，功能差异极大，质量也参差不齐，故优选最适合的粘接剂是粘接效果的首要条件。

（2）不论是黏接或修补、堵漏，工件粘接部位的清洁状况的好坏均直接关系到粘接工艺的成败。故对粘接部位的清洗工作，必须按工艺要求一丝不苟地认真进行。

（3）根据黏接剂的技术说明，保证施胶后的固化时间，使用期只许延后，不许提前。

（4）对从未使用过的新牌号密封胶，应在正式使用前做多次试验，以证明它的效果并总结使用工艺。

（5）对粘接的接头，能使用夹具的，应尽可使用夹具，以增加接头的粘接强度，并确保接头对位的准确。

六、粘接及修补的常见缺陷及处理方法（表 11 - 2）

表 11 - 2　粘接及修补的常见缺陷及处理方法

缺陷现象	可能原因	解决方法
涂层发黏	1. 温度太低，未完全固化或不固化 2. 修补剂 A、B 组分配比不当，B 组用量太少 3. 配制修补剂时混合不均匀 4. 固化时间不够	1. 提高固化温度，升温到 25℃以上 2. 严格按说明书指定配比称取 3. 搅拌均匀 4. 延长固化时间
涂层太脆	1. B 组固化剂用量过多 2. 固化速度太快 3. 固化温度过高，过固化 4. 未完全固化	1. 严格按比例配制 2. 降低升温速度，阶梯升温 3. 严格控制固化温度，使之在 100℃以下 4. 延长固化时间，适当提高固化温度
涂层气孔	1. 搅拌速度太快，过量空气混入 2. 黏度太大，包裹空气（特别是冬天施工时） 3. 施工时未用力按压	1. 放慢搅拌速度，朝一个方向搅拌 2. 提高施工环境温度，降低黏度 3. 施工时，反复按压涂层，使空气逸出
涂层脱落	1. 表面处理不干净 2. 表面处理后停放时间太长 3. 表面太光滑 4. 涂层未彻底固化，加工时易脱落 5. 表面划伤太浅，涂层过薄 6. 修补剂过期	1. 表面彻底除锈、除油、除湿 2. 表面处理后立即施工 3. 表面打磨粗化，加工成螺纹状或燕尾槽 4. 提高固化温度、延长固化时间 5. 把划伤处打磨到深 2mm 以上 6. 不用过期的修补剂
涂层粗糙	1. 配制时混合不均匀 2. 修补剂失效或变质 3. 涂敷时超过了适用期 4. 施工温度太低，修补剂黏度太大	1. 混合均匀 2. 严格注意贮存期 3. 按说明书，在适用期内施工完毕 4. 被粘表面预热或是高施工环境温度

第三节 设备诊断技术简介

一、基本概念

诊断技术是在设备运行中或在设备不解体的情况下，掌握设备的运行状况，判定产生故障的部位和原因及预测、预报设备状态的技术。

1. 设备的诊断步骤

设备诊断的过程分四个主要步骤（图 11-12）。

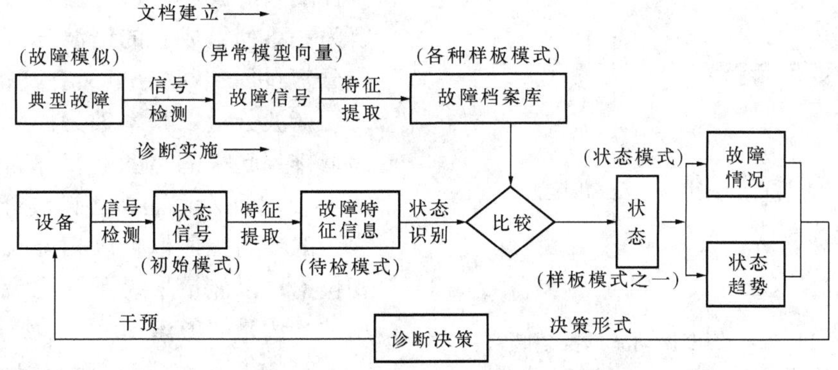

图 11-12 设备诊断步骤及内容

(1) 信号检测。根据诊断对象及故障类型，选择该故障类型具有敏感的工作状态信号。

(2) 特征提取，即信号处理。其目的是提取故障特征量。

(3) 状态识别。将特征提取的待检模式与档案库内的各种样板模式进行比较，即进行状态归类。

(4) 诊断决策。对诊断结果进行分析决策。

2. 设备诊断技术的分类

按利用的状态信号参量分类，可分为：

(1) 声、振诊断技术。以设备某些测点的声响、振动为检测参数的诊断技术。这是目前设备诊断中应用最广泛的一种诊断技术。

(2) 油液诊断技术。以设备中的润滑油为主要检测对象的诊断技术。这是一种易推广、见效快的诊断技术。

(3) 温度诊断技术。以设备中某些测点或部位的温度、温差、热像等为主要检测参数的诊断技术。

(4) 其他诊断技术。

诊断工作用的仪器为便携式和成套大型诊断分析仪。前者适用于平时维修工作的检测；后者主要用于重大问题的诊断与分析。

二、振动诊断

振动诊断是设备诊断技术中应用最广泛的一种诊断技术。因为振动的理论和测量方法比较成熟，同时不用停机和解体就可以对振动信号进行测量和分析，判断设备的劣化程度并对故障性质进行了解，其诊断工作相对简单易行。

振动诊断涉及的内容主要是对振动信号的处理。反应振动特征的信号是振动产生的图形，常见的图形有波形图、轴心轨迹图、频谱图等。通过对图形的分析，即可诊断出该设备的振因。这里仅简单介绍利用频谱进行诊断振因的原理。

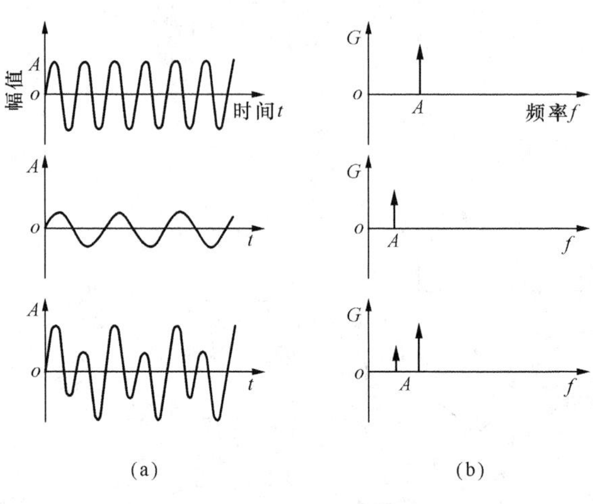

图 11 - 13 简谐振动波形及频谱
(a) 波形；(b) 频谱

1. 频谱图

在各种机械振动信号中，绝大多数机械的振动波表并不是单一的正弦波，而是一种复杂的波形。这种复杂的波形可以分解为一系列组成它的谐波分量（又称频率成分），每一谐波分量又有其幅值和相位；每个谐波分量以频率轴为横坐标，按频率高低排列起来的谱图，就称为频谱图，如图 11 - 13 所示。若按各谐波分量的幅值来表示的称为幅值谱；以相位来表示的称为相位谱；以能量来表示的称为功率谱。常用的频谱是幅值谱。

2. 利用幅值谱进行振动诊断的原理

设备故障产生的振动信号，经过频谱分析仪的分析，得到一个幅值谱图。在这个谱图上可找到被诊断设备振动信号的某些特征频率，将这个特征频率与已知的各种故障的特征频率进行比较，就能初步诊断出故障的类型。以图 11 - 14 所示的图形为例，在这个谱图中，转速频率在分幅值突出（图中 f_r 为转速频率，$f_r=\frac{1}{60}n$），其他频率成分的幅值很弱，这就是典型的不平衡频谱图。又如图 11 - 15 所示的图形，在该图的谱图中 $3f_r$ 幅值突出，其他频率的幅值很弱，且频率按奇数倍排列，这就是旋转设备典型的地脚松动频谱图。

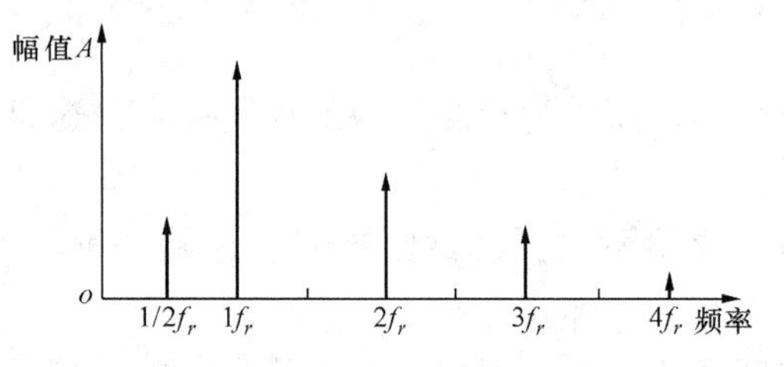

图 11 - 14 典型的不平衡频谱

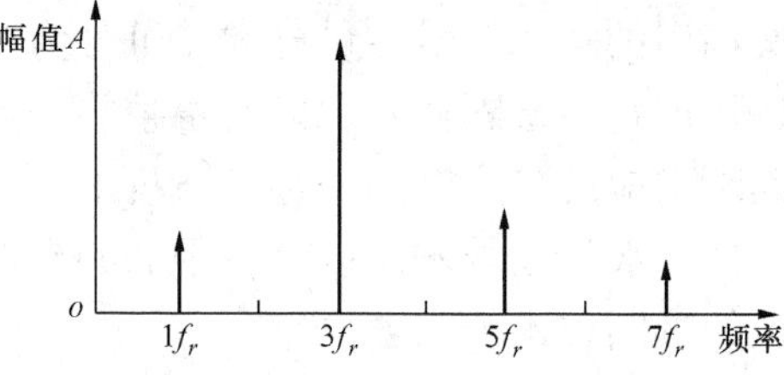

图 11 - 15 典型的地脚松动频谱

尽管不同的故障有不同的特征频率，但这不是严格的一一对应关系，因为影响谱图的因素较多，所以最后诊断决策，不能仅凭频谱图反应的特征频率下结论，还必须辅之以其他的特征参量进行综合分析，方可得出正确的诊断。如旋转设备地脚松动，就是垂直方向的振幅比水平和轴向方向的振幅大，振幅随负荷增大而成倍增大，相位与频率相同等特征参量可以作为诊断的辅助参量。

3. 测振传感器及数据采集分析仪

电磁传感器（拾振器）已在本书第一章做了介绍。现就传感器的使用范围及测量参数的选择作以下说明。

振动信号采集是利用各类传感器将振动的位移、速度、加速度等参数转化为电量，再以电量的方式显示振动的强度。一般来说，振动信号的频率有如下特征：在低频范围内，振动强度与位移成正比；在中频范围内，振动强度与速度成正比；在高频范围内，振动强度与加速度成正比。因此，对于特定设备在各自不同的频率范围内，应选用相应的传感器及测量参数，才能正确反映设备的振动强度。

根据振动信号的频率，按下列原则选择传感器及测量参数。

低频 $f<10$Hz，选用涡流传感器测位移；

中频 $f=10\sim1000$Hz，选用电磁传感器测速度；

高频 $f>1000$Hz，选用压电传感器测加速度。

数据采集分析仪是一种功能比较齐全的设备振动诊断用仪器。它的功能一般有测量、数据采集贮存、频谱分析及动平衡功能等。其本身配有较大的显示屏，能进行现场数据采集分析，也能与微机接口用专家系统软件进行数据分析。该仪器一般是便携式，特别适用于现场设备的巡检与故障诊断。图 11-16 为国产 900 系列数据采集分析仪的外观图。

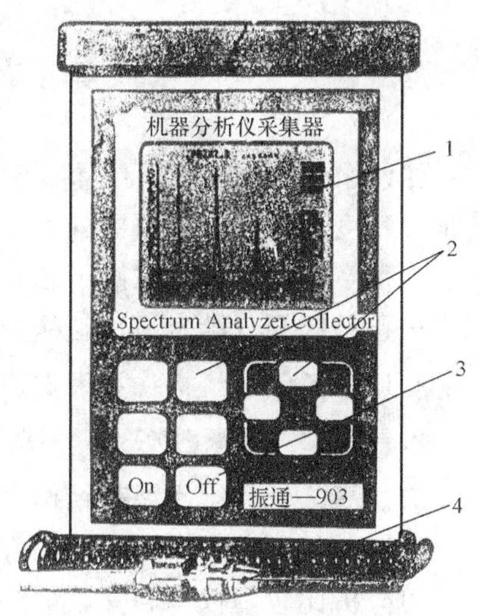

图 11-16 便携式数据采集分析仪

1—显示屏；2—功能键；3—电源开关；4—电磁传感器（拾振器）

思考题

1. 简述喷镀工艺的工作原理。
2. 叙述喷镀层的物理特性。
3. 叙述涂镀工艺的工作原理。
4. 使用密封胶及粘接剂时应注意哪些事项？
5. 分析使用粘接剂时涂层发黏及涂层太脆的原因。
6. 何谓设备诊断技术？采用设备诊断技术对检修工作有何现实意义？
7. 简述设备诊断技术的基本原理。
8. 为什么能通过振动、声音、温度等参量的变化，可分析出设备的运行状态及存在隐患？
9. 简述通过振动的波形能分析出振因的原理。

第十二章

泵与风机检修

第一节　多级泵（给水泵）检修

给水泵是火力发电厂的重要动力设备，无论从设备的重要性、结构的复杂程度、零部件的加工精度及检修难度都可列为泵中之最。

正确掌握给水泵的检修工艺，是保证泵的检修质量的前提。

一、多级泵（给水泵）结构简介

1. D型多级泵结构（见图12-1）

2. DG480—180、DG385—185型给水泵结构（见图12-2）

二、高、低压给水泵在结构上主要区别

为了获得高压给水，可选的方法有：增大叶轮直径；增多叶轮级数；提高叶轮转速。经过计算分析比较，权衡利弊，最终选择提高叶轮转速这条最佳方案。转速的提高，使叶轮直径缩小，泵体的直径和厚度也相应缩减，这不仅改善泵的紧固处的应力，也可改善热冲击的适应性，同时也提高了运行的可靠性并降低了造价。

由于转速的提高受到材料强度的限制及最佳效率的制约，其转速一般控制在4000～6000r/min之间。压力提高后对泵的结构带来重大变化，主要的有以下几方面。

1. 泵体的改进

水压提高后就不能再用图12-1所示的泵体结构，必须进行改进。高压给水泵的泵体采用双层结构，外壳做成圆筒形（见图12-2中的1号部件）这样对称性好，热变形均匀，抗压能力大幅度提高，密封性能得到有效的保证（低压泵泵体的密封是靠穿杠螺栓的紧力）。泵的进出口均焊接在外壳上，检修时不用拆进出口管道，只需将泵芯整体抽出即可，大大提高检修效率和设备的组装精度。

2. 平衡装置及油系统

关于泵的压差问题，低压泵只需平衡盘就可解决压差的平衡。水压提高后，压差也随着增大，仅靠采用某一种平衡装置已无法解决压差的平衡问题。目前高压泵多采用多种平衡装置并用，综合解决巨大的压差。

注：综合平衡装置一种由平衡鼓（80%～85%）、双向止推轴承（10%）、平衡盘（5%～10%）三者联合；另一种由平衡盘（70%）与双向止推轴承（30%）联合（括号内数字为承担轴向推力的百分比）。

由于采用双向止推轴承（与汽轮机推力轴承结构相同）及圆筒形滑动轴承，所以该泵配有一套润滑油系统。

3. 轴端密封

一般泵类的轴端密封均采用压盖填料式（盘根）密封。当转速、水压提高后，压盖填料密封已完全不能胜任密封的功能。现今高压、高速给水泵多采用机械密封，当轴圆周速度大于40m/s时，应选用浮动环式或螺旋式密封装置。

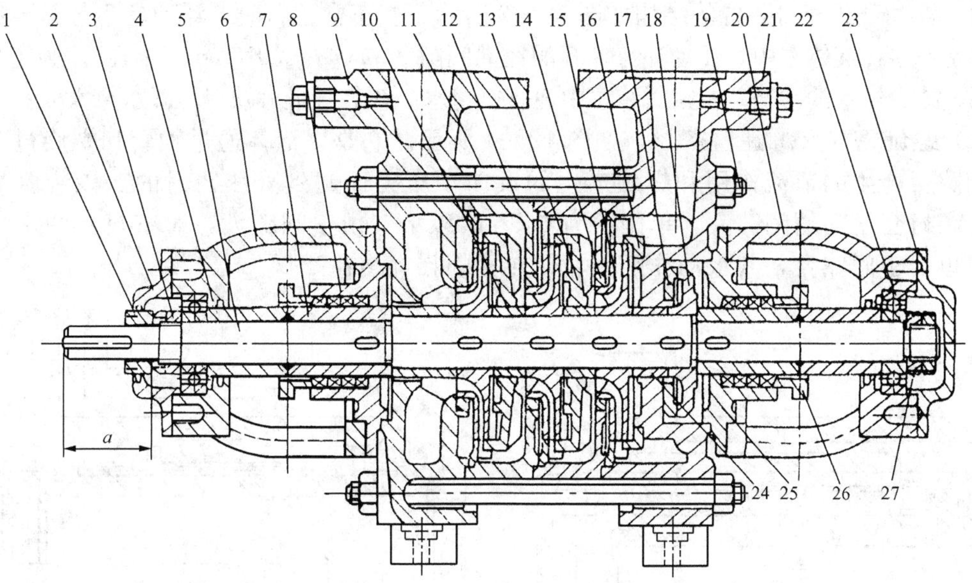

图 12-1 D型多级离心泵结构

1—轴套；2—端盖；3—轴套螺帽；4—定位套；5—轴；6—低压侧轴承支架；7—轴套；8—盘根室；9—进水段；10—间距套；11—保护罩；12—泵段壳体；13—导叶；14—密封环；15—叶轮；16—出水端导叶；17—平衡座；18—平衡盘；19—穿杠螺栓；20—高压侧轴承支架；21—出水段；22—滚动轴承；23—端盖；24—调套；25—盘根室；26—压盖；27—圆螺帽

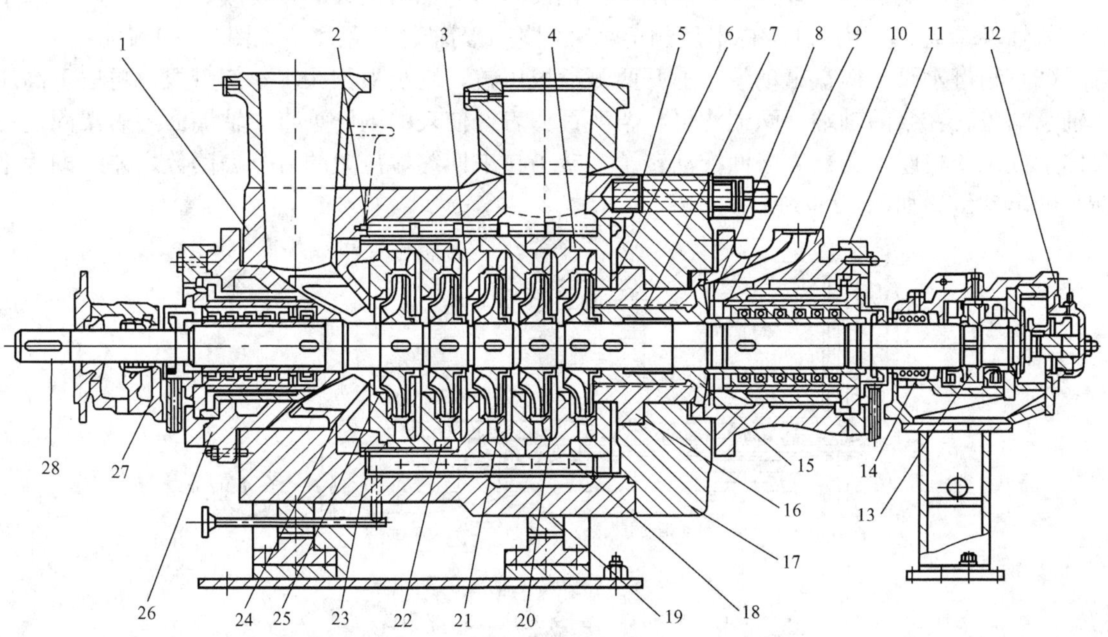

图 12-2 DG480—180、DG385—185 型给水泵结构

1—外筒体；2—检漏孔；3—内泵壳；4—叶轮；5—18-8垫；6—弹性压板；7—节流衬套；8—O形密封圈；9—平衡盘紧固螺母；10—平衡室外壳；11—轴承座；12—测速装置；13—推力轴承；14—支持轴承；15—平衡盘；16—石棉纸垫；17—大端盖；18—支持键；19—纵销；20—两半卡环；21—导叶套；22—导叶；23—齿形垫；24—石棉金属垫；25—密封环；26—进口端盖；27—浮动环密封；28—主轴

（1）浮动环式密封装置的结构如图 12－3 所示。在正常运行时，浮动环不与其他部件接触，而是飘浮在液体之中。浮动环与轴套的经向间隙为 0.04～0.075mm（半径）。为了提高密封效果，减少给水的渗漏，在密封装置中通有密封水。该装置最大缺点是漏水量太大。

（2）螺旋密封又称迷宫密封，如图 12－4 所示。它是以液体通过轴套和螺旋衬套之间狭窄间隙所产生的节流作用和螺旋产生的反向动压力而起到降压密封的。该装置的特点是轴套和衬套之间的间隙大，单侧约为 0.5mm 以上。由于间隙大，对密封水的水质要求不高；也由于间隙大，其水动作用小，使转子的临界转速降低。

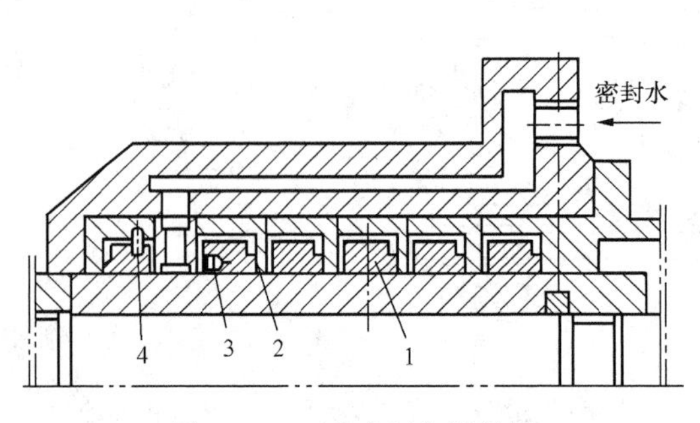

图 12－3　浮动环密封结构

1—浮动环；2—支承环；3—弹簧；4—防转销

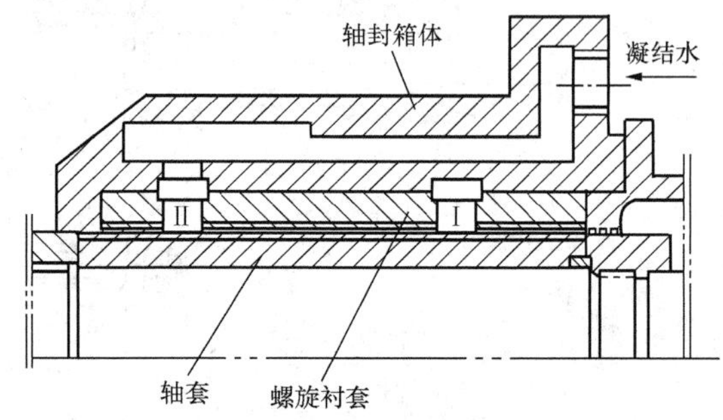

图 12－4　螺旋密封结构

三、解体前的测量工作（以图 12－1 多级泵为例）

（1）测量轴头长度。该长度是确定泵轴在泵体内的轴向位置的重要数据。测量时，取下低压侧轴承端盖 2，用深度游标卡尺测记轴套螺帽 4 到轴端的距离，见图 12－1 中 a。

（2）测量水泵平衡盘窜动量。退开两侧盘根压盖，用盘根钩钩出全部盘根，再取下高压侧轴承端盖。在泵的轴端（两端均可）架上百分表，使表的测杆垂直于轴端面，表架固定在泵体上或泵的机座上，然后来回推动转子，转子在来回终端位置的百分表读数之差，即为平衡盘的窜动量，如图 12－5 所示。

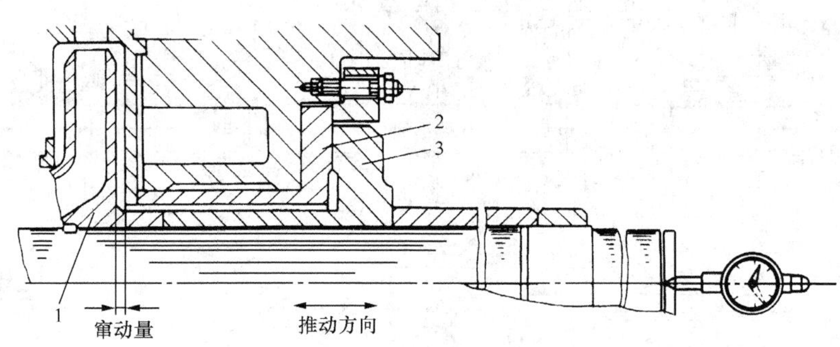

图 12－5　平衡盘窜动量的测量

1—末级叶轮；2—平衡座；3—平衡盘

（3）测量转子总窜动量。

1）在平衡盘工艺孔内拧入两根长螺栓，将平衡盘拉出，并取下方形键。

2）在平衡盘轴上位置装一个与平衡盘等长的假轴套（应事先准备好），然后把轴的套装件按装配顺序一一装复（不装胶圈及键），用锁紧螺帽将轴上套装件压紧。

3）用测量平衡盘窜动量的方法测记百分表读数，两值之差即为转子总窜动量（图 12－6）。

四、转子部件的检测及质量要求

1. 轴套类

多级泵的轴套种类较多，各有不同的用途，在检查时应根据轴套功用加以区分。各轴套的形位公差及配合要求可参照以下标准：

(1) 端面不垂直度不超过 0.01mm；两端面平行度不超过 0.02mm；内外圆的同轴度误差小于 0.02mm。

(2) 各轴套孔与泵轴通常采用推配合，即能用手将轴套拉出，但又无明显间隙（0.03mm 厚的塞尺片塞不进）。

(3) 叶轮间距套外径与导叶孔径（或导叶衬套孔径）的间隙应略小于叶轮口环与密封环之间的间隙（一般小 1/10）。

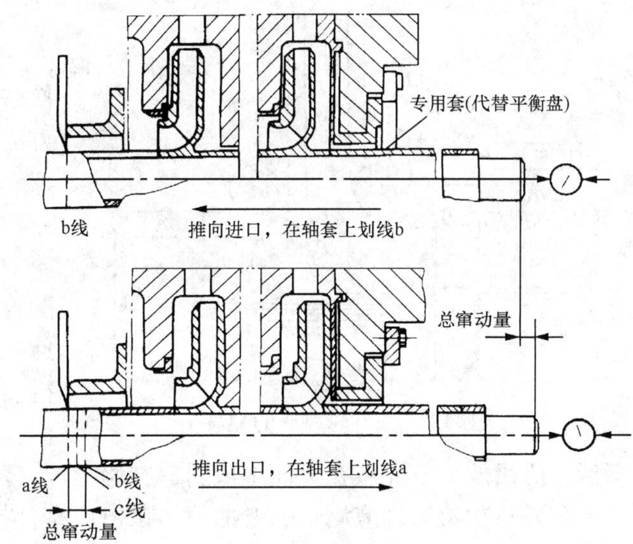

图 12-6　转子总窜动量的测量

测量套装件端面与轴心线的垂直度时，应按图 12-7 所示的方法进行。

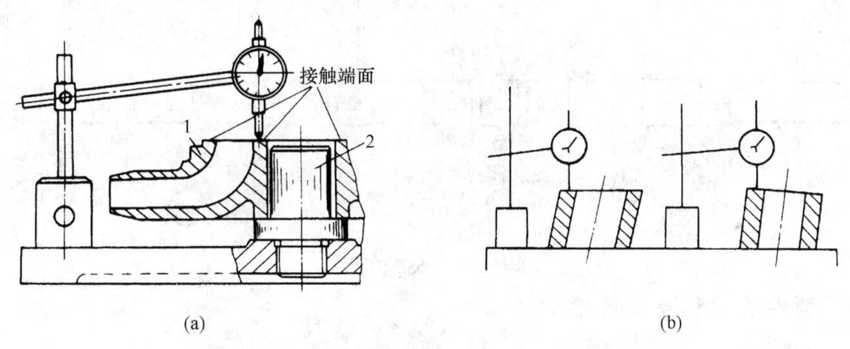

图 12-7　套装件的端面垂直度的检查

(a) 正确的检查法；(b) 错误的检查法

1—套装件；2—假轴

2. 平衡盘

检查平衡盘工作面的磨损程度，当平衡盘的窜动量超过转子总窜动量的 1/2 时，说明平衡盘已被严重磨损，需要更新。对平衡盘面的摩擦沟痕，可先用车床车去沟痕后，再进行磨合，要求平衡盘与平衡座的磨合印迹不小于工作面积的 70%。

3. 叶轮

叶轮是水泵最重要的工作部件。由于叶轮的工况恶劣，受着高速流体的冲刷、汽蚀及机械摩擦，致使叶轮受损。受损部位多发生在叶轮口环处、叶轮进水口（即叶片的根部）及出水口（即叶片尖部），在这些部位可能磨成很深的沟痕，被磨成缺口，以至磨穿或将金属冲刷成蜂窝状组织。因此，叶轮的检修是离心泵检修的重点。

通常对价值高的、制造困难的叶轮，大多采用特殊工艺进行修复；对一般小容量的铸铁叶轮，多采用更新办法处理。

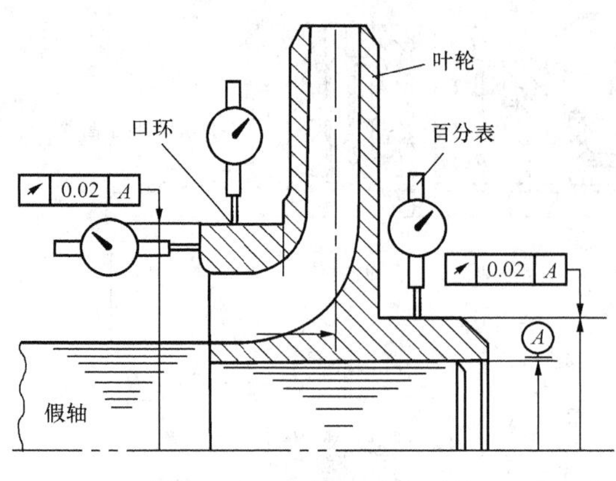

图 12-8 叶轮口环的测量

4. 叶轮口环

叶轮口环最易受磨损，磨损后多采用更换密封环的办法，也可在口环处采用镶套的方法。口环处的晃动、飘偏测量工艺，如图 12-8 所示。

5. 泵轴

(1) 泵轴的细长比值大，几乎全轴均为配合段，且在轴的同一侧开了一排键槽。因此在拆装轴上套装件时，应避免将轴擦伤。拆装前必须在轴上抹上清洁的机油。若已发生擦伤，则可用细油石磨去拉毛部位。轴取下后，应吊放，不允放在地面上或斜靠在墙上。

(2) 每次检修都应测轴的弯曲值，该值应符合技术标准。一般小型泵的轴，弯曲值不应大于 0.05mm。泵轴的测量工艺如图 12-9 所示。

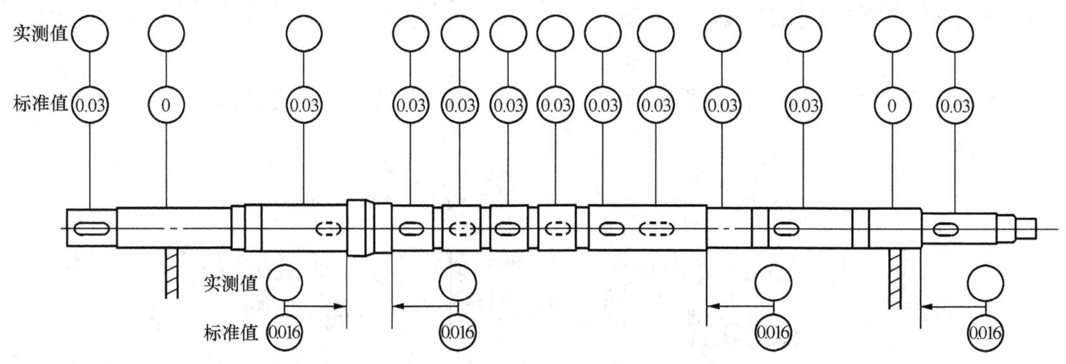

图 12-9 泵轴的测量

五、静子部件的检测及质量要求

1. 密封环

密封环与叶轮口环之间的间隙称为密封环间隙［图 12-10 (a) 图中 a］。

关于密封环间隙问题，根据理论与实践证实，有以下结论：

(1) 减小密封环间隙，可增加转子的刚度，从而降低转子最大振幅并提高转子的临界转速。

(2) 密封处的长度［图 12-10 (a) 图中 h］增长，可使转子的临界转速提高，但超过 50mm 后，临界转速不再提高。

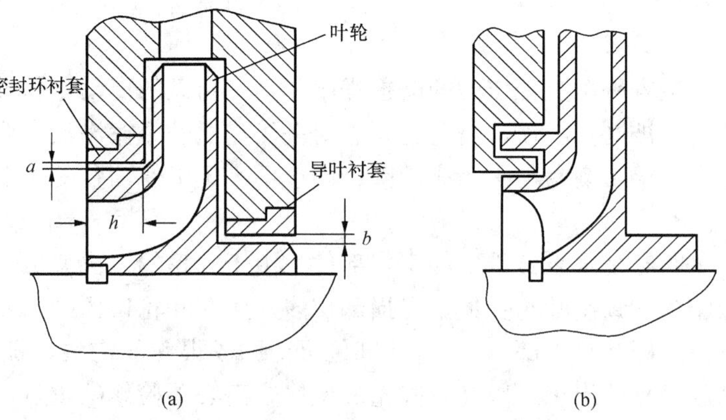

图 12-10 密封环和导叶衬套间隙

(a) 单槽密封环；(b) 多槽密封环

(3) 当采用多槽密封环时［图 12-10 (b)］，可使临界转速降低。由于水在密封槽中的动力作用，使转子的弯曲值增加。

(4) 密封环间隙单侧间隙值为密封环内径的 1/1000～1.5/1000。最小值必须大于该泵滑动轴承顶隙。

注：一般密封环内径约为 2 倍轴径（2×轴径），按 1/1000 计算密封环间隙还是大于滑动轴承的标准顶隙值。

2. 导叶衬套

一般小型多级泵无导叶衬套。导叶衬套的功能是保护导叶轴孔，其位置如图 12-10 (a) 所示，与导叶采用过盈配合，其间隙 b 必须大于轴瓦顶隙。

3. 导叶

导叶的流道应光滑，无严重冲蚀现象。若冲蚀严重，则可采用环氧树脂砂浆修补。

导叶在泵壳内应被压紧，以防导叶和泵壳的接触面被水冲刷及水的通道发生紊流。为此，应先测量出导叶与泵壳之间的轴向间隙。其方法是在泵壳的密封面及导叶下面放上3～4段铅丝，再将导叶与另一泵壳放上，如图 12-11 (a) 所示；垫上软金属垫用大锤轻轻敲打几下，取出铅丝测其厚度，两处铅丝平均厚度之差，即为轴向间隙值。若轴向间隙值超过允许值，则可在导叶背面沿圆周方向并尽量靠近外缘均匀地钻 3～4 孔，装上紫铜钉，利用紫铜钉的过盈量使两平面密封，如图 12-11 (b) 所示。紫铜钉的高度应比测出的轴向间隙值大 0.3～0.5mm，这样泵壳压紧后导叶具有一定的预紧力。

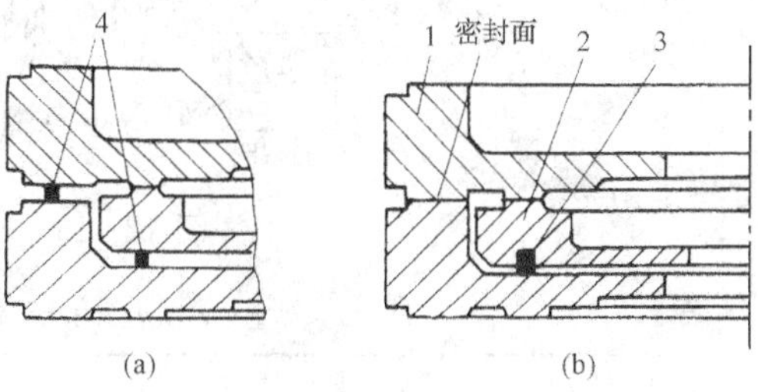

图 12-11 导叶间隙的测量及压紧方法
(a) 轴向间隙的测量；(b) 紫铜钉的布置
1—泵壳；2—导叶；3—紫铜钉；4—铅丝

4. 泵壳

(1) 检查泵壳内部流通槽道被冲刷的情况，并清除其铁锈、水垢。

(2) 检查壳体有无裂纹。最简便的检查方法是用手锤轻击壳体，其音嘶哑，说明已有裂纹。对铸钢件上的非穿透性裂纹，可采用开槽焊补工艺。

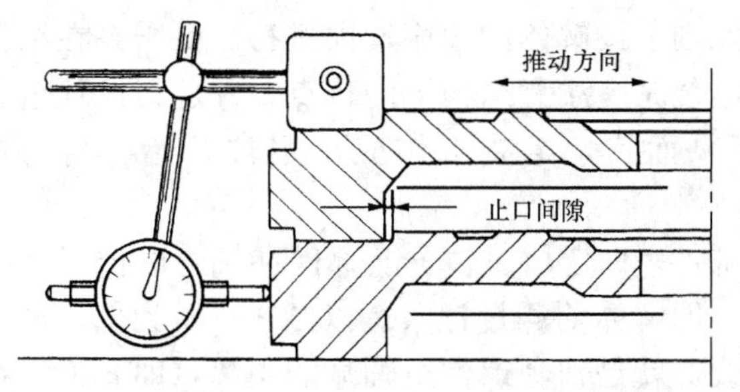

图 12-12 泵壳止口间隙的测量

测量相邻两泵段（泵壳）的止口间隙，其方法如图 12-12 所示。即先将相邻两泵段叠起，再往复推动上面的泵段，百分表的读数差就是止口间隙。然后按上法对 90°方位再测量一次。其间隙值一般为 0.04～0.08mm。当止口间隙大于 0.1mm 时，就要进行修理。简单的修理方法可在泵壳凸止口周围均匀地堆焊 6～8 处，每处长度 25～40mm，然后将止口车削到需要的尺寸。当用游标卡尺测量时，应测 0°与 90°两个方位内外止口直径值之差，即为止口间隙。

(3) 在检修时，对泵壳的止口应倍加保护，不允许将其击伤、碰伤，也不要轻易用砂布、锉刀修磨止口配合面，因这样做会增大止口配合间隙。应清醒认识到，多级分段式水泵的静止部分与转动部分的实际间隙，与泵壳的止口配合精度直接相关。

六、转子小装

转子小装也称转子预装或试装，是多级分段式水泵检修一项不可省略的工序。其步骤如下：

（1）组装轴上的套装件。将轴上已检修完毕的套装件按其装配顺序一一组装在轴上的各配合段，不得装错位、装倒及遗漏。

（2）测量。将转子放在固定平稳的元宝铁上，并用轴台肩或顶针将转子的窜动控制在尽可能小的范围。用百分表测记如图 12－13 所示各部位的瓢偏与晃动值，其标准如表12－1 所示。

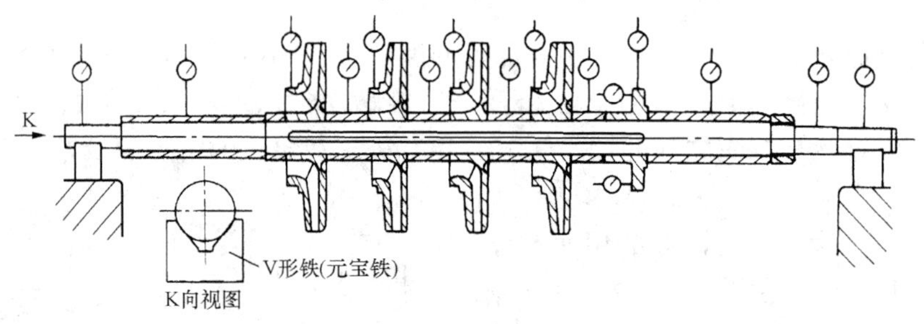

图 12－13　转子小装后的测量部位

表 12－1　　**转子晃动的允许值**　　mm

测量位置	轴颈处	轴套处	叶轮口环处	平衡盘	
				径向	轴向
允许值	≤0.02	≤0.04	≤0.08	≤0.04	≤0.03

（3）确定轴向的配合尺寸。用专用量具依次测量各相邻叶轮口环端面的距离（或出水口中心距离），所测各段的尺寸应与泵壳相邻泵段的尺寸相符。如果不符，则可调整轴上套筒的长度予以解决。

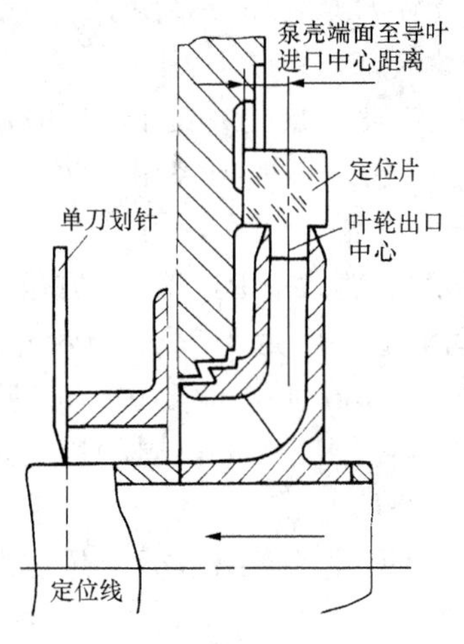

图 12－14　首级叶轮的定位方法

七、总装与调整

1. 组装与定位

组装顺序原则上按解体的顺序反向进行。由于泵在结构上的差异，在组装时应注意结构上的特点，并选择最佳组装工艺。对多级泵而言，组装工作应从定位开始，其内容包括：

（1）转子部件轴向定位。转子上部件在轴上的位置必须符合运行状态，即解体前测量记录。以图 12－1 为例，轴向定位唯一的准线，就是轴套螺帽至轴端的距离，即 a 值。在总装时，首先确定 a 值并保证其正确。

（2）首级叶轮定位。首级叶轮的位置关系到后面各级叶轮的位置，因此必须做到首级叶轮的位置准确定位，其定位方法如图 12－14 所示。

2. 转子轴向位置的调整

(1) 在装平衡盘前，测量转子总窜动量，其方法同前所述。

(2) 装上平衡盘，测量平衡盘窜动量（方法同前）。推动转子，当平衡盘紧靠平衡座时，首级叶轮的定位线应与图 12-14 所示的划针位置平齐。平衡盘的窜动量应略小于或等于总窜动量的 1/2。若大于总窜动量 1/2 时，可采取调整平衡座背部的垫片厚度 δ（图 12-15）等办法解决，以保证叶轮的出水口中心正对导叶入水口中心。

3. 平衡盘与平衡座接触状况的检查

此项检查工作在解体前检查一次，以提供检修平衡装置的依据。总装时应进行复查，以检验检修、总装质量。其检查方法如下：

(1) 压铅丝法。铅丝的布局如图 12-16 所示。要求铅丝放置的半径相同，采用黄油粘贴，装好后用力推挤平衡盘，将铅丝挤扁，取下铅丝，测其厚度。再将平衡盘转 180°，用相同方法测记一次，根据两次测值进行分析。

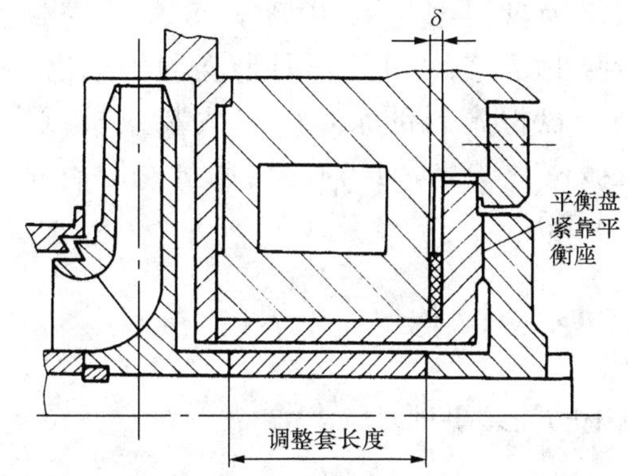

图 12-15 调整转子轴向位置的方法

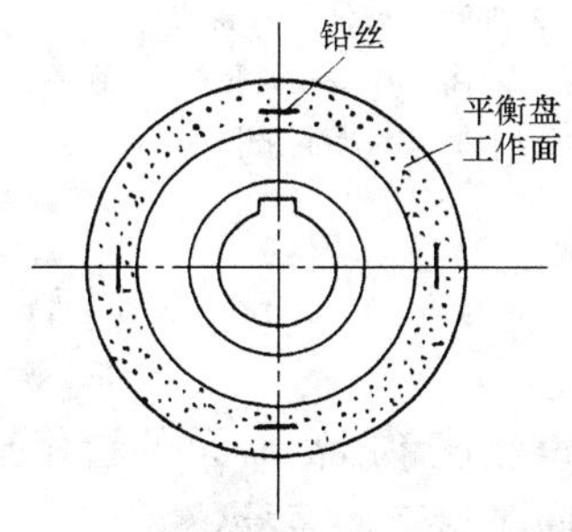

图 12-16 铅丝在平衡盘上的放置位置

(2) 着色磨合法。此法效率高、直观。着色分两次进行，一次将着色剂涂在平衡盘上，一次涂在平衡座上，两次着色的目的主要是判定平衡盘与平衡座谁的问题最大。

八、轴密封装置检修

1. 盘根密封检修

水泵的盘根密封装置与阀门的盘根密封装置在结构和检修方法上大体相同，因为泵轴是在高转速下运行，所以在加盘根时尚需注意以下两点：

(1) 凡是盘根密封装置内有水封环的，则应使水封环必须对准水封管，如图 12-17 所示。

(2) 盘根压盖压盘根的松紧程度应适当。压得过紧，盘根和轴套发热甚至烧毁，使轴功率的损失增加；压得太松，渗漏量太大。一般掌握盘根压盖的压紧程度为液体从盘根室中成滴状渗漏，每分钟为几十滴。

高压水泵常用的盘根有油浸石墨石棉盘根、铜丝石棉盘根和四氟乙烯石棉盘根等。

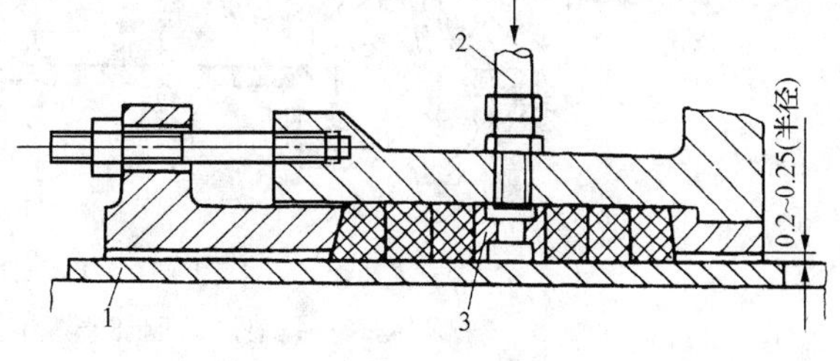

图 12-17 盘根密封

1—盘根轴套；2—水封管；3—水封环

2. 机械密封检修

机械密封又称端面密封，其结构如图

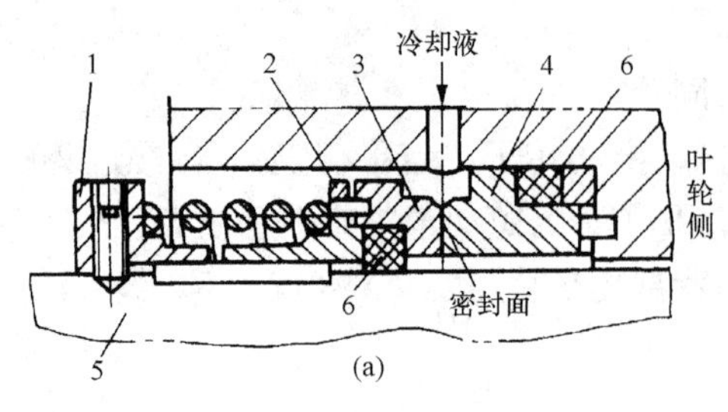

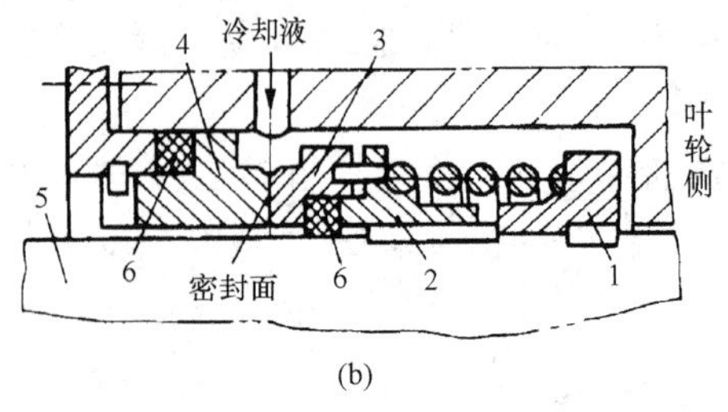

图 12－18 机械密封结构

(a) 外装式；(b) 内装式

1—传动座；2—推环；3—动环；4—静环；5—轴；6—密封胶圈

12－18 所示。机械密封实质上是由动静两环间维持一层极薄的流体膜而起到的密封作用（这层膜也起着平衡压力和润滑动静端面的作用）。因此，在动静环的接触面上需要通入冷却液进行润滑与冷却。泵在启动前需要先通入冷却液；停泵时需等转子静止后方可切断冷却液。

在检修时，应很仔细地研磨动静环的密封面，以保持接触良好。为了使密封面得到润滑冷却，可在动静环端面圆周上开几个不通的缺口，以便冷却液体进入密封面。为了使动环动作灵活，辅助密封胶圈在轴上装得不可过紧，且轴或轴套的表面粗糙度不应大于$\overset{0.8}{\nabla}$。因为机械密封具有摩擦力小（仅为盘根密封的 10％～15％）、密封性能好、泄漏少等优点，所以得到广泛的应用。对于原来采用盘根密封的泵，可以改装成机械密封。采用机械密封的泵，其轴向窜动量一般不允许超过±0.5mm。

第二节 单级离心泵检修

本节着重叙述单级离心泵的检修特点及检修中的注意事项。

一、单吸单级离心泵检修

以 BA 型单吸单级离心泵为例介绍检修，其结构如图 12－19 所示。

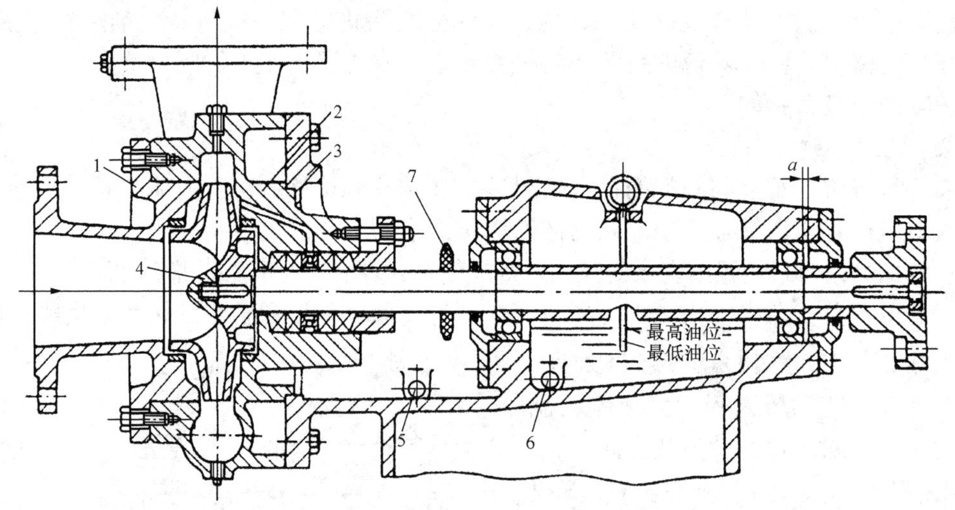

图 12－19 BA 型离心泵结构

1—泵盖；2—泵体；3—托架；4—圆锥形螺帽；5—排污孔；6—放油孔；7—防水胶圈

(1) 叶轮的取出。这类泵的叶轮装在轴头上，用一圆锥形螺帽 4 固定。在拧下泵盖螺栓用顶丝顶出泵盖 1 后，将止退垫圈的止退边敲平，用专用扳手拧下圆锥螺帽（松螺帽的方向与叶轮旋转的方向相同)，即可取下叶轮。若叶轮与轴锈死或配合过紧取不下来时，则不许用撬棍之类工具撬叶轮。正确的拆法是将泵体 2 与托架 3 的固定螺栓拆除，在托架上装上顶丝顶泵体，通过泵体将叶轮顶出。也可采用取轴的方法把轴连同叶轮一起拉出，使轴与叶轮分离，再取出叶轮。

(2) 对各部间隙与紧力的要求。这类泵的轴承多为双支点单向定位，要求轴承外圈与轴承孔的配合有一定的紧力，以防外圈在运行中转动。密封环与叶轮的间隙可参照给水泵的标准。

此外，检修时还应注意：泵体与托架的结合面不许加垫，也不用涂料；排污孔应畅通，拧下放油孔螺钉将油放尽并更换新油；防水胶圈应紧箍在轴上；轴承与外端盖要留有膨胀间隙 a（图 12 - 19）。

二、双吸单级离心泵检修

以 Sh 型双吸单级离心泵为例介绍检修，其结构如图 12 - 20 所示。凡属外壳为中开式的离心泵，均可按 Sh 型离心泵检修方法进行。

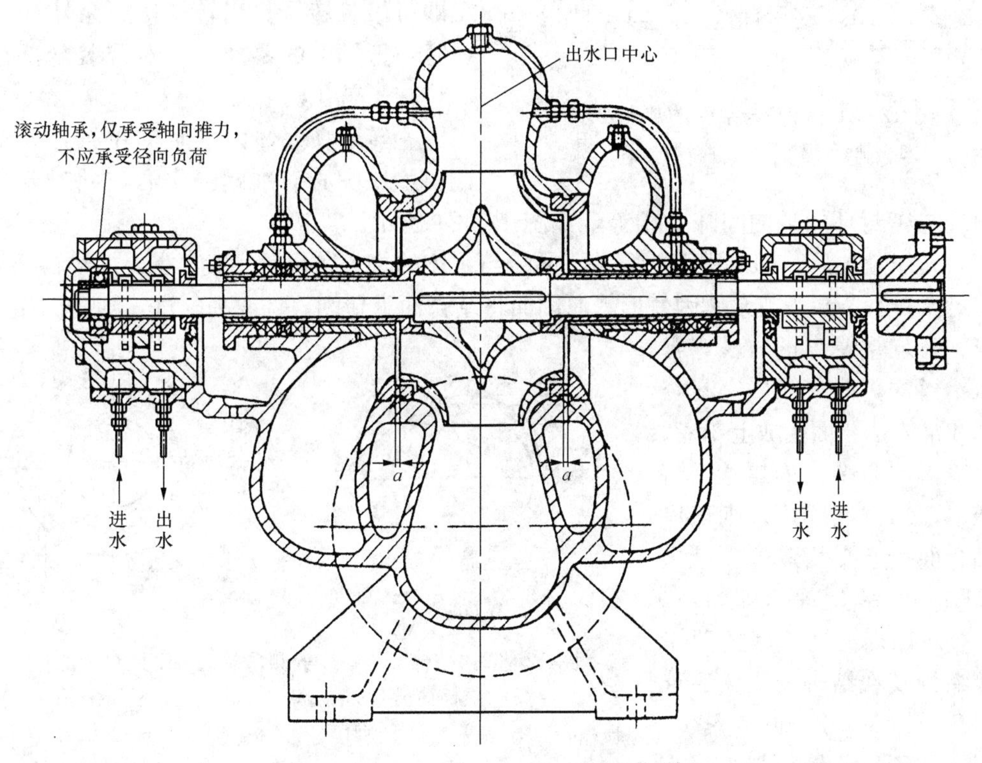

图 12 - 20　Sh 型离心泵结构

1. 解体时的注意事项

(1) 在起吊泵盖时，先将固定在泵盖和泵体上的整体零件拆下（如盘根压盖等），再拧下结合面螺帽并取出定位销，用顶丝将泵盖与泵体的结合面顶松。在未松动前，不许用起重设备强行起吊，也不许用撬棍、錾子撬打结合面。起吊时应保持泵盖的水平并防止窜动，以防蹩坏密封环和撞伤叶轮。

(2) 在起吊转子前，应先将穿在轴上而且是固定在泵体内的零件，如密封环、盘根压盖、轴承等，都要一一松动，不松动不许起吊转子。吊出的转子应用支架支承轴的两端，使转子上的所有零件均应悬空。

2. 检修、组装、调整

(1) 检查叶轮磨损、汽蚀情况，并查看是否有裂纹。叶轮的一般修理可连同轴整体进行，不必将叶轮取下。转子的测量工作，如测瓢偏、晃动、轴弯曲等，最好用原轴承在泵体内进行。

(2) 盘根轴套最易磨损，特别是水中带砂时尤为严重。当磨损超过 0.8mm 时，应更换轴套，新轴套与轴的配合间隙为 0.03～0.05mm。

(3) 密封环与泵体的径向配合应有 0～0.03mm 的紧力。密封环就位时不许用粘接性的涂料，只需擦抹一层干黑铅粉。密封环与叶轮口环的径向间隙可采用给水泵的标准。

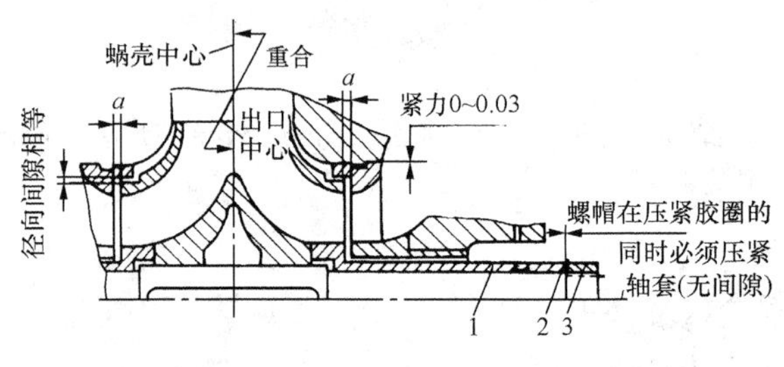

图 12-21 叶轮与泵壳的装配要求
1—轴套；2—O 形胶圈；3—螺帽

(4) 转子修理完成后，在组装滚动轴承前，应先将内径比滚动轴承外径小的轴上零件按顺序先装在轴上，并注意不要装反，然后再装滚动轴承。经检查无误后，即可吊装转子。当转子接近泵体洼窝底部时，把轴上的零件一一对准装配部位，再将转子就位。

转子在泵体内的轴向位置，要求叶轮出水口中心对准蜗壳中心，同时要求叶轮两侧口环与密封环的轴向间隙 a 相等，如图 12-21 所示。

(5) 转子就位后，即可进行扣泵盖。泵盖与泵体的法兰结合面一般不需要加垫料，只需涂一层密封涂料。若泵盖或泵体因变形等原因而将结合面重新刨、铣或刮削过，则应加相应厚度的垫料。确定垫厚度的方法，常采用压铅丝法，即在双侧密封环的顶部和泵体法兰面上放上铅丝，扣上泵盖，拧紧结合面螺栓，将铅丝压扁，测记其厚度，则垫厚度为结合面铅丝平均厚度 a 减去密封环顶部铅丝平均厚度 b [图 12-22 (a)]。垫厚度还要考虑其压缩量及在结合面压紧后能使密封环有 0～0.03mm 的紧力。在盘根室处的垫要做得与盘根室边缘齐平，如果不齐平就会形成通道，造成在运行中漏水或漏空气，如图12-22 (b)所示。

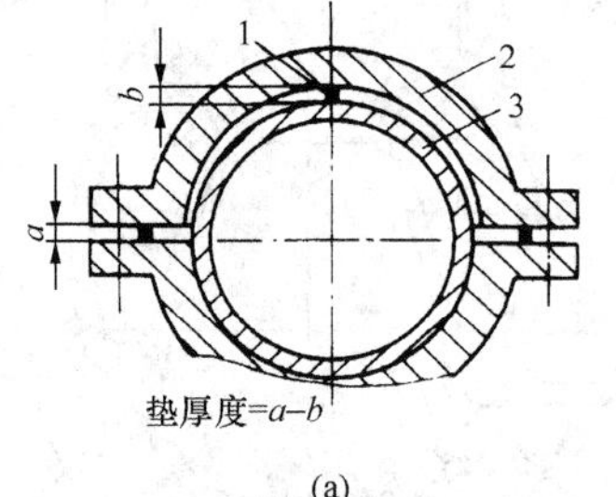

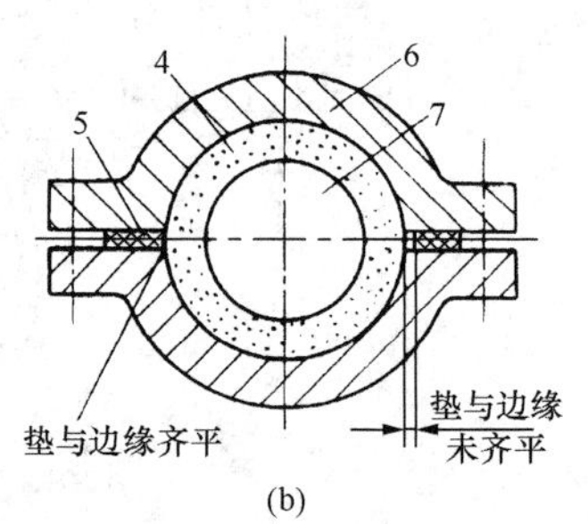

图 12-22 结合面垫厚度的测量及盘根室处垫子的作法
(a) 结合面垫厚度的测量；(b) 盘根室处垫子的作法
1—铅丝；2—泵盖；3—密封环；4—盘根；5—垫；6—盘根室；7—泵轴

第三节 离心风机检修

1. 检修前的检查

风机在检修之前，应先在运行状态下检查以下内容：

(1) 测量风机轴承、电动机及基础的振动。

(2) 测量各轴承的运行温度并检查润滑系统的工况。

（3）检查风机外壳与风道法兰的严密性及其锈蚀程度。

（4）了解风机运行中有关数据，必要时可做风机的效率试验。

2. 叶轮的检修

风机解体后，先清除叶轮上的积灰、污垢，再仔细检查叶轮的磨损程度、铆钉的磨损和紧固情况及焊缝脱焊情况，并注意叶轮进口环与外壳进风圈有无摩擦痕迹，因为此处的间隙最小，若组装时位置不正或风机运行中因振动、热膨胀等，则均会导致该处发生摩擦。

对于叶轮的局部磨穿处，可用铁板焊补。铁板的厚度不要超过叶轮未磨损前的厚度，其大小应能够将穿孔遮住。对于铆钉的铆钉头磨损，可以堆焊。若铆钉已松动，则应进行更换。对于叶轮与叶片的焊缝磨损或脱焊，应进行补焊。若叶片严重磨损，则应将旧叶片全部割掉更新。其方法如下（图 12－23）：

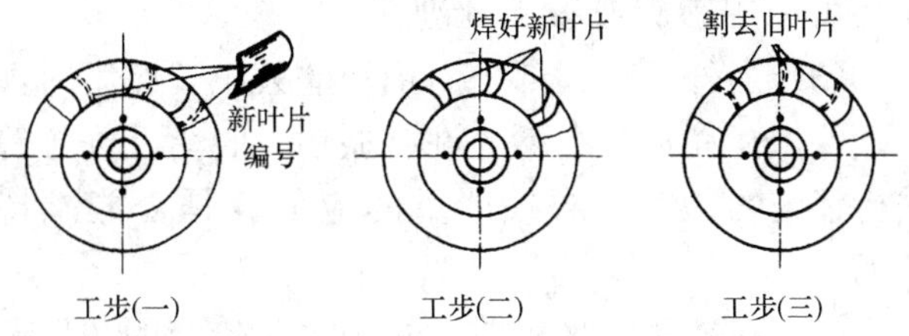

图 12－23　换叶片的方法

（1）将备用叶片称重编号，根据叶片重量编排叶片的组合顺序，其目的是使叶轮在更换新叶片后有较好的平衡。

（2）将新叶片按组合顺序覆在原叶片的背面，并要求叶片之间的距离相等，顶点位于同一圆周上，调整好后即可进行点焊［工步（一）］。

（3）点焊后经复查无误，即可进行叶片的一侧与轮盘的接缝全部满焊［工步（二）］。施焊时应对称进行，再用割炬将旧叶片逐个割掉，并铲净在轮盘上的旧焊疤［工步（三）］。最后将叶片的另一侧与轮盘的接缝全部满焊。

若需更换整个叶轮时，则可按下列方法操作：

（1）用割炬割掉叶轮与轮毂连接的铆钉头，再将铆钉冲出。取下叶轮后，用细锉将轮毂结合面修平，并将铆钉孔处毛刺锉去。

（2）新叶轮在装配前，应检查其铆钉孔是否相符。经检查无误后，再将新叶轮套装在轮毂上。叶轮与轮毂一般采用热铆。铆接前应先将铆钉加热到 1000℃左右，再把铆钉插入铆钉孔内，在铆钉的下面用带有圆窝形的铁砧垫住，上面用铆接工具铆接。全部铆接完毕，再用小锤敲打铆钉头，声音清脆为合格。

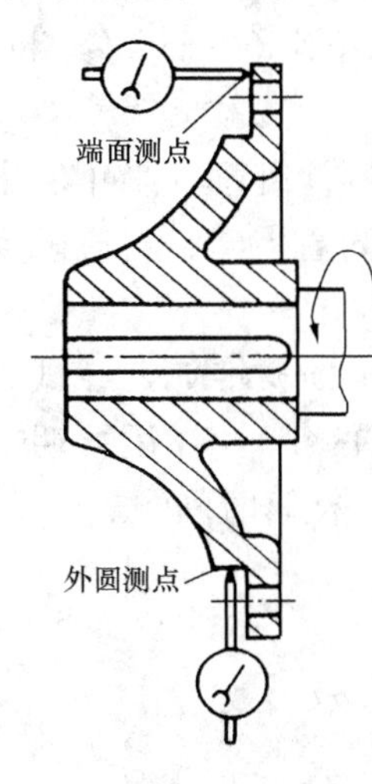

图 12－24　轮毂的测量方法

叶轮检修完毕后，必须进行叶轮的晃动和瓢偏的测量及转子找平衡。

3. 叶轮轮毂及轴的检修

（1）轮毂的更换。轮毂破裂或严重磨损时，应进行更换。新轮毂的套装应在轴检修后进行。轮毂与轴采用过盈配合，一般风机的配合过盈值可取 0.01～0.03mm。新轮毂装在轴上后，要测量轮毂的瓢偏和晃动，其值不超过 0.1mm。轮毂测量方法如图 12－24 所示。

（2）轴的检修。根据风机的工作条件，风机轴最易磨损的轴段是机壳内与工质接触段及机壳的轴封处。检查时应注意这些轴段的腐蚀及磨损程度。风机解体后，应检查轴的弯曲度，尤其对机组运行振动过大及叶轮的瓢偏、晃动超过允许值的轴，则必须进行仔细的测量。如果轴的弯曲值超过标准，则应进行直轴工作。

4. 对主要部件检修质量的要求与更换原则

(1) 叶轮局部磨穿，允许补焊。如叶轮普遍磨薄且磨薄量超过叶片原厚度的1/2时，则必须换新叶轮。叶轮上的焊缝如有磨损、裂纹等缺陷时，就必须焊补。当叶轮的轮毂有裂纹时，必须更换轮毂。

(2) 部分叶片磨损，可以补焊；如大部分磨损，则应全部更新。为了防止叶片磨损，可在叶片上用耐磨合金焊条堆焊。在堆焊时要预防叶轮变形，焊完要用砂轮进行抛光。叶片可采用渗碳或喷涂处理。

(3) 当外壳有大部分面积被磨去1/2厚度时，则应更换外壳。有保护瓦（防磨瓦）的风机，保护瓦在运行中不允许有振动、脱落及磨穿等现象发生。为此，在检修时必须对保护瓦进行仔细的检查，磨损严重的应估算是否能维持到下一个检修期，如不能则必须更换保护瓦。

(4) 在转子找平衡前，必须将叶轮上的灰垢、铁锈及施焊的焊渣清除干净。一般的风机转子只找静平衡，而对于重要的风机转子除找静平衡外还需在机体内找动平衡。

(5) 风机的风门能够全关、全开，活动自如，连杆接头牢固，实际开度与指示相符。

(6) 试运行时，风机的振动、声音及轴承温度正常，不漏油、不漏风；电动机的启动电流在标准范围内；停机后，风机惰走正常。

5. 风机叶片检修实例

某厂一台330MW机组（法国），配套的引风机为双吸单出（750/600/r/min、1480/750kW、叶轮直径ϕ2000mm以上、滑动轴承用油环润滑），叶片32片用6mm厚锰钢板制造。运行三个多月后，叶片磨穿，因振动过大而停运。

该厂对叶片采取了以下检修措施：

(1) 将叶片改用国产渗碳硬化钢板（厚度为8mm），两年后叶片磨损并出现裂纹，对裂纹进行焊补，但一直未解决焊后热裂问题。结论：该材质的叶片可运行两年（一个大修期）；叶片造价为12万元（每片约为3700元）。

(2) 随后采用某防磨研究所研制的渗碳高温喷涂技术，对叶片进行喷涂处理，半年后出现喷涂层部分脱落，一年后涂层全部脱落，基板磨穿。结论：喷涂层的附着力差、材质硬度不够；喷涂所花费用略高于渗碳硬化钢板。

(3) 进入21世纪后，改用奥氏体耐磨合金焊条在普钢叶片上进行全面积堆焊，经试验其使用寿命与渗碳硬化钢板相当。结论：堆焊一次可维持一个大修期（两年），在运行期未发现裂纹；所花费用仅为渗碳硬化叶片的1/3，约为4万元；施工方便、检修时间短。

思 考 题

1. 多级泵解体前为何要测量低压侧轴头长度（图12-1）?
2. 叙述测量多级泵平衡盘窜动量的方法。
3. 叙述测量多级泵转子总窜动量的方法。
4. 平衡盘窜动量与转子总窜动量有何关系?

5. 密封环与叶轮的口环在何种情况下会发生摩擦？
6. 叶轮口环外径为 160mm，新配一密封环，其最佳内径为多少？
7. 多级泵外壳是依靠什么结构来保证与其同轴度的？用什么方法测量其同轴度的误差？
8. 多级泵的转子为何要进行小装？通过小装要解决哪些问题？
9. 如何调整平衡盘的间隙？
10. 平衡盘与平衡座在工作状态会产生摩擦吗？为什么？
11. 填加水泵的轴封盘根应注意什么？它与填加阀门盘根有何区别？
12. 简述高、低压给水泵在结构上有哪些不同？
13. 叙述高、低压给水泵在泵体的结构上有何重大改进？
14. 密封环间隙值的变化对泵的运行有何影响？
15. 简述机械密封的工作原理及检修注意事项。
16. 叙述离心风机的检修重点。
17. 叙述风机在运行中产生超常振动的原因。
18. 分析风机叶片超常磨损的原因。
19. 水泵叶轮与风机叶轮找平衡后，在固定永久平衡重的工艺上有何区别？

第十三章

水位计与安全门检修

第一节 水位计检修

一、玻璃管水位计检修

玻璃管水位计结构及玻璃管安放位置如图 13-1 所示。

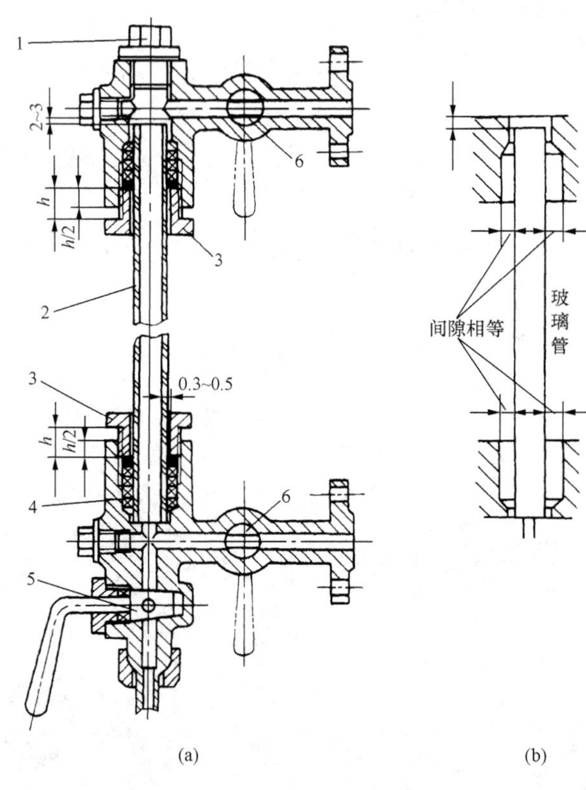

图 13-1 玻璃管水位计

(a) 玻璃管水位计结构；(b) 玻璃管安放位置

1—堵头；2—玻璃管；3—盘根压盖；4—盘根；5—排污旋塞；6—表体旋塞

1. 拆除旧玻璃管

(1) 关闭表体旋塞 6。

(2) 打开排污旋塞 5，排尽余水。

(3) 拧下盘根压盖 3，取出盘根及旧玻璃管。

(4) 拧下堵头 1，清除表体管孔内水垢。

2. 安装新玻璃管

(1) 清洗新玻璃管并检查玻璃管是否有裂纹及其长度。

(2) 将新玻璃管从上表体的堵头孔插入，直至下表体管孔底部平面。在放玻璃管时，应将上下盘根压盖套装在玻璃管管外（注意压盖方向），同时应检查压盖内孔与玻璃管之间的间隙，其间隙值为 0.30～0.50mm。

(3) 玻璃管插入表体后，检查玻璃管与表体管孔四周的间隙，要求四周间隙一致。如果不相等，则说明上下表体管孔不同心，此时必须对表体的安装位置进行调整。在管孔不同心的情况下，不允许填加盘根。

3. 填加盘根

玻璃管水位计所用盘根应采用聚四氟乙烯密封胶圈，如没有，允许用石棉线代替。用石棉线作盘根时，将石棉线几股合在一起拧紧，粗细可根据盘根盒与玻璃管之间的间隙而定。填加前将石棉线浸渍白铅油。填加时，边填边用竹片将石棉线塞紧，填到与盘根盒齐平，将多余线段剪去，再用压盖压紧，压盖压紧后的位置如图 13-1 (a) 所示。

在填加盘根时还应注意以下两点：

(1) 在填加盘根过程中，边填边观察玻璃管周围的间隙，防止因填加不均匀，导致玻璃管偏离孔的中心，造成在紧压盖时压盖内孔边触及玻璃管，将玻璃管挤破。

(2) 紧压盖时，切忌用力过大。根据经验，当石棉线填到与盘根盒齐平并用竹片塞紧的情况下，压盖的拧入深度以不超过压盖螺纹长度的 1/2 为佳。

二、石英玻璃管水位计检修

石英玻璃管水位计的结构如图 13-2 所示。

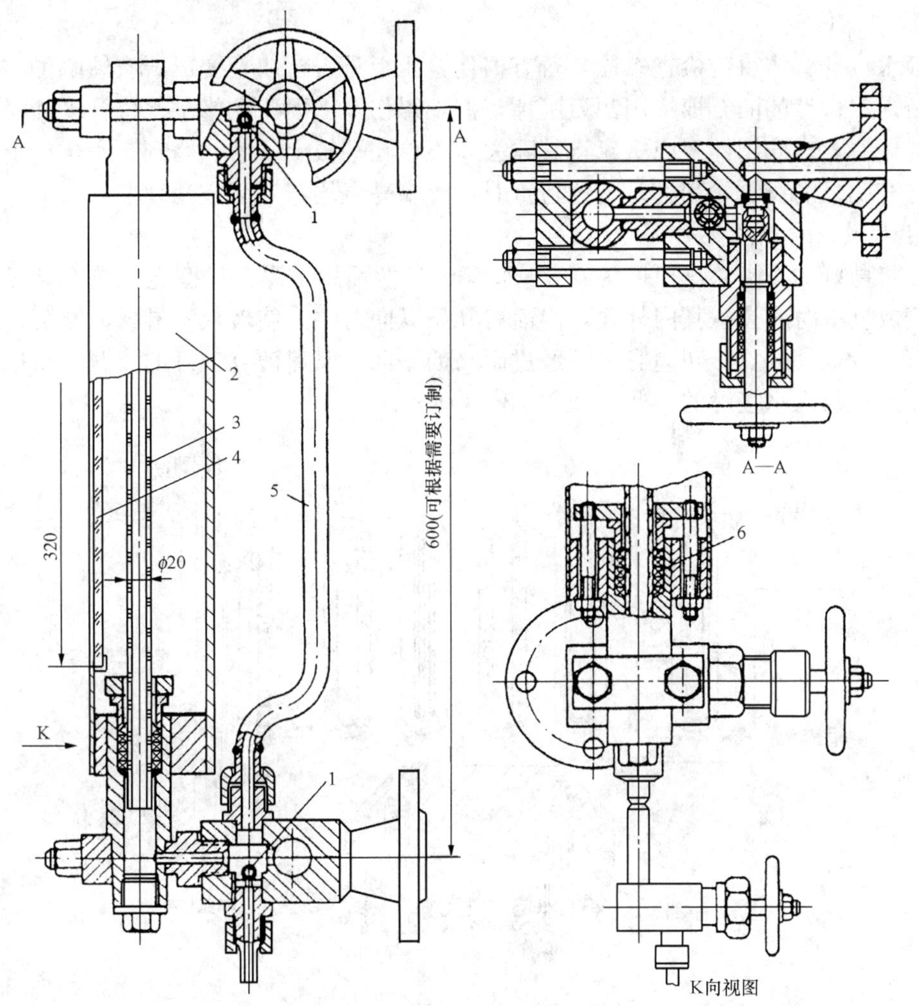

图 13-2　F1030A 型石英玻璃管水位计

工作参数：压力为 6.4MPa；温度为 450℃

1—保险钢球；2—护罩；3—石英玻璃管；4—平板玻璃；5—平衡管；6—聚四氟乙烯密封圈

石英玻璃管是用特制的石英玻璃制造，能承受较高的压力与温度。石英玻璃管水位计的盘根采用的是聚四氟乙烯密封圈，在上压盖时不要拧得过紧，因温度升高后密封圈要受热膨胀而软化，只要将盘根压盖稍加拧紧，即可不漏。聚四氟乙烯密封圈老化后，必须更新。

检修时应将石英玻璃管清洗干净，清除平衡管内的水垢，保证平衡管畅通。着重检查保险钢球的锈蚀程度及不圆度，以及与钢球相关的各通道孔密封面（相当于阀座）的锈蚀情况（图 13-2）。如果钢球变得不圆、有锈或通道孔密封面锈蚀，一旦玻璃管发生爆破就不能封住通道，水位计无法解列。钢球不圆或锈蚀必须更新。通道孔密封面锈蚀可用同直径钢球进行捻打，或用圆头研磨棒进行研磨，研磨后仍需用钢球捻打。

有的石英玻璃管水位计没有平衡管，在检修时应增设平衡管。因为无平衡管保险钢球一旦卡住，就不能靠自重复位，引起对水位的误判断。水位计阀门应采用快速阀门，一旦发生破管时，能及时将水位计解列。

三、玻板水位计检修

1. 拆卸与修理

玻板水位计解体后应检查螺栓是否有损伤，压板是否弯曲、变形，有缺陷的零件必须修理或更新。水位计的旧石棉垫用刮刀刮掉，但不得伤及平面。在修刮水位计平面时，对平面上较深的斑痕，应先用锉刀或机床将其除去，再放在平板上研磨、修刮。水位计上的所有组合面不许有明显的斑纹，用红丹着色检查时，要求亮点均布，无空角现象。

2. 组装及注意事项

（1）将剪好的石棉垫（厚度为0.5～0.8mm）两面用干黑铅粉擦亮，放在玻板的内外面上。在安放玻板时应注意其内外面，内面有几条纵向槽纹，使玻板不易横向断裂，并可折光（水呈黑色，汽呈白色），四周有一圈经过研磨的平面，以保证有良好的接触。所以，玻板的内面必须放在与汽水接触的一侧，如图13-3所示。

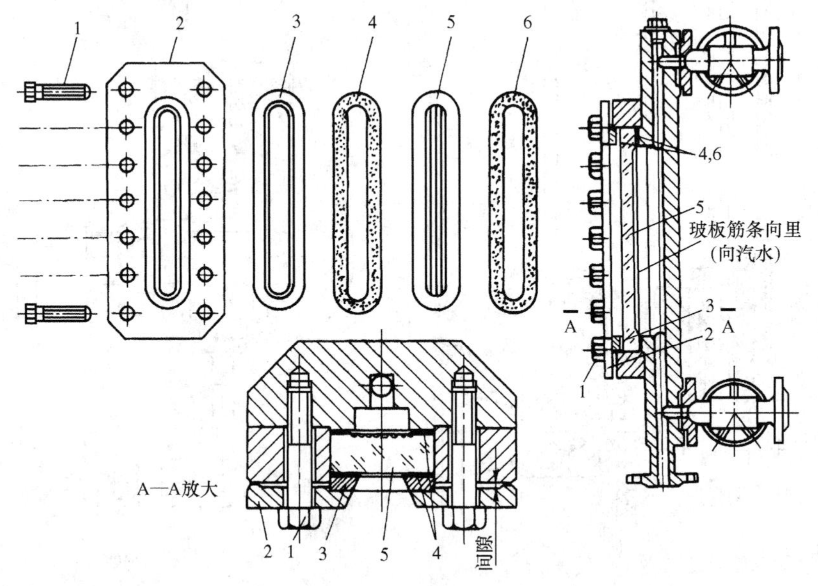

图13-3　玻板水位计

1—螺栓；2—压板；3—垫板；4、6—垫；5—玻板

（2）对号装上压板，穿上螺栓用手拧紧，再用扳手按规定的方法将压板螺栓拧紧。根据经验，紧压板螺栓的顺序可归纳为四种，如图13-4所示。紧压板螺栓必须分多次进行，一般要分3～4次，每紧一次加一次力，最好用扭力扳手紧固。紧压板螺栓的顺序不许改变。紧螺栓应由一人自始至终进行，避免紧得不均匀造成泄漏或将玻板紧破。

玻板水位计的主要缺点是玻璃极易破裂。其主要原因是玻板质量差，紧螺栓方法不当，表体各组合面加工粗糙及受热变形。如果玻板内面不平整，则可将玻板放在平板上用研磨砂进行研磨。

四、云母水位计检修

云母水位计的检修方法大致与玻板水位计的相仿。因为云母水位计是用云母片做透光体，所以检修时还应根据云母片的特性注意以下几点：

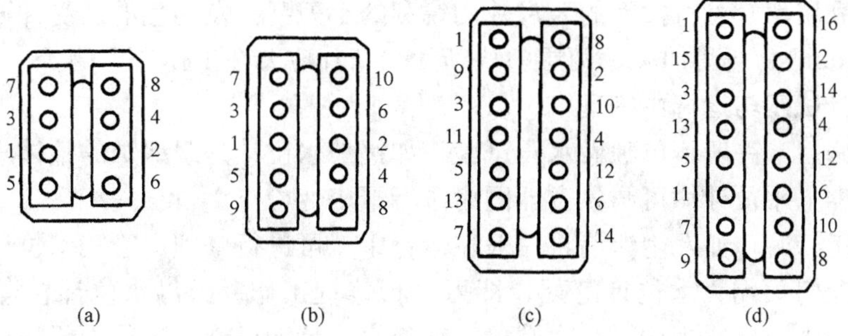

图 13-4　紧玻板水位计螺栓顺序

(a) 适用于 3～4 对螺栓；(b)、(c) 适用于 5～7 对螺栓；(d) 适用于 8 对以上螺栓

(1) 水位计的垫子应采用金属制作（一般用铜材），而不用石棉垫。加垫的部位如图 13-5 所示。

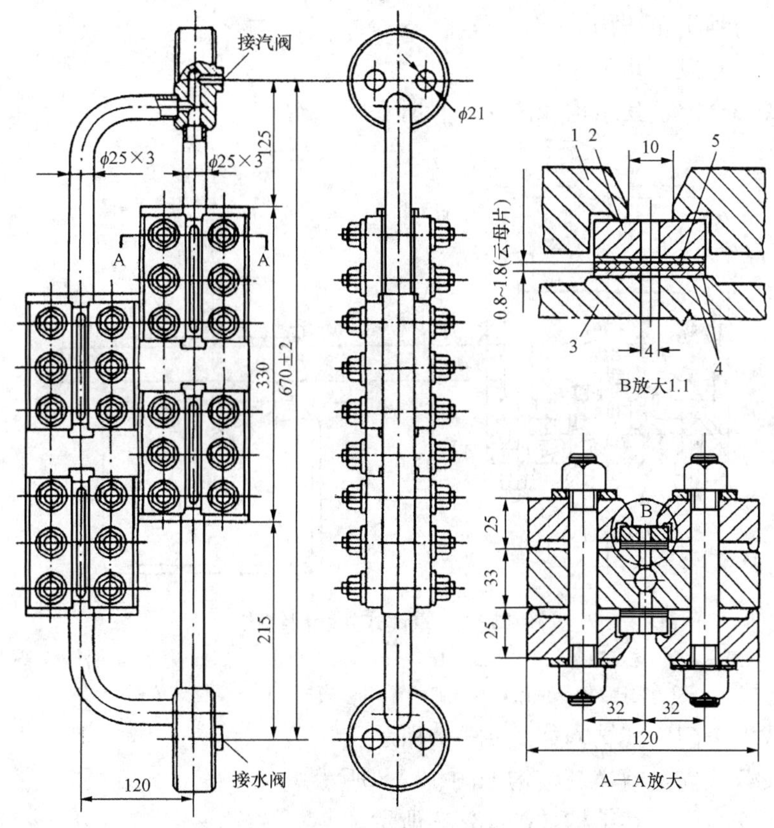

图 13-5　云母水位计

1—压板；2—垫板；3—表体；4—金属垫；5—云母片

(2) 云母片一定要透明、没有斑点、弯曲和裂缝。加工时，用薄刀片取掉云母片的破裂层，按水位计的云母样板在大张云母片上划线，再用小刀划割成形，禁止用剪刀剪并注意不要使云母片沾上油脂。云母片的厚度要根据汽包的压力而定，不得任意加厚，更不许随意减薄。

(3) 云母片在运行中的使用时间由锅水含盐量、云母片的品质及冲洗次数决定。一般在压力为 10MPa 的锅炉上云母片可使用 700～1500h。超过使用期，应重新更换云母片。为了提高云母片的利用率，可将换下的云母片用锐利的小刀刮去发褐色的及受冲刷的内层（约厚为0.01～0.02mm），再另加一、两层整块新片。新片应装在工作介质侧。

五、水位计试压与运行中修理

水位计检修后，一般不单独做水压试验，如锅炉水位计是跟锅炉的整体水压试验同时进行的。其他容器上水位计均可与该容器同时进行严密性检查。

水位计在运行时，如发生泄漏，一般在运行中就可进行修理。管式水位计在运行时只要把上下旋塞或阀门关闭，水位计解列，即可进行修理工作。云母水位计在运行时如稍有漏汽，则可在关闭阀门后适当地紧一次螺栓。玻板水位计不允许在运行中紧螺栓，可在关闭上下阀门、表体冷却后进行更换垫子和玻板。

第二节 安全门检修

一、安全门的种类和结构

常用的安全门有以下几种：

（1）重锤式安全门，其结构如图13-6所示。

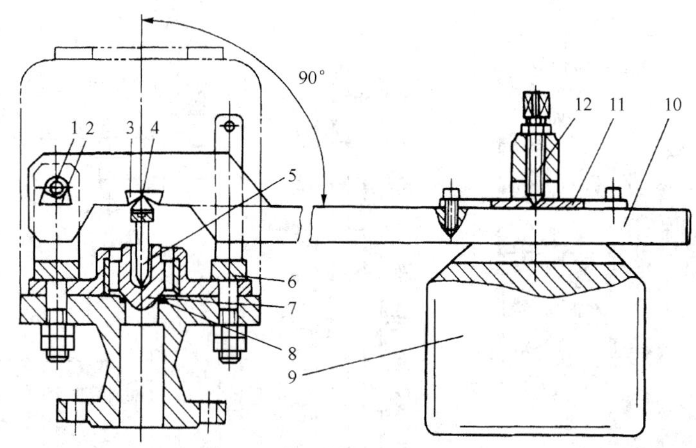

图13-6 重锤式安全门结构

1—支点刀口；2—支点刀座；3—力点刀座；4—力点刀口；5—阀杆；6—导向杆；7—门芯；8—门座；9—重锤；10—杠杆；11—垫板；12—重锤定位螺栓

（2）弹簧式安全门，其结构如图13-7所示。

（3）外加负载式安全门，其结构如图13-8所示。

（4）脉冲式安全门，其结构如图13-9所示。

二、安全门检修

1. 安全门解体检查（重点项目）

（1）解体前，应了解安全门的结构及工作参数，并测记有关重要数据，如弹簧的压缩长度、弹簧调整螺帽位置、重锤位置、重要部位的间隙、节流阀的开度等。

（2）重锤式安全门的刀口、刀座有无损伤、变钝等缺陷。

（3）弹簧的端面是否平行，是否有裂纹，自由高度是否与设计尺寸相符。检查方法见图13-10。

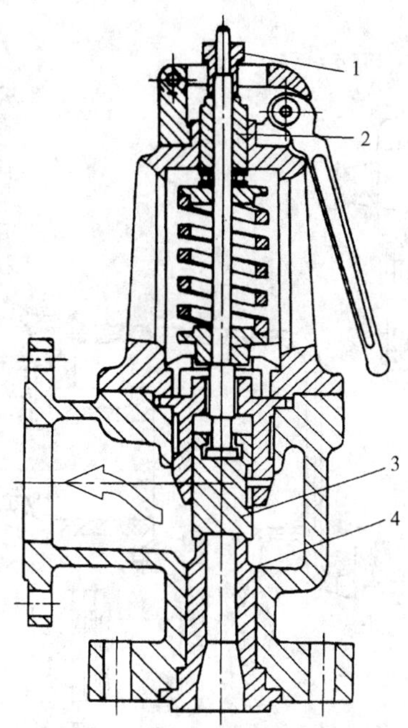

图 13-7　弹簧式安全门

1—并紧螺帽；2—调整螺帽；3—门芯；4—门座

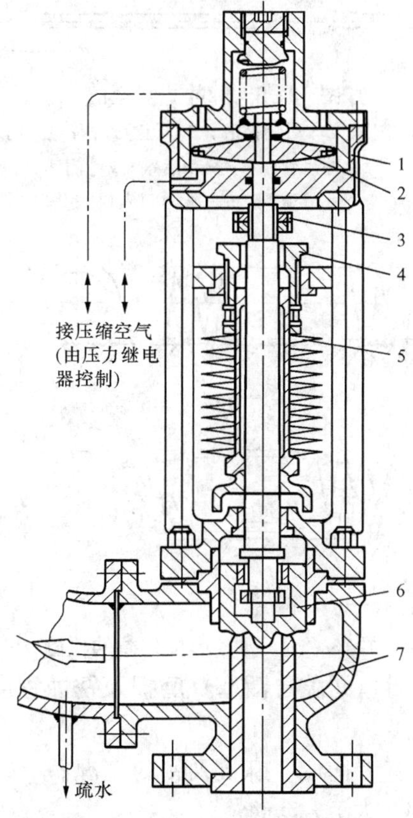

图 13-8　外加负载弹簧式安全门

1—O形密封圈；2—气动活塞；3—定位螺帽；4—调整螺帽；5—碟形弹簧；6—门芯；7—门座

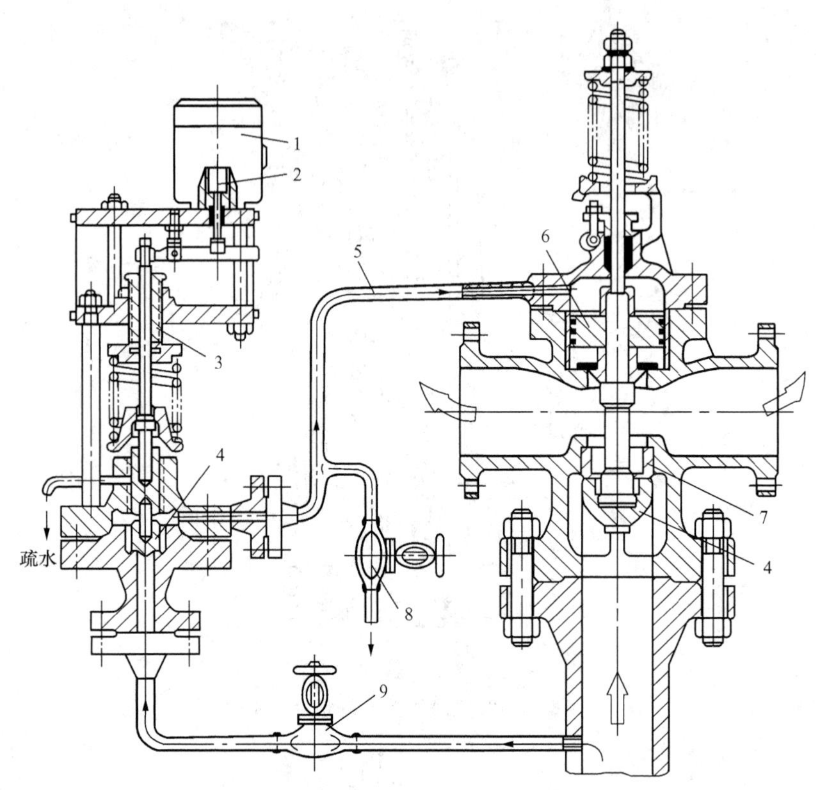

图 13-9 脉冲式安全门

1—电磁铁；2—活动铁芯；3—调整螺帽；4—门芯；
5—脉冲汽管；6—汽动活塞；7—门座；
8—节流阀；9—脉冲门入口阀

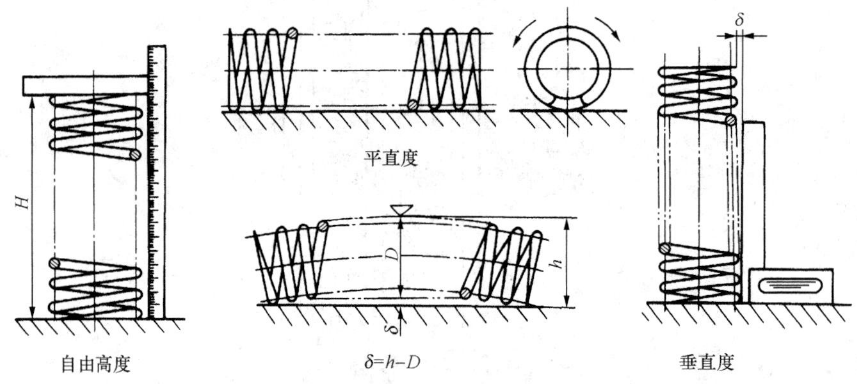

图 13-10 弹簧形位公差的检测

(4) 活塞环的磨损情况及对口间隙，活塞缸磨损及锈蚀程度。

(5) 门杆的锈蚀与弯曲程度。

(6) 门芯、门座的密封面有无伤痕、麻抗及密封情况。

注：检测标准：δ 值每 100mm 不大于 1.5mm。

2. 安全门密封面与活塞部位检修

(1) 密封面的研磨。密封面的研磨是安全门检修的重点及难点。门芯与门座的研磨方法与阀门的研磨方法相同，只是安全门的要求更高、更严。根据经验；密封线的宽度为门芯与门座密封面宽度的一半为佳。

（2）活塞环和活塞缸的检修。活塞环材质为生铁，很脆、易断，在拆装时要特别小心。取、装活塞环的工艺应按图 13－11 所示方法进行。活塞环若有锈蚀，允许用细砂布打磨。组装前要用干黑铅粉将环及槽道擦亮。

活塞缸的锈蚀也允许用细砂布打磨，打磨路线只允许沿圆周运动，绝不允许做上下运动。

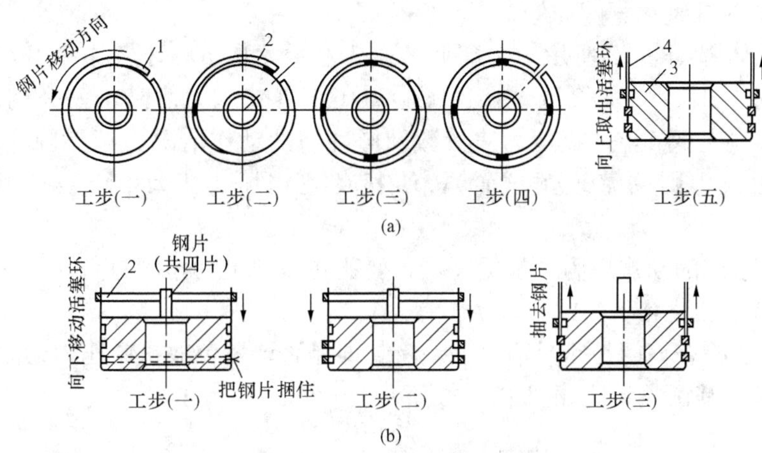

图 13－11　拆装活塞环的方法

（a）取活塞环的方法；（b）装活塞环的方法

1—钢片（或用锯条改制）；2—活塞环；3—活塞

3. 安全门组装和安装注意事项

（1）无论哪种安全门在就位后，其门杆中心应处于垂直状态。

（2）安装前应对安全门管道系统进行认真检查和吹洗，不允许管内有杂物。

（3）安全门的支吊架应保证安全门不产生歪斜。

（4）排气管的支吊架应保排气管自重及反作用力不传到安全门的阀体上，同时要防止雨、雪倒流到安全门内。

三、安全门校验

安全门检修好后，要进行冷态校验，目的是缩短热校验时间。

1. 弹簧式安全门的冷态校验

（1）将安全门组装在校验台上，并与水压机接通。

（2）启动水压机、记录安全门动作压力 p_1。设规定动作压力为 p，若 $p_1<p$，则说明弹簧弹力不够，应调整螺帽拧紧；反之 $p_1>p$，应拧松调整螺帽。

（3）根据 p_1 值，对螺帽进行调整，设其调整圈数为 K。调整后，进行第二次试压，动作压力为 p_2。将上述试验数据代入下式，即可求出螺帽再调整多少圈，安全门就在规定压力下动作。

$$\text{螺帽再调整圈数 } K_x=\frac{K\ (p-p_2)}{p_2-p_1}\ \text{（圈数）}$$

注：K_x 值有正，有负。得正值，说明第一次螺帽的调整圈数不够；得负值，说明第一次调整过量。

2. 重锤式安全门的冷态校验

试验方法及所用公式均与弹簧式相同，只是在所用公式中的调整代号有别。

设重锤距支点距离为 S，第一次试压得 p_1。若 $p_1 < p$，则说明重锤距支点近了，垂锤应向远离；反之 $p_1 > p$，重锤应向支点方向调整。

$$\text{重锤应再移动值 } S_x = \frac{S\ (p - p_2)}{p_2 - p_1}\ \text{(mm)}$$

注：S_x 同样存在正、负，分析方法与弹簧式安全门相同。

3. 脉冲式安全门的冷态校验

其校验系统如图 13-12 所示。关闭调节阀 1 和放水阀 5，开启脉冲门入口阀 3，并将调节缓冲节流阀 4 开 1/4～1/2 圈。接通试验高压水（其压力要高于安全门的动作压力）。校验时缓慢开启调节阀 1，监视压力表读数及脉冲门的动作情况。调整脉冲门弹簧的调整螺帽（若为重锤式，则调整重锤位置），使其在规定压力下动作，接着主安全门也应动作。

冷态校验安全门的动作压力，根据经验，要比在锅炉上动作压力高 0.05～0.1MPa。

4. 主安全门单独校验

这种校验只能检查该门是否灵活可靠，密封面是否严密，故试验压力无需过高，一般为 1～1.5MPa 即可，其试验系统如图 13-13 所示。

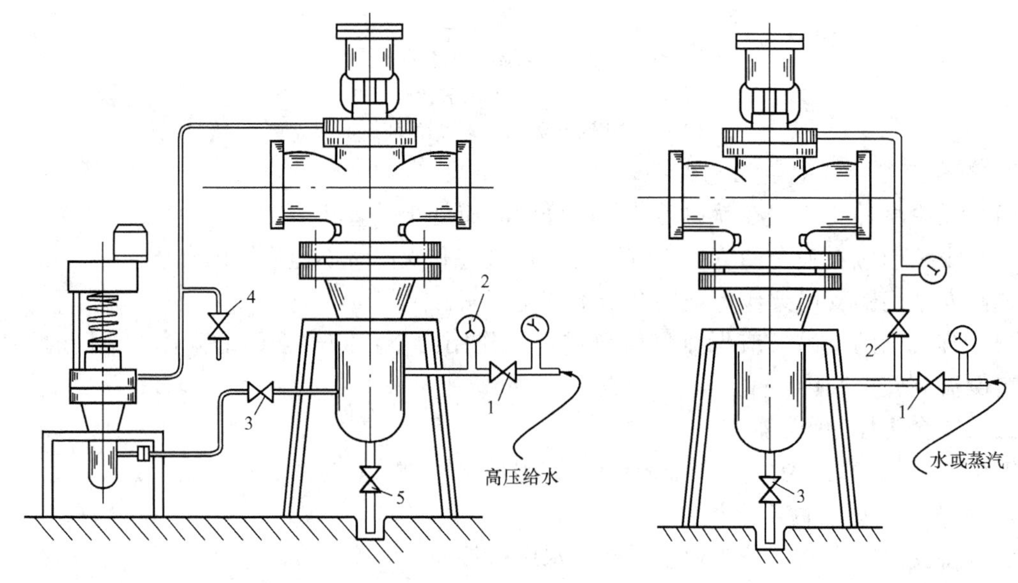

图 13-12 脉冲式安全门的冷态校验系统

1—调节阀；2—调压表；3—脉冲门入口阀；4—调节缓冲节流阀；5—放水阀

图 13-13 主安全门的校验系统

1—调节阀；2—入口阀；3—放水阀

校验时，先打开入口阀 2，关闭放水阀 3，再缓慢开启调节阀 1 到主安全门动作为止。

5. 外加负载弹筑式安全门校验

校验时安全门气动活塞 2 以上部件不装（见图 13-8），只作弹簧压缩状态的调试。准备好后，将高压水引入安全门门芯下方，根据动作压力调整弹簧调整螺帽 4，直到在规定压力下动作即可。

思考题

1. 怎样检查玻璃管水位计上下管孔是否同心？

2. 叙述造成玻璃管破裂的原因。

3. 叙述造成玻板破裂的原因。

4. 叙述更换玻板的工艺过程及注意事项。

5. 简述在更换云母片时的注意事项。

6. 水位计的玻璃管或玻板在运行中发生泄漏或破裂应如何处理？

7. 简述紧固玻板水位计螺栓的方法及注意事项。

8. 图 13 - 7 与图 13 - 8 均为弹簧式安全门，图 13 - 8 安全门为什么要加气动活塞？并说出图 13 - 7 安全门的缺点。

9. 叙述脉冲式安全门为何要增加一个脉冲门？主安全门的门芯为什么要倒装？

10. 为什么安全门密封面的研磨要求要高于普通阀门？

11. 简述拆装活塞环的工艺。

12. 安全门为什么要进行冷态校验？

13. 分析公式 $K_x=\frac{K(p-p_2)}{p_2-p_1}$ 与 $S_x=\frac{S(p-p_2)}{p_2-p_1}$。

14. 简述检查安全门弹簧的方法及质量标准。

15. 安全门的动作压力与复位压力是否相同？为什么？

16. 冷态校验的动作压力为什么要大于热态校验？